U0378412

高等学校计算机专业规划教材

数据库原理实践
（SQL Server 2012）

邝劲筠　　杜金莲　　编著

清华大学出版社

北　京

内 容 简 介

本书以"数据库原理"理论为基础，以 SQL Server 2012 为实践环境，对"数据库原理"课程相关实验进行详细介绍。全书分为 2 大部分，第 1 部分为上机实验指导，其中核心篇主要包括数据库设计、管理与查询等数据库实践必修内容，提高篇包括视图、索引、触发器等内容，第 2 部分为数据库课程设计指导，用案例介绍了一个简单数据库系统的完整设计过程。

本书适用于计算机相关专业数据库课程实践以及课程设计的教师与学生，也适用于自学数据库应用开发的读者，同时可供数据库应用开发人员参考。

图书在版编目（CIP）数据

数据库原理实践：SQL Server 2012/邝劲筠，杜金莲编著. —北京：清华大学出版社，2015(2023.7重印)

高等学校计算机专业规划教材

ISBN 978-7-302-40060-8

Ⅰ. ①数… Ⅱ. ①邝… ②杜… Ⅲ. ①关系数据库系统－高等学校－教材 Ⅳ. ①TP311.138

中国版本图书馆 CIP 数据核字（2015）第 089282 号

责任编辑：龙启铭
封面设计：何凤霞
责任校对：焦丽丽
责任印制：宋 林

出版发行：清华大学出版社
　　网　　址：http：//www.tup.com.cn，http：//www.wqbook.com
　　地　　址：北京清华大学学研大厦 A 座　　　　邮　　编：100084
　　社 总 机：010-83470000　　　　　　　　　　邮　　购：010-62786544
　　投稿与读者服务：010-62776969，c-service@tup.tsinghua.edu.cn
　　质量反馈：010-62772015，zhiliang@tup.tsinghua.edu.cn
　　课件下载：http：//www.tup.com.cn，010-83470236
印 装 者：三河市人民印务有限公司
经　　销：全国新华书店
开　　本：185mm×260mm　　　印　　张：27.75　　　字　　数：631 千字
版　　次：2015 年 7 月第 1 版　　　　　　印　　次：2023 年 7 月第 5 次印刷
定　　价：49.00 元

产品编号：058976-01

前言

　　数据库技术在社会各领域发挥着强大的作用,已经成为计算机信息系统与各种应用系统的核心技术和重要基础。"数据库原理"课程是计算机专业本科教学的专业基础课,也是计算机专业的核心课程,其内容包括系统阐述数据库系统的理论、技术和实现方法。通过该课程的学习,读者能够理解数据库的基本理论,掌握数据库的建模理论与方法,掌握数据库实现的基本技术,同时也能了解目前数据管理技术的发展方向。

　　虽然"数据库原理"课程从内容上讲偏重理论,但其所有理论方法及技术均从实践中提取并加以升华,与实践紧密结合;尤其是关系数据库标准语言 SQL 以及数据库设计的方法和步骤等内容都需要通过上机实践环节的练习,才能加深对理论的理解和掌握。学习数据库课程除了要掌握基本的理论和设计方法外,还要掌握至少一种数据库管理系统软件,能进行简单的数据库应用开发,从而为以后从事数据库应用系统的开发奠定基础。为此,本书设计了比较系统的数据库实验教学环节。

　　作为"数据库原理"课程的配套教材,本书以"数据库原理"课程所学理论为基础,以 SQL Server 2012 作为实验环境,对"数据库原理"课程相关实验的实验目的、实验要求、实验内容、操作指南等进行了详细的介绍,力图为读者从事数据库开发实践提供详尽指导。

　　全书共分 3 个部分,第 I 部分包括第 1～3 章,主要介绍上机实验基本要求和课程设计的基本要求,SQL Server 2012 数据库管理系统的简介,目的是让读者了解"数据库原理"课程实践教学的关键内容和实验的基本要求,以及 SQL Server 2012 的特点和使用方法。第 II 部分包括第 4～18 章,涵盖了核心篇的数据库设计、数据库管理、基本表管理、数据的更新、数据的查询,以及提高篇的视图、索引、函数、存储过程、触发器、事务与锁、游标以及数据库安全与访问等内容。为了让读者能够快速入门,掌握数据库实施的基本技术,本书在上机实验指导中使用了 3 个案例数据库,每个章节以这些案例数据库为基础,精心设计实验内容,先从基本概念及基本原理入手进行介绍,再在此基础上设计操作样例,给出具体实验步骤,指导读者完成相应的实验。每一个实验均给出图形化的操作方法以及使用 T-SQL 语句的操作方法。在实验之后,设置了相应的思考问题,供学生结合实践深入理解问题。第 III 部分包括第 19～20 章,以美国男子职业篮球联赛(NBA)数据库应用系统为例,向读者展示一个简单数据库应用的完整设计过程和实现过程,包括从需求描述到数据库设计，直至应用程序的实现，核心代码可从本书配套网站下载，便于读者通过设计和实施数据库来理解数据库建模基本理论的应用情况；了解基于数据库技术的应用软件的开发过程，理解信息管理的基本过程及信息管理系统的基本框架。

本书特色

- 样例驱动，易于理解：本书中每一个知识点的说明均配有大量的操作样例，给出执行成功和失败的效果截图。通过实际操作及错误原因分析，帮助读者理解数据库原理与技术中的某一知识点在数据库设计与应用中的作用，为读者进行实际操作提供指导，并通过对样例的学习轻松理解理论知识。

- 步骤详细，指导性强：对于每一个功能或操作的实现，都分解成非常详细的操作步骤，每一个步骤的执行结果均有截图显示，从而让读者很容易理解每一执行步骤完成的任务。实验的测试步骤以及常见问题解答提示了各种可能出现的错误，给出了相应的处理方法。

- 与数据库原理课程紧密结合，起到辅助教学的效果：本书作为"数据库原理"课程配套的实践教材，对于数据库实践的具体要求，包括实践平台、实践内容、实践目标等均有详细的描述；将"数据库原理"课程的相关知识全部融合于本书的实验中，帮助读者通过实践理解理论，将理论应用于实践，从而掌握数据库技术的核心思想和概念。

各章内容

第Ⅰ部分：实践教学要求与实践教学环境，包括第 1～3 章。

- 第 1 章：对"数据库原理"课程的实验内容、实验环境、教学重点以及实验报告的撰写要求进行了介绍。

- 第 2 章：对课程设计的主要内容、教学重点、具体步骤以及设计报告的撰写格式进行了介绍。

- 第 3 章：SQL Server 2012 简介，对教学实验平台 SQL Server 2012 的特点、组成、安装、主要工具的使用、数据库结构、存储过程的种类以及数据的备份及恢复进行了介绍。

第Ⅱ部分：上机实验指导，包括第 4～18 章。

- 第 4 章：数据库设计与案例数据库，给出了 3 个案例数据库的需求背景、E/R 图设计、关系模式设计、基本表设计，讲解了有关数据库设计的知识点和设计原则。

- 第 5 章：管理数据库，介绍如何使用 SQL Server 2012 中的 SQL Server Management Studio 图形化工具和 T-SQL 语言进行创建数据库、删除数据库的方法，以及相关知识点，包括操作样例、具体实验任务的操作步骤、常见问题解答和思考题。

- 第 6 章：管理基本表，介绍如何使用 SQL Server 2012 中的 SQL Server Management Studio 图形化工具和 T-SQL 语言进行基本表的创建、表结构的修改、基本表的删除方法，以及相关知识点，包括操作样例、具体实验任务的操作步骤、常见问题解答和思考题。

- 第 7 章：数据的更新，介绍 SQL Server 2012 中的 SQL Server Management Studio 图形化工具和 T-SQL 语言进行基本表中数据库的插入、删除与更新的操作，以及相关知识点，包括操作样例、具体实验任务的操作步骤、常见问题解答和思考题。

- 第 8 章：单表查询，介绍 SQL Server 2012 中使用 T-SQL 语言进行单表查询的方法，以及聚集函数与分组子句的使用、排序子句的使用，包括操作样例、具体实验任务的操作步骤、常见问题解答和思考题。

- 第 9 章：多表查询，介绍 SQL Server 2012 中使用 T-SQL 语言进行多表查询的方法，包含内连接查询、子查询和集合查询，给出了操作样例、具体实验任务的操作步骤、常见问题解答以及思考题。

- 第 10 章：高级查询，介绍 SQL Server 2012 中使用 T-SQL 语言进行交叉查询、外连接查询等高级查询问题，给出了操作样例、具体实验任务的操作步骤和思考题。

- 第 11 章：视图，主要介绍了视图的定义、作用，以及如何使用 SQL Server 2012 中的 SQL Server Management Studio 图形化工具和 T-SQL 语言进行视图的定义的删除，最后对通过视图更新数据这一主题进行了探讨和实验，给出了操作样例、具体实验任务的操作步骤和思考题。

- 第 12 章：索引，重点介绍了数据库中索引的功能以及种类，并介绍了各种索引的创建方法、注意事项与修改方式，同时对索引的维护机制进行了阐述和实验，给出了操作样例、具体实验任务的操作步骤和思考题。

- 第 13 章：存储过程，主要对存储过程的构成、优缺点以及建立和使用进行了介绍，包括使用 SQL Server 2012 中的 SQL Server Management Studio 图形化工具创建存储过程，使用 T-SQL 语句创建存储过程，存储过程的设计技巧和执行方法等，给出了操作样例、具体实验任务的操作步骤和思考题。

- 第 14 章：触发器，首先对触发器的功能和类型进行了介绍，接着以操作样例的形式重点介绍了 DML 触发器和 DDL 触发器的创建方法、查看方法、修改方法和执行方法，给出了操作样例、具体实验任务的操作步骤和思考题。

- 第 15 章：函数，对 SQL Server 2012 中提供的各种函数形式、功能、使用方法进行了详细介绍，并对自定义函数的定义方法和使用方法进行描述，给出具体的操作样例，给出了操作样例、具体实验任务的操作步骤和思考题。

- 第 16 章：游标，重点介绍了 SQL Server 2012 支持三种类型的游标：T-SQL 服务器游标、API 服务器游标和客户端游标的特点、功能、定义方法和操作流程，同时介绍了几种游标的查看方法，给出了操作样例、具体实验任务的操作步骤和思考题。

- 第 17 章：事务与锁技术，首先介绍了事务的基本概念及特征，然后通过样例详细描述了事务的定义方法、事务类型的设置、嵌套事务的定义及执行原理和事务保存点的使用，之后介绍了数据库系统的封锁机制、锁的模式与类型以及 SQL 的隔离性级别，给出了操作样例、具体实验任务的操作步骤和思考题。

- 第 18 章：数据库安全与访问，前一部分对数据库的安全控制机制进行了介绍，并通过样例说明各种安全机制的实现方法，后一部分详细介绍了数据库的访问机制，包括 5 种数据库访问接口，以及如何通过 JDBC 接口访问数据，给出 JDBC 访问数据库的基本样例，以及操作样例、具体实验任务的操作步骤和思考题。

第Ⅲ部分：课程设计指导，包括第 19～20 章。

- 第 19 章：数据库课程设计样例，为本书数据库设计样例，以"美国男子职业篮球联赛(NBA)数据库"为例说明数据库设计过程中各部分的基本内容、设计思路，最后给出开发实例。
- 第 20 章：课程设计题目，包含 10 个不同应用背景下的数据库应用设计的需求说明，以及课程设计要求。

读者对象

对于大学本科计算机专业或相关专业的教师以及学生来说，本书可作为数据库相关实践课程的教材，或"数据库原理"课程配套实验的指导教材。本书内容充实，重点突出，样例丰富。本书也可以作为对数据库技术及 SQL Server 2012 感兴趣的读者的学习教程。本书给出了大量的 T-SQL 语法以及 SQL Server 2012 图形用户界面的使用说明介绍，可以作为基于 SQL Server 2012 平台进行数据库开发的技术人员的参考手册。

编写分工

第 1～2 章由邝劲筠、杜金莲合写。第 3 章由杜金莲编写，其中具体实验及截图由研究生徐硕提供。第 4～10 章由邝劲筠编写。第 11～18 章由杜金莲编写，其中实验及截图由研究生徐硕提供。第 19 章由杜金莲编写，其中数据库设计参考了本科生焦娇的数据库上机实验，研究生徐硕进行了修改，并进行应用程序的设计与实现，提供了源代码。第 20 章由邝劲筠编写。在本书编写过程中，因编者工作繁忙，疏漏在所难免，对于不足之处，希望读者指正。

作　者

2015 年 6 月

目录

第Ⅰ部分　实践教学要求与实验环境

第Ⅱ部分　上机实验指导

核　心　篇

提 高 篇

第 17 章　事务与锁技术　　　/346

第 18 章　数据库安全与访问　　　/364

第Ⅲ部分　数据库课程设计

第Ⅰ部分 实践教学要求与实验环境

　　本部分给出了实践教学要求和上机实验基本环境的要求,供教学参考,并且对 SQL Server 2012 数据库管理系统平台的主要功能、应用领域、常用工具、版本等进行了介绍,同时对 SQL Server 2012 的安装过程进行演示,对该平台下数据库的复制、导出和导入进行介绍,从而使读者能对 SQL Server 2012 系统软件有一个全面的了解,为后面的具体实验进行工作环境的准备。

第 1 章

上机实验要求

1.1　上机实验内容

本书用很大的篇幅向读者展示如何利用 SQL Server 2012 数据库管理系统进行数据库操作。在每一个实验中，都会对相关的知识点及异常处理情况进行分析和讨论，从而通过实验把"数据库原理"课程中的知识点融合起来，形成理论与实践的有机结合，以利于读者形成系统的数据库应用知识体系。

通过大量具体的实验，读者可以了解 SQL Server 2012 常用工具及对象的使用方法和特点，学会使用该平台进行具体数据库的创建、更新、查询以及各种管理操作。

"数据库原理"课程的实践教学中，上机实验部分是十分重要的，也是课程设计以及今后数据库系统设计的基础。

上机实验的主要内容如下。

（1）数据库的基本操作：管理数据库、管理基本表、数据的更新、单表查询、多表查询、高级查询、视图的创建与使用、索引的创建与使用。

（2）数据库管理系统对数据库的控制：数据库的恢复、事务与锁机制和数据库安全机制。

（3）数据库编程基础：存储过程、触发器、函数、游标的使用和数据库对外接口 JDBC 的使用等。

（4）上机实验使用的数据库以及数据：建议初学者使用本书提供的 3 个案例数据库，以及相应数据进行实验。有一定基础的读者，使用本书的案例数据库和自己的数据；也可以使用其他应用背景，进行数据库设计并进行相应的数据库实验。

1.2　上机实验教学重点与深度安排

本书提供的教学实验内容丰富涉及不同深度的教学。教师可以根据具体的学时以及教学的深度，自行选择其中的部分实验作为实践教学内容。下面给出分层次教学或逐步进行自学的建议。

本书上机实验部分，使用时可以分为如下 4 个层次：

（1）基础内容：管理数据库、管理基本表、数据的更新、单表查询、多表查询。

（2）中等难度的内容：高级查询、视图、索引。

（3）较为深入的内容：存储过程的创建和使用、触发器的创建和使用、函数的创建和使用、游标的创建和使用、事务与锁机制的使用、数据库安全控制机制的使用、数据库备份与还原。

（4）数据库应用编程相关的内容：数据库连接接口 JDBC 的使用。

1.3　实　验　环　境

本书介绍的实验中采用 Microsoft 公司的 SQL Server 2012 Express 版作为数据库平台。

- 硬件环境：个人计算机、计算中心数据库服务器与互联网。
- 软件环境：
  ◇ 操作系统：Windows 系列，建议 Windows 7 以上版本。
  ◇ 数据库管理系统：SQL Server 2012 Express 版。

1.4　实验报告撰写要求

这里给出实验报告撰写要求，供教师参考。

首先，对于数据库实验的准备要撰写报告，包括应用背景的需求描述、E/R 图设计、关系模式设计、基本表的初步设计，以及数据的准备。

其次，对于每一个数据库实验，根据相应章节给出的具体操作步骤（或自行设计的类似操作的步骤）进行实验，并在每次实验完成后撰写相应的实验报告。

实验报告要按统一的格式进行编写，具体内容应包括实验名称、实验学时、上机地点、实验目的、实验内容、实验要求、实验的软硬件环境、实验步骤。提供实验使用的数据。对于试验中执行的语句和结果要提供截图，实验中的错误信息、系统信息（无论成功或失败）要提供截图。最后在实验报告中要回答实验后的所有思考题，同时对自己的实验过程做出分析，对自己遇到的问题进行总结，并编写实验体会。

第 2 章

课程设计要求

2.1 主要内容

数据库课程设计是数据库教学实践的另外一个重要环节,在通过数据库上机实验,掌握直接使用 SQL Server 2012 平台操纵数据库的方法之后进行,一般是在有足够的课时以及独立的课程设计教学环节的情况下安排。

课程设计是不太复杂但却完整的数据库应用系统的设计与实现,主要内容包括选题、相应应用背景下的需求分析、E/R 图设计、关系模式设计、基本表设计、视图设计,以及界面设计、应用程序设计与实现。

课程设计不同于数据库上机操作,具体应用背景的数据库设计比上机操作部分的更加复杂,并且包含界面设计、Java 等高级语言进行程序设计的环节。课程设计也不同于毕业设计或实际数据库应用的开发,题目的复杂度要低于毕业设计与实际应用系统,用户界面等方面的要求不是很高,不是真正的数据库应用系统。通过课程设计这一实践环节,可以学会创建数据库应用软件时,掌握有关数据库、数据库编程方面的必要知识与技能,为毕业设计以及实际数据库应用程序的开发打下基础。

课程设计的最终结果是实现选题中用户对数据存储以及业务运行要求的数据库和相应的应用软件。

2.2 教学重点

数据库课程设计的教学重点在于使读者学会:如何从需求中提取信息来设计 E/R 图,如何根据 E/R 图进行关系模式的设计,以及如何利用关系理论,参照应用需求对关系模式进行评价和优化,相关应用程序的编写,包括应用程序对数据库的访问方法。

本书通过一个具体的课程设计样例——美国男子职业篮球联赛(NBA)信息管理系统,指导课程设计教学,并给出了 10 个不同领域的应用课题,供课程设计使用。

教学重点包括:

(1) E/R 模型中各元素定义的准确性及整个 E/R 图的合理性。

(2) 从 E/R 模型转化到数据库逻辑模型(即关系模式)的方法,包含主键、外键的设计。

(3) 关系数据库设计中的范式理论,对关系模式设计进行评价和优化的方法。

(4) 有关关系的规范化与实际查询应用之间的选择平衡,使数据库模式设计更合理化。

（5）数据库基本表设计以及完整性约束的设计，包括数据类型、主键完整性、参照完整性、列取值范围的定义、保证数据更新一致性的级联操作定义和其他与应用相关的约束定义等。

（6）视图的概念、使用场合和使用方法。

（7）数据库对象（如索引、触发器等）的概念、使用场合和使用方法。

（8）应用程序设计以及数据库访问方法。

2.3   实 验 环 境

本书介绍的实验中采用 Microsoft 公司的 SQL Server 2012 Express 版作为数据库平台。

- 硬件环境：个人计算机、计算中心数据库服务器与互联网。
- 软件环境：
  ◇ 操作系统：Windows 系列，建议 Windows 7 以上版本。
  ◇ 数据库管理系统：SQL Server 2012 Express 版。
  ◇ 其他开发工具：如 Java 语言开发环境、VC 开发环境等。

2.4   题目的选择

本书提供了 10 个不同领域的应用题目，供课程设计使用。

实际教学中，可以直接选用这 10 个题目，也可以变化衍生出类似的题目，或选用现实生活中的其他有意义、有深度、新颖的应用题目。

原则上讲，题目应选择一些不是过于复杂的信息管理系统，比如客户管理系统、图书管理系统、学生管理系统、教务管理系统、人力资源管理系统、医院服务管理系统、产品购销管理系统、超市库存销售管理系统、交通违章管理系统和售房服务系统等等。但要注意控制问题的规模，不可过于复杂，要保证所选择的题目在有限的时间内能够很好地完成。

2.5   设 计 步 骤

在设计时，要严格按照数据库建模的基本步骤依次进行，具体要求如下：

（1）首先要进行系统需求的获取和分析，主要包含三个方面的内容：一是系统业务处理的需求，即系统包含的每一业务逻辑的处理过程，可以流程图等方式表达；二是数据需求，即系统业务处理过程中所涉及到的数据以及其变化过程；三是系统的其他需求，如数据约束方面、系统安全方面或特殊业务处理要求等方面的需求。

（2）系统分析，主要获取系统中包含的数据和数据之间的联系。

（3）进行数据分析和建模，即通过对系统中数据的需求分析，创建数据的概念模型，用 E/R 图表达出来。

（4）设计数据库的逻辑模型，将 E/R 图表达的概念模型转化成关系模型中的关系模式。

（5）对关系模式进行范式的评价和优化，同时结合系统的应用需求确定关系模式的范式标准，最终设计出满足应用需求的、合理的关系数据库模式。

（6）进行基本表与数据约束设计，如字段类型以及约束的设计，包括实体完整性约束、参照完整性约束和用户定义的完整性约束。

（7）根据用户需要设计视图。

（8）进行其他数据库对象的设计，如根据实际应用需求进行索引、触发器等的设计。

（9）使用 Java、C♯、VB 或 VC 等高级语言，进行应用程序设计与实现。

2.6　课程设计报告撰写要求

作为实践教学的一部分，需要在课程设计完成之后撰写课程设计报告，以总结数据库原理知识、数据库设计方法和数据库应用程序开发方法。

课程设计报告要求包含如下内容：

（1）课题相关的应用系统对数据、数据存储的需求、数据的使用情况和应用程序功能进行详细描述。

（2）E/R 图表达的概念模型。

（3）系统的逻辑数据模型设计（即关系模式设计）。

（4）基本表设计以及各种完整性约束的设计，如主键约束、外键约束、域约束、元组间的约束等。

（5）其他数据库对象的设计，如视图、索引。

（6）应用程序各个主要功能的设计。

（7）程序运行后应用系统各个主要功能的关键界面截图。

（8）应用程序源代码。

（9）心得体会，包括课程设计中遇到的困难或问题，解决方法，对于数据库理论以及数据库应用开发的收获和体会等。

第 3 章

SQL Server 2012 简介

本章对 SQL Server 2012 数据库管理系统平台的主要功能、应用领域、常用工具、版本组成等进行介绍,同时对 SQL Server 2012 的安装过程进行演示,并对该平台下数据库的复制、导出和导入进行介绍,从而使读者能对 SQL Server 2012 系统软件有一个全面的了解,为后面的具体实验进行工作环境的准备。

本章具体内容包括 SQL Server 2012 功能概述、安装与卸载、系统数据库、主要存储过程以及数据库的备份与恢复。

3.1　SQL Server 2012 功能概述

SQL Server 2012 是一个集成的、高效的、端到端的数据平台,包含若干重要的组件以帮助企业快速定制符合其自身需求的关键任务环境,同时能够有效地支持本地与公有云之间的数据扩展和应用迁移。在后面的几节中,将对 SQL Server 2012 的发展历史、主要功能、组成以及版本等进行详细的介绍。

3.1.1　SQL Server 的发展历史

从 1988 年微软公司和 Sybase 合作开发 SQL Server 1.0 到现在的二十多年时间里,SQL Server 在功能和性能上经历了若干次重大的革新和升级。下面是 SQL Server 发展过程中比较重要的版本更新事件。

- 1995 年发布 SQL Server 6.0,该版本重写了核心数据库系统,提供低价小型商业应用数据库方案。
- 1998 年发布 SQL Server 7.0,该版本重写了核心数据库系统,提供中小型商业应用数据库方案,包含了初始的 Web 支持。SQL Server 从这一版本起,得到了广泛应用。
- 2000 年发布 SQL Server 2000,该版本是企业级数据库系统,包含了三个组件(DB、OLAP、English Query),提供了丰富的前端工具、完善的开发工具,以及对 XML 的支持,从而促进了该版本的推广和应用。
- 2005 年发布 SQL Server 2005,增强了大规模数据处理和商业计算的能力,使 SQL Server 开始向大型数据管理领域进军。
- 2008 年发布 SQL Server 2008,该版本是在 SQL Server 2005 的基础上进行的升级产品,不但对原有性能进行了改进,还添加了许多新特性,比如增加了数据集成功能,改进了分析服务、报告服务,能与 Office 完美集成等。微软公司将其作为互联网时代的战略数据平台。

- 2012 年发布 SQL Server 2012,是微软最新的云就绪信息平台,提供端到端的服务,用户可以通过桌面、移动设备、数据中心、私有云或公有云进行数据的保护和扩展。

可以看出,SQL Server 在数据管理领域一直持续地发展着,紧跟着时代的需求,努力发展成为企业甚至行业可信的、高效的、灵活的、智能的信息平台。

3.1.2 SQL Server 2012 优势

SQL Server 2012 的优势体现在以下三个方面。

- 对关键业务充满信心:在降低 TCO(Total Cost of Ownership,总体拥有成本)的同时,为关键业务环境提供高性能和高可用性。
- 突破性的业务洞察力:快速的数据探索及数据可视化功能在整个企业内部发挥着极大的作用。
- 快速制定个性化云:能够完全按照企业的要求,快速实现商业方案从服务器到私有云或共有云的创建及扩展。

3.1.3 SQL Server 2012 新增主要功能

与以前的版本相比,SQL Server 2012 在企业安全和可信任性、系统高可用性、商业智能和开发管理的生产效率几个方面均增加了新的功能,下面就这些新功能进行简单的介绍。

1. 企业安全和可信任性

任何企业都希望自己的数据和管理数据的系统是安全的、可信的,以便用户可以放心地使用这些数据。为此,SQL Server 2012 新增了以下功能。

(1)审核增强。首先,SQL Server 2012 所有版本中均提供了数据审核功能,企业可以在所有版本中使用原先只面对企业版开放的审核功能。因此,更多彻底审核在 SQL Server 数据库范围内得以进行,从而实现了审计规范化。同时,也为 SQL Server 带来了更好的性能及更加丰富的功能。其次,SQL Server 2012 提供用户自定义的数据审核功能,允许应用程序将自定义事件写入审核日志,从而增强了审核信息存储的灵活性。SQL Server 2012 还提供审核筛选功能用于将不需要的事件过滤到审核日志中,并提供审核恢复功能用于从临时文件和网络问题中恢复审核数据。

(2)针对 Windows 组提供默认架构。数据库架构现在可以与 Windows 组而非独立用户相关联,从而提高数据库的合规性。这种架构简化了管理,削减了通过独立的 Windows 用户来管理数据库架构的复杂性,防止当用户变更组时,向错误用户分配架构而导致错误的发生,避免了不必要的架构创建冲突,并且极大地降低了由于使用错误架构而在查询时产生错误的几率。

(3)用户定义的服务器角色。通过用户定义的服务器角色使 SQL Server 的灵活性、可管理性得到增强,同时也有助于使职责划分更加规范化,允许新服务器角色的创建,从而对于根据不同角色分派多位管理员的企业，能够更好地适应其相关需求。角色之间允许嵌套，这样一来，企业层次结构的映射就具有更强的灵活性。另外，用户定义的服务器角色也能够使企业避免对 sysadmin 账号产生过多的依赖。

（4）包含数据库身份验证。包含数据库身份验证允许用户无须使用用户名就可以直接通过用户数据库的身份验证，从而使合规性得到增强。用户的登录信息（用户名和密码）不会存储在 master 数据库中，而是直接存储在用户数据库中。这是非常安全的，因为用户在用户数据库中只能进行 DML 操作，而无法进行数据库实例级别的操作。另外，内置的数据库身份验证使用户无须再登录到数据库实例，同时也避免了数据库实例中存在孤立的或者未使用的登录名。这项特性是 AlwaysOn 技术中的一部分。这样，当服务器发生故障时，无须为群集中所有的数据库服务器配置登录名即可实现用户数据库在服务器间的迁移。

（5）SharePoint Active 活动目录。内置的 IT 控制技术可以使前端用户进行数据分析时的安全性得到保障。该技术包含了全新的 SharePoint and Active Directory 安全模型，该模型可以在行级和列级进行控制，从而帮助最终用户在 SharePoint 中实现报表的发布及共享。

（6）内置的加密功能。通过内置的加密功能，无须更改前端应用程序即可实现对机密数据信息的保护。

（7）数据质量服务。数据质量服务（DQS）作为 SQL 中一项全新的服务，能够帮助企业实现端到端的数据管理。DQS 提供客户可以使用的知识驱动工具，允许数据管理员创建并维护一个数据质量知识库（Data Quality Knowledge Base），这个知识库对于提高数据质量很有帮助，并且能够简化数据管理。具体来说，客户可以使用企业的相关知识信息来完成数据的配置、清除及匹配，对数据质量可以完全放心。DQS 可以作为一个独立的工具使用，也可以与 SQL Server 集成服务（SSIS）联合起来使用。在 SQL Server 2012 中，用户可以将 Windows Azure Marketplace DataMarket 作为一个第三方数据源来进行访问。这将有助于在一个数据质量项目中实现数据的验证及清除。

2. 系统的高可用性

SQL Server 2012 改进和新增了许多功能以提高针对不同类型关键任务负载的系统高可用性及可靠性。

（1）SQL Server AlwaysOn：全新的 SQL Server AlwaysOn 将灾难恢复解决方案和高可用性结合起来，通过在数据中心内部或跨数据中心提供冗余，从而有助于在计划性停机及非计划性停机的情况下快速地完成应用程序的故障转移。

（2）Windows Server Core 技术：Windows Server Core 能够为 SQL Server 提供支持。在 Windows Server Core 上运行 SQL Server 可以极大地减少安装操作系统补丁的需要，从而大幅度缩短计划性停机时间。

（3）Database Recovery Advisor：目前，数据库管理员可以使用 SQL Server Management Studio 来实现数据库的还原。Database Recovery Advisor 功能则使这种方式下的用户体验得到显著增强。它包含：可视化时间线，用于显示备份记录及可用于数据库还原的时间点；算法，在将数据库还原到具体的时间点时用于确认正确的备份媒体集；SSMS 中的页面还原对话框，能够实现页级别的数据库还原。

（4）针对 StreamInsight 技术实现高可用：全新的 StreamInsight 功能可以很好地满足关键用户的需求，提供高可用的管理功能。新的开发工具简化了目前 StreamInsight 应用程序的开发，特别是对于以事件数据为基础创建的统计及预测模型，所支持的应用场景的实现变得非常容易。借助增强的监控和管理功能（如性能计数器）升级到最新的版本将会为企业带来更大的收益。

（5）扩展事件增强：扩展事件功能中新的探查信息和用户界面使其在功能及性能方面的故障排除更加合理化。其中的事件选择、日志、过滤等功能得到增强，从而使其灵活性也得到相应提升。

（6）SQL Server 集成服务增强：对于不同规模的企业，SQL Server 集成服务（SSIS）均可以通过所提供的各种功能来提高在信息管理方面的工作效率，从而能够使企业实施在信息方面所做出的承诺。这有助于减少启用数据集成时可能出现的障碍。新增的功能包括：在可用性、部署、管理这几个方面进行了增强；在对包进行故障排除、对比以及合并等操作时提供全新的报表；样例和教程的获取将会更加方便。集成服务包含了全新的清除转换功能，与数据质量服务的数据质量知识库相集成。

（7）文件表：文件表的功能是以 FileStream 为基础构建的，目的是为 Win32 命名空间提供支持，同时对存储于 SQL Server 中的文件数据提供应用程序兼容性。由于许多应用程序是在两种空间中进行维护数据的（文档、媒体文件和其他非结构化的数据在文件服务器中，相关的结构化的元数据在关系系统中），而另一些客户在服务器上存储文件，但服务器运行的是 Win32 应用程序。这时文件表所提供的兼容性可以帮助他们冲破障碍，同时还能够消除维护两个完全不同的系统并使其保持同步的过程中可能出现的问题。

（8）Full Globe Spatial Support：SQL Server 增强了对空间数据的支持，包括对椭球体上圆弧的支持（关系数据库系统领域内最好的）、对完全的球体空间对象的支持、相同功能的 geography 数据类型和 geometry 数据类型以及较强的空间索引性能。

（9）更强的互操作性：SQL Server 2012 支持跨平台且满足行业标准的 API，从而可以通过连接到 SQL Server 及 SQL Azure 应用程序来帮助客户实现异构环境的扩展。其中，Microsoft Driver for PHP for SQL Server 的设计是为了使部署在 Windows 平台上的 PHP 应用程序与 SQL Server 能够实现具有可靠的、强伸缩性的集成。Connectivity for Java 为企业客户提供从 Java 应用程序到 SQL Server 的高可用且安全性强的连接。而 Microsoft JDBC Driver for SQL Server 为一流企业和关键任务的 Java 应用程序到 SQL Server 提供连接。

3. 商业智能

SQL Server 2012 提供了高效灵活的数据组织和存储方式以及强大的分析及报表功能，以帮助企业扩展现有应用程序的价值。增强商业智能的功能包括如下。

（1）内存中的列存储技术。通过在数据库引擎中引入列存储技术，SQL Server 成为第一个能够真正实现列存储的数据库管理系统。通过列存储索引，快速、面向列的处理技术 VertiPaq 和一种称为批处理的新型查询执行范例结合起来，为常见的数据仓库查询进行提速，效果十分惊人。在测试场景下，星型联接查询及类似查询使客户体验到了近 100

倍的性能提升。

（2）分区表并行。提供的表格分区可达 15000 个，从而能够支持规模不断扩大的数据仓库。这种新的扩展支持有助于实现大型滑动窗口应用场景，这对于需要根据数据仓库的需求来实现数据切换的大文件组而言，能够使其中针对大量数据所进行的维护工作得到一定程度的优化。

（3）全面改进全文搜索功能。SQL Server 2012 中的全文搜索功能（FTS）除了对查询执行机制及并发索引更新机制进行显著的改进外，还实现了基于属性的搜索，不需要开发者在数据库中分别对文件的各种属性（如作者姓名、标题等）进行维护。同时对 NEAR 运算符进行改进，允许开发者对两个属性之间的距离及单词顺序作相应的规定。并且，全文搜索功能还重新修订了所有语言中存在的断字，在最新的 Microsoft 版本中进行了相应的更新，并新增了对捷克语和希腊语的支持。

（4）报表服务项目 PowerView。无论是否是业务主管，每级用户都希望通过网络进行高交互式的数据探索。PowerView 作为一种互动式数据探索及数据可视化显示体验，则可以实现这一需求。当一个用户需要访问业务数据，但是缺乏一些技术知识无法自己编写查询，并且对于报表方面的专业知识也了解甚微时，商业智能语义模型作为 PowerView 的基础，就可以为用户提供一种友好的数据视图，方便其利用手中的数据来表达自己的观点，从而使之享受到 PowerView 所带来的功能强大而又简单易行的升级体验。

（5）PowerPivot 增强。微软公司针对 PowerPivot 优质的功能进行了增强。用户可以在 Excel 中用一种常见的方式极迅速地完成对成堆数据的分析研究，也可以对全新升级的分析功能加以利用，例如可以创建 KPI、Rank、Perspective、Hierarchy 以及复杂的业务逻辑。新版本的 PowerPivot 还具有能够扩展数据分析表达式（DAX）的强大功能，从而使最终用户有能力通过与 Excel 中相类似的功能（如函数）来创建复杂的分析解决方案。

（6）全文统计语义搜索。对于存储在 SQL Server 数据库中的非结构化的数据文件，全文统计语义搜索功能可以将从前无法发现的文件之间的关系挖掘出来，从而能够使 T-SQL 开发者为企业带来深刻的业务洞察力。通过全新的 T-SQL 行集函数，将统计相关的"关键短语"抽取出来，看作结构化的数据，并以此为基础实现"跨文档的比较与匹配"。这项功能与文件表、语义搜索功能一起，使得非结构化数据成为关系数据库中的"同等公民"，允许开发者在任何设置操作中对其连同结构化的数据一同进行操纵。

（7）商业智能语义模型。商业智能语义模型是一种为包括报表、分析、记分卡、仪表板、自定义应用程序在内的各种类型的最终用户体验所设计的模型。开发者在使用过程中能够体验到极强的灵活性，可以利用模型的丰富性来创建复杂的业务逻辑。此外，为满足大多数高标准的企业需求，模型还具有较强的伸缩性。SQL Server 2012 在分析服务中引入了商业智能语义模型。这种单一的模型对于用户通过不同方式构建起来的商业智能解决方案均适用。这意味着 SQL Server 2012 将：第一，继续为强大的联机分析处理（OLAP）技术提供支持。正是由于 OLAP 技术的存在，SQL Server 分析服务（SSAS）才成为了商业智能专家不可或缺的重要工具。第二，为以行、列为单位熟练进行数据处理的

IT 专业人士提供相应的工具。第三,支持一系列跨个人、团队、公司背景的商业智能解决方案。

(8) Rendering to Microsoft Office Word & Excel Open XML Formats。在 SQL Server 2012 中,报表服务所提供的报表现在可以导出为 Office 2007 中为 Word 和 Excel 新引入的 Microsoft Office 文档格式。报表可以通过交互方式生成——允许用户自行选择数据格式并通过订阅直接发送给用户,也可以通过编程方式来实现。新的展现功能很好地利用了 Excel 内新的文档格式所带来的优势,如增加的列、行限制、较小的文件规模等。

(9) 报表服务中的最终用户警报功能。最终用户警报功能通过提供可靠的数据警报来提高用户的工作效率,会对后台的数据变化进行检查,并发送相应的警报信息。警报的触发条件由用户根据自身需要进行设定。因此,对重要的数据变化的响应能力会得到大幅提高。SQL Server 2012 中的最终用户警报功能还提供了一种新的工具,可以使用户高效率地使用报表服务中已发布到 SharePoint 的报表进行工作。

(10) 报表服务中的 SharePoint 集成增强。这些功能为 SQL Server 2012 的报表服务以及如 PowerView 和最终用户警报功能等自助式商业智能功能提供了一个改进的 SharePoint 集成平台。并且,通过将报表服务的管理及配置功能合并到 ShaerPoint 2010 Central Administration Portal 及 PowerShell 脚本来帮助 SharePoint 管理员降低总体拥有成本(TCO)。IT 可以通过使用一台单一的交换机来面向企业中的所有的用户开放报表功能,只需像管理其他任何的 SharePoint 功能一样来对交换机进行管理即可。

4. 开发及管理生产效率

SQL Server 2012 包含一系列让开发人员和管理人员提高工作和生产效率的新技术,列举如下:

(1) SQL Server 提供开发工具 SQL Server Data Tools(SSDT)。这一工具可以跨数据库、商业智能及网络提供一个强大的数据库开发环境,将数据库开发经验统一起来形成一个整体,同时还为 SQL Server 和 SQL Azure 提供支持。这一单一的开发环境可以大大简化应用程序的开发。SSDT 基于 Visual Studio 的 IDE 主要是针对数据库开发人员和 BI 开发人员而设计的,既可以独立使用,也可以和源代码控制、单元测试等功能集成使用。

(2) 数据层应用程序组件(DAC)框架。数据层应用程序组件(DAC)是 SQL Server 2008 R2 版本新引入的一项内容,跨 SQL Server 和 Visual Studio 为 IT 和开发者提供技术支持,能够帮助他们更加方便地定义并包含用于支持一个应用程序所需的对象及架构,可跨本地和公共云更加轻松地实现 DAC 的部署、导入及导出。

(3) Data-tier Application Component (DAC) Parity with SQL Azure。SQL Server 2012 和 SQL Azure 将提供“随时随地的技术支持”,使客户能够跨服务器、私有云以及 SQL Azure 的 SQL Server 数据库实现 DAC 数据库的移动。这样一来,DAC 数据库只需被构建一次,客户就可以在任何地方对其进行部署及管理。IT 及开发者都将从中体验到前所未有的灵活性。DAC 框架中的导入和导出服务允许实现本地和云数据库服务器之间的迁移应用场景及存档。其中的导出服务会将数据库的架构及数据抽取出来,并序列化为一种新的逻辑型开放存档格式——一个.bacpac 格式的文件，用户可以将此.bacpac 存档导入至另一个服务器中。

（4）主数据服务增强。主数据服务（MDS）将进一步简化用于数据集成操作的主数据结构（对象映射、参考数据、维度、层次结构）的管理。新的 Entity Based Staging 功能可以一次为一个实体加载所有的成员及属性值。此外，Master Data Manager Web 应用程序的 Explorer 和 Integration Management 功能区都被更新为新的 Silverlight 外观。这样一来，成员的添加、删除以及在层次结构里的移动等相关操作都变得更为快捷。并且，Excel 中新的 MDS 插件实现了数据管理大众化，这使得用户在 Excel 中就可以直接完成数据管理应用程序的创建。这一插件还可以用于从 MDS 数据库加载一个过滤的数据集，用户在 Excel 中对其中的数据进行操作，然后将数据变更返回到相应的 MDS 数据库中即可。对管理员而言，此插件还可以用于创建新的实体及属性。

（5）PowerShell 2.0 Support。增加这一功能以 SQL Server 2008 对 PowerShell 提供的技术支持为基础进一步扩展实现而成，主要是对 Windows PowerShell 2.0 加以利用，允许数据库管理员使用最新的 PowerShell 功能。提供极强的灵活性，允许 SQLPX.exe 用于所有的 SQL 环境及相关的自动化应用场景。

（6）SQL Server Express LocalDB。本地数据库 LocalDB 作为新的轻量级 Express，拥有其所有可编程功能。与传统的 Express 不同的是，在用户模式下运行，安装过程快速、零配置，并且所需的前提条件较少。

（7）Distributed Replay。简化应用程序的测试过程，并可以将因应用程序更改、配置更改以及更新所引起的错误降至最少。

（8）System Center Virtual Machine Manager。可以流程化虚拟管理。

总之，SQL Server 2012 是 SQL Server 系列中的一个重要产品版本，提供强大的开发环境以帮助用户高效地构建关键任务环境。新增加的功能以及对原有功能的增强能够帮助各种级别的企业释放突破性的洞察力；云就绪技术能够跨服务器、私有云和公有云实现应用程序对称，从而帮助客户在未来的使用过程中保持自身的敏捷性。

3.1.4　SQL Server 2012 的组成

SQL Server 2012 提供了一个全面、灵活和可扩展的数据仓库管理平台，可以满足成千上万用户对海量数据管理的需求，能够快速地构建相应的解决方案，实现私有云与公有云之间的数据扩展与应用迁移。服务端和客户端均包含若干灵活而强大的功能组件。

SQL Server 2012 的服务端主要包含以下几个重要的组成部分。

1. 数据库引擎（Database Engine）

SQL Server 2012 的核心是提供存储和处理数据任务的服务，该引擎可帮助用户设计并创建数据库，访问和更改数据库中存储的数据，提供日常管理及优化数据库的功能。在启动 SQL Server 服务后，用户便可以与数据库引擎服务创建连接，向数据库发出 SQL 命令，执行数据库操作，完成事务处理维护数据完整及安全等管理操作。SQL Server 服务可以在本地或远程作为服务来启动和停止。在安装 SQL Server 2012 时，会提供默认的数据库引擎服务名 MSSQLSERVER 2012，用户可以使用它进行数据库创建，也可以自已定义服务名称。

2. 集成服务（Integration Service）

SQL Server 2012 用于生成高性能数据集成和工作流解决方案的平台，负责完成数据的提取、转换和加载等操作。可以高效地处理各种各样的数据源（SQL Server、Oracle、Excel、XML 文档甚至文本文件等），能实现不同数据源之间数据的导入和导出，并能进行数据的清洗、聚合、合并和复制。用户还可以用来执行 FTP 操作、SQL 语句以及电子邮件消息传递等工作。

3. 分析服务（Analysis Service，SSAS）

引入商业智能模型，可供用户以多种方式构建多种商业智能解决方案，如报表、分析、仪表板和记分卡，以适应多种业务环境。提供强大的联机分析处理和数据挖掘功能，可把数据仓库的内容以有效的方式提供给决策者。

4. 报表服务（Reporting Service）

提供高效、灵活、直观的报表设计环境，可从多数据源获取报表内容，并以多种形式进行数据展现。同时可以多种形式展现报表，如 HTML、PDF、CSV、XML、TIFF、Word 2010 和 Excel 2010。此外，提供强大的布局及数据展现元素，如矩阵、图表、仪表盘、地图、嵌入迷你图、数据条等。该服务还提供强大的报表共享、交付以及管理功能，通过可协作的统一工作区有效地提供报表并访问报表，确保企业中的每一名员工都使用相同的资源以及最新的信息。

5. 数据质量服务（Data Quality Service，DQS）

数据质量表示数据适用于业务流程的程度。SQL Server 2012 的 DQS 可以通过分析、清理和匹配关键数据帮助企事业确保数据质量。

6. 服务代理（Service Broker）

服务代理作为数据引擎的一个组成部分，是围绕着发送和接收消息的基本功能来设计的，可以帮助开发人员生成可伸缩、安全的数据库应用程序。

7. 通知服务（Notification Service）

通知服务是用于开发和部署生成并通知的应用程序的平台，可以生成个性化消息并将其发送给所有的订阅方，还可以向各种设备传送消息。

8. 活动目录服务帮助（Active Directory Helper）

活动目录服务帮助是主要用于支持与活动目录服务 Active Directory 的集成，以分层的方式管理网络对象的信息，并向管理员、用户以及应用程序提供这些信息。该服务不识别实例，由 SQL Server 的所有实例共享，只安装一次即可。

9. SQL Server Browser 服务

SQL Server Browser 服务是用于确定服务端与客户端连接信息的服务，SQL Server Browser 启动时使用 1434 端口，并从注册表中读取计算机上的所有实例的信息。当有客户端向 SQL Server Browser 发送 UDP 消息时，SQL Server Browser 将使用 SQL Server 为每个实例启动的 TCP/IP 端口或命名管道对客户端做出反应。这样，客户端不但可以与服务器连接并进行通信，而且知道自己是通过哪个端口与服务端进行通信的。

10. SQL Server FullText Search 服务

为数据创建结构化和半结构化的内容及属性全文索引，以方便对数据进行快速的文字搜索。全文搜索能为任意大小的应用程序提供强大的搜索功能，尤其是对非结构化数据进行查询时，使用全文搜索比使用 SQL 语言中的 LIKE 语句的速度要快得多。

11. SQL Server VSS Writer 服务

SQL Server 的编写服务器，通过卷影复制功能（Volume Shadow Copy Service，VSS）框架提供用于备份和还原 SQL Server 2012 的功能。可使应用程序在写卷的同时备份卷，使更新数据的程序和备份数据的程序协同工作。不识别实例，所有实例共用一个服务。

SQL Server 2012 的客户端包含如下的管理工具。

1. 企业管理器（Management Studio）

SQL Server 2012 提供的图形化管理工具，是将原来 SQL Server 2000 的企业管理器、Analysis Manager 和 SQL 查询分析器的功能集成为一体。可以编写如 MDX、XML 以及 XMLA 语句。

2. 配置管理器（Configuration Manager）

配置管理器用于管理与 SQL Server 相关的连接服务，如网络协议的配置、与服务器进行连接的配置等。

3. SQL Server 错误和使用情况报告

SQL Server 错误和使用情况报告将 SQL Server 2012 所有组件和实例的错误报告或功能使用情况发送到微软公司或报告服务器。

4. 事件探查器（Profiler）

事件探查器与 SQL Server 的旧版本一样用于从服务器上捕获 SQL Server 2012 事件，并将捕捉到的事件放到跟踪文件中。这样就可以根据跟踪文件分析有问题的查询语句，导致性能不佳的查询语句等，同时找出问题的所在。

5. 商业智能开发工具（Business Intelligence Development Studio）

商业智能开发工具专门用于 SQL Server 2012 商业智能附加类项目的开发，主要用于开发数据分析服务，集成服务以及报表服务的解决方案。为每种项目类型提供了丰富的模板、设计器以及工具和向导。

3.1.5　SQL Server 2012 版本的选择

为了能够满足不同企业和个人对数据管理软件的功能、性能、灵活性以及价格上的需求，SQL Server 2012 提供了多种版本可供企业与个人选择。SQL Server 2012 的主要版本包括 Enterprise（企业版）、Standards（标准版）、Business Intelligence（商业智能版）；专业版包括 Web 版；扩展版包括 Developer 和 Express（Expressed with Advanced Services、Express with Tools 和 Express）版。

SQL Server 2012 Enterprise 作为高级版本，提供了全面的高端数据中心功能，性能极为快捷，虚拟化不受限制，还具有端到端的商业智能，可为关键任务工作负荷提供较高服务级别，支持最终用户访问深层数据。

SQL Server 2012 Business Intelligence 版提供了综合性平台,可支持组织构建和部署安全、可扩展且易于管理的 BI 解决方案,提供基于浏览器的数据浏览与可见性等卓越功能、功能强大的数据集成功能,以及增强的集成管理。

SQL Server 2012 Standard 版提供了基本数据管理和商业智能数据库,使部门和小型组织能够顺利运行其应用程序并支持将常用开发工具用于内部部署和云部署,有助于以最少的 IT 资源获得高效的数据库管理。

SQL Server 2012 的 Web 版对于从小规模至大规模 Web 资产提供可伸缩性、经济性和可管理性功能的 Web 宿主和 Web VAP 来说提供一项总拥有成本较低的选择。

SQL Server 2012 Developer 版支持开发人员基于 SQL Server 构建任意类型的应用程序。包括 Enterprise 版的所有功能,但有许可限制,只能用作开发和测试系统,而不能用作生产服务器。SQL Server Developer 是构建和测试应用程序的人员的理想之选。

SQL Server 2012 Express 是入门级的免费并可以自由散布的数据库,是学习和构建桌面及小型服务器数据驱动应用程序的理想选择。可与商用程序一起使用,继承了多数的 SQL Server 功能与特性,像 Transact-SQL、SQL CLR 等,相当适宜使用在小型网站,或者是小型桌面型应用程序。也可以和 SQL Server 集成,作为数据库复制(Replication)的订阅端,是独立软件供应商、开发人员和热衷于构建客户端应用程序的人员的最佳选择。如果需要使用更高级的数据库功能,则可以将 SQL Server Express 无缝升级到其他更高端的 SQL Server 版本。SQL Server 2012 中新增了 SQL Server Express LocalDB,这是 Express 的一种轻型版本,该版本具备所有可编程性功能,但在用户模式下运行,并且具有快速的零配置安装和必备组件要求较少的特点。

SQL Server 2012 的所有版本均支持 64 位和 32 位的操作系统。

SQL Server 2012 各版本在计算能力、高可用性、可伸缩性能及安全性等方面有一定的区别,详细内容请参见有关文献。

3.2　SQL Server 2012 的安装与卸载

3.2.1　安装所需的资源

SQL Server 2012 既可以安装在 32 位的操作系统上,也可以安装在 64 位的操作系统上,但建议在使用 NTFS 文件格式的计算机上运行 SQL Server 2012,不要在具有 FAT32 文件系统的计算机上安装 SQL Server 2012,因为没有 NTFS 文件系统安全。不同的版本对于不同的平台所需求的计算资源(主要指 CPU 及存储空间需求)是不同的。表 3.1 以 Windows 平台为例,给出各版本安装时所需要的最低资源配置。

在 Windows 系统上安装 SQL Server 2012 还需要有如下的软件环境:

(1).Net Framework,是安装数据库引擎、Reporting Services、Master Data Services、Data Quality Services、复制或 SQL Server Management Studio 必需的。

(2)Windows PowerShell,对于数据库引擎组件和 SQL Server Management Studio 而言是必需的。

表 3.1 SQL Server 2012 各版本安装所需要的资源配置

SQL Server 2012 版本	CPU 需求	内 在 需 求
Enterprise Edition	最小值： x86 处理器：1.0GHz x64 处理器：1.4GHz 建议： 2.0GHz 或更快	最少 1G，建议 4G 以上，并随着数据库的增加而增大，以保证最佳性能
BI Edition		
Standard Edition		
Express Edition		最少 512M，建议 1G 以上

（3）Internet 软件，Microsoft 管理控制台（MMC）、SQL Server Data Tools（SSDT）、Reporting Services 的报表设计器组件和 HTML 帮助都需要 Internet Explorer 7 或更高版本。

SQL Server 2012 对硬盘空间的需求取决于用户所选择的组件的多少及类型，不同的组件所需要的空间不同。完整的安装 SQL Server 2012 至少需要 6G 的空间，而不同类型的组件所需要的空间可以在微软公司的技术白皮书中找到，或在微软公司的帮助网站中获取：http://msdn.microsoft.com/zh-cn/library/ms143506.aspx，这里不再赘述。

3.2.2 安装步骤

本实验教程的示例安装环境是 SQL Server 2012 Express 版。

具体安装步骤如下。

（1）将 SQL Server 2012 Express 版光盘，放入计算机光驱，弹出如图 3.1 所示的开始页面，单击【安装】选项。

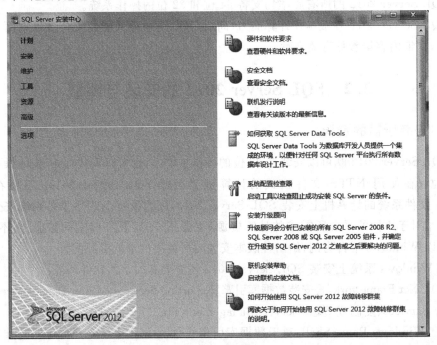

图 3.1 开始页面

（2）弹出如图 3.2 所示的安装页面。选择【全新 SQL Server 独立安装或向现有安装添加功能】超链接。

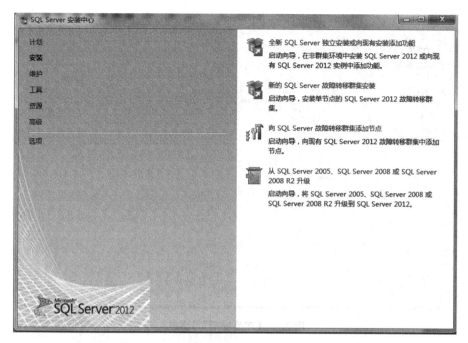

图 3.2 安装页面

（3）弹出如图 3.3 所示的【安装程序支持规则】对话框。单击【确定】按钮，进入【产品秘钥】对话框。

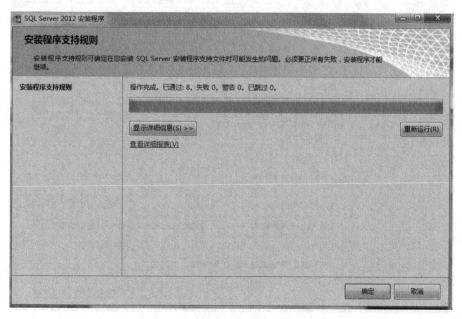

图 3.3 【安装程序支持规则】对话框

（4）在【产品秘钥】对话框中，如图 3.4 所示，可以选择【指定可用版本】单选按钮，或者输入有效的产品密钥，然后单击【下一步】按钮。

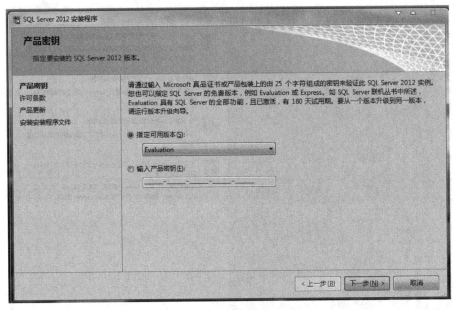

图 3.4 【产品秘钥】对话框

（5）弹出如图 3.5 所示的【许可条款】对话框，选择【我接受许可条款】复选框，单击【下一步】按钮。

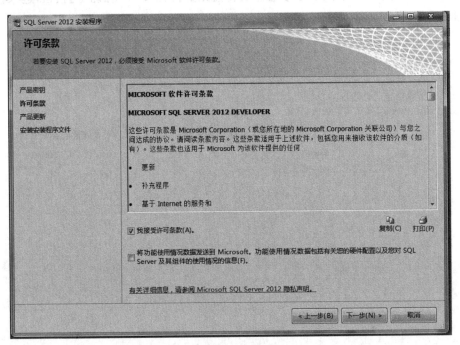

图 3.5 【许可条款】对话框

（6）弹出如图 3.6 所示的【产品更新】对话框，单击【下一步】按钮。

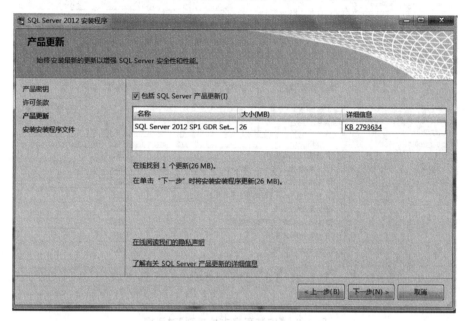

图 3.6 【产品更新】对话框

（7）弹出如图 3.7 所示的【安装安装程序文件】对话框，单击【安装】按钮。

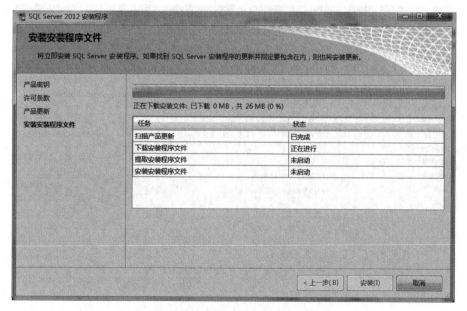

图 3.7 【安装安装程序文件】对话框

（8）弹出如图 3.8 所示的【安装程序支持规则】对话框，如果所有安装条件都满足单击【下一步】按钮。如果显示 Window 防火墙警告，最好关闭防火墙，然后再单击【下一步】按钮。

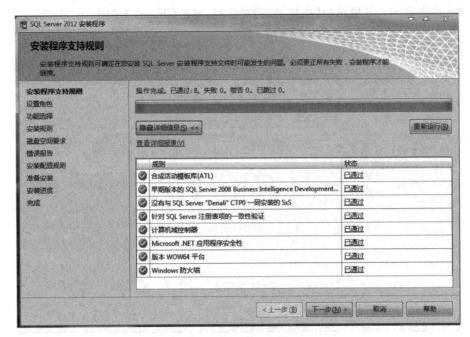

图 3.8 【安装程序支持规则】对话框

（9）弹出如图 3.9 所示的【设置角色】对话框，单击【下一步】按钮。

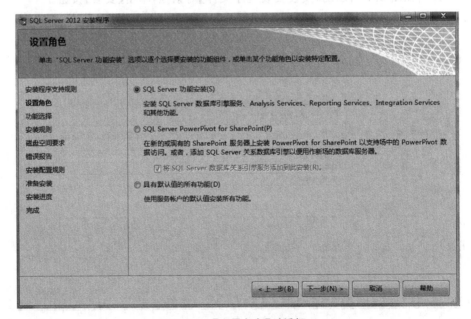

图 3.9 【设置角色】对话框

（10）弹出如图 3.10 所示的【功能选择】对话框（单击【全选】按钮，并设置共享功能目录），单击【下一步】按钮。

（11）弹出如图 3.11 所示的【安装规则】对话框，单击【下一步】按钮。

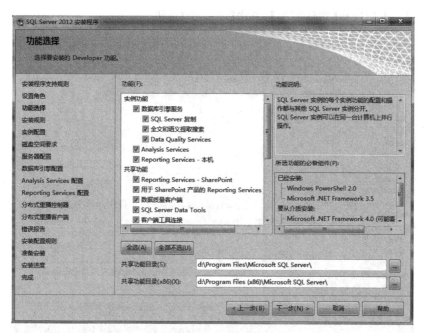

图 3.10　【功能选择】对话框

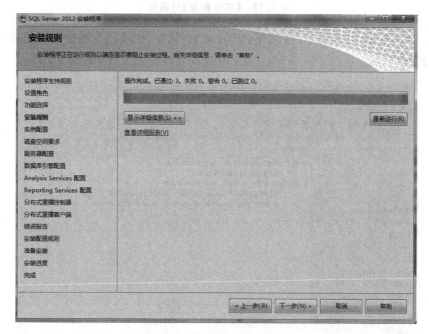

图 3.11　【安装规则】对话框

（12）弹出如图 3.12 所示的【实例配置】对话框，实例就是虚拟的 SQL Server 2012 服务器，SQL Server 2012 允许在同一台计算机上安装多个实例，并可以让这些实例同时进行或独立运行，就好像有多台 SQL Server 服务器同时运行。不同的实例以实例名来区分。SQL Server 2012 默认的实例名是 MSSQLSERVER，在同一台计算机上只能有一个默认的实例。本例选择【默认实例】，单击【下一步】按钮。

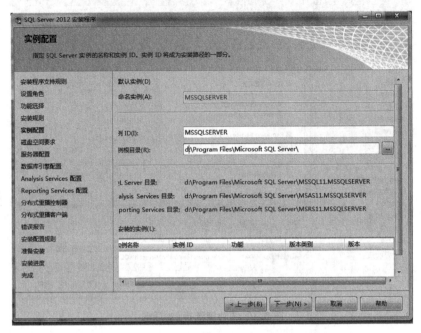

图 3.12 【实例配置】对话框

（13）弹出如图 3.13 所示的【磁盘空间要求】对话框，浏览信息并确定安装路径，单击【下一步】按钮。

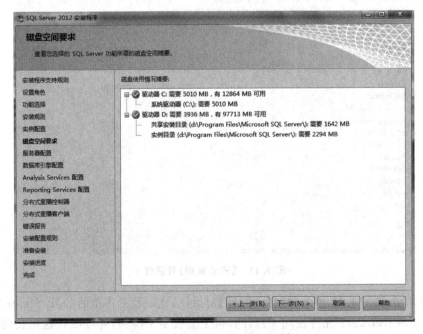

图 3.13 【磁盘空间要求】对话框

（14）弹出如图 3.14 所示的【服务器配置】对话框，默认选项，单击【下一步】按钮。

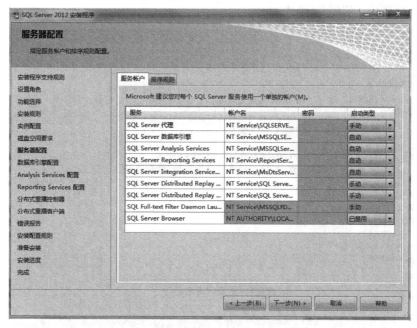

图 3.14　【服务器配置】对话框

（15）弹出如图 3.15 所示【数据库引擎配置】对话框，在【服务器配置】选项卡中，设置【身份验证模式】为【混合模式】，输入数据库管理员的密码，即 sa 用户的密码，并单击【添加当前用户】按钮，再单击【下一步】按钮继续安装。

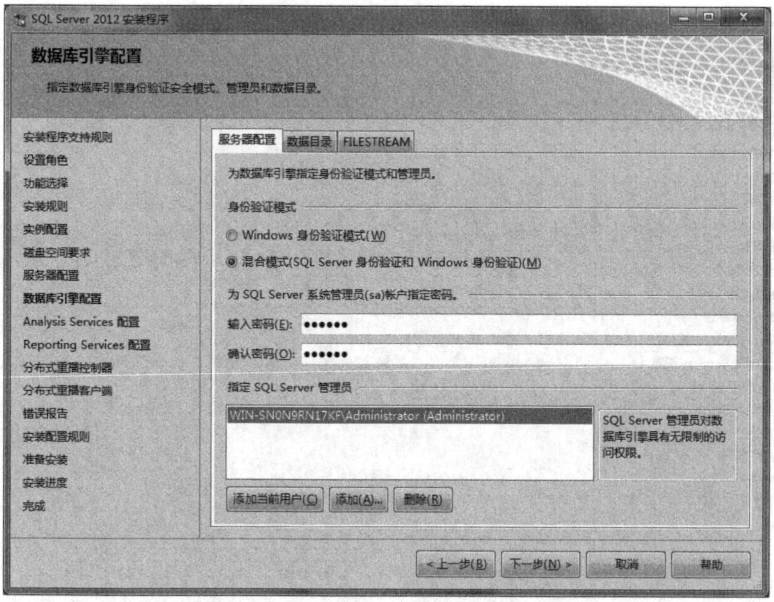

图 3.15　【数据库引擎配置】对话框

（16）在【Analysis Services 配置】对话框中，单击【添加当前用户】添加管理员账户，再单击【下一步】按钮，如图 3.16 所示。

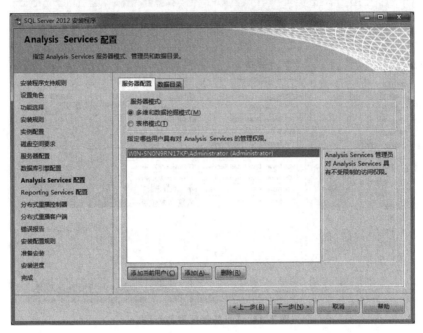

图 3.16　【Analysis Services 配置】对话框

（17）弹出如图 3.17 所示的【Reporting Services 配置】对话框，设置好安装模式后单击【下一步】按钮。

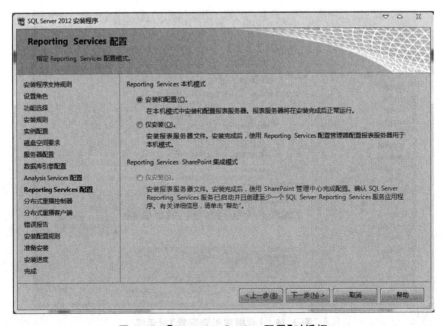

图 3.17　【Reporting Services 配置】对话框

（18）弹出如图 3.18 所示的【分布式重播控制器】对话框，单击【添加当前用户】，再单击【下一步】按钮。

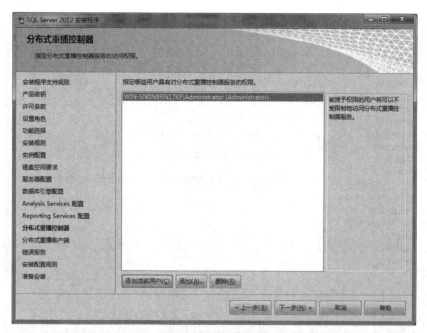

图 3.18　【分布式重播控制器】对话框

（19）弹出如图 3.19 所示的【分布式重播客户端】，单击【下一步】按钮。

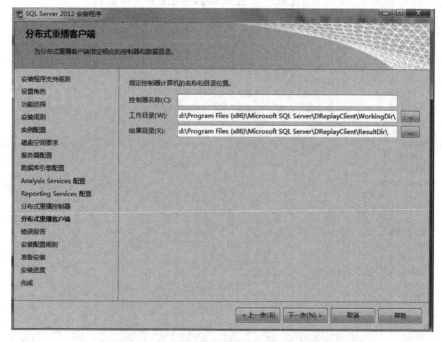

图 3.19　【分布式重播客户端】对话框

（20）弹出如图 3.20 所示的【错误报告】对话框，一般不需要启用报告功能，单击【下一步】按钮。

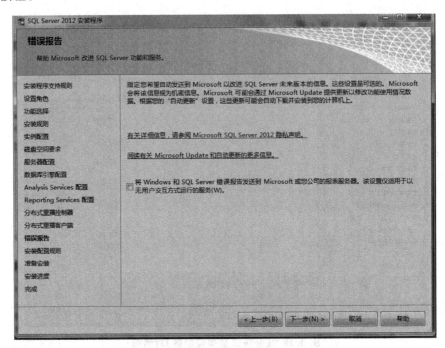

图 3.20　【错误报告】对话框

（21）弹出如图 3.21 所示的【安装配置规则】，单击【下一步】按钮。

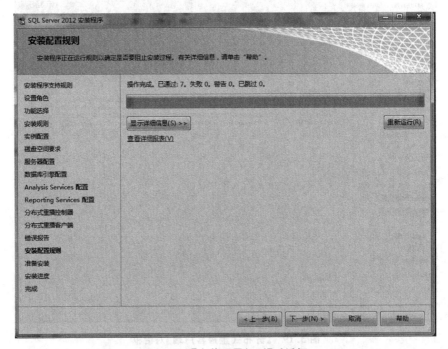

图 3.21　【安装配置规则】对话框

（22）弹出如图 3.22 所示对话框,在这里可以查看要安装的所有组件,如果需要修改安装计划,可以单击【上一步】按钮退回到【安装功能】对话框进行修改,如果没有地方需要修改则单击【安装】按钮。

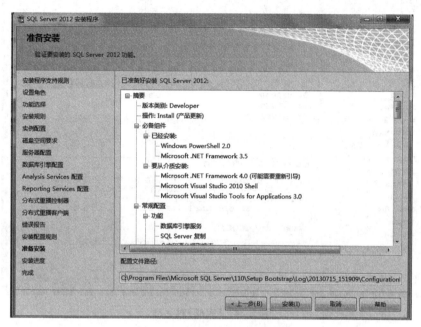

图 3.22　【准备安装】对话框

（23）弹出如图 3.23 所示的【安装进度】对话框。

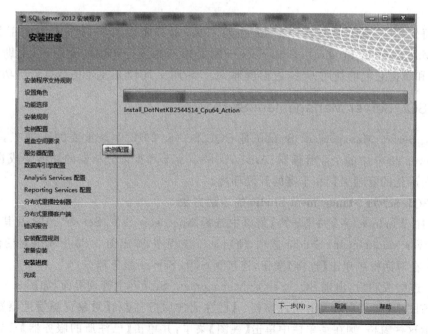

图 3.23　【安装进度】对话框

（24）安装完成，显示如图3.24所示的【完成】对话框，单击【关闭】按钮。

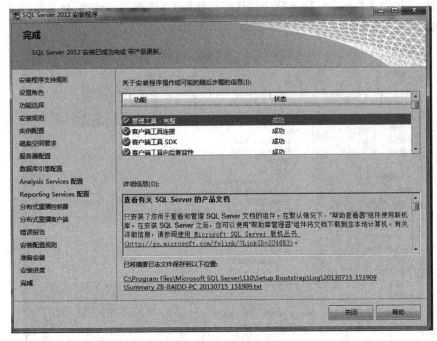

图3.24 【完成】对话框

3.3　SQL Server 2012 主要工具的使用

前面介绍了 SQL Server 2012 的主要工具，本节将对其中两个常用的工具 SQL Server Management Studio 和 SQL Server 配置管理器进行详细的介绍，以帮助读者理解、学习和掌握它们的使用方法，进而理解 SQL Server 2012 最基本的数据管理功能。

3.3.1　SQL Server Management Studio

SQL Server Management Studio 是 SQL Server 2012 中最重要的管理工具，它将 SQL Server 2000 中的企业管理器、Analysis Manager 和查询分析器的功能集成在一起，提供了图形化的管理工具和丰富的开发环境。

1. SQL Server Management Studio 的启动方法

（1）在 Windows 系统的【开始】菜单中选择 Microsoft SQL Server 2012 及其下面的 SQL Server Management Studio 选项，便启动了该程序，弹出图3.25所示的对话框。

（2）在对话框中单击【连接】按钮，连接到 SQL Server 服务器。

（3）连接成功后，出现 SQL Server Management Studio 主管理界面，如图3.26所示。

在该图中，有两个重要的组件窗格：【已注册的服务器】和【对象资源管理器】。如果没有显示这些窗格，则在菜单栏中单击【视图】菜单，并单击【已注册的服务器】菜单项，对象资源管理器即可调出相应的窗格。

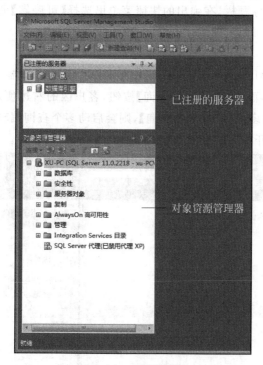

图 3.25　【连接到服务器】对话框

SQL Server Management Studio 集成了许多组件,一般来说用户只使用自己感兴趣的组件。不同组件的组合会形成不同的界面风格,如果想更改 SQL Server Management Studio 的界面布局,可以通过打开、关闭和隐藏相应的组件来获得。下面以如图 3.27 所示的【对象资源管理器】窗格为例,说明关闭、移动和隐藏相应的组件窗格的方法。

图 3.26　主管理界面

图 3.27　【对象资源管理器】窗格

- 关闭窗格:单击窗格右上角的 ✕ 按钮,即可关闭窗格。如果想再次打开,可以在菜单栏上选择【视图】→【对象资源管理器】选项。

- 隐藏窗格：单击窗格右上角的 ⊞ 按钮，当前窗格将最小化显示在如图 3.28 所示的屏幕左侧，将鼠标指针移动到左侧的窗格标题栏上时，窗格将重新打开。这时，再次单击 ⊞ 按钮，可使窗格固定显示在打开位置。

隐藏后的【对象资源管理器】

图 3.28　隐藏对象资源管理器

- 移动窗格：单击图 3.27 所示窗格右上角的 ▼ 按钮，在弹出的快捷菜单里选择【浮动】命令，然后可以使用鼠标将当前窗格拖动到屏幕的任何位置。如果让窗格重新停靠在屏幕边上，单击窗格的标题栏，在弹出的快捷菜单里选择【可停靠】命令，然后将窗格拖动到要停靠的位置即可。

2. 使用查询分析器

　　查询分析器是集成在 SQL Server Management Studio 中的 T-SQL 语句编辑器。在 SQL Server Management Studio 的主界面中单击【新建查询】按钮，客户区的右边便启动查询编辑器窗格，如图 3.29 所示。如果多次单击【新建查询】，则会启动多个查询编辑器，并以选项卡的形式展现给用户，用户打开相应的选项卡就可以进行 T-SQL 的编写。

图 3.29　查询编辑器

图 3.29 中给出了一条 SQL 语句,如果想执行该语句,单击【执行】按钮即可,执行结果在【结果】选项卡中显示出来。如果语句执行不成功,会在【消息】选项卡中给出错误提示。

3. 利用模板编写 SQL 语句

为了让程序员在编写 SQL 语句时能够方便查询帮助,并快速书写,SQL Server 2012 内置了很多 SQL 语句的模板供使用。具体方法如下。

(1)在 SQL Server Management Studio 的菜单栏中单击【视图】→【模板资源管理器】选项,就可以打开【模板资源管理器】窗格,如图 3.30 所示。

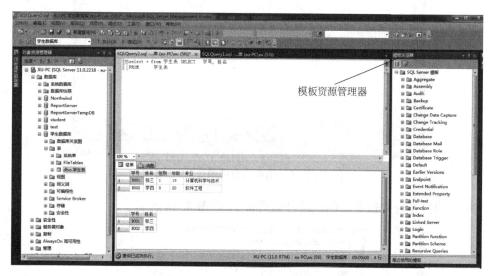

图 3.30 【模板资源管理器】窗格

(2)在【模板资源管理器】列表中,选择不同的模板,便可以给出不同的 T-SQL 语句。以创建数据库为例,展开【SQL Server 模板】,选择 Database,双击 Create Database 选项,弹出如图 3.31 所示对话框(数据库的名字为"DB2014")。

图 3.31 数据库的 SQL 语言模板

（3）在 SQL Server Management Studio 的菜单栏里单击【查询】→【指定模板参数的值】选项，打开【指定模板参数的值】对话框，如图 3.32 所示。本例中在【值】栏里输入数据库名称"DB2014"，然后单击【确定】按钮。

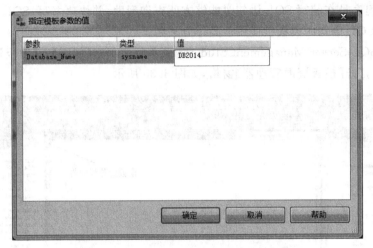

图 3.32　【指定模板参数的值】对话框

（4）此时，查询编辑器里的代码自动更新了，如图 3.33 所示。

```
-- =======================================
-- Create database template
-- =======================================
USE master
GO

-- Drop the database if it already exists
IF  EXISTS (
    SELECT name
        FROM sys.databases
        WHERE name = N'DB2014'
)
DROP DATABASE DB2014
GO

CREATE DATABASE DB2014
GO
```

图 3.33　查询编辑器中的代码

（5）单击 SQL Server Management Studio 窗口中的【执行】按钮，即可创建一个名为 DB2014 的数据库。

4. 利用项目脚本和解决方案管理项目脚本

一般来说，在一个项目中，数据库开发者都要写许多的 SQL 脚本文件，为了方便对这些脚本进行管理，SQL Server Management Studio 提供了项目脚本和解决方案，从而可以将同一个项目的 SQL 脚本放到脚本项目和解决方案中作为一组进行统一管理。

创建脚本项目和解决方案的具体方法如下。

（1）打开 SQL Server Management Studio，连接服务器。单击菜单栏中的【文件】→【新建】→【项目】选项，弹出如图 3.34 所示的【新建项目】对话框。

图 3.34　【新建项目】对话框

（2）在图 3.34 所示的【新建项目】对话框中，输入项目的名称，设置项目存放的位置和解决方案的名称后，单击【确定】按钮。

（3）在图 3.35 所示的【解决方案资源管理器】窗格中可以看到新建的解决方案选项，在这里可以新建数据库连接、创建 T-SQL 脚本文件。

（4）要保存解决方案和脚本项目，在菜单栏上选择【文件】→【全部保存】或【保存】选项。

（5）要关闭解决方案和脚本项目，在菜单栏上选择【文件】→【关闭解决方案】选项。

在 SQL Server Management Studio 中生成数据库脚本的具体方法如下。

图 3.35　【解决方案资源管理器】窗格

（1）打开 SQL Server Management Studio，连接服务器。在【对象资源管理器】窗格中，定位到
【学生数据库】选项。右击【学生数据库】，在弹出的快捷菜单中选择【编写数据库脚本】→
【create 到】→【新建查询编辑对话框】选项，弹出如图 3.36 所示的新的查询编辑对话框。

（2）打开一个新的查询编辑对话框，系统自动创建【学生数据库】的 T-SQL 脚本代码。

（3）单击【保存】可以将数据库脚本保存为一个 SQL 文件，在其他数据库服务器上执行便可生成一个相同的数据库。

在 SQL Server Management Studio 中生成数据表脚本的具体方法如下。

（1）打开 SQL Server Management Studio，连接服务器。在【对象资源管理器】窗格

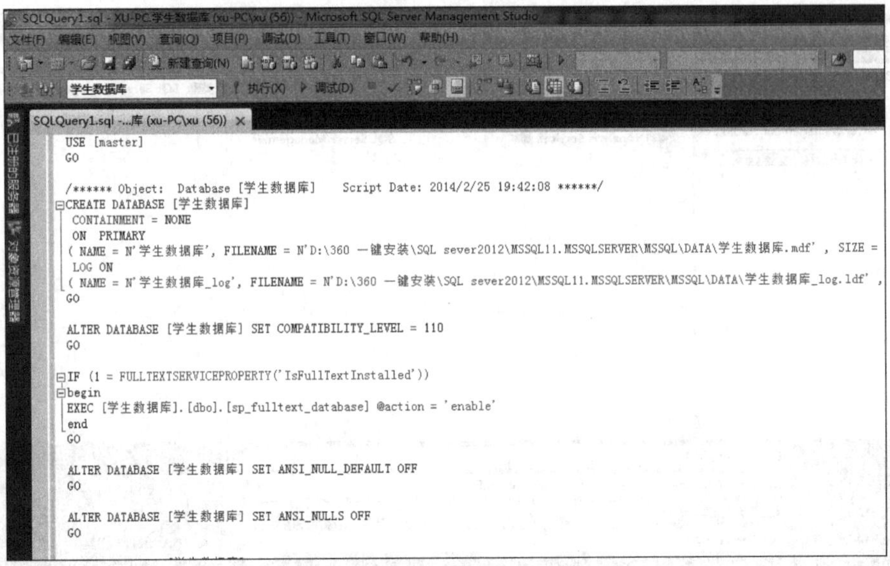

图 3.36　新的查询编辑对话框

中,定位到【学生表】选项。右击【学生表】,在弹出的快捷菜单中选择【编写表脚本为】→【create 到】→【新建查询编辑对话框】选项,弹出如图 3.37 所示的新的查询编辑对话框。

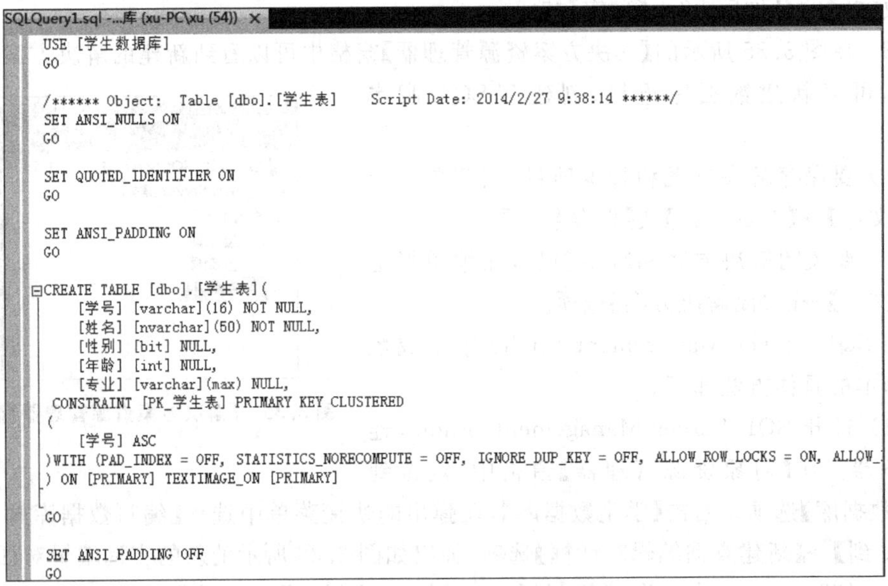

图 3.37　新的查询编辑对话框

（2）打开一个新的查询编辑对话框,系统自动创建学生表的 T-SQL 脚本代码。

（3）单击【保存】可以将数据库脚本保存为一个 SQL 文件,在其他数据库服务器上执行便可生成一个相同数据结构的数据表。

3.3.2 SQL Server 配置管理器

SQL Server Configuration Management(配置管理器)用于管理与 SQL Server 相关的连接服务,实际上是把 SQL Server 旧版本中的服务器/服务器网络实用工具和客户端网络实用工具集成在一起。

SQL Server 配置管理器的使用方法如下。

(1) SQL Server 配置管理器启动:在 Window 操作系统中选择【开始】→【所有程序】→Microsoft SQL Server 2012→【配置工具】→SQL Server Configuration Manager 选项,打开【SQL Server 配置管理器】。

(2) 使用【SQL Server 配置管理器】启动、停止、暂停或者重启 SQL Server 服务的方法如下。

- 在如图 3.38 所示的 SQL Server 配置管理器的界面中,单击【SQL Server 服务】选项,在右边的窗格中可以查看本地的所有 SQL Server 服务,包括不同实例的服务。

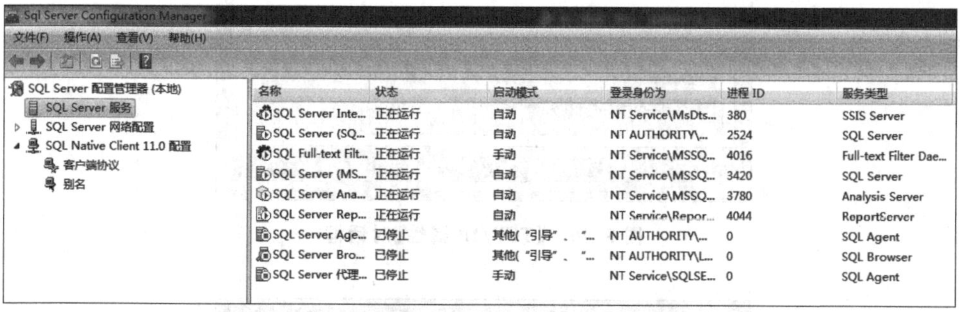

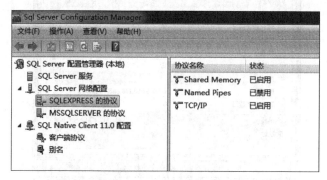

图 3.38 【SQL Server 配置管理器】界面

- 如果要启动、停止、暂停或者重启 SQL Server 服务,右击相应的服务名称,在弹出的快捷菜单中选择【启动】、【停止】、【暂停】或【重新启动】选项即可。

(3) 单击图 3.38 所示的【SQL Server 网络配置】选项,为 SQL Server 2012 配置 TCP/IP 协议,如图 3.39 所示。

图 3.39 【SQL Server 网络配置】选项

- 右击图 3.39 中的 TCP/IP，在弹出的快捷菜单中选择【属性】，弹出如图 3.40 所示的对话框。
- 选择图 3.40 所示的【TCP/IP 属性】对话框的【IP 地址】选项卡，如图 3.41 所示，可以查看 TCP 端口。

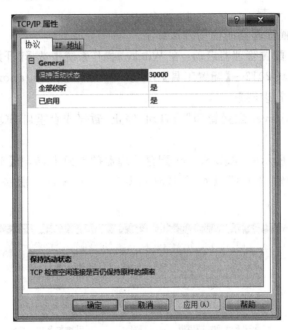

图 3.40　【TCP/IP 属性】对话框

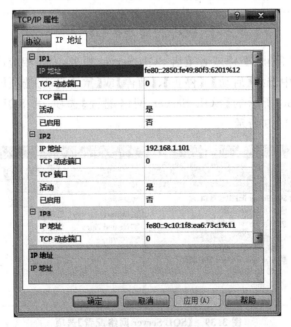

图 3.41　【IP 地址】选项卡

（4）配置 SQL Native Client 配置。选择图 3.38 所示界面中选择【SQL Native Client 11.0 配置】→【客户端协议】，右击 TCP/IP，选择【属性】，弹出如图 3.42 所示对话框，可以查看默认端口等信息。

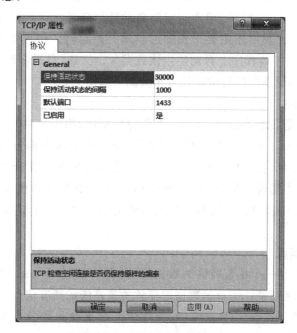

图 3.42　【协议】选项卡

3.4　系统数据库

SQL Server 的数据库分为系统数据库和用户数据库两种。系统数据库是 SQL Server 2012 自带的数据库，不需要进行管理。SQL Server 共包含 master、msdb、tempdb、model 和 resource 这 5 个系统数据库，都有特殊的用途，不能将其修改或删除。

1. master 数据库

master 数据库是整个数据库服务器的核心，记录了 SQL Server 数据库应用的所有系统级的信息，包含所有用户的登录信息、用户所在的组、所有系统的配置选项、服务器中本地数据库的名称和信息、SQL Server 的初始化方式等。如果 master 数据库出现故障，SQL Server 将无法启动，所以不要直接修改该数据库。

2. model 数据库

model 数据库是模板数据库，提供创建数据库的模板。当用户发出创建数据库命令时，SQL Server 2012 通过复制 model 数据库中的内容来创建新数据库的初始部分，然后用空项填充新数据库的剩余部分。model 数据库可以进行修改，并在以后创建的数据库中体现出修改的属性。用户可以通过修改 model 数据库的权限、大小、表数量、函数以及存储过程来改变新建数据库的属性。同理，如果用户希望具有相同的初始化文件大小，可以在 model 数据库中保存初始化文件大小信息；如果希望所有的数据库中都有一个相同的数据表,可将该表保存在 model 数据库中。

3. msdb 数据库

msdb 数据库提供运行 SQL Server Agent 工作的信息。SQL Server Agent 是 SQL Server 中的一个 Windows 服务,用来运行制定的计划任务。计划任务是在 SQL Server 中定义的一个程序。该程序不需要干预即可自动开始执行。用户不要直接修改该数据库。SQL Server 中的一些程序会自动使用该数据库。例如,当用户对数据进行存储或备份时,msdb 数据库会记录与执行这些任务相关的一些信息。

4. tempdb 数据库

tempdb 数据库是 SQL Server 中的一个临时数据库,用于存放临时对象或中间结果。所有连接到 SQL Server 实例的用户都可以使用,记录的临时数据包括临时表、临时存储过程、数据表变量、游标、排序的中间结果、索引操作与触发器操作产生的临时数据等等。tempdb 数据库的大小随着数据库操作的多少而变化,对数据库的操作越多,tempdb 数据库越大。SQL Server 关闭后,该数据库的内容被清空。每次重新启动服务器后,该数据库将被重建。

5. resource 数据库

resource 数据库是一个比较特殊的数据库,包含了 SQL Server 中所有的系统对象。与 master 数据库的区别是：master 数据库存放的是系统的所有信息,而不是对象。系统对象在物理上存储在 resource 数据库中,但逻辑上出现在每个数据库的 sys 架构中,所以,可以使用查询语句(如 select * from sys. index)来查看 resource 中的数据。

resource 数据库物理文件名是 mssqlsystemresource. mdf 和 mssqlsystemresource. ldf。每个数据库实例只有一个相关联的 mssqlsystemresource. mdf,各实例间不共享该文件。另外,resource 数据库必须与 master 数据库在相同的目录下,即物理存储路径相同。

3.5　查询系统信息的常用存储过程

SQL Server 2012 提供了方便查询系统信息及完成系统管理的系统存储过程,均以"sp_"开头,并放在 sys 架构中。根据作用不同,系统存储过程可分为 18 类：目录存储过程、游标存储过程、数据库引擎存储过程、Active Directory 存储过程、数据库邮件与 SQL mail 存储过程、数据库维护计划存储过程、分布式查询存储过程、全文搜索存储过程、日志传送存储过程、自动化存储过程、Notification Service 存储过程、复制存储过程、安全性存储过程、SQL Server Profiler 存储过程、SQL Server 代理存储过程、Web 任务存储过程、XML 存储过程和常规扩展存储过程。

下面介绍一些常用的查询系统信息的存储过程。

1. sp_help：查看对象信息

sp_help 用于查看数据库对象、用户定义的数据类型以及 SQL Server 本身的数据类型信息。语法的格式为：

```
sp_help [[@objname=] 'name']
```

如查询数据库中的所有对象,则写成:

```
exec sp_help
```

执行后将返回当前数据库的所有对象。

如果查询数据库中表的信息,则写成:

```
exec sp_help 表名
```

执行后将返回当前表中的所有信息,包括列名、主键、外键、约束和索引等等。

2. sp_helpdb:查看数据库信息

sp_helpdb 用于返回所有的或指定的数据库的信息。语法格式如下:

```
sp_helpdb[[@dbname=]'name']
```

执行"exec sp_helpdb"将返回当前实例中的所有数据库的信息。

执行"exec sp_helpdb northwind"将返回 northwind 数据库的信息,包括创建时间、状态、数据库文件信息等等。

3. sp_helpfile:查看数据库文件信息

sp_helpfile 用于返回当前数据库数据文件的物理名及属性。语法格式为:

```
sp_helpfile [[@filename=]'name']
```

执行"exec sp_helpfile"返回当前数据库所有数据文件的属性。

执行"exec sp_helpfile northwind"返回数据文件 northwind 的属性。

4. sp_helpfilegroup:查看文件组信息

sp_helpfilegroup 用于返回与当前数据库相关的文件组名和属性,语法的格式为:

```
sp_helpfilegroup[[@filegroupname=]'name']
```

5. sp_helpIndex:查看索引信息

sp_helpIndex 用于返回基本表或视图上的索引信息,语法格式为:

```
sp_helpIndex [[@objname=]'name']
```

执行"exec sp_helpIndex 学生表",将返回学生表中的所有索引信息。

6. sp_helpsort:显示排序顺序和字符集

sp_helpsort 用于显示 SQL Server 实例的排序顺序和字符集,没有参数。

7. sp_helpstats:查看列和索引的统计信息

sp_helpstats 用于返回指定表中的列和索引的统计信息,语法格式为:

```
sp_helpstats[@objname=] 'object_name'[, [@results=] 'value']
```

其中,@results 的值可以为 ALL 和 STATS。ALL 表示列出所有索引的统计值,而 STATS 列出与索引不相关的统计信息。

如执行"exec sp_helpstats 学生表",将返回学生表中的所有列以及索引的统计信息。

8. sp_helptext:查看对象内容

sp_helptext 用于返回用户定义的规则、默认值、存储过程、函数、触发器、计算列、

CHECK 约束、视图和系统对象的内容，但加密的内容无法显示。语法格式为：

```
sp_helptext [@objname=]'name'[,[@columnname=]computed_column_name]
```

其中 @columnname 为需要显示的列的名字，computed_column_name 为计算列的名字。

9. sp_helptrigger：查看触发器信息

sp_helptrigger 返回当前数据库定义的触发器的相关信息，语法格式为：

```
sp_helptrigger[@tablename=]'table'[,[@triggertype=]'type']
```

其中 @triggertype 的有效值为 insert、update 和 delete。

执行"exec sp_helptrigger 学生表"，将返回学生表中所定义的触发器信息。

执行"exec sp_helptrigger 学生表，'insert'"，将返回学生表中所有 insert 触发器的信息。

10. sp_lock：查看锁信息

sp_lock 返回有关锁的信息，语法格式为：

```
sp_lock[[@spid1=]'spid1'][,[@spid2=]'spid2']
```

执行"exec sp_lock"，将返回所有锁的信息。

执行"exec sp_lock 30"，将返回 ID 号为 30 的锁信息。

11. sp_monitor：查看系统统计信息

sp_monitor 用于查看数据库系统的统计信息，如 CPU 工作的时间、I/O 时间、读写数据的包数。此存储过程没有参数。

12. sp_rename：修改对象名

sp_rename 可以修改当前数据库中用户创建的对象名，比如修改表名、索引名、CLR 用户定义类型等。语法格式为：

```
sp_rename[@objname=]'object_name',[@newname=]'new_name'
[,[@objtype=]'object_type']
```

执行"exec sp_rename 学生表，新学生表"，可将"学生表"数据表的名称改为"新学生表"。其他对象的修改依此类推。

13. sp_renamedb：修改数据库名

sp_renamedb 用于修改数据库的名称，语法格式如下：

```
sp_renamedb[@dbname=] 'odl_name',[@newname=]'new_name'
```

执行 "exec sp_renamedb 教学数据库，学籍管理数据库"，可将"教学数据库"的名字改为"学籍管理数据库"。

14. sp_columns：查看列信息

sp_columns 用于返回特定表或视图的列的信息，包括列的数据类型、长度。语法格式为：

```
sp_columns [@table_name=] object [,[@@table_name =]owner]
```

```
[,[@column_name=]column][,[@ODBCVer=] ODBCVer]
```

其中，@table_name 为表或视图的名称，@table_name 为表或视图的所有者，@column_namc 为列名，@ODBCVer 为当前使用的 ODBC 版本号。

执行"exec sp_columns 学生表"，将返回"学生表"的所有列的信息。

执行"exec sp_columns 学生表，@column_name＝学生姓名"，将返回"学生表"中的"学生姓名"这一列的信息。

15．sp_databases：查看数据库信息

sp_databases 可以显示当前实例内所有数据库的相关信息。此存储过程没有参数。

16．sp_fkeys：查看外键信息

sp_fkeys 用于返回某个表的外键信息。语法格式为：

```
sp_fkeys [@pktable_name=] 'pktable_name'
[,[@pktable_owner=]'pktable_owner']
[,[@fktable_name=]'fktable_name'][,[@fktable_owner=]'fktable_owner']
```

其中，@pktable_name 为带主键的表名，pktable_owner 为带主键的表的所有者，@fktable_name 为带外键的表名，@fktable_owner 为带外键的表的所有者。

执行"exec sp_fkeys 学生表"，将返回"学生表"的所有外键信息。

17．sp_pkeys：查看主键信息

sp_pkeys 用于显示表的主键信息，语法格式为：

```
sp_pkeys[@table_name =]'name'[,[@table_owner =]'owner'
    [,[@table_qualifier =]'qualifier']
```

其中，@table_name 为表名，@table_owner 为表的所有者，@table_qualifier 为表所属的数据库或环境。

执行"exec sp_pkeys 学生表"，将返回"学生表"的主键信息。

18．sp_server_info：查看 SQL Server 信息

sp_server_info 返回 Microsoft SQL Server、数据库网关或基础数据源的特性名和匹配值的列表。语法格式为：

```
sp_server_info [[@attribute_id =]'attribute_id']
```

执行"exec sp_server_info "，将返回 SQL Server 2012 有关的所有信息。

19．sp_tables：查看表或视图的信息

sp_tables 可返回当前环境下可查询的对象的列表（任何可出现在 FROM 子句中的对象）。语法格式为：

```
sp_tables [[@table_name =]'name'][,[@table_owner =]'owner']
    [,[@table_qualifier ]'qualifier'][,[@table_type =]'type']
```

执行"exec sp_tables"，将返回当前数据库中所有的数据表和视图的信息。

执行"exec sp_tables @table_type＝'table'"，将返回当前数据库中所有表的信息。

20. sp_stored_procedures：查看存储过程信息

sp_stored_procedures 返回所请求环境中的所有存储过程的清单。语法格式如下：

```
sp_stored_procedures [[@sp_name =]'name']
  [,[@sp_owner =]'owner']
    [,[@sp_qualifier =]'qualifier']
```

其中，@sp_name 为存储过程名称，@sp_owner 为存储过程所属的架构。

执行"exec sp_stored_procedures"，将返回所有的存储过程。

执行"exec sp_stored_procedures P 成绩"，将返回名称为"P 成绩"的存储过程信息。

3.6　数据备份与恢复

由于各种原因，如磁盘故障、计算机软或硬件故障、黑客入侵、用户操作失误等，数据库中的数据都有可能被毁坏。因此，数据库管理员必须要保证数据库里的数据万无一失。保证数据库中数据安全的一种有效方法便是及时地进行数据备份。SQL Server 2012 提供了强大而灵活的数据备份和还原功能，下面分别进行介绍。

3.6.1　备份与还原

SQL Server 2012 提供了 4 种备份数据库的方式：完整备份、差异备份、事务日志备份以及文件和文件组备份。

（1）完整备份。即备份整个数据库的所有内容，包括事务日志。该备份类型需要比较大的存储空间来存储备份文件，备份时间也比较长，在还原数据时，只需还原一个备份文件即可。

完整备份的数据库可以在还原时一次性恢复到备份时刻的数据库状态，对于小型数据库来说比较实用，也比较简单，容易操作。

（2）差异备份。是完整备份的补充，只备份上次完整备份后更改的数据。相对于完整备份来说，差异备份的数据量比完整数据备份小，备份的速度也比完整备份要快。因此，差异备份通常作为常用的备份方式。在还原数据时，要先还原前一次做的完整备份，然后还原最后一次所做的差异备份，这样才能让数据库里的数据恢复到与最后一次差异备份时的内容相同。

举例说明差异备份的使用方法，比如 2014 年 2 月 1 日早上 8 点进行了完整备份后，在 2 月 2 日和 3 月 3 日又分别进行了差异备份，那么在 2 月 2 日的差异备份里记录的是从 2 月 1 日到 2 月 2 日这一段时间里的数据变动情况，而在 3 月 3 日的差异备份里记录的是从 2 月 1 日到 3 月 3 日这一段时间里的数据变动情况。因此，如果要还原到 3 月 3日的状态，只要先还原 2 月 1 日做的完整备份，再还原 3 月 3 日做的差异备份就可以了。

（3）事务日志备份。以事务日志文件为备份对象，只备份事务日志里的内容。事务日志记录了上一次完整备份或事务日志备份后数据库的所有变动过程，因此在进行事务日志备份之前，必须要进行完整备份。与差异备份类似，事务日志备份生成的文件较小、占用时间较短,但是,在还原数据时,除了先要还原完整备份之外,还要依次还原每个事务日志备份,而不是只还原最后一个事务日志备份,这是与差异备份的区别。

例如,在 2014 年 2 月 1 日早上 8 点进行了完整备份后,在 2 月 2 日和 3 月 3 日又进行了事务日志备份,那么在 2 月 2 日的事务日志备份里记录的是从 2 月 1 日到 2 月 2 日这一段时间里的数据变动情况,而在 3 月 3 日的事务日志备份里记录的是从 2 月 2 日到 3 月 3 日这一段时间里的数据变动情况。因此,如果要还原到 3 月 3 日的数据,需要先还原 2 月 1 日做的完整备份,再还原 2 月 2 日做的事务日志备份,最后还要还原 3 月 3 日所做的事务日志备份。

(4)文件和文件组备份。如果在创建数据库时,为数据库创建了多个数据库文件或文件组,可以使用该备份方式。使用文件和文件组备份方式可以只备份数据库中的某些文件。该备份方式在数据库文件非常庞大时十分有效,由于每次只备份一个或几个文件或文件组,可以分多次来备份数据库,避免大型数据库备份的时间过长。另外,由于文件和文件组备份只备份其中一个或多个数据文件,当数据库里的某个或某些文件损坏时,可能只还原损坏的文件或文件组备份。

清楚了 SQL Server 2012 数据库备份的方式后,便可以针对自己的数据库情况采用合适的方式来备份数据库。合理备份数据库需要考虑以下几个因素。

(1)备份的时间和频率。即什么时候备份数据库?隔多长时间备份数据库?备份数据库一定是在数据库停止的状态下进行,比如一般都安排在周日或夜里。备份数据库的频率则根据数据库中数据的变动情况来决定。如果每天数据库中只有几十条数据发生改变,就没有必要天天备份数据库,可一周或更长时间做一次完整备份,以后的每天(下班前)做一次事务日志备份,那么一旦数据库发生问题,可以将数据恢复到前一天(下班时)的状态。如果数据库里的数据变动得比较频繁,损失一个小时的数据都是十分严重的,用上面的办法备份数据就不可行了,此时可以交替使用三种备份方式来备份数据库。例如,每天下班时做一次完整备份,在两次完整备份之间每隔八小时做一次差异备份,在两次差异备份之间每隔一小时做一次事务日志备份。如此一来,一旦数据损坏可以将数据恢复到最近一个小时以内的状态,同时又能减少数据库备份数据的时间和备份数据文件的大小。

(2)备份到哪里。磁盘还是磁带?

(3)备份文件大小。当数据库文件过大不易备份时,可以分别备份数据库文件或文件组,将一个数据库分多次备份。在现实操作中,还有一种情况可以使用到数据库文件的备份。例如在一个数据库中,某些表里的数据变动得很少,而某些表里的数据却经常改变,那么可以考虑将这些数据表分别存储在不同的文件或文件组里,然后通过不同的备份频率来备份这些文件和文件组。但使用文件和文件组来进行备份,还原数据时也要分多次才能将整个数据库还原完毕,所以除非数据库文件大到备份困难,否则不要使用该备份方式。

对应以上 4 种数据库备份方式,SQL Server 2012 也提供了相应的 4 种数据库还原方式:完整备份还原、差异备份还原、事务日志备份还原以及文件和文件组备份还原。

(1)完整备份还原是所有备份方式在还原时都要使用的还原方式,只需要还原完整的备份即可。

(2)差异备份还原:需要两步完成,第一步进行完整备份还原,第二步还原最后一个差异备份。如果差异备份之后还有日志备份，则还应该还原事务日志备份以将数据库还原到最近的正确状态。

（3）事务日志备份还原：使用该方法还原数据库的步骤也比较繁琐，首先要进行一次完整备份的还原，然后依次进行不同时间的日志还原，其间如果有差异还原还要先做差异还原。

（4）文件和文件组备份还原：该方法只有在数据库中某个文件损坏时才会使用。

还原数据库前需要注意以下事项：

（1）检查还原的备份文件或备份设备，以及备份集是否正常。

（2）还原数据库时要确保数据库处于停止状态。

另外，在备份和还原数据库之前，还要对 SQL Server 2012 的恢复模式进行了解，如果恢复模式设置不正确，会导致数据无法还原。SQL Server 2008 数据库恢复模式分为三种：完整恢复模式、大容量日志恢复模式、简单恢复模式。

（1）完整恢复模式。为默认恢复模式。该模式下会完整记录数据操作的每一个步骤。使用完整恢复模式可以将整个数据库恢复到一个特定的时间点，这个时间点可以是最近一次可用的备份、一个特定的日期和时间或标记的事务。

（2）大容量日志恢复模式。该模式是对完整恢复模式的补充。简单地说就是要对大容量操作进行最小日志记录，节省日志文件的空间（如导入数据、批量更新、SELECT INTO 等操作时）。比如，一次在数据库中插入数十万条记录时，在完整恢复模式下每一个插入记录的动作都会记录在日志中，使日志文件变得非常大，在大容量日志恢复模式下，只记录必要的操作，不记录所有日志，这样一来，可以大大提高数据库的性能，但是由于日志不完整，一旦出现问题，数据将可能无法恢复。因此，一般只有在需要进行大量数据操作时才将恢复模式改为大容量日志恢复模式，数据处理完毕之后，马上将恢复模式改回完整恢复模式。

（3）简单恢复模式。在该模式下，数据库会自动把不活动的日志删除，因此简化了备份的还原，但因为没有事务日志备份，所以不能恢复到失败的时间点。通常，此模式只用于对数据库数据安全要求不太高的数据库。并且在该模式下，数据库只能做完整和差异备份。

可以使用 SQL Server Management Studio 进行恢复模式的设置，具体方法如下。

（1）启动 SQL Server Management Studio，在【对象资源管理器】窗格中展开树形目录，定位到要设置恢复模式的数据库。

（2）右击数据库名，在弹出的快捷菜单里选择【属性】选项，在弹出的【数据库属性】对话框中打开【选项】选项页，弹出图 3.43 所示的页面。

（3）在图 3.43 所示的页面中，展开【恢复】下拉列表框，在其中可以选择恢复模式。

（4）选择完毕后，单击【确定】按钮完成操作。

3.6.2　备份数据库

了解了数据库的恢复模式以及备份与还原的类型，就可以进行数据库的备份操作。数据库的备份既可以通过使用 SQL Server Management Studio 实现，也可以利用 SQL 语言实现。

图 3.43　设置数据库的恢复模式

1. 利用 SQL Server Management Studio 进行数据库备份

SQL Server Management Studio 可以对数据库进行不同类型的备份,以学生数据库为例,介绍如何使用 SQL Server Management Studio 备份数据库。

步骤 1:创建备份设备。备份数据库之前,首先要创建备份设备,以确定数据文件要备份的位置和名称,从而在数据恢复时可以直接引用。创建备份设备的过程如下。

(1) 启动 SQL Server Management Studio,在【对象资源管理器】窗格中展开树形目录,选择【数据库实例】→【服务器对象】→【备份设备】。

(2) 右击【备份设备】选项,选择【新建备份设备】,弹出如图 3.44 所示的【备份设备】对话框。

(3) 如图 3.44 所示,在【设备名称】文本框中可以输入备份设备名称,在本例中输入"我的备份设备";在【文件】文本框可以输入备份设备的路径和文件名。由此可知在 SQL Server 2012 中备份设备只是一个文件而已。

(4) 设置完毕,单击【确定】按钮完成创建备份设备的操作。

步骤 2:在【对象资源管理器】窗格中展开树形目录,选择【数据库实例】→【数据库】→【学生数据库】选项。

步骤 3:右击【学生数据库】选项,在弹出的快捷菜单中选择【任务】→【备份】选项,弹出如图 3.45 所示的【备份数据库】对话框。

步骤 4:在图 3.45 所示的对话框中可以完成以下操作。

(1) 选择要备份的数据库:在【数据库】下拉列表框中可以选择要备份的数据库名。

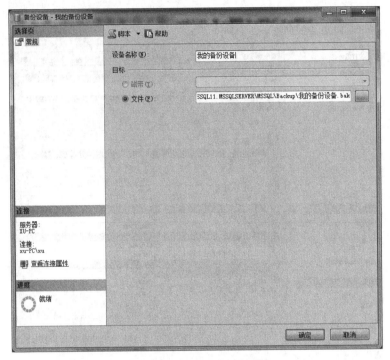

图 3.44 【备份设备】对话框

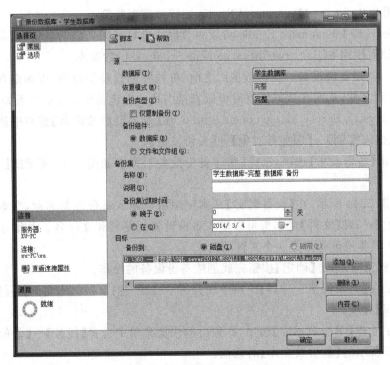

图 3.45 【备份数据库】对话框

（2）选择备份类型：在【备份类型】下拉列表框里可以选择【完整】、【差异】或【事务日志】三种备份类型。如果要进行文件和文件组备份，则选中【文件和文件组】单选按钮，此时弹出图 3.46 所示的【选择文件和文件组】对话框，在该对话框中可以选择备份的文件和文件组。选择完毕后单击【确定】按钮返回图 3.45 所示的【备份数据库】对话框。

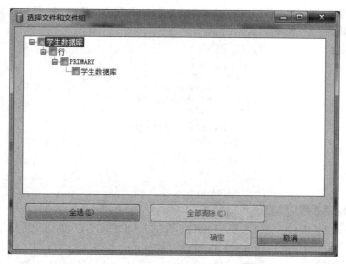

图 3.46　【选择文件和文件组】对话框

（3）设置备份集的信息：在【备份集】栏中可以设置备份集的信息，其中【名称】文本框用于设置备份集的名称，【说明】文本框用于输入对备份集的说明内容，在【备份集过期时间】区域可以设置本次备份在几天后过期或在哪天过期。备份集过期后会被新的备份文件覆盖。

（4）将数据库备份到哪里：SQL Server 2012 可以将数据库备份到磁盘或磁带上，本例中计算机里没有安装磁带机，所以【磁带】单选按钮是灰色的。将数据库备份到磁盘也有两种方式，一种是文件方式，一种是备份设备方式。单击【添加】按钮弹出如图 3.47 所示的【选择备份目录】对话框，在该对话框中可以选择数据库备份到文件还是备份设备上。

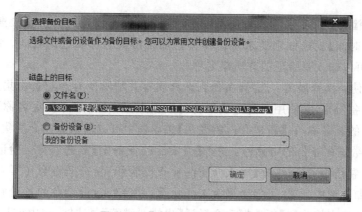

图 3.47　【选择备份目录】对话框

在本例中可以选择前面创建的备份设备,选择完毕后单击【确定】按钮返回图 3.45 所示的【备份数据库】对话框。SQL Server 2012 支持一次将数据库备份到多个备份目录上。

步骤 5:在图 3.45 所示的对话框中打开如图 3.48 所示的【选项】选项页,在该选项页中可以完成以下操作。

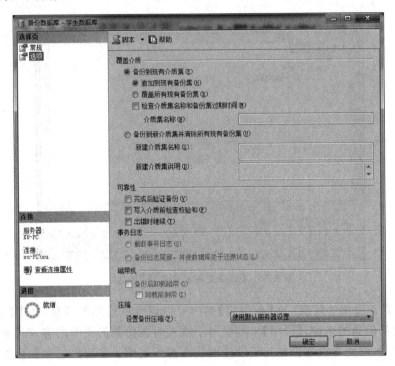

图 3.48　【选项】选项页

(1) 是否覆盖媒体:选择【追加到现有备份集】单选按钮,则不覆盖现有备份集,而将数据库备份追加到备份集里,同一备份集可以有多个数据库备份信息。如果选择【覆盖所有现有备份集】单选按钮,则将覆盖现有备份集,以前保存在该备份集中的信息将无法重新读取。

(2) 是否检查介质集名称和备份集过期时间:如果需要,可以选择【检查介质集名称和备份集过期时间】复选框来要求备份操作验证备份集名称和过期时间。在【介质集名称】文本框中可以输入要验证的介质集名称。

(3) 是否使用新介质集:选择【备份到新介质集并清除所有现有备份集】单选按钮可以清除以前的备份集,并使用新的介质集备份数据库。在【新建介质集名称】文本框中可以输入介质集的新名称,在【新建介质集说明】文本框中可以输入新建介质集的说明。

(4) 设置数据库备份的可靠性:选择【完成后验证备份】复选框将会验证设备集是否完整以及所有卷是否可读;选择【写入介质前检查校验和】复选框将会在写入备份介质前验证校验和,如果选中此项,可能会增大工作负荷,并降低备份设备的备份吞吐量。在选中【写入介质前检查校验和】复选框后会激活【出错时继续】复选框,选中该复选框后,如果备份数据库时出现错误,备份工作还将继续进行。

（5）是否截断事务日志：如果在图 3.45 所示对话框的【设备类型】下拉列表框中选择的是【事务日志】选项，那么在此将激活【事务日志】区域。在该区域中，如果选择【截断事务日志】单选按钮，则会备份事务日志并将其截断，以便释放更多的日志空间，此时数据库处于在线状态。如果选择【备份日志尾部，并使数据库处于还原状态】单选按钮，则会备份日志尾部并使数据库处于还原状态，该项创建尾日志备份，用于备份尚未备份的日志。当故障转移到辅助数据库或为了防止在还原操作之前丢失所做工作，该项很有用。选择了该项后，在数据库完全还原之前，用户将无法使用数据库。

（6）设置磁带机信息：可以选择【备份后卸载磁带】和【卸载前倒带】两个选型。

步骤 6：设置完毕后单击【确定】按钮，开始备份数据库。

2. 使用 T-SQL 语言备份数据库

T-SQL 语言提供了备份数据库的命令：BACKUP DATABASE。通过设置不同的参数以及不同的语法结构，该命令可以实现完整备份、差异备份以及文件和文件组备份。

完整备份和差异备份语法格式如下：

```
BACKUP DATABASE { database_name | @database_name_var }
TO <backup_device > [ ,...n ]
[ [ MIRROR TO <backup_device > [ ,...n ] ] [ ...next-mirror ] ]
[ WITH
    [ BLOCKSIZE = { blocksize | @blocksize_variable } ]
    [ [ , ] BUFFERCOUNT = { buffercount | @buffercount_variable } ]
    [ [ , ] { CHECKSUM | NO_CHECKSUM } ]
    [ [ , ] { STOP_ON_ERROR | CONTINUE_AFTER_ERROR } ]
    [ [ , ] DESCRIPTION = { 'text' | @text_variable } ]
    [ [ , ] DIFFERENTIAL ]
    [ [ , ] EXPIREDATE = { date | @date_var }
    | RETAINDAYS = { days | @days_var } ]
    [ [ , ] PASSWORD = { password | @password_variable } ]
    [ [ , ] { FORMAT | NOFORMAT } ]
    [ [ , ] { INIT | NOINIT } ]
    [ [ , ] { NOSKIP | SKIP } ]
    [ [ , ] MAXTRANSFERSIZE = { maxtransfersize | @maxtransfersize_variable } ]
    [ [ , ] MEDIADESCRIPTION = { 'text' | @text_variable } ]
    [ [ , ] MEDIANAME = { media_name | @media_name_variable } ]
    [ [ , ] MEDIAPASSWORD = { mediapassword | @mediapassword_variable } ]
    [ [ , ] NAME = { backup_set_name | @backup_set_name_var } ]
    [ [ , ] { REWIND | NOREWIND } ]
    [ [ , ] { UNLOAD | NOUNLOAD } ]
    [ [ , ] RESTART ]
    [ [ , ] STATS [ =percentage ] ]
    [ [ , ] COPY_ONLY ]
]
backup_device::=
```

```
        {
            { logical_backup_device_name | @logical_backup_device_name_var }
                |{ DISK | TAPE } = { 'physical_backup_device_name'
                | @physical_backup_device_name_var }
        }
```

主要参数有：

- database_name：数据库名。
- @database_name_var：数据库名称变量。
- < backup_device >：备份设备名称。
- MIRROR TO：表示备份设备组是包含 2～4 个镜像服务器的镜像媒体集中的一个镜像。若要指定镜像媒体集，则针对第 1 个镜像服务器设备使用 TO 子句，后跟最多 3 个 MIRROR TO 子句。
- BLOCKSIZE：用字节数来指定物理块的大小，支持的大小为 512、1024、2048、4096、8192、16384、32768 和 65536(64 KB)字节。
- BUFFERCOUNT：指定用于备份或还原操作的 I/O 缓冲区总数。可以指定任何正整数。
- CHECKSUM | NO_CHECKSUM：是否启用校检和。
- STOP_ON_ERROR | CONTINUE_AFTER_ERROR：校检和失败时是否还继续备份操作。
- DESCRIPTION：此次备份数据的说明文字内容。
- DIFFERENTIAL：只做差异备份，如果没有该参数，则做完整备份。
- EXPIREDATE：指定备份集到期和允许被覆盖的日期。
- RETAINDAYS：指定必须经过多少天后才可以覆盖该备份介质集。
- PASSWORD：为备份集设置密码，如果为备份集定义了密码，则必须提供此密码才能对该备份集执行还原操作。
- FORMAT | NOFORMAT：指定创建或不创建新的介质集。
- INIT：指定覆盖所有备份集，但是保留介质标头。如果指定了 INIT，将覆盖该设备上所有现有的备份集。
- NOINIT：表示备份集将追加到指定的介质集上，以保留现有的备份集。
- NOSKIP | SKIP：指定是否在覆盖介质上的所有备份集之前先检查过期日期。
- MAXTRANSFERSIZE：指定要在 SQL Server 和备份介质之间使用的最大传输单元(字节)。可能的值是 65536 字节(64KB) 的倍数，最多可到 4194304 字节(4MB)。
- MEDIADESCRIPTION：指定介质集的自由格式文本说明，最多为 255 个字符。
- MEDIANAME：指定整个备份介质集的介质名称。
- MEDIAPASSWORD：为介质集设置密码。MEDIAPASSWORD 是一个字符串。如果为介质集定义了密码，则在该介质集上创建备份集之前必须提供此密码。另外，从该介质集执行任何还原操作时也必须提供介质密码。

- NAME：指定备份集的名称。名称最长可达 128 个字符。
- REWIND：指定 SQL Server 将释放和重绕磁带。
- NOREWIND：指定在备份操作之后 SQL Server 让磁带一直处于打开状态。
- UNLOAD：指定在备份完成后自动重绕并卸载磁带。
- NOUNLOAD：指定在备份操作之后磁带将继续加载在磁带机中。
- RESTART：在 SQL Server 2005 该参数已经失效，在以前版本中，表示现在要做的备份是要继续前次被中断的备份作业。
- STATS：该参数可以让 SQL Server 每备份好百分之多少时的数据就显示备份进度信息。
- COPY_ONLY：指定此备份不影响正常的备份序列。仅复制不会影响数据库的全部备份和还原过程。

备份文件和文件组的语法格式如下：

```
BACKUP DATABASE { database_name | @database_name_var }
    [ ,...f ]
TO <backup_device >[ ,...n ]
[ [ MIRROR TO <backup_device >[ ,...n ] ] [ ...next-mirror ] ]
[ WITH
    [ BLOCKSIZE = { blocksize | @blocksize_variable } ]
    [ [ , ] BUFFERCOUNT = { buffercount | @buffercount_variable } ]
    [ [ , ] { CHECKSUM | NO_CHECKSUM } ]
    [ [ , ] { STOP_ON_ERROR | CONTINUE_AFTER_ERROR } ]
    [ [ , ] DESCRIPTION = { 'text' | @text_variable } ]
    [ [ , ] DIFFERENTIAL ]
    [ [ , ] EXPIREDATE = { date | @date_var }
    | RETAINDAYS = { days | @days_var } ]
    [ [ , ] PASSWORD = { password | @password_variable } ]
    [ [ , ] { FORMAT | NOFORMAT } ]
    [ [ , ] { INIT | NOINIT } ]
    [ [ , ] { NOSKIP | SKIP } ]
    [ [ , ] MAXTRANSFERSIZE = { maxtransfersize | @maxtransfersize_variable } ]
    [ [ , ] MEDIADESCRIPTION = { 'text' | @text_variable } ]
    [ [ , ] MEDIANAME = { media_name | @media_name_variable } ]
    [ [ , ] MEDIAPASSWORD = { mediapassword | @mediapassword_variable } ]
    [ [ , ] NAME = { backup_set_name | @backup_set_name_var } ]
    [ [ , ] { REWIND | NOREWIND } ]
    [ [ , ] { UNLOAD | NOUNLOAD } ]
    [ [ , ] RESTART ]
    [ [ , ] STATS [ =percentage ] ]
    [ [ , ] COPY_ONLY ]
]
backup_device:: =
    {
```

```
FILE ={ logical_file_name | @logical_file_name_var }
        | FILEGROUP ={ logical_filegroup_name
        | @logical_filegroup_name_var }
        | READ_WRITE_FILEGROUPS
    }
```

从以上代码可以看出，文件和文件组的备份与完整备份、差异备份的代码大同小异，不同的是备份设备有所区别。该语法块中的参数有：

- FILE：给一个或多个包含在数据库备份中的文件命名。
- FILEGROUP：给一个或多个包含在数据库备份中的文件组命名。
- READ_WRITE_FILEGROUPS：指定部分备份，包括主文件组和所有具有读写权限的辅助文件组。创建部分备份时需要此关键字。

如果要备份日志，则使用命令 BACKUP LOG，与 BACKUP DATABASE 的语法类似，如下所示：

```
BACKUP LOG { database_name | @database_name_var }
{
    TO [ ,...n ]
[ [ MIRROR TO [ ,...n ] ] [ ...next-mirror ] ]
    [ WITH
    [ BLOCKSIZE ={ blocksize | @blocksize_variable } ]
    [ [ , ] BUFFERCOUNT ={ buffercount | @buffercount_variable } ]
    [ [ , ] { CHECKSUM | NO_CHECKSUM } ]
    [ [ , ] { STOP_ON_ERROR | CONTINUE_AFTER_ERROR } ]
    [ [ , ] DESCRIPTION ={ 'text' | @text_variable } ]
    [ [ , ] EXPIREDATE ={ date | @date_var }
    | RETAINDAYS ={ days | @days_var } ]
    [ [ , ] PASSWORD ={ password | @password_variable } ]
    [ [ , ] { FORMAT | NOFORMAT } ]
    [ [ , ] { INIT | NOINIT } ]
    [ [ , ] { NOSKIP | SKIP } ]
    [ [ , ] MAXTRANSFERSIZE ={ maxtransfersize | @maxtransfersize_variable } ]
    [ [ , ] MEDIADESCRIPTION ={ 'text' | @text_variable } ]
    [ [ , ] MEDIANAME ={ media_name | @media_name_variable } ]
    [ [ , ] MEDIAPASSWORD ={ mediapassword | @mediapassword_variable } ]
    [ [ , ] NAME ={ backup_set_name | @backup_set_name_var } ]
    [ [ , ] NO_TRUNCATE ]
    [ [ , ] { NORECOVERY | STANDBY =undo_file_name } ]
    [ [ , ] { REWIND | NOREWIND } ]
    [ [ , ] { UNLOAD | NOUNLOAD } ]
    [ [ , ] RESTART ]
    [ [ , ] STATS [ =percentage ] ]
    [ [ , ] COPY_ONLY ]
    ]
```

```
}
```

从以上代码可以看出,文件和文件组的备份与完整备份、差异备份的代码大同小异,只是将 BACKUP BATABASE 改为了 BACKUP LOG。

【例 3.1】　请用 SQL 语句对学生数据库进行完整备份,并备份到名为"学生信息备份"的设备上。

```
BACKUP DATABASE 学生数据库
TO 学生信息备份
```

运行结果如图 3.49 所示,说明已经将学生数据库成功备份到"学生信息备份"的设备上。

> 📄 消息
> 已为数据库'学生数据库',文件'学生数据库'(位于文件 1 上)处理了 312 页。
> 已为数据库'学生数据库',文件'学生数据库_log'(位于文件 1 上)处理了 2 页。
> BACKUP DATABASE 成功处理了 314 页,花费 0.349 秒(7.008 MB/秒)。

图 3.49　例 3.1 运行结果

【例 3.2】　请用 SQL 语句对学生数据库进行差异备份,并备份到名为"学生信息备份"的设备上。

```
BACKUP DATABASE 学生数据库
TO 学生信息备份
WITH DIFFERENTIAL
```

运行结果如图 3.50 所示,可见差异备份时处理的数据量要少许多。

> 📄 消息
> 已为数据库'学生数据库',文件'学生数据库'(位于文件 2 上)处理了 40 页。
> 已为数据库'学生数据库',文件'学生数据库_log'(位于文件 2 上)处理了 1 页。
> BACKUP DATABASE WITH DIFFERENTIAL 成功处理了 41 页,花费 0.192 秒(1.668 MB/秒)。

图 3.50　例 3.2 运行结果

【例 3.3】　将学生数据库中的数据文件备份到名为"学生信息备份"的设备上。

```
BACKUP DATABASE 学生数据库
FILE='你在创建数据库时定义的数据文件'
TO 学生信息备份
```

运行结果如图 3.51 所示,只备份数据文件。

> 📄 消息
> 已为数据库'学生数据库',文件'student_data'(位于文件 8 上)处理了 8 页。
> 已为数据库'学生数据库',文件'学生数据库_log'(位于文件 8 上)处理了 1 页。
> BACKUP DATABASE...FILE=<name> 成功处理了 9 页,花费 0.162 秒(0.434 MB/秒)。

图 3.51　例 3.3 运行结果

【例 3.4】　在学生数据库中创建文件组,并备份该文件组到名为"学生信息备份"的设备上。

BACKUP DATABASE 学生数据库
FILEGROUP='学生数据库文件组'
TO 学生信息备份

运行结果如图 3.52 所示。

> 📄 消息
> 已为数据库 '学生数据库'，文件 'student_data'（位于文件 8 上）处理了 8 页。
> 已为数据库 '学生数据库'，文件 '学生数据库_log'（位于文件 8 上）处理了 1 页。
> BACKUP DATABASE...FILE=<name> 成功处理了 9 页，花费 0.162 秒 (0.434 MB/秒)。

图 3.52　例 3.4 运行结果

【**例 3.5**】　将学生数据库的日志文件进行备份。

BACKUP LOG 学生数据库
TO 学生信息备份

运行结果如图 3.53 所示。

> 📄 消息
> 已为数据库 '学生数据库'，文件 '学生数据库_log'（位于文件 7 上）处理了 16 页。
> BACKUP LOG 成功处理了 16 页，花费 0.063 秒 (1.898 MB/秒)。

图 3.53　例 3.5 运行结果

3.6.3　还原数据库

1. 以备份的"学生数据库"为例，使用 SQL Server Management Studio 还原数据库

步骤 1：启动 SQL Server Management Studio，右击要还原的数据库，在弹出的快捷菜单中选择【任务】→【还原】→【数据库】选项，弹出如图 3.54 所示的【还原数据库】对话框。

步骤 2：在图 3.54 所示的对话框中有很多选项，不同的还原情况需要选择不同的选项。

（1）【数据库】下拉列表框：选择要还原的数据库。

（2）【目标】区域：如果备份文件或备份设备里的备份集很多，还可以选择【时间线】选项，只要有事务日志备份支持，可以还原到某个时间的数据库状态。在默认情况下该选项是【最近状态】。

（3）【还原计划】区域：指定用于还原的备份集的源和位置。

（4）【要还原的备份集】列表框：这里列出了所有可用的备份集。

步骤 3：如果没有其他的需要，设置完第 2 步后，可以单击【确定】按钮进行还原操作，也可以在图 3.54 所示的对话框中打开【选项页】选项，如图 3.55 所示。

步骤 4：在图 3.55 所示的对话框中，可以设置以下选项。

（1）【覆盖现有数据库】复选框：选中此项会覆盖所有现有数据库以及相关文件，包括已经存在的同名其他数据库或文件。

（2）【保留复制设置】复选框：选中此项会将已发布的数据库还原到创建数据库的服

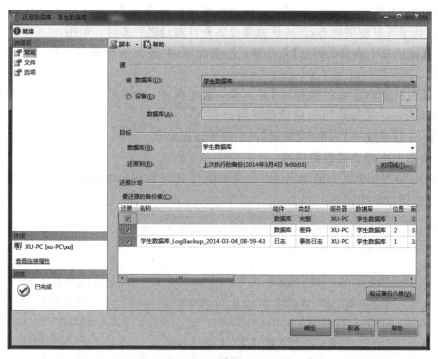

图 3.54 【还原数据库】对话框

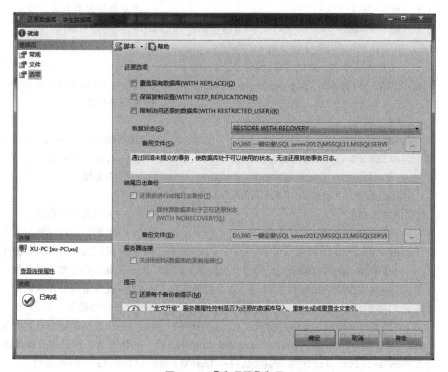

图 3.55 【选项页】选项

务器之外的服务器时，保留复选设置。不过该项只有在选择了【通过回滚未提交的事务，使数据库处于可以使用状态，无法还原其他事务日志。】之后才可以使用。

（3）【还原每个备份前提示】复选框：选中此项，在还原每个备份设备之前都会要求确认一次。

（4）【限制访问还原的数据库】复选框：选中此项，使还原的数据库仅仅提供 db_owner，dbcreator 或 sysadmin 的成员使用。

步骤 5：设置完毕后，单击【确定】按钮完成还原操作。

2. 使用 SQL 语言还原数据库

T-SQL 语言提供了与 BACKUP 对应的语句 RESTORE 实现数据库的还原。完整备份还原的语法结构如下：

```
RESTORE DATABASE{database_name | @database_name_var }        --数据库名
[ FROM <backup_device>[ ,...n ]]                             --备份设备
[ WITH
    [ { CHECKSUM |NO_CHECKSUM }]                              --是否校检和
    [ [ ,]{CONTINUE_AFTER_ERROR|STOP_ON_ERROR}]              --还原失败是否继续
    [ [ ,] ENABLE_BROKER ]                                   --启动 Service Broker
    [ [ ,] ERROR_BROKER_CONVERSATIONS]                       --对束所有会话
    [ [ ,] FILE ={ backup_set_file_number|@backup_set_file_number }]
                                                             --用于还原的文件
    [ [ ,]KEEP_REPLICATION]                      --将复制设置为与日志传送一同使用
    [ [ ,]MEDIANAME={media_name|@media_name_variable}] --介质名
    [ [ ,]MEDIAPASSWORD={mediapassword|        --介质密码
            @mediapassword_variable}]
    [ [ ,]MOVE'logical_file_name_in_backup'TO operating_system_file_name']
                                                --数据还原为
[ ,...n ]
    [ [ ,]NEW_BROKER]                           --创建新的 service_broker_guid 值
    [ [ ,]PASSWORD={password|@password_variable}]    --备份集的密码
    [ [ ,] { RECOVERY | NORECOVERY | STANDBY =       --恢复模式
        {standby_file_name | @standby_file_name_var }}]
    [ [ ,]REPLACE]                              --覆盖现有数据库
    [ [ ,]RESTART]                              --重新启动被中断的还原操作
    [ [ ,]RESTRICTED_USER]                      --限制访问还原的数据库
    [ [ ,]{REWIND|NOREWIND}]                    --是否释放和重绕磁带
    [ [ ,]{UNLOAD|NOUNLOAD}]                    --是否重绕并卸载磁带
    [ [ ,]STATS [=percentage]] --还原到在指定的日期和时间时的状态
    [ [ ,]{STOPAT={date_time|@date_time_var}         --还原到指定的日期和时间
|STOPATMARK ={'mark_name'|'lsn:lsn_number'}   --恢复为已标记事务或日志序列号
[ AFTER datetime ]|STOPBEFOREMARK={'mark_name'|'lsn:lsn_number'}
    [ AFTER datetime }]]][;]<backup_device>::={
    { logical_backup_device_name|@logical_backup_device_name_var }
```

```
 |{DISK|TAPE}={'physical_backup_device_name'|
    @physical_backup_device_name_var}
}
```

其中：

- ENABLE_BROKER：启动 Service Broker 以便消息可以立即发送。

- ERROR_BROKER_CONVERSATIONS：发生错误时结束所有会话，并产生一个错误指出数据库已附加或还原。此时 Service Broker 将一直处于禁用状态直到此操作完成，然后再将其启用。

- KEEP_REPLICATION：将复制设置为与日志传送一同使用。设置该参数后，在备用服务器上还原数据库时，可防止删除复制设置。该参数不能与 NORECOVERY 参数同时使用。

- MOVE：将逻辑名指定的数据文件或日志文件还原到所指定的位置。

- NEW_BROKER：使用该参数在会在 databases 数据库和还原数据库中都创建一个新的 service_broker_guid 值，并通过清除结束所有会话端点。Service Broker 已启用，但未向远程会话端点发送消息。

- RECOVERY：回滚未提交的事务，使数据库处于可以使用状态。无法还原其他事务日志。

- NORECOVERY：不对数据库执行任何操作，不回滚未提交的事务。可以还原其他事务日志。

- STANDBY：使数据库处于只读模式。撤消未提交的事务，但将撤消操作保存在备用文件中，以便可以恢复效果逆转。

- standby_file_name | @standby_file_name_var：指定一个允许撤消恢复效果的备用文件或变量。

- REPLACE：会覆盖所有现有数据库以及相关文件，包括已存在的同名的其他数据库或文件。

- RESTART：指定 SQL Server 应重新启动被中断的还原操作。RESTART 从中断点重新启动还原操作。

- RESTRICTED_USER：还原后的数据库仅供 db_owner、dbcreator 或 sysadmin 的成员才能使用。

- STOPAT：将数据库还原到在指定的日期和时间时的状态。

- STOPATMARK：恢复为已标记的事务或日志序列号。恢复中包括带有已命名标记或 LSN 的事务，仅当该事务最初于实际生成事务时已获得提交，才可进行本次提交。

- STOPBEFOREMARK：恢复为已标记的事务或日志序列号。恢复中不包括带有已命名标记或 LSN 的事务，在使用 WITH RECOVERY 时，事务将回滚。

【例 3.6】　用名为"学生信息备份"的备份设备来还原学生数据库。

```
USE master
```

```
RESTORE DATABASE 学生数据库
FROM 学生信息备份
```

运行结果如图 3.56 所示,还原成功。

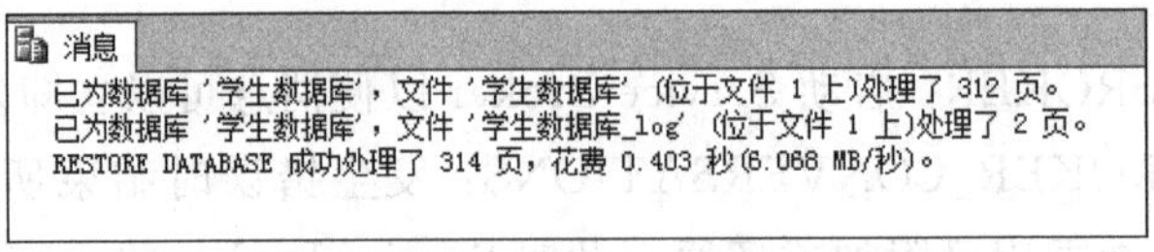

图 3.56　例 3.6 运行结果

【例 3.7】 使用备份文件还原学生数据库。

```
USE master
RESTORE DATABASE 学生数据库
FROM DISK='D:\SQL sever2012\MSSQL11.MSSQLSERVER\
          MSSQL\Backup\学生信息备份.bak'
```

运行结果如图 3.57 所示,成功使用备份文件还原数据库。

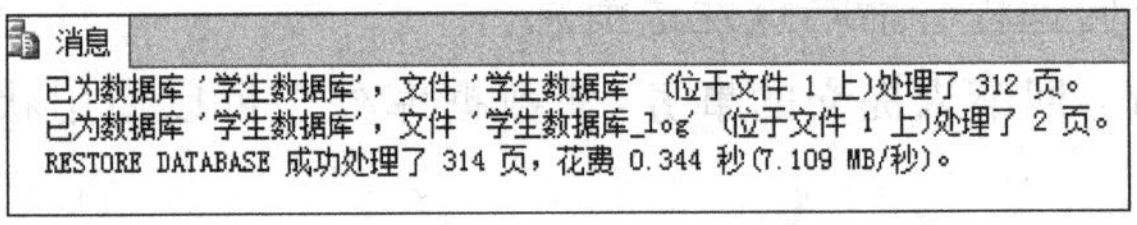

图 3.57　例 3.7 运行结果

还原差异备份的语法与还原完整备份的语法是一样的,只不过在还原差异备份时,必须要先还原完整备份再还原差异备份,因此还原差异备份必须要分为两步完成。完整备份与差异备份数据可以在同一个备份文件或备份设备中,也可以在不同的备份文件或备份设备中。如果在同一个备份文件或备份设备中,则必须要用 file 参数来指定备份集。无论是备份集是不是在同一个备份文件(备份设备)中,除了最后一个还原操作,其他所有还原操作都必须要加上 NORECOVERY 或 STANDBY 参数。

【例 3.8】 用学生数据库的例子构造一个两次差异还原的例子。

用名为"学生信息备份"的备份设备的第一个备份集来还原学生数据库的完整备份,再用第三个备份集来还原差异备份,其代码如下:

```
USE master
RESTORE DATABASE 学生数据库
FROM 学生信息备份
WITH FILE=1,NORECOVERY
GO
RESTORE DATABASE 学生数据库
FROM 学生信息备份
WITH FILE=3
GO
```

运行结果如图 3.58 所示。

消息

已为数据库'学生数据库',文件'学生数据库'(位于文件 1 上)处理了 312 页。
已为数据库'学生数据库',文件'学生数据库_log'(位于文件 1 上)处理了 2 页。
RESTORE DATABASE 成功处理了 314 页,花费 0.419 秒(5.837 MB/秒)。
已为数据库'学生数据库',文件'学生数据库'(位于文件 2 上)处理了 40 页。
已为数据库'学生数据库',文件'学生数据库_log'(位于文件 2 上)处理了 1 页。
RESTORE DATABASE 成功处理了 41 页,花费 0.133 秒(2.408 MB/秒)。

图 3.58 例 3.8 运行结果

如果单独还原差异备份或在本例中完整备份代码里没有加上 NORECOVERY 参数,就会出现如图 3.59 所示的无法还原差异备份信息。

消息 3117,级别 16,状态 1,第 1 行
无法还原日志备份或差异备份,因为没有文件可用于前滚。
消息 3013,级别 16,状态 1,第 1 行
RESTORE DATABASE 正在异常终止。

图 3.59 无法还原差异备份信息

SQL Server 2005 已经将事务日志备份看成和完整备份、差异备份一样的备份集,因此,还原事务日志备份也可以和还原差异备份一样,只要知道它在备份文件或备份设备里是第几个文件集即可。

还原文件和文件组备份也可以使用 RESTORE DATABASE 语句,但是必须要在数据库名与 FROM 之间加上 FILE 或 FILEGROUP 参数来指定要还原的文件或文件组。通常来说,在还原文件和文件组备份之后,还要再还原其他备份来获得最近的数据库状态。

3.6.4 分离/附加数据库

数据库的分离/附加是实现数据库移动和升级的常用办法。分离数据库是指将数据库从 SQL Server 的列表中删除,但数据库的数据和事务日志文件要保存完好,并复制到其他存储设备中。附加数据库指将存储设备中的数据文件及对应的日志文件附加到同一或其他 SQL Server 实例中,由该实例来管理和使用这个数据库。

在 64 位和 32 位环境中,SQL Server 磁盘存储格式均相同。因此,可以将 32 位环境中的数据库附加到 64 位环境中,反之亦然。从运行在某个环境中的服务器实例上分离的数据库,可以附加到运行在另一个环境中的服务器实例。

SQL Server 2012 中既可以使用 SQL Server Management Studio 实现数据的分离/附加,也可以使用 T-SQL 语句进行数据库的分离与附加。

1. 使用 SQL Server Management Studio 分离学生数据库

步骤 1:在 SQL Server Management Studio【对象资源管理器】中展开树形目录,定位到学生数据库。右击【学生数据库】选项,如图 3.60 所示,在弹出的快捷菜单中选择【任务】,然后选择【分离】选项。

步骤 2:在如图 3.61 所示的【分离数据库】对话框中,如果【状态】列显示"就绪",就代表可以正常分离,单击【确定】按钮,完成分离操作。

2. 使用 T-SQL 分离学生数据库

在 SQL Server 2012 中,已经有一个名为 sp_detach_db 的存储过程,使用这个存储过程可以分离数据库。打开查询编辑器窗格,输入以下代码:

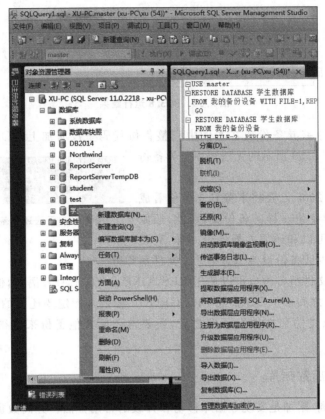

图 3.60　选择快捷菜单里的选项

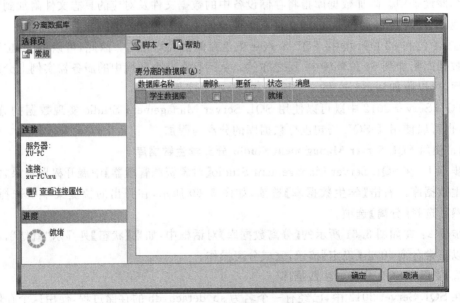

图 3.61　【分离数据库】对话框

```
Exec sp_detach_db '学生数据库'
```

然后单击【执行】按钮,就可以分离"学生数据库"。但是,如果有进程(用户)正在使用学生数据库,分离将会失败,如图 3.62 所示。

要解决这个问题,先要查看哪些进程正在使用学生数据库。在查询编辑器窗格中可以输入以下代码来查看用户和进程信息:

图 3.62　分离失败消息

```
Use master
exec sp_who
```

单击【执行】按钮后,在图 3.63 所示【结果】窗格里可以看到正在使用学生数据库的进程(用户)。

spid	ecid	status	loginame	hostname	blk	dbname	cmd	request_id
1		und	sa		0	NULL	LOG WRITER	0
2	0	background	sa		0	NULL	RECOVERY WRITER	0
3	0	background	sa		0	NULL	LOCK MONITOR	0
4	0	background	sa		0	NULL	RESOURCE MONITOR	0
5	0	background	sa		0	NULL	XE TIMER	0
6	0	background	sa		0	NULL	XE DISPATCHER	0
7	0	background	sa		0	NULL	LAZY WRITER	0
8	0	background	sa		0	master	SIGNAL HANDLER	0
9	0	sleeping	sa		0	master	TASK MANAGER	0

图 3.63　【结果】窗格

记住正在使用数据库的进程编号,然后用 T-SQL 语句的 KILL 语句来结束进程。在没有进程使用数据库时,就可以使用存储过程 sp_detach_db 来分离数据库。本例中,正在使用学生数据库的进程编号是 52、54,在查询编辑器窗格中输入:

```
use master
kill 52
kill 54
exec sp_detach_db 学生数据库
```

3. 使用 SQL Server Management Studio 附加学生数据库

步骤 1:在 SQL Server Management Studio 的【对象资源管理器】中展开树形目录,定位到数据库。右击数据库选项,在弹出的快捷菜单中选择【附加】选项,弹出如图 3.64 所示的【附加数据库】对话框。

步骤 2:单击【添加】按钮,弹出如图 3.65 所示的【定位数据库文件】对话框。在该对话框中默认只显示了数据库的数据文件,也就是 mdf 文件。选择要附加的数据文件,在本例中选择学生数据库,然后单击【确定】按钮。

步骤 3:返回【附加数据库】对话框,如图 3.66 所示。在该对话框的【要附加的数据库】列表框里,已经将数据库的数据文件添加进去了。其中,【附加为】栏中显示的是数据库名。本例中将其改为"学生"。这样,在附加数据库时,会自动将其改名为"学生"。在

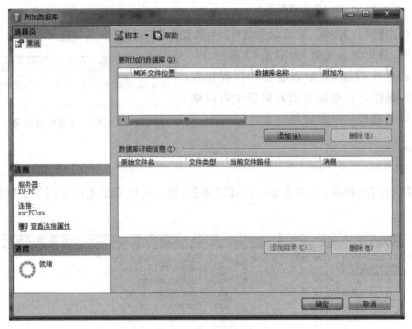

图 3.64　【附加数据库】对话框

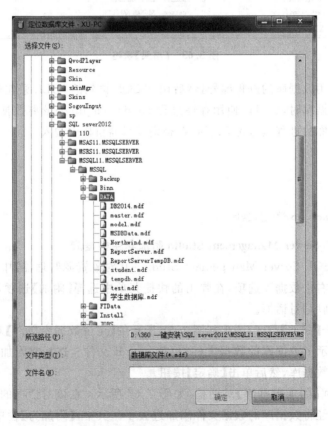

图 3.65　【定位数据库文件】对话框

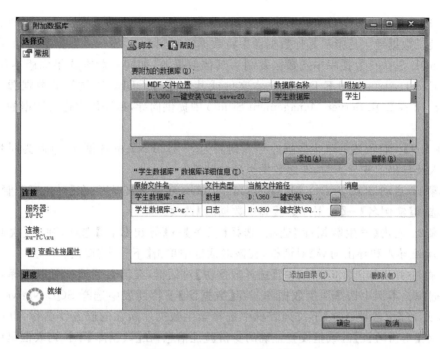

图 3.66　附加数据库后的效果

【"学生数据库"数据库详细信息】列表框中,可以看到原"学生数据库"包含的数据库文件,
SQL Server 2012 会自动关联数据文件和日志文件。

步骤 4:单击【确定】按钮,完成附加操作。完成后,可以在【对象资源管理器】窗格中
看到新附加的数据库名为学生数据库。

4. 使用 T-SQL 附加学生数据库

打开查询分析器,输入以下代码:

```
Use master
  CREATE DATABASE 学生数据库
  ON (FILENAME='D:\SQL Server 2012\MSSQL11.MSSQLSERVER\
              MSSQL\DATA\学生数据库.mdf')
  FOR ATTACH
```

单击【执行】按钮,就可以附加学生数据库了。

还可以使用系统存储过程 sp_attach_db 来附加数据库,代码如下:

```
Use master
  exec sp_attach_db 学生数据库,
  'D:\SQL Server 2012\MSSQL11.MSSQLSERVER\MSSQL\DATA\学生数据库.mdf'
```

单击【执行】按钮,附加学生数据库成功。

3.6.5　导入导出

SQL Server 2012 中提供数据导入导出功能,以实现 SQL Server 不同版本之间,SQL

Server 与 OLE DB、其他 ODBC 数据源之间，以及 SQL Server 与文本文件之间的数据复制与转换。数据导入是指从其他数据源中将数据复制到 SQL Server 数据库中，而数据导出指从 SQL Server 数据库中把数据复制到其他数据源，如同一版本或不同版本的 SQL Server、Excel、Access、OLE DB、纯文本文件或其他通过 ODBC 来访问的数据源。SQL Server 2012 在 SQL Server Management Studio 中提供向导，帮助用户进行数据的导入和导出。

【例 3.9】 将创建的学生数据库导入到名为 STUDENT 的数据库中（此为同版本的数据导入及导出。在导入时，考虑数据类型的转换）。

步骤 1：启动 SQL Server Management Studio，链接上数据库，在【对象资源管理器】窗格中选择【实例名】→【数据库】→【学生数据库】选项。

步骤 2：右击【学生数据库】选项，选择【任务】→【导出数据】选项，弹出【欢迎使用 SQL Server 导入和导出向导】对话框，在该对话框中单击【下一步】按钮。

步骤 3：弹出如图 3.67 所示的【选择数据源】对话框，在该对话框中可以选择导出数据的数据源。本例中选择学生数据库。在【数据源】下拉列表中选择 SQL Native Client 11.0 选项，在【服务器名称】下拉列表框中选择学生数据库所在的服务器名称，也可以直接输入；在【身份验证】区域里设置正确的身份验证信息；在【数据库】下拉列表框里可以选择要导出数据的数据库名，如果没有显示出来要导出的数据库名，请确认服务器名、身份验证信息是否正确，如果正确，可以单击【刷新】按钮进行刷新。设置完毕后单击【下一步】按钮。

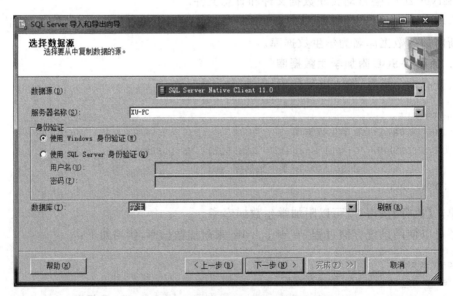

图 3.67 【选择数据源】对话框

步骤 4：弹出如图 3.68 所示的【选择目标】对话框，在该对话框里的操作与上一步相似，用来设置接收数据目标。在本例中选择 STUDENT 数据库，然后单击【下一步】按钮。

步骤 5：弹出如图 3.69 所示的【指定表复制或查询】对话框，在该对话框中设置用何

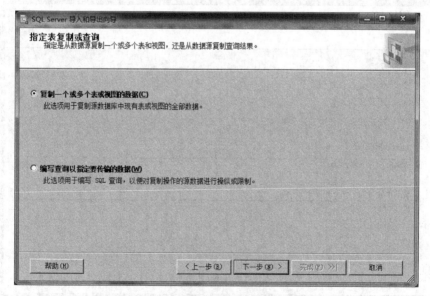

图 3.68　【选择目标】对话框

种方式来指定传输的数据。可选项有两个：一个是【复制一个或多个表或视图的数据】，如果选择该项，则接下来的操作是选择一个或多个数据表或视图，并将其中的数据导入到目标源中；另一个是【编写查询以指定要传输的数据】，如果选择该项，则接下来的操作是输入一个 T-SQL 查询语句，SQL Server 导入和导出向导会执行这个查询语句，然后将结果导出到目标源中。在本例中选择【复制一个或多个表或视图的数据】，然后单击【下一步】按钮。

图 3.69　【指定表复制或查询】对话框

步骤 6：弹出如图 3.70 所示的【选择源表和源视图】对话框，在该对话框中可以选择要导出的数据库表或视图,可以选择一个或多个,选择完毕后单击【下一步】按钮。

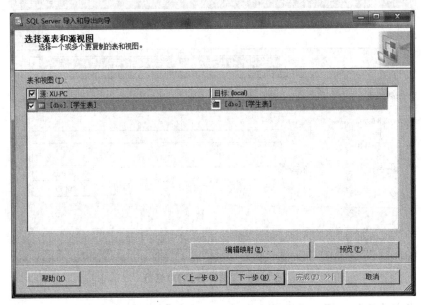

图 3.70　【选择源表和源视图】对话框

　　步骤 7:弹出如图 3.71 所示的【保存并运行包】对话框,在该对话框中可以选择是立即运行导入导出操作,还是将前面步骤里的设置保存为 SSIS 包,以便日后操作使用。在本例中选择【立即运行】复选框,然后单击【下一步】按钮。

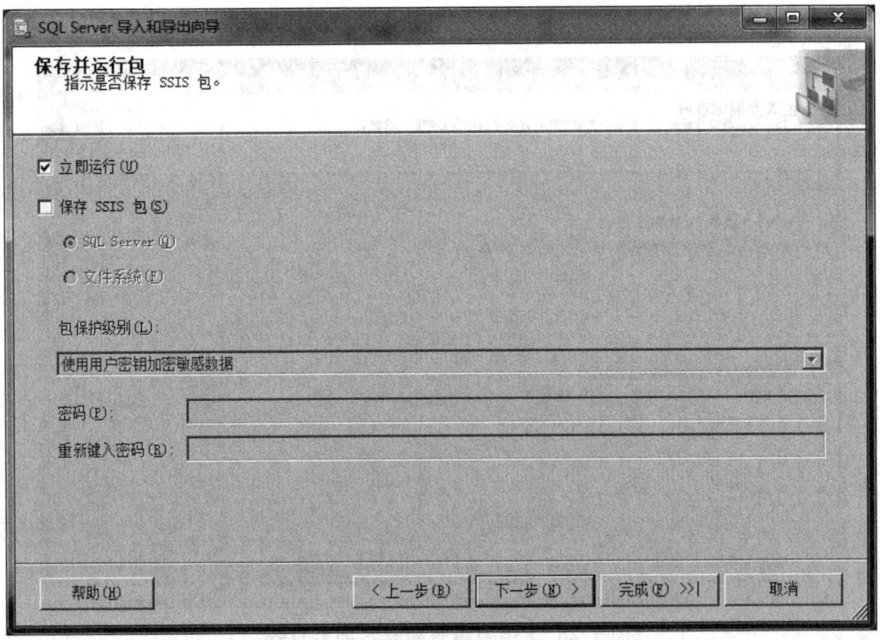

图 3.71　【保存并运行包】对话框

步骤 8：弹出【完成该向导】对话框，在该对话框中显示 SQL Server 导入和导出向导要完成的操作，如果有错误则单击【上一步】按钮返回进行修改，如果无误则单击【关闭】按钮完成操作。

【例 3.10】　将学生数据库中的"学生表"导出到 Excel 文件中（此为不同数据源间的数据传输）。

步骤 1：启动 SQL Server Management Studio，连接上数据库，在【对象资源管理器】窗格中选择【实例名】→【数据库】→【学生数据库】选项。

步骤 2：右击【学生数据库】选项，选择【任务】→【导出数据】选项，弹出【欢迎使用 SQL Server 导入和导出向导】对话框，在该对话框中单击【下一步】按钮。

步骤 3：弹出如图 3.72 所示【选择数据源】对话框，在该对话框中可以选择导出数据的数据源。本例中选择学生数据库。

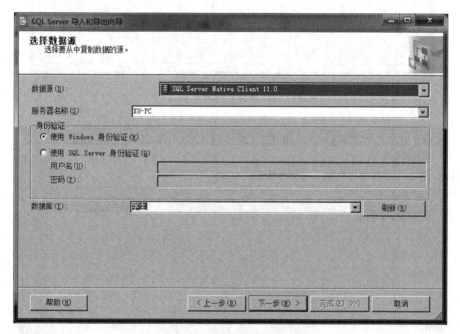

图 3.72　【选择数据源】对话框

步骤 4：弹出如图 3.73 所示的【选择目标】对话框，在【目标】下拉列表框中选择 Microsoft Excel 选项，在【Excel 文件路径】文本框中输入要保存的 Excel 文件位置和文件名，然后单击【下一步】按钮。

步骤 5：弹出【指定表复制或查询】对话框，本例中选择【编写查询以指定要传输的数据】单选按钮，也可以选择【复制一个或多个表或视图的数据】单选按钮，然后选择要传输的数据表或视图，选择完毕后单击【下一步】按钮。

步骤 6：弹出如图 3.74 所示的【提供源查询】对话框，在该对话框中可以输入查询的 T-SQL 语句，SQL Server 导入和导出向导会执行查询语句并将结果导入到目标数据库中。在本例中输入查询语句，然后单击【下一步】按钮。

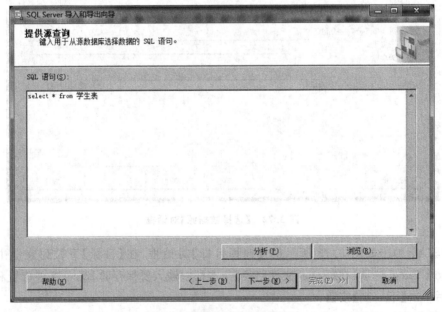

图 3.73 【选择目标】对话框

图 3.74 【提供源查询】对话框

步骤 7：弹出如图 3.75 所示的【选择源表和源视图】对话框。在该对话框中可以看到，在【源】栏中，只有【查询】为可选项，在【目标】栏中可以修改目标表名。修改完毕后单击【下一步】按钮。

步骤 8：弹出如图 3.76 所示的【查看数据类型映射】对话框，单击【下一步】按钮。

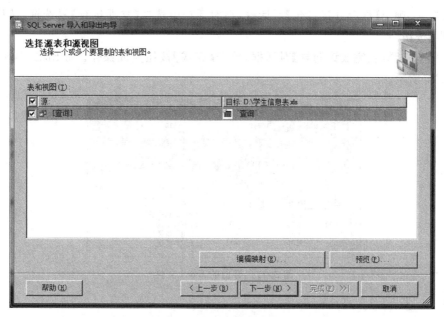

图 3.75　【选择源表和源视图】对话框

图 3.76　【查看数据类型映射】对话框

步骤 9：弹出【保存并运行包】对话框，在对话框中选择【立即运行】复选框，然后单击【下一步】按钮。

步骤 10：弹出【完成该向导】对话框，单击【完成】按钮完成操作。导出的 Excel 文件如图 3.77 所示。

	A	B	C	D	E	F	G
1	学号	姓名	性别	年龄	专业		
2	B001	张三	-1	19	计算机科学与技术		
3	B002	李四	0	20	软件工程		
4	B003	王五	-1	23	电子信息		
5	B004	李丽	-1	23	软件工程		
6							

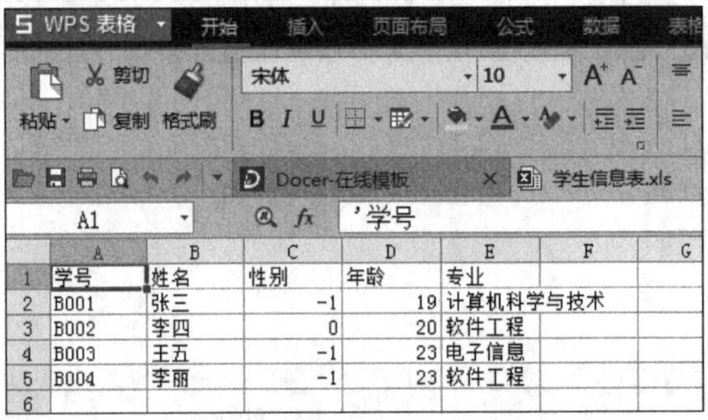

图 3.77 导出的 Excel 文件

第Ⅱ部分　上机实验指导

　　本部分包含核心篇和提高篇，共 15 章，涵盖了从数据库设计、数据库管理、基本表管理、数据更新、数据查询、视图建、索引、函数、存储过程与触发器、事务与锁、游标的使用以及数据库访问等数据库实践的各个环节。

核 心 篇

　　核心篇介绍数据库设计方法,给出了案例数据库设计,介绍了管理数据库、管理基本表、数据更新、单表查询、多表查询、高级查询所涉及到的相关知识、实验操作方法,给出了常见问题解答和丰富的练习等。

　　核心篇属于数据库原理教学实践的必修内容。

　　核心篇包括第 4～10 章。

第4章

数据库设计与案例数据库

4.1 相关知识点

1. 数据库系统的三级体系结构

数据库系统之所以优于文件系统,其中重要一点就在于其三级体系结构。这三级结构为局部逻辑结构、全局逻辑结构和存储结构。局部逻辑结构是处于系统最外层的逻辑结构,为特定用户的局部应用的需求而设计。全局逻辑结构是数据库的总体逻辑结构,考虑使用系统的所有用户不同的应用问题需求而进行设计。数据库中的数据最终是存于磁盘上的,存储结构涉及数据库内层的物理存储方式。

2. 三级结构与三级模式

所谓模式(Schema)是指对于相应层次的逻辑结构或物理结构的描述,使用数据定义语言进行的描述,作为元数据即系统数据,供数据库管理系统管理数据库对象使用。

上述三级结构对应的描述就是三级模式。外模式(也称为子模式或用户模式)就是对局部逻辑结构的描述。例如,用 SQL Server 2012 创建数据库系统时,相应视图的定义就是外模式。模式(也称为概念模式或逻辑模式)就是对全局逻辑结构的描述,例如,用 SQL Server 2012 创建数据库系统时,相应基本表的定义就是模式。内模式(也称为存储模式)是对数据库中的数据实际存储方式的描述,比如数据或索引的存储方式、是否压缩等。

3. 两级映像与数据独立性

与文件系统不同,数据库系统使用三级结构。

其中外模式与模式之间的映像,提供了数据的逻辑独立性,使得特定用户特定应用的局部逻辑结构独立于全局逻辑结构。当全局逻辑结构改变的时候,通过修改外模式与模式之间的映像,可保持外模式不变,从而避免应用程序的修改。比如,通过修改视图的定义,调整基本表与视图之间的对应关系,来确保外模式不变,从而不必修改应用程序。

模式与内模式之间的映像提供了数据的物理独立性,使得全局逻辑结构独立于数据的物理结构。当数据的物理结构改变的时候,可以修改模式与内模式之间的映像,使得模式保持不变,避免逻辑结构修改带来的设计工作。通常,模式与内模式之间的映像放在模式的定义中的,比如,基本表的详尽定义中会涉及物理存储方式的定义。

4. E/R 图表示法

本书使用如下符号表达 E/R 图:矩形表示实体集,菱形表示联系,椭圆表示属性,联系用连线表示,一元递归联系(一个实体集内部的联系,如职工的上下级关系)和二元联系的类型,“多”的一方不加箭头,“一”的一方加箭头。

多元（多路）联系的表达中，"多"与"一"的表达更为复杂，比如三元联系，其中一个实体集 E 是否被箭头所指，要看另外两个实体集确定具体实体的时候，E 中的实体是否被唯一确定。实体集的键用下划线标出。

比如，实体集"部门"到实体集"职工"一对多联系的表示如图 4.1 所示。

图 4.1　部门与职工的 E/R 图表示

完整 E/R 图样例，参看案例数据库设计部分。

注意：子类以及弱实体不属于数据库设计的基础内容，本书的 3 个案例数据库均没有涉及子类和弱实体的内容，相关的符号表达和设计见课程设计部分。

5. 关系模式

关系数据库的逻辑设计阶段的结果是一组相关的关系模式，关系模式由关系名和属性组构成，表达为如下形式：

关系名（属性 1,属性 2,…,属性 n）

关系模式中的主键用下划线标出；外键用斜体标出；

例如：

职工（职工号,姓名,性别,部门号）

关于主键、外键的概念参看第 6 章相关知识点。

6. E/R 图到关系模式的转换

下面介绍 E/R 图到关系模式转换的方法。

实体集转换为一个关系模式，实体集的键作为关系模式的键，实体集的属性作为关系模式的属性。

在二元联系中，一对一联系可以独立创建关系模式，也可以与任何一方的实体集合并创建一个关系模式；二元多对一联系可以独立创建关系模式，也可以与"多"的一方的实体集合并创建一个关系模式；二元多对多联系就要创建独立的关系模式，其中包括两个实体集的键和联系的属性（即菱形连接的椭圆对应的属性），键由双方实体集的键组合而成，此时其中一个实体集的键作为外键。

对于多元（多路）联系要转换为独立的关系模式，其中包含涉及的所有实体集的键，和联系的属性，多元联系的键以及外键要根据具体情况而定。

一元递归联系，可以独立创建关系模式，也可以参照一对一、多对一联系的方式与实体集合并创建一个关系模式，若是多对多联系则必须独立创建关系模式。

键与外键的概念参看第 6 章相关知识点。

图 4.1 的 E/R 图可以转换为如下一组关系模式：

部门 (<u>部门号</u>,名称)

职工 (<u>职工号</u>,姓名,性别,*部门号*)

下划线标出了关系模式的主键,斜体标出了关系模式的外键。

案例数据库设计部分,有更多有关关系模式转换的样例。

注意:子类以及弱实体不属于数据库设计的基础内容,关于子类、弱实体的转换为关系模式的方法,在此不做介绍。

7. 第一范式

关系数据库的设计,可以用范式级别来进行评价。在一般问题的设计中,通常要求设计达到第三范式。

而第一范式是关系模式的基本要求,简单讲,就是关系中元组的分量不可再分,关系是二维表,对应基本表。第一范式的要求就是基本表每一行每一列的值是不可再分的。比如职工的姓名,作为关系模式的一个属性,那么就不能把姓名分成姓氏和名字两个子部分来看待,姓名是作为一个整体来读取的。

8. 第二范式

所谓第二范式,要求关系模式中的非键属性,由键的所有属性决定,而不能由键的真子集决定。

例如:

关系模式

学生 (<u>学号</u>,姓名,性别,年龄,<u>课号</u>,成绩,班号,系名)

键为(学号,课号),而非键属性"姓名"由"学号"决定,即由键的真子集决定,所以关系模式"学生"不符合第二范式。

没有达到第二范式的关系模式,有大量的数据冗余,一个学生选 30 门课,学生的姓名会重复 30 行,冗余的数据会占用系统空间,影响系统运行效率。此外,如果需要修改学生姓名,则需要找到这 30 行,一一修改,增加了修改的复杂度,处理不好会出现,同一学号对应不同姓名的情况,这就是潜在的不一致性。

另外,没有达到第二范式的关系模式,会出现更新异常,学生没有选课的时候,其基本信息无法存入数据库,因为上面的关系模式"学生"键为(学号,课号),没有课号,键不完整是不能输入这一行数据的。如果选课信息录入错了,要删除,那么,也要同时删除学生的姓名、性别、年龄等基本信息。这是不合理的。

要想达到第二范式,要将关系模式"学生"分为两部分,设计如下:

关系模式

学生 1(<u>学号</u>,姓名,性别,年龄,班号,系名)

关系模式

选课 (<u>学号</u>,<u>课号</u>,成绩)

9. 第三范式

所谓第三范式,在第二范式的基础上又有进一步的要求,非键属性不能传递地依赖于键。

例如，

关系模式

学生 1(学号,姓名,性别,年龄,班号,系名)

其中,键为学号,学号决定班号,班号决定系名,这样一来,系名不仅由键(学号)直接决定,而且还可以通过非键属性(班号),间接地由键(学号)决定。

没有达到第三范式,依然存在数据冗余,有关班与系的对应关系,对班级中每一个学生重复存储,占空间,有潜在的不一致性。另外,学生基本信息与班级-系的对应关系存放在一起,插入或删除数据时,也会出现异常。

要达到第三范式,就要消除非键属性对于键的传递函数依赖,将关系模式设计为：

学生 2(学号,姓名,性别,年龄,班号)
班-系 (班号,系名)

按照关系数据库理论,第三范式之上还有 BC 范式、第四范式甚至第五范式,但是,从工程设计的角度考虑,达到第三范式的关系模式,就可以避免冗余、潜在的不一致性和更新异常,满足工程的需要了。

10. 数据库设计为什么要达到第三范式

如上所述,没有达到第三范式的关系模式,会有数据冗余,浪费大量空间,并且数据经过一段时间的修改会出现不一致的情况,称为潜在的不一致性,而且在数据更新时会出现异常。数据库系统处理的数据是经常更新的,而一个数据库系统创建之后,需要运行相当长的时间,如果没有达到第三范式,会出现冗余、潜在的不一致以及更新异常,时间长了将导致系统崩溃。

有关知识的详尽内容请参看数据库原理相关书籍。

11. 什么情况下,可以只达到第二范式

这个问题,属于反规范化的一种情况。

实际应用中,有时设计的关系模式,只要求达到第二范式。这主要有两方面的考虑。其一,为了达到第三范式,关系模式的个数会比较多。这样在查询的时候,需要更多的表连接运算,而连接运算是比较耗费时间的。工程设计中考虑效率问题,会希望放宽要求,不要求达到第三范式。其二,范式理论的实际背景是数据库中的数据是时变的,即经常随时间变化的,常常进行增删改等更新操作。即使关系模式没有达到第三范式,但如果不是经常更新的,就不会有明显的更新异常问题,因此,只要求达到第二范式就可以了。

例如：

通信地址 (邮编,门牌,楼,街道,区县,城市,省)

这里有很多传递依赖。但是,各个属性之间的关联,很少改变。比如,石家庄属于河北省,就很少改变。此时,无须为消除传递依赖而将关系模式"通信地址"进行分解。

12. 数据库设计的路线

其一,给出正确的 E/R 图设计,按照上面介绍的方法转换成一组关系模式。如果 E/R 图的设计正确、合理,通常得到的就是一组达到第三范式的关系模式,其中的关联与缘由作为思考题留给读者。本书就是使用此方法进行案例数据库设计的。

其二,对设计好的关系模式,进行范式级别的判定,将没有达到第三范式的关系模式进行分解,最终得到一组保持函数依赖的达到第三范式的关系模式。当 E/R 图设计有误、转换方法不当或是接手别人的数据库设计时,经常采用这种方法。有关保持函数依赖分解为第三范式关系模式的方法,可参阅数据库原理书籍中模式分解部分。

其三,合用两种方法。先进行 E/R 图设计,转换成关系模式,再用范式理论进行审核,若有关系模式没有达到第三范式,采用模式分解方法,分解成达到第三范式的关系模式。

4.2　案例数据库 1:图书馆信息管理数据库

4.2.1　需求说明

1. 存储需求

图书馆信息管理系统保存有关图书馆、图书、出版社、作者的相关数据。有关图书馆需要保存编号、名称、地址、电话,图书馆编号唯一标识图书馆。有关图书需要保存 ISBN、书名、类型、语言、价格、开本、千字数、页数、印数、出版日期、印刷日期。有关出版社需要保存出版社编号、名称、国家、城市、地址、邮编、网址,出版社编号唯一标识出版社。有关作者需要保存编号、姓名、性别、出生年代、国籍,作者的编号唯一标识作者。

每一种图书收藏于不同图书馆,每个图书馆收藏若干图书,数据库保存收藏日期。每一种图书由一个出版社出版。每一种图书有若干作者,系统记录著译者的类别:主编、主审、编著者、译者,作者分别有相应的排名,每一作者编著/翻译若干种图书。

2. 系统常做的查询与更新

经常做的查询,或许对创建索引有影响的:

- 由图书馆的名称查询图书馆的地址、电话。
- 由图书的 ISBN 或书名查询图书相关信息。
- 由出版社名称查询出版社相关信息。
- 由作者的姓名、国籍或出生年代查询作者信息。

根据经常做的查询,需要创建有关视图的:

- 查询哪位作者编著了什么图书,作者排名等等。
- 查询图书与图书馆的收藏关系、收藏日期等等。
- 图书与出版社的出版关系等等。
- 查询图书信息、图书馆信息、出版社信息等等。

关于更新:

- 图书馆、出版社信息初始录入之后,更新较少,相对稳定。
- 图书、作者、编著、收藏等信息,经常更新,主要是添加记录。

4.2.2　E/R 图

为了突出实体集之间的关联,下面的 E/R 图(图 4.2)重点表达实体集及其之间的联系,实体集属性仅标出键属性,实体集的其他属性没有画出。

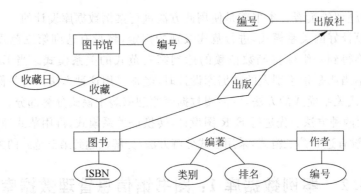

图 4.2　图书信息管理数据库简略 E/R 图（实体集及其联系）

4.2.3　关系模式设计

根据前面介绍的 E/R 图转换为关系模式的方法，将图书信息管理数据库的 E/R 图转换为如下关系模式。主键用下划线标出，外键用斜体标出。

图书馆(<u>编号</u>、名称、地址、电话)
图书(<u>ISBN</u>、书名、类型、语言、价格、开本、千字数、页数、印数、出版日期、印刷日期、*出版社号*)
出版社(<u>编号</u>、名称、国家、城市、地址、邮编、网址)
作者(<u>编号</u>、姓名、性别、出生年代、国籍)
收藏(<u>ISBN</u>,*图书馆号*,收藏日期)
//主键(ISBN,图书馆号)外键 1：ISBN 外键 2：图书馆号
编著(<u>ISBN</u>,*作者编号*,类别、排名)
//主键：(ISBN,作者编号)外键 1：ISBN 外键 2：作者编号

4.2.4　基本表设计

这里给出基本表设计，是为了提供较为完整的案例数据库相关信息，其中涉及的基本表设计相关的术语与概念，参看第 6 章中相关知识点介绍。

有关函数、用户定义的数据类型、索引、视图、触发器、授权等等，放在后面相应的章节介绍。这里只介绍基本表的设计的基础内容。

后面两个案例的基本表设计与此相同。

图书信息管理数据库的基本表如表 4.1～表 4.6 所示。

表 4.1　图书馆表的设计

属性名	数据类型	是否可空	列约束	默认值	键
编号	char(6)	否			主键
名称	varchar(50)	否			
地址	varchar(100)	是			
电话	char(11)	是	*		

* 电话 LIKE '[0-9][0-9][0-9][0-9][0-9][0-9][0-9][0-9][0-9][0-9][0-9]'

表 4.2   图书表的设计

属性名	数据类型	是否可空	列约束	默认值	键
ISBN	char(10)	否			主键
书名	varchar(100)	否			
类型	nchar(6)	否			
语言	nchar(6)	是		中文	
价格	money	是	大于 0 且小于 5000		
开本	varchar(10)	是	IN('850 * 1168', '184 * 260', '880 * 1230,'140 * 112')		
千字数	smallint	是	大于 0		
页数	smallint	是	大于 10 且小于 3000		
印数	int	是			
出版日期	date	否			
印刷日期	date	是			
出版社号	char(7)	否			外键

表 4.3   出版社表的设计

属性名	数据类型	是否可空	列约束	默认值	键
编号	char(7)	否			主键
名称	varchar(100)	否			
国家	varchar(20)	否		中国	
城市	varchar(20)	是			
地址	varchar(100)	是			
邮编	char(10)	是			
网址	varchar(50)	是			

表 4.4   作者表的设计

属性名	数据类型	是否可空	列约束	默认值	键
编号	char(8)	否			主键
姓名	varchar(20)	否			
性别	nchar(1)	是	'男'或'女'	男	
出生年代	varchar(20)	是		当代	
国籍	varchar(20)	是		中国	

表 4.5　收藏表的设计

属性名	数据类型	是否可空	列约束	默认值	键
图书馆号	char(6)	否			主键属性/外键
ISBN	char(10)	否			主键属性/外键
收藏日期	date	是			

表 4.6　编著表的设计

属性名	数据类型	是否可空	列约束	默认值	键
ISBN	char(10)	否			主键属性/外键
作者号	char(8)	否			主键属性/外键
类别	nchar(4)	否	*	编著者	
排名	smallint	否			

* 类别 in('主编','主审','编著者','译者')

4.3　案例数据库 2：教学信息管理数据库

4.3.1　需求说明

1. 存储需求

教学信息管理数据库需要存储如下信息。有关学生信息涉及学号、姓名、性别、年龄、手机号、Email；学号唯一标识学生。有关班级信息涉及班号、专业、班主任号；班号唯一标识班级，班主任号为班主任职工号。有关课程涉及课号、课名、学分、类别；课号唯一标识课程。关于教师信息涉及职工号、姓名、性别、出生日期、职称、专业方向。

每一个学生属于唯一的班级，每一个班级有若干学生。

每一个班级仅一位班主任，每一个教师可做多个班级的班主任。

每一个学生可以选修多门课程，每一个课程可以有多个学生选课，系统记录选课成绩。

一个班级的一门课程仅由一位教师授课；一位教师可以为一个班级讲授不同课程；一位教师可以为不同的班级讲授同一课程；系统记录授课的学期、教室和时段。

2. 系统常做的查询与更新

经常做的查询，或许对创建索引有影响的：

- 由学生的学号或姓名查询学生信息。
- 由班号或班主任号查询班级信息。
- 由课号或课程名称查询课程相关信息。
- 由职工号出生日期查询职工信息。

根据经常做的查询，需要创建有关视图的：

- 查询学生选了什么课成绩如何，或课程有哪些学生选，以及各种分数统计信息。

- 查询班级的班主任信息以及班级有哪些学生等等。
- 教师给哪个班级讲什么课程,哪个学期在哪个教室等等。
- 查询课程信息、学生信息、班级以及教师信息等等。

关于更新:

- 教师信息与课程信息初始录入之后,更新较少,相对稳定。
- 学生、班级在学生在校期间,更新较少,主要是初始信息的录入。
- 学生选课信息,班级与班主任的关联,教师班级的授课关系经常更新,信息的增删改都是经常性的工作。

4.3.2 E/R 图

为了突出实体集之间的关联,下面的 E/R 图(图 4.3)重点表达实体集及其之间的联系,实体集属性仅标出键属性,实体集的其他属性没有画出。

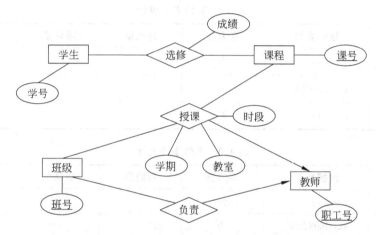

图 4.3 教学信息管理数据库简略 E/R 图(实体集及其联系)

4.3.3 关系模式设计

根据前面介绍的 E/R 图转换为关系模式的方法,将图书信息管理数据库的 E/R 图转换为如下关系模式。主键用下划线标出,外键用斜体标出。

学生(<u>学号</u>,姓名,性别,年龄,手机号,Email,*班号*)
班级(<u>班号</u>,专业,班主任号)
课程(<u>课号</u>,课名,学分,类别)
教师(<u>职工号</u>,姓名,性别,出生日期,职称,专业方向)
选修(<u>学号</u>,<u>课号</u>,成绩)//主键:(学号,课号)外键1:学号 外键2:课号
授课(<u>班号</u>,<u>课号</u>,职工号,学期,教室,时段)
//主键:(班号,课号)外键1:班号 外键2:课号 外键3:职工号

4.3.4 基本表设计

基本表的设计如表 4.7~表 4.12 所示。

表 4.7　学生表的设计

属性名	数据类型	可为空	列约束	默认值	键
学号	char(8)	否			主键
姓名	varchar(20)	否			
性别	nchar(1)	否	"男"或"女"		
年龄	smallint	是	13-30		
手机号	char(11)	是	UNIQUE		
Email	varchar(20)	是			
班号	char(6)	否			外键

表 4.8　班级表的设计

属性名	数据类型	可为空	列约束	默认值	键
班号	char(6)	否			主键
专业	varchar(20)	否			
班主任号	char(4)	否			外键

表 4.9　教师表的设计

属性名	数据类型	可为空	列约束	默认值	键
职工号	char(4)	否			主键
姓名	varchar(20)	否			
性别	nchar(1)	否	"男"或"女"	"男"	
出生日期	date	是			
职称	nchar(5)	是	"讲师" "副教授" "教授"之一		
专业方向	varchar(20)	是			

表 4.10　课程表的设计

属性名	数据类型	可为空	列约束	默认值	键
课号	char(4)	否			主键
课名	varchar(20)	否			
学分	smallint	否	1-4	3	
类别	varchar(10)	否	类别 IN('必修','专业选修','选修')	专业必修	

表 4.11　选课表的设计

属性名	数据类型	可为空	列约束	默认值	键
学号	char(8)	否			主键属性/外键
课号	char(4)	否			主键属性/外键
成绩	smallint	是	0-100		

表 4.12　授课表的设计

属性名	数据类型	可为空	列约束	默认值	键
班号	char(4)	否			主键属性/外键
课号	char(4)	否			主键属性/外键
职工号	char(4)	否			外键
学期	char(11)	是	*		
教室	char(5)	是	*		
时段	varchar(11)	是	*		

　　* 学期 LIKE '[1-2][0-9][0-9][0-9]-[1-2][0-9][0-9][0-9]-[1-2]'
　　　教室 LIKE '[1-9]-[1-9][0-9][0-9]'
　　　时段 LIKE '[0-2][0-9]:[0-6][0-9]-[0-2][0-9]:[0-6][0-9]'

　　注意：时段用这个约束有不完善处，比如，不合理的时间 29:69，解决这个问题的更好的方案是把开始时间和结束时间分为两列，都使用时间类型，这里姑且认为录入时总是录入合理时间。

4.4　案例数据库 3：航班信息管理数据库

4.4.1　需求说明

1. 存储需求

　　为航空公司创建航班信息管理数据库需要存储如下信息。关于航线涉及航线号、出发地、到达地、飞行距离；航线号唯一标识航线。航班涉及航班号、日期、起飞时间、到达时间；航班号唯一标识航班。有关乘客的信息包含编号、姓名、性别、出生日期；编号唯一标识乘客。有关空勤人员（后面称职工）涉及职工号、姓名、性别、年龄、工龄、职务（机长，驾驶员，乘务长，乘务员等）；职工号唯一标识职工。有关飞机类型存放每一类型飞机的相关属性，涉及机型、名称、通道数、载客人数、制造商；机型唯一标识飞机类型。

　　每一航线有不同航班，每一航班飞唯一航线。每一航班对应唯一飞机类型，每一飞机类型对应不同航班。每一航班有唯一的机长，机长是航班的机组中职工之一，同一人可以是不同航班的机长。每一职工可以工作于不同的航班，每一航班的机组有若干职工。乘客可以乘坐不同的航班，每一航班可以有多位乘客乘坐，系统记录乘客的座位号。

2. 系统常做的查询与更新

　　经常做的查询，或许对创建索引有影响的：

- 由机型查询载客人数、通道数、制造商。
- 由出发地查询航线信息。
- 由日期和起飞时间查询航班信息。
- 由职务查询姓名、年龄。
- 由姓名查询顾客信息。

根据经常做的查询，需要创建有关视图的：

- 查询航班与航线以及飞机类型的关联信息。
- 查询乘客与航班的关联信息。
- 查询航班、机长以及其他乘务人员的相关信息。
- 查询机长与航线的相关信息。

关于更新：

- 飞机类型、航线信息以及职工信息初始录入之后，更新较少，相对稳定。
- 航班信息、航班与航线的关联关系初始录入之后，更新较少，相对稳定。
- 顾客信息、顾客与航班的关联信息经常更新，主要是添加记录。
- 航班与飞机类型的对应关系、职工与航班的关联信息经常更新，会涉及增删改操作。

4.4.2　E/R 图

为了突出实体集之间的关联，下面的 E/R 图（图 4.4）重点表达实体集及其之间的联系，实体集属性仅标出键属性，实体集的其他属性没有画出。

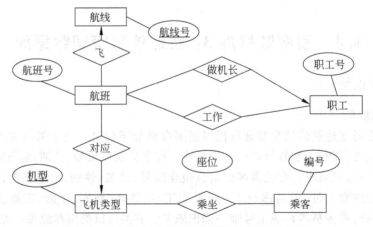

图 4.4　航班信息管理数据库实体集与相关属性图

4.4.3　关系模式设计

航线(<u>航线号</u>,出发地,到达地,飞行距离)

航班(<u>航班号</u>,日期,起飞时间,到达时间,*机长号*,*机型*,*航线号*)

//主键：航班号　外键 1：机长号　外键 2：机型　外键 3：航线号

乘客(<u>编号</u>,姓名,性别,出生日期)

职工 (*职工号*、姓名、性别、年龄、工龄、职务)

飞机类型 (*机型*,名称,通道数,载客人数,制造商)

工作 (*航班号*,*职工号*)

//主键:(航班号,职工号)外键 1:航班号　外键 2:职工号

乘坐 (*乘客号*,*航班号*,座位号)

//主键:(乘客号,航班号)外键 1:乘客号　外键 2:航班号

4.4.4　基本表设计

基本表的设计如表 4.13～表 4.19 所示。

表 4.13　航线表的设计

属性名	数据类型	可为空	列约束	默认值	键
航线号	char(4)	否			主键
出发地	varchar(20)	否		北京	
到达地	varchar(20)	否			
飞行距离	int	是	100 到 20000		

表 4.14　航班表的设计

属性名	数据类型	可为空	列约束	默认值	键
航班号	varchar(10)	否			主键
日期	date	否			
起飞时间	time	否			
到达时间	time	否			
机长号	char(4)	是			外键
机型	char(3)	否		"737"	外键
航线号	char(4)	否			外键

表 4.15　职工表的设计

属性名	数据类型	可为空	列约束	默认值	键
职工号	char(4)	否			主键
姓名	varchar(20)	否			
性别	nchar(1)	否	'男' or '女'	女	
年龄	smallint	是	18-60		
工龄	smallint	是	0-40		
职务	varchar(10)	否	IN('机长','驾驶员', '乘务长','乘务员')		

表 4.16　乘客表的设计

属性名	数据类型	可为空	列约束	默认值	键
属性名	数据类型	可为空	列约束	默认值	键
身份证号	char(18)	否			主键
姓名	varchar(20)	否			
性别	nchar(1)	否	'男'/'女'		
出生日期	date	是			

表 4.17　飞机类型表的而设计

属性名	数据类型	可为空	列约束	默认值	键
机型	varchar(10)	否			主键
名称	varchar(20)	否		波音 747	
通道数	char(1)	是	1 or 2		
载客人数	smallint	是	30-600		
制造国	varchar(20)	是		美国	

表 4.18　工作表的设计

属性名	数据类型	可为空	列约束	默认值	键
航班号	varchar(10)	否			主键属性/外键
职工号	char(4)	否			主键属性/外键

表 4.19　乘坐表的设计

属性名	数据类型	可为空	列约束	默认值	键
身份证号	char(18)	否			主键属性/外键
航班号	varchar(10)	否			主键属性/外键
座位号	varchar(4)	否			

注：基本表参考数据见 附录 I

4.5　常见问题解答

（1）问题：在 E/R 图设计中，对于联系的属性的处理，常常出现图 4.5 类似的错误。比如，学生与课程具有"选修"这样一个多对多联系，一个学生一门课程有唯一的成绩。

分析：成绩这个椭圆不可以挂在学生这个实体集上，学生的属性应该是由学号唯一确定的特性，而成绩要由学号和课程号两个因素决定的。所以，成绩不是学生实体集的属性，是某一个学生选修某一门课程这个活动发生的时候，才会有的特性。成绩作为联系的属性，要挂在选修这个菱形上。

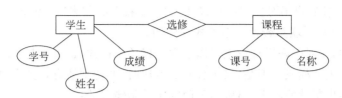

图 4.5 联系的属性的错误表示

解决方案如图 4.6 所示。

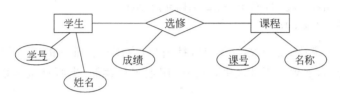

图 4.6 学生与课程 E/R 图的正确表示

(2) 问题：在 E/R 图设计中，出现冗余的属性，如图 4.7 所示。

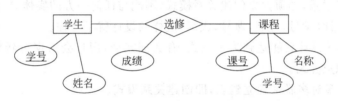

图 4.7 E/R 设计出现冗余的属性

分析：学号这个属性是学生的特性，只能与学生实体集相连，不能因为有学生选课，就作为课程的属性与课程相连，有学生选课这个事实是通过"选修"这个菱形来表达的。

解决方案：这个问题的修订结果如图 4.6 所示。

(3) 问题：在 E/R 图设计中，出现冗余的联系，如图 4.8 所示。

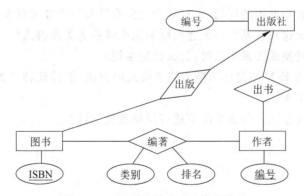

图 4.8 E/R 图设计出现冗余的联系

分析：如图 4.8 所示，"出书"这个联系，是一个冗余的联系，作者与出版社之间的出书的联系，已经由"编著"和"出版"两个联系表达出来了，不必再增加"出书"这个菱形。

解决方案：删除"出书"这个菱形，以及到"出版社"和"作者"的连线。

（4）问题：多对一联系转换关系模式的问题。

二元联系中，多对一联系理论上可以独立创建关系模式，也可以与"多"的一方的实体集合并创建一个关系模式。但是，采用合并的方法时，要特别注意，与"多"的一方合并。

关于图书与出版社的联系"出版"，下面的设计是错误的：

图书 (ISBN、书名、类型、语言、价格、开本、千字数、页数、印数、出版日期、印刷日期)

// 主键：ISBN

出版社 (编号、名称、国家、城市、地址、邮编、网址，ISBN)

//主键：编号　外键：ISBN

分析：出版社编号确定名称等等出版社信息，应该对应唯一的行，而 ISBN 对应的是出版社出版的图书，加到出版社表中，就必须用很多行存储，出版社基本信息被大量地重复存储。

解决方案：正确的设计参看图书信息管理数据库的关系模式设计部分。

（5）问题：多对多联系转换关系模式的问题。

二元多对多联系，必须独立创建关系模式，不能与任何一方的实体集合并创建关系模式，例如，学生选课(学号，姓名，课号，成绩)这样的设计就不合理。

分析：这样的设计只能达到第一范式，有数据冗余，而且会出现更新异常，具体参看有关范式的知识点介绍。

解决方案：多对多联系独立建表，即创建关系模式。

选课 (学号，课程号，成绩)　　　//主键 (学号，课程号)，外键 1：学号，外键 2：课程号

不要与"学生"实体集关系模式合并，当然，也不能与"课程"实体集关系模式合并。

4.6　思　考　题

（1）有关学生教师课程的问题，设计 3 个二元联系与一个 3 元联系等效吗？

（2）什么是一元递归联系？一元递归联系怎么转换为关系模式？

（3）多元联系转换成关系模式时，怎么确定主键？

（4）前面介绍的 E/R 图设计转换为关系模式的方法，能保证转换的结果是一组达到第三范式的关系模式吗？

（5）什么是反规范化？什么情况下进行反规范化设计？

第 5 章

管理数据库

5.1　相关知识点

1. 数据库管理系统

数据库管理系统(Database Management System,DBMS)是由专门的厂家提供的支持数据库技术的系统软件,用于创建和管理数据库以及相关数据库对象,提供数据的完整性控制、安全性控制和并发性控制。

比如,微软公司的 SQL Server 2012,甲骨文公司的 Oracle 10g 等等。

2. 数据库

数据库(Database,DB)用来存储用户数据,数据库中的数据没有不必要的数据冗余,具有一定的数据独立性。数据按照一定的数据结构存放。数据之间是彼此关联的。数据库的使用需要有数据库管理系统作为支撑。这里介绍的数据库概念是针对用户数据库而言。比如,图书信息管理数据库。

3. 数据库系统

数据库系统(Database System,DBS)是使用数据库技术的计算机系统,包含数据库本身和数据库管理系统,操作系统软件,系统需要的相关应用软件与为系统开发的应用程序,相关计算机硬件,以及创建、管理和使用数据库系统的人员。

4. 数据库管理员

数据库管理员(Database Administrator,DBA)是数据库系统中具有最高权限的一个人或一组人员,负责数据库的逻辑设计与物理设计,创建用户和管理用户对于数据库对象的数据定义权限与使用权限,并创建、管理与维护数据库系统。在 SQL Server 2012 中称为 sa(System Administrator)。

5. 数据与元数据

简单地讲,数据是指因具体应用问题而创建的用户数据,比如,图书信息管理数据库中具体的图书数据。

而元数据则是提供给数据库管理系统(比如 SQL Server 2012)的支持数据库系统运行用的数据,如数据库的名称、大小等属性,数据库中有多少基本表、表名、表中列名、各个列的数据类型、主键等等。

元数据通常放在系统数据库中,比如 master 数据库。

6. SQL Server 2012 数据库结构

根据数据库系统的三级体系结构,数据在三个层面有三种不同的结构定义,分别由外模式、模式和内模式描述。关于三级模式两级映像等内容，参看第 4 章的相关知识点介绍以及相关数据库原理书籍。

下面介绍 SQL Server 2012 是如何组织和管理数据的。

SQL Server 2012 分别从逻辑角度和物理角度组织与管理数据。

在逻辑层次上，SQL Server 2012 将数据组织成数据库、基本表、视图、约束、规则、索引、存储过程等，由 SQL Server 2012 直接管理和使用；在物理层次上，数据库则表现为各种数据文件。

注意：微软公司计划弃用规则，新开发项目应该避免使用规则。

1. 数据库的逻辑结构

SQL Server 2012 数据库内含的数据库对象包括数据库、表、视图、约束、规则、索引、存储过程、触发器等。通过对象资源管理器就可以查看当前数据库内的各种数据库对象。用户可以利用这些数据库对象进行数据的存储和读取，也可以将这些对象直接或间接地应用于应用程序的开发。

2. 数据库的物理结构

数据库的物理结构指数据库对象在物理磁盘上的组织方式，磁盘空间的利用和回收，文本和图形数据的存储方式等，具体表现为操作系统文件。一个数据库由一个或多个磁盘上的文件组成。数据库的物理结构只对数据库管理员可见。

SQL Server 2012 将数据库映射为一组操作系统文件，这组文件包含两种类型的文件：数据文件和日志文件，分别存放数据信息和日志信息。

3. 数据文件

SQL Server 2012 有两种类型的数据文件：

- 主数据文件：是数据库的起点，用于存储数据库的数据字典信息，如数据库的模式结构，各种数据库对象信息以及存储的数据信息。每个数据库有且只有一个主数据文件。SQL Server 2012 主数据文件的扩展名是. mdf。

- 次要数据文件：除主数据文件以外的所有其他数据文件均为次要数据文件。其作用是当需要存储的数据量过大时，超过了 Windows 操作系统对单一文件大小的限制，需要创建另外的数据文件来保存主数据文件无法保存的数据信息。同时还可以通过创建多个次要数据文件并将其分配在不同的磁盘上，并将数据合理分配到次要文件中以提高数据的读写效率。SQL Server 2012 次要数据文件的扩展名是. ndf。

4. 逻辑文件名和物理文件名

SQL Server 2012 中所有的数据文件都有两个文件名：逻辑文件名和物理文件名。

- 逻辑文件名是编写应用程序或在 T-SQL 语句中引用文件时所使用的名称，必须符合 SQL Server 的命名规则，且逻辑文件名唯一。

- 物理文件名则是包括路径在内的物理文件名称，必须符合操作系统文件的命名规则。

用户创建数据库时需要指定数据库的名称，数据文件（主数据文件、次要数据文件、日志文件）的逻辑文件名和物理文件名，数据文件大小的初始值、最大值，以及超过最大值时文件的增长方式和增长量。

5. 文件组

小型数据库只有一个数据文件,不需要考虑文件组的问题。SQL Server 2012 在创建数据库时,有一个文件组参数,用于大型数据库或是需要将文件放置于不同的磁盘的时候,设置文件组。每个文件组内可以有多个数据文件。文件组分为三种:

- 主文件组:SQL Server 2012 创建数据库时的默认文件组。主数据文件放于此。其他次要数据文件如果没有指定文件组同时没有默认文件组,则属于主文件组。
- 自定义文件组:用户定义的文件组。
- 默认文件组:可以是主文件组或用户定义文件组,不加指定,则为主文件组。

6. 事务日志文件

在 SQL Server 2012 中,每个数据库至少拥有一个日志文件,默认扩展名是.ldf,用来记录所有事务以及各事务对数据库所做的修改。如果系统出现故障,需要使用事务日志将数据库恢复到正常状态。

5.2 实验操作样例

本节给出实验操作步骤的样例。需要说明的是,实验操作样例给出的是需要给读者介绍的操作,不是具体实验的操作顺序,具体实验有更为详尽的操作步骤和操作顺序。

后续章节的实验操作样例一节,与此相同。

这里介绍创建与管理数据库的实验,本实验分为两部分。

首先,使用 SQL Server Management Studio 的对象资源管理器,以图形化的方式创建、修改和删除图书信息管理数据库 LibraryDatabase,以及另外两个案例数据库的相关操作。

之后,使用 T-SQL 语句创建、修改和删除图书信息管理数据库 LibraryDatabase,以及另外两个案例数据库的相关操作。

无论使用何种方式,创建数据库时都需要设定相应的参数。表 5.1 给出了创建图书信息管理数据库的各项参数。另外两个案例数据库以及读者自己的数据库的创建,也可参考此表。

表 5.1 图书信息管理数据库参数表

选 项		参 数
数据库名称		LibraryDatabase
数据文件	逻辑文件名	LibraryDatabase
	物理文件名	C:\Program Files\Microsoft SQL Server\MSSQL11. MSSQLEXPRESS\MSSQL\DATA\ LibraryDatabase. mdf
	初始容量	5MB
	最大容量	11MB
	增长量	1MB

续表

选　项		参　数
日志文件	逻辑文件名	LibraryDatabase_log
	物理文件名	C:\Program Files\Microsoft SQL Server\MSSQL11. MSSQLEXPRESS\ MSSQL\DATA\LibraryDatabase_log. ldf
	初始容量	1MB
	最大容量	11MB
	增长量	10%

注意：文件路径指定的是自己计划存放数据库的文件夹，创建数据库可以使用自定义的路径，也可以使用默认的路径，默认路径随 SQL Server 版本以及 32 位系统或 64 位系统等因素而有所不同。另外，关于驱动器和目录要根据安装所使用的机器具体情况设定。

SQL Server 2012 数据文件的初始容量至少为 5MB。

5.2.1　使用对象资源管理器创建与管理数据库

5.2.1.1　创建图书信息管理数据库

下面以图书信息管理数据库 LibraryDatabase 为例，介绍创建数据库的操作步骤。具体创建步骤如下。

（1）单击【开始】→【程序】→Microsoft SQL Server 2012→SQL Server Management Studio，打开 SQL Server Management Studio。

（2）使用【SQL Server 身份验证】连接到 SQL Server 2012 数据库实例，如图 5.1 所示。

图 5.1　使用 SQL Server 身份验证连接

注意：这里登录名为 sa 代表数据库系统的系统管理员，密码为初始安装的时候设置的 sa 的密码，也可以使用其他用户的登录名和相应密码进行登录。

（3）单击【连接】按钮后，在左侧对象资源管理器，展开 SQL Server 实例，如图 5.2 所示。

图 5.2　新建数据库前

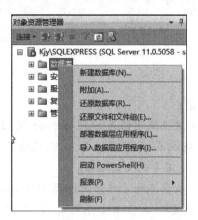

图 5.3　用对象管理器新建数据库

（4）右击【数据库】，然后从弹出的快捷菜单中选择【新建数据库】命令，如图 5.3 所示，打开【新建数据库】对话框，如图 5.4 所示。

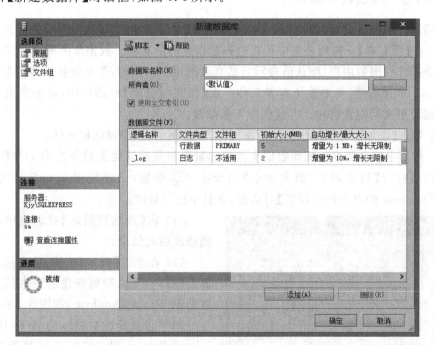

图 5.4　新建数据库对话框

（5）在【新建数据库】对话框中，可以定义数据库的名称和路径、文件组、初始大小和增长方式等。输入数据库名称 LibraryDatabase，如图 5.5 所示。此时若采用默认设置，单击新建数据库对话框下方的【确定】按钮即可创建数据库。

图 5.5　输入数据库名称

注意：

（1）这里使用的是 SQL Server 2012 的默认路径，由于不同版本的 SQL Server 以及 32 位系统或 64 位系统等因素，默认路径会有所不同；当然，创建数据库也可以不使用默认路径，使用自定义的路径。

（2）数据库的名称必须遵循 SQL Server 2012 标识符以及数据库对象的命名原则，即名称的长度在 1～128 个字符之间；名称的第一个字符必须是字母、汉字 或"_"、"@"和"#"中的任意字符；名称中不能包含空格，也不能包含 SQL Server 2012 的保留字（如 master）。

5.2.1.2　修改数据库属性

如果不使用默认设置，就需要在【新建数据库】对话框中，继续执行下面的可选步骤。

（1）在【所有者】下拉列表框中可以选择数据库的所有者。数据库的所有者是对数据库有完全操作权限的用户，默认值表示当前登录的用户。目前，图书信息管理数据库的拥有者是 sa。如果需要，可更改所有者名称。在【新建数据库】对话框中，单击所有者旁边的 ▢ 按钮可更改所有者名称。在此例中不做修改。

（2）单击【添加】，可以添加新的数据文件，在此例中，不添加数据文件。

（3）将图书信息管理数据库数据文件的容量限制从默认的无限制改为 11MB。单击数据文件对应行【自动增长/最大大小】列旁边的 ▢ 按钮，出现如图 5.6 所示的【更改 LibraryDatabase 的自动增长设置】对话框，在其中进行修改。

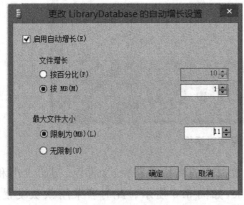

图 5.6　修改数据文件最大限制

（4）在【新建数据库】对话框中可以看到修改后的效果。

（5）在单击【确定】按钮，从左侧对象资源管理器中可以看到新建的图书信息管理数据库 LibraryDatabase，如图 5.7 所示。

如果想要修改数据库的名字，比如，将 LibraryDatbase 改为"图书信息管理数据库"，只需右击数据库名，在下拉列表框中选择【重命名】即可进行修改。

以上是创建图书信息管理数据库的操作样例。在实际应用中，通常有一些细节的设置需要查看或更改。

下面以已经创建的数据库 DB1 为例,简要进行说明。

(1) 对象资源管理器中,右击 DB1,出现如图 5.8 所示的下拉列表框。

图 5.7　查看新建的数据库　　　　图 5.8　数据库节点下拉列表

(2)在弹出的下拉列表框中,单击【属性】,出现【数据库属性】对话框。

(3)选择【常规】页,如图 5.9 所示。

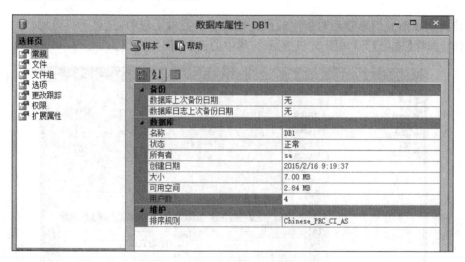

图 5.9　【数据库属性】的【常规】页

这里可以看到如下信息:

- 数据库上次备份日期以及数据库日志上次备份日期。
- 数据库的名称、状态、所有者、创建日期、大小、可用空间、用户数。
- 排序规则:目前是默认的 Chinese_PRC_CI_AS。Chinese_PRC 指的是中国大陆
  地区,如果是台湾地区则为 Chinese_Taiwan。CI 指定不区分大小写,如果要在查
  询时区分输入的大小写则为 CS。AI 指定不区分重音,同样如果需要区分重音,
  则为 AS。还有许多排序规则可以在选项页进行选择,例如,对于简体中文来说,
  Chinese_PRC_Stroke_CI_AS 排序以笔画顺序来排序,Chinese_PRC_Bopomofo_

CI_AI 则是以汉语拼音顺序来排序。具体有哪些选项与 SQL Server 版本有关。比如使用的 EXPRESS 版没有 Chinese_PRC_Bopomofo_CI_AI。COLLATE 子句可以针对整个数据库更改排序规则，也可以单独修改某一个表或者某一个列的排序规则，指定排序规则很有用，比如用户管理表，需要验证输入的用户名和密码的正确性，一般是要区分大小写的。

（4）选择【文件】页，如图 5.10 所示，可以对数据文件以及日志文件的相关属性进行修改。

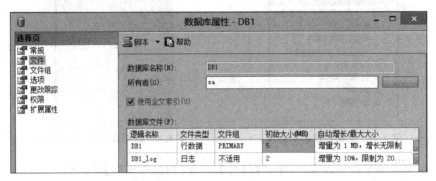

图 5.10　【数据库属性】的【文件】页

前面创建图书信息管理数据库的操作样例中已经做了说明，这里不再赘述。

（5）选择【选项】页，如图 5.11 所示。其中的选项，简要介绍如下。

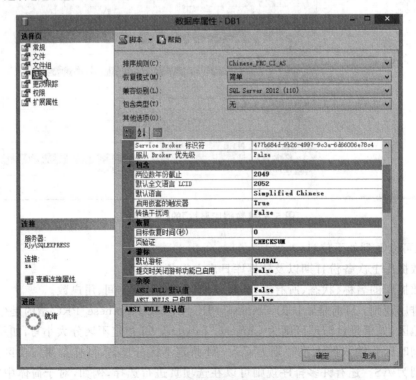

图 5.11　【数据库属性】的【选项】页

- 关于排序规则：打开【排序规则】下拉列表框，可以重新选择排序规则。
- 关于恢复模式：决定写入和保留事务日志的方式，将影响备份与恢复的方式。有如下三种选择。
  - ✧ 完整（Full）：事务日志文件记录每一个数据库操作，包含已经完成的事务，直到再次备份事务日志文件。支持完整、差异和事务日志备份。
  - ✧ 大容量日志（Bulk-logged）：对于 BCP 等大容量批处理命令，只记录相关操作，不记录具体的数据库操作。支持完整、差异和事务日志备份。
  - ✧ 简单（Simple）：事务完成，数据写入数据库后，清除日志。支持完整和差异备份，不支持事务日志备份。
- 关于兼容级别：指定数据库引擎使用哪一种版本执行相关命令。默认值是最新版。

5.2.1.3 删除数据库

删除已经创建的图书信息管理数据库的步骤如下。

（1）打开 SQL Server Management Studio 并连接到数据库实例。

（2）在【对象资源管理器】窗口中展开数据库实例下的【数据库】项。

（3）选中需要删除的数据库 DB1，并右击。在弹出的快捷菜单中选择【删除】命令，弹出【删除对象】对话框，如图 5.12 所示。

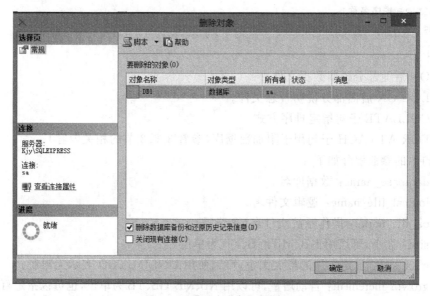

图 5.12 【删除对象】对话框

（4）选择要删除的数据库，并勾选【删除数据库备份和还原历史记录信息】的选项，然后单击【确定】按钮，执行删除操作。数据库删除成功后，在【对象资源管理器】中将不会出现被删除的数据库。

5.2.2 利用 T-SQL 语句创建与管理数据库

5.2.2.1 创建数据库

使用 T-SQL 创建数据库的语法格式如下：

```
CREATE DATABASE database_name
ON
{[[PRIMARY](NAME=logical_file_name,
FILENAME='os_file_name'
[,SIZE=size]
[,MAXSIZE={max_size|UNLIMITED}]
[,FILEGROWTH=growth_increment])
}[,...n]
LOG ON
{(NAME=logical_file_name,
FILENAME='os_file_name'
[,SIZE=size]
[,MAXSIZE={max_size|UNLIMITED}]
[,FILEGROWTH=growth_increment])
}[,...n]
[COLLATE 排序名称]
[FOR ATTACH]
```

其中：
- ON 后面部分说明数据文件。
- LOG ON 后面部分说明日志文件。
- COLLATE 子句指定排序方式。
- FOR ATTACH 子句用于附加数据库（参看 3.6.3 节的相关内容）。

语句中的参数解释如下：
- database_name：数据库名。
- logical_file_name：逻辑文件名。
- os_file_name：操作系统文件名（含路径）。
- size：大小，可以用 KB、MB、GB、TB 为单位。
- max_size：指定文件的最大大小，可以使用 UNLIMITED 表示无限制。
- growth_increment：自动增量，可以用 KB、MB、GB、TB 为单位，也可以指定百分比。

LibraryDatabase 数据库的各项参数见表 5.1。创建 LibraryDatabase 数据库具体步骤如下。

（1）打开 SQL Server Management Studio，并用"SQL Server 身份验证"登录。

（2）单击图 5.13 所示标准工具栏的【新建查询】按钮，打开查询编辑窗口。

图 5.13 标准工具栏

（3）在查询编辑窗口中输入如下的 T-SQL 语句：

```
CREATE DATABASE LibraryDatabase
ON PRIMARY
(NAME =LibraryDatabase,
    FILENAME=
        'C:\Program Files\Microsoft SQL Server\MSSQL11.MSSQLEXPRESS
        \MSSQL\DATA\LibraryDatabase.mdf',
SIZE =5MB,
MAXSIZE =11MB,
FILEGROWTH =1MB)
LOG ON
(NAME =LibraryDatabase_log ,
    FILENAME=
        'C:\Program Files\Microsoft SQL Server\MSSQL11.MSSQLEXPRESS\
        MSSQL\DATA\ LibraryDatabase_log.ldf',
SIZE=1MB,
MAXSIZE=11MB,
FILEGROWTH=10%
)
```

注意：路径、数据库命名等等常见问题，参考后面的常见问题解答。

（4）单击工具栏上的【保存】按钮，保存查询，命名为"创建图书信息管理数据库"。

（5）单击工具栏上的【执行】按钮，执行输入的 SQL 语句。

（6）在查询执行后，查询结果窗口中会返回查询执行的结果。如图 5.14 所示，可以看到命令成功执行后，会在对象资源管理器中出现 LibraryDatabase 数据库。

图 5.14　语句方式新建数据库

5.2.2.2　使用 T-SQL 语句修改 LibraryDatabase 数据库

修改数据库语句的语法格式如下：

```
ALTER DADABASE 数据库名称
   MODIFY NAME=新的数据库名称
      | COLLATE 排序名称
| ADD FILES 数据文件规格列表
|      [ TO FILEGROUP 文件组名]
| ADD FILES 日志文件规格列表
| REMOVE FILE 逻辑文件名
| MODIFY FILE 数据文件规格列表
| ADD FILEGROUP 文件组名
| REMOVE FILEGROUP 文件组名
| MODIFY FILEGROUP 文件组名
  READONLY | READWRITE | DEFAULT | NAME =新文件组名
| SET 选项属性列表
     [ WITH ROLLBACK AFTER 等待秒数[SECONDS]
| ROLLBACK IMMEDIATE
| NO WAIT]
```

其中又分为对文件、文件组以及选项的修改 3 大部分。

把数据库名称 LibraryDatabase 修改为"图书信息管理数据库"，具体步骤如下。

（1）打开 SQL Server Management Studio，并用"SQL Server 身份验证"登录。

（2）单击标准工具栏的【新建查询】按钮，打开查询编辑窗口。

（3）在查询编辑窗口中输入如下的 T-SQL 语句：

```
ALTER DATABASE LibraryDatabase
    MODIFY NAME=图书信息管理数据库
```

修改数据库排序方式，具体步骤如下：

（1）在查询编辑窗口中输入如下的 T-SQL 语句：

```
ALTER DATABASE 图书信息管理数据库
COLLATE Chinese_PRC_Bopomofo_CI_AI
```

将排序方式改为汉语拼音方式排序。

（2）单击工具栏上的【执行】按钮，执行上面输入的 SQL 语句。在语句执行后，结果窗口中会返回执行的结果。

（3）查看数据库属性，可以确认修改成功。

5.2.2.3 使用 T-SQL 语句删除数据库

删除数据库语句的语法格式如下：

```
DROP DATABASE database_name [, ...]
```

参数解释如下：

database_name：指定要删除的数据库的名称。

删除数据库具体步骤如下：

（1）打开 SQL Server Management Studio，并用"SQL Server 验证"登录。

（2）为了演示数据库的删除，临时创建两个数据库 DB1 和 DB2。这两个数据库的创建用对象管理器采用默认设置创建即可。

（3）单击标准工具栏的【新建查询】按钮，打开查询编辑窗口。

（4）在查询编辑窗口中输入如下的 T-SQL 语句：

```
DROP DATABASE DB1, DB2
```

（5）单击工具栏上的【执行】按钮，执行上面输入的 SQL 语句。

（6）在语句执行后，结果窗口中会返回语句执行的结果。命令成功执行后，在【对象资源管理器】中不再出现数据库 DB1 与 DB2。

5.3　实　　验

5.3.1　实验目的

在 SQL Server 2012 中，所有类型的数据库管理操作都包括两种方法：一种方法是使用 SQL Server Management Studio 对象资源管理器，以图形化的方式完成对于数据库的管理；另一种方法是使用 T-SQL 语句或系统存储过程，以命令方式完成对数据库的管理。

本实验要求使用这两种方法创建和删除数据库，实验目的在于：

（1）学习使用 SQL Server Management Studio 对象资源管理器创建和管理数据库。

（2）学习使用 T-SQL 语句创建和管理数据库。

（3）学会 T-SQL 语句的排错技术。

（4）了解数据文件、日志文件等相关概念。

（5）创建 3 个案例数据库，为以后的实验做准备。

（6）对常见错误操作，进行测试，加深对数据库管理相关语句以及操作的理解。

5.3.2　实验内容

注意：实验过程中应存储关键步骤、初始状态、实验结果、错误信息、系统信息的截图。

根据实验报告撰写要求，撰写实验报告。

1. 基础实验

使用 SQL Server Management Studio 对象资源管理器，以图形化的方式创建和管理案例数据库 1：图书信息管理数据库 LibraryDatabase，使用 T-SQL 语句创建和管理案例数据库 1：图书信息管理数据库 LibraryDatabase。

2. 扩展实验 1

使用 SQL Server Management Studio 对象资源管理器，以图形化的方式创建案例数据库 2：教学信息管理数据库。

尝试：数据库名以学号开头，执行建库操作。

3. 扩展实验 2

使用 T-SQL 语句创建案例数据库 3：航班信息管理数据库。

尝试：数据库创建成功以后，再次创建。

5.3.3 实验步骤

1. 基础实验实验步骤

（1）创建文件路径，如 E:\Mydatabase。这里的文件路径为数据库的数据文件以及日志文件所在的路径，请根据实验的实际环境设置，也可以使用默认路径。

（2）参考图书信息管理数据库 LibraryDatabase 的建库参数表，使用 SQL Server Management Studio 对象资源管理器，以图形化的方式采用默认值来创建案例数据库 1：图书信息管理数据库 LibraryDatabase。

（3）对数据库的属性进行修改。将数据库名改为中文的"图书信息管理数据库"，将数据库数据文件大小的上限改为 15M，将排序方式改为"Chinese_PRC_CS_AI"。

（4）删除修改后的图书信息管理数据库。

具体操作方法步骤参看 5.2 节，在此不再赘述。

（5）使用 T-SQL 语句 CREATE DATABASE 创建案例数据库 1：图书信息管理数据库 LibraryDatabase。使用 T-SQL 语句 DROP DATABASE 删除案例数据库 1：图书信息管理数据库 LibraryDatabase。具体操作以及相应语句参看 5.2 节实验操作样例，在此不再赘述。

（6）使用 T-SQL 语句 CREATE DATABASE 重新创建案例数据库 1：图书信息管理数据库 LibraryDatabase，以备后面实验使用。

2. 扩展实验 1 实验步骤

（1）创建文件路径，如 E:\Mydatabase。

（2）使用 SQL Server Management Studio 对象资源管理器，以图形化的方式创建案例数据库 2：教学信息管理数据库；创建数据库参数可参考图书信息管理数据库 LibraryDatabase 的建库参数表。其中，数据库名命名为数字构成的学号。

具体操作参考 5.2 节，在此不再赘述。

保留问题截屏，并在实验报告中对相应问题进行分析总结。

（3）调整数据库名称，使用 SQL Server Management Studio 对象资源管理器，以图形化的方式创建案例数据库 2：教学信息管理数据库。

具体操作参考 5.2 节，在此不再赘述。

3. 扩展实验 2 实验步骤

（1）创建文件路径，如 E:\Mydatabase。

在路径 E:\Mydatabase\下，使用 T-SQL 语句 CREATE DATABASE 创建案例数据库 3：航班信息管理数据库。

（2）创建数据库参数可参考图书信息管理数据库 LibraryDatabase 的建库参数表。具体操作参考 5.2 节，在此不再赘述。

（3）尝试：数据库创建成功以后，再次创建。保留问题截屏，并在实验报告中对相应问题进行分析总结。

　　注意：无论使用何种建库方式，建议都应完成 3 个案例数据库的创建，以作为后续实验的基础。

5.3.4　常见问题解答

　　这里以 T-SQL 语句方式创建数据库 DB1 为例，说明常见问题与解决方案。

　　（1）问题：数据库创建失败。出现问题时的状态与错误信息如图 5.15 所示。

```
□CREATE DATABASE DB1
 ON PRIMARY
 (NAME = DB1,
        FILENAME='D:\MYDATABASE1\DB1.mdf',
 SIZE = 5MB,
 MAXSIZE = 11MB,
 FILEGROWTH =1MB)
 LOG ON
  (NAME =DB1LOG ,
        FILENAME='D:\MYDATABASE1\ DB1.ldf',
  SIZE=1MB,
  MAXSIZE=11MB,
  FILEGROWTH=10%
 )
```

```
100 % ▾ <
📄 消息
消息 5133，级别 16，状态 1，第 1 行
对文件"D:\MYDATABASE1\DB1.mdf"的目录查找失败，出现操作系统错误 2(系统找不到指定的文件。)。
消息 1802，级别 16，状态 1，第 1 行
CREATE DATABASE 失败。无法创建列出的某些文件名。请查看相关错误。
```

图 5.15　建库目录的问题

　　分析：没有创建指定目录，试图在该目录下创建数据库。

　　解决方案：创建目录之后，再建库。

　　（2）问题：数据库创建失败。出现问题时的状态与错误信息如图 5.16 所示。

```
□CREATE DATABASE DB1
 ON PRIMARY
 (NAME = DB1,
        FILENAME='D:\MYDATABASE\DB1.mdf',
 SIZE = 1MB,
 MAXSIZE = 11MB,
 FILEGROWTH =1MB)
 LOG ON
  (NAME =DB1LOG ,
        FILENAME='D:\MYDATABASE\ DB1.ldf',
  SIZE=1MB,
  MAXSIZE=11MB,
  FILEGROWTH=10%
 )
```

```
100 % ▾ <
📄 消息
消息 1803，级别 16，状态 1，第 1 行
CREATE DATABASE 语句失败。主文件必须至少是 5 MB 才能容纳 model 数据库的副本。
```

图 5.16　建库初始大小问题

　　分析：数据库初始大小设为 1MB，不符合 SQL Server 2012 的规定。

　　解决方案：初始大小改为 5MB。

（3）问题：创建数据库失败。出现问题时的状态与错误信息如图 5.17 所示。

```
CREATE DATABASE DB1
ON PRIMARY
(NAME = DB1,
    FILENAME='  D:\MYDATABASE\DB1.mdf ',
SIZE = 5MB,
MAXSIZE = 11MB,
FILEGROWTH =1MB)
LOG ON
(NAME =DB1LOG ,
    FILENAME=' D:\MYDATABASE\ DB1.1df ',
SIZE=1MB,
MAXSIZE=11MB,
FILEGROWTH=10%
)
```

```
100 %
  结果
消息 102，级别 15，状态 1，第 4 行
"'" 附近有语法错误。
消息 132，级别 15，状态 1，第 10 行
标签 'D' 已声明。标签名称在查询批次或存储过程内部必须唯一。
```

图 5.17   中文标点问题

分析：创建语句中，使用中文标点。

解决方案：将文件路径的引号，改为西文引号。

（4）问题：创建数据库失败。出现问题时的状态与错误信息如图 5.18 所示。

分析：数据库命名错误，数据库名不能以数字开头。

注意：数据库的名称必须遵循 SQL Server 2012 标识符以及数据库对象的命名原则，即名称的长度在 1~128 个字符之间；名称的第一个字符必须是字母、汉字 或"_"、"@"和"#"中的任意字符；名称中不能包含空格，也不能包含 SQL Server 2012 的保留字（如 master）。

解决方案：学号前面加字母或汉字，如 DB1-110322。

（5）问题：创建数据库失败。出现问题时的状态与错误信息如图 5.19 所示。

```
CREATE DATABASE 1102DB1
ON PRIMARY
(NAME = DB1,
    FILENAME='D:\MYDATABASE\1102DB1.mdf',
SIZE = 5MB,
MAXSIZE = 11MB,
FILEGROWTH =1MB)
LOG ON
(NAME =DB1LOG ,
    FILENAME='D:\MYDATABASE\ 1102DB1.1df',
SIZE=1MB,
MAXSIZE=11MB,
FILEGROWTH=10%
)
```

```
100 %
  结果
消息 102，级别 15，状态 1，第 1 行
"1102"附近有语法错误。
```

图 5.18   数据库命名问题

```
CREATE DATABASE DB1
ON PRIMARY
(NAME = DB1,
    FILENAME='D:\MYDATABASE\DB1.mdf',
SIZE = 5MB,
MAXSIZE = 11MB,
FILEGROWTH =1MB)
LOG ON
(NAME =DB1LOG ,
    FILENAME='D:\MYDATABASE\ DB1.1df',
SIZE=1MB,
MAXSIZE=11MB,
FILEGROWTH=10%
)
```

```
100 %
  消息
消息 1801，级别 16，状态 3，第 1 行
数据库 'DB1' 已存在。请选择其他数据库名称。
```

图 5.19   数据库重复创建问题

分析：数据库创建成功后，没有删除，重复创建。在同一个窗口写入多条 T-SQL 语句的时候，特别容易出现这种情况。

解决方案：数据库删除后，确保没有相应数据库存在，再执行创建。若窗口中有多条 T-SQL 语句，注意对于要执行的语句，先用鼠标选定该语句区域再执行之。

5.3.5　思考题

（1）SQL Server 2012 的数据库中能否只包含数据文件？

（2）日志文件的作用是什么？

（3）什么是逻辑文件？什么是操作系统文件（或者称为物理文件）？

（4）什么是系统数据库？SQL Server 2012 有哪些主要的系统数据库？

（5）什么是用户数据库？用户数据库存放的是数据还是元数据？

第6章

管理基本表

6.1 相关知识点

1. 原理知识点

(1) 关系：关系数据模型中，关系是二维表，可以用于表达实体集，也可以用于表达实体集之间的联系。关系对应于基本表。

(2) 元组：关系的元组对应基本表的行。关系的元组是经常变化的，称之为时变的。

(3) 属性：关系的属性就是二维表的列，对应基本表的列。

(4) 域：属性的取值范围，对应基本表中列的类型定义以及约束定义。

(5) 数据项：关系是二维表，二维表的行列之交为一个数据项。关系模型中关系模式都是满足第一范式的，对于数据库的各项操作而言，数据项为一个原子项。

(6) 关系模式：关系模式由关系的名称和属性集合构成，简单地讲，相当于基本表表名加上表头各列。

关系模式设计中定义关系模式的属性集、主键、外键。每一个关系模式的设计最终体现在相应基本表的结构设计中。

(7) 主键：关系模式中的一个或一组属性，唯一确定关系中的元组，并且属性组中缺少任何一个属性就不能确定关系中的唯一元组，则这个属性（组）称为键。当一个关系模式有多个键时，选定一个作为主键。主键可以被其他表的外键参照。

(8) 外键：关系模式 R 中的一个属性组，不是关系模式 R 的键，是另外一个关系模式 S 的键，称之为关系模式 R 的外键。

外键表达的是关系模式之间的关联。对于二元联系，当外键是关系模式的键的组成部分，表达的是实体集间的多对多联系；当外键不是主键的组成部分，表达的是实体集间的一对一或多对一联系。多元联系的情况类似，但更复杂。

(9) 候选键：候选键也称为键、码、键码或关键字。一个关系模式可以有多个键，也可以说有多个候选键，选择其中之一作为主键。

(10) 组合键：键可以由多个属性组成，称之为组合键。

(11) 键属性：键当中的属性，称之为键属性。

(12) 完整性约束：数据库管理系统提供完整性约束，来保证数据的正确有效。

(13) 实体完整性：所谓实体完整性指的是关系模式中主键的属性不能为空值，只有这样，主键才能唯一标识元组。

(14) 参照完整性：外键中的属性非空且唯一对应其参照的关系模式中的一个主键值。

（15）用户定义完整性：具体的数据库管理系统提供给用户多种定义完整性约束的方式，定义用户特有的数据完整性约束，比如分数为 0～100 之间的整数等。

2. SQL Server 2012 知识点

（1）SQL Server 2012 数据类型：SQL Server 2012 提供了丰富的数据类型，在此仅介绍一些常用类型：

- int：整型，占 4 个字节，$-2^{31}\sim2^{31}-1$ 之间的整数。
- smallint：整型，占 2 个字节，$-2^{15}\sim2^{15}-1$ 之间的整数。
- tinyint：整型，占 1 个字节，0～255 之间的整数。
- real：实数，占 4 个字节，$-3.40\times10^{38}\sim3.40\times10^{38}$。
- float[(n)]：浮点数，4 或 8 字节，$-1.79\times10^{308}\sim1.79\times10^{308}$。
- decimal[(p[,s])]：十进制数，p 为位数，s 为其中小数位数占 5～17 字节，$-10^{38}+1\sim10^{38}-1$。
- char(n)：定长字符串，n 取值为 1～8000，表示字符串固定的长度。不定义 n，则默认 n=1。实际长度不足 n，系统自动添加空格，补足。实际长度超过 n，将截断超出部分。
- varchar(n|max)：变长字符串，n 取值为 1～8000，表示字符串最大的长度。max 表示最大长度，为 $2^{31}-1$ 个字节。输入长度可以为 0。实际长度是输入长度加 2。
- nchar(n)：固定长度的 Unicode 字符（比如汉字）串。n 取值在 1～4000 之间。每个字符占两个字节。其他与 char(n) 类似。
- nvarchar(n|max)：可变长度的 Unicode 字符串。n 取值在 1～4000 之间。每个字符占两个字节。其他与 varchar(n) 类似。
- bit：二进制位取值为 0 或 1。如果表中仅一个 bit 数据类型的列则占用一个字节。若表中有多个 bit 数据类型的列，会使用同一个字节的 1～8 位，超过 8 列为 bit 类型再使用下一个字节。通常用来取代布尔类型。
- date：日期类型 3 字节，取值 0001-01-01～9999-12-31。数据格式为 YYYY-MM-DD。YYYY 为年份，MM 为月份，DD 为日。
- time：时间数据，3～5 个字节，取值 00:00:00.0000000～23:59:59.9999999。数据格式为 hh:mm:ss[.nnnnnnn]。hh 为小时，mm 为分钟，ss 为秒，nnnnnnn 为秒的小数部分。
- datetime：日期时间型 8 字节，取值 1753-01-01～9999-12-31。插入数据或其他地方使用时，需要用单引号或双引号括起来。可以使用"/"、"-"或"."作为分隔符，与系统设置有关。
- money：货币类型 8 字节，取值为正负 922337213685477.5808 之间，整数 19 位，4位小数。
- binary(n)：固定长二进制数据，n=1～8000 为其固定的长度。

输入时前面必须是 0x，可以用 0～9 和 A～F 表示，实际不足补 0，实际过长截断。

- varbinary(n|max)：可变长度的二机制数据。n=1～8000，n 为最大长度。max 表示最大长度为 $2^{31}-1$ 字节。存储大小为实际输入字节加 2。

- timestamp：时间戳类型，8 字节的十六进制值，行数据的修改版本，在数据库中是唯一的，不必为此类型定义列名，系统自动更新。
- uniqueidentifier：16 字节的 GUID（Globally Unique Identifier，全球唯一标识符），SQL Server 根据网络适配器地址和主机 CPU 时钟产生的唯一号码。可通过 newid() 函数获得。
- cursor：游标数据类型。用来创建数据集，每次处理一行数据。有关游标的概念参看第 16 章。
- 用户定义数据类型：允许用户用基础数据类型定义自己的数据类型。

（2）主键约束：主键约束是为了保障实体完整性。每一个基本表定义一个主键，主键非空且可以确定表中唯一的行。主键可以由单一列构成，也可以由多列构成，当多列构成主键的时候，主键中的列缺少任何一个，将不能唯一确定行。其他表的外键可以参照主键，通常主键的实施是通过创建唯一性索引实现的，主键上创建簇式索引，可以保证表中的行在物理上按照主键的顺序排列。语句中单列构成的主键约束可以在列定义中，也可以单独定义。多列构成的主键，主键约束必须单独定义。

（3）UNIQUE 约束：唯一性约束与主键约束的唯一区别是不要求非空。例如，职工表中手机号列，可以使用唯一性约束，保证每一个职工手机号不同，但不要求每一位职工都保存手机号。对于基本表中主键之外的其他候选键，不能用主键约束，但可以使用唯一性约束加上非空约束来实现。

（4）外键约束：外键约束是为了保障参照完整性。并不是每一张基本表都有外键约束，外键可以由单一列构成，也可以由多列构成。外键可以为空值。外键非空的时候，其取值对应被参照的基本表中唯一的主键值。外键表达的是基本表之间的关联，通常就是实体集之间的关联，联系的类型可以是一对一、多对一、多对多等等。语句中单列构成的外键，可以放在列定义中，也可以单独定义。多列构成的外键，必须单独定义。

（5）CHECK 约束：列级 CHECK 约束设定各个列的取值的约束，仅与列的取值有关，每一个列仅一个 CHECK 约束。表级 CHECK 约束为基本表中多列的取值或列之间的关联的约束。一个基本表可以有多个 CHECK 约束。执行 INSERT 或 UPDATE 语句时系统自动检测 CHECK 约束，不满足则不进行插入或更新。

（6）空值与非空约束：所谓空值是未知的或者说是不确定的值。比如，一个商品没有定价，价格为空值，绝不能说该商品价格为 0。因此，空值不是数字 0、空格、空串等，系统对于空值会有特殊的处理，而空值在参与运算时也会有其特殊方式。列定义中的空值约束用 NULL 代表可空，用 NOT NULL 代表非空。

（7）默认值：在列约束中，可以使用默认值，语句中用 DEFAULT 定义，当插入数据时，没有给定该列的具体值时，该列填入默认值。例如，学生的国籍，可以定义一个默认值"中国"。

（8）用户定义的数据类型：用户可以使用标准数据类型定义自己的数据类型，例如，可以如下定义一个职工号类型 Enotype：

```
CREATE TYPE Enotype
FROM char(4) NOT NULL
```

之后可以在不同基本表中作为数据类型使用。在共同开发软件时，这特别有用，有利于数据定义的一致性。

也可以使用对象资源管理器创建用户定义的数据类型。方法是，选定的数据库→【可编程性】→【类型】，右击【用户定义数据类型】，选择【新建用户定义数据类型】。

删除用户定义的数据类型，使用 DROP 语句。例如：

```
DROP TYPE Enotype
```

6.2　实验操作样例

本节只是操作样例，并不是完整的操作步骤。这里选取案例数据库中相关表的操作作为样例，不考虑操作的完整与先后顺序。例如，某些表的创建、删除有先后次序。这与外键约束有关。

本章实验分为两个部分，其一，使用 SQL Server Management Studio 中的表设计器创建和管理基本表；其二，使用 T-SQL 语句创建和管理基本表。因而，操作样例也分为两部分介绍。

6.2.1　用表设计器创建与管理基本表

可以使用对象资源管理器来创建表，新建之后即进入表设计器，可以对表中的列、列的数据类型、默认值、列的数据约束、表的数据约束、特殊列等进行设计。

基本表的初次命名是在保存基本表时，保存之后，在对象资源管理器的相应数据库下，可以看到创建的基本表。以后，可以在对象管理器中直接修改表名，或再次保存时修改。

保存之后，也可以修改表的各种设计，然后再次保存，即可生效，比如，修改约束等。

注意：多次更新基本表结构时需要用到表结构更新的选项。在工具栏中，单击【工具】，在下拉菜单选择【选项】，出现【选项对话框】，在【选项对话框】中单击 左侧的【设计器】，找到右侧的【阻止保存要求重新创建表的更改(S)】将前面的复选框中的钩去掉，就可以多次修改表结构了。

6.2.1.1　基本表的创建与初步设计

这里介绍用表设计器设计表的列、类型与空值约束的方法。数据类型与空值约束都属于数据完整性约束，是基本表设计中不可省略的环节。这里以【出版社】表的创建为例。

（1）启动 SQL Server Management Studio，连接到 SQL Server 2012 数据库实例。

（2）展开 SQL Server 实例，选择【数据库】，右击展开下拉列表；选择 LibraryDatabase，展开后选择【表】，右击，然后从弹出的快捷菜单中选择【新建表】命令，如图 6.1 所示。

（3）打开【表设计器】。

（4）在【表设计器】中，可以定义基本表各列的名称、数据类型、长度、是否允许为空等属性。为【出版社】表定义【编号】列，列名填入之后，可以选择数据类型，如图 6.2 所示。

（5）【出版社】表中【编号】列的类型先选择为 char(10)，之后手动调整长度为

char(7)。当然，也可以直接输入需要设定的数据类型。

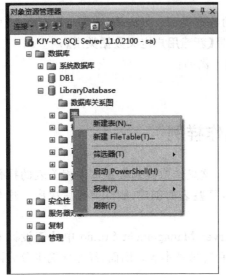

图 6.1　新建表　　　　　　　　　　图 6.2　用表设计器设计列属性

（6）修改【出版社】表【编号】列的空值约束，把图 6.2 中【允许 Null 值】复选框取消选择即可。

6.2.1.2　设置默认值

为基本表中的列设置默认值，不仅仅是为了简化操作，也是数据库管理系统提供数据完整性的手段之一，默认值的使用可以避免插入的数据不合法，可以避免空值。空值是特殊的值，在算术运算或逻辑比较中，如果出现空值，可能得到预计之外的结果，造成程序运行的混乱。一个列中有很大比例是同一个值时，或者，列的取值不宜为空值时，应使用默认值。

下面介绍默认值的设置，按照案例数据库 1 图书信息管理数据库的设计，将出版社表的国家列的默认值设置为"中国"。

（1）首先，选定国家列。

（2）在下方的【默认值与绑定】行右侧空白处输入默认值"中国"，如图 6.3 所示，注意，在表达式中应使用西文标点，用单引号或双引号将字符串括起来，或不加引号，不要使用中文标点。

6.2.1.3　设置主键

首先介绍单列主键的设置。

（1）在出版社表中，选中编号列。

（2）单击如图 6.4 所示对象资源管理器上方工具栏中的【设置主键】按钮。

主键编号左侧出现金色的钥匙，如图 6.5 所示。

列名	数据类型	允许 Null 值
编号	char(10)	☐
名称	varchar(100)	☐
▶ 国家	varchar(100)	☐
		☐

列属性

(常规)	
(名称)	国家
默认值或绑定	'中国
数据类型	varchar

图 6.3　填写默认值

图 6.4　工具栏

列名	数据类型	允许 Null 值
🔑 编号	char(10)	☐
名称	varchar(100)	☐
国家	varchar(100)	☐
城市	varchar(20)	☑
地址	varchar(100)	☑
邮编	char(8)	☑
网址	varchar(50)	☑
		☐

图 6.5　主键设置后效果

之后,可以单击如图 6.4 所示对象资源管理器上方工具栏上【管理索引/键】按钮,弹出如图 6.6 所示对话框,查看设置结果。

图 6.6　【索引/键】对话框

如果需要删除设置的主键约束,选中编号列,再次单击工具栏中的【设置主键】按钮即可。

设置主键也可以不使用工具栏上的【设置主键】按钮。另一种方法是,选定该列之后,右击,出现下拉列表框,选择【设置主键】,如图 6.7 所示。类似地,用下拉列表框也可以删除主键约束,如图 6.8 所示。

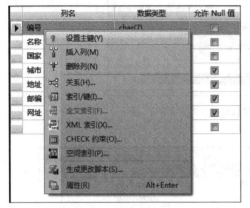

图 6.7   下拉列表框方式设置主键约束   图 6.8   下拉列表方式删除主键约束

接下来,介绍组合键设置主键的方法。

当以多列组合键作为主键时,需要按下 Shift 键,同时选定键中各属性,再单击工具栏中的【设置主键】按钮。

例如,为收藏表设置主键,其主键为组合键(图书馆号,ISBN)。

(1) 按住 Shift 键,选定图书馆号和 ISBN 两列,如图 6.9 所示。

(2) 单击工具栏【设置主键】按钮,设置后的效果如图 6.10 所示。可以看到,组合键中的两列都有金钥匙。

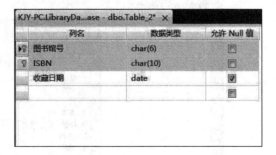

图 6.9   选定组合键   图 6.10   组合键设置为主键后的效果

(3) 单击工具栏【管理索引与键】可查看主键的设置结果。

6.2.1.4   保存基本表

在表设计器使用中,无论是否彻底完成表的设计,都可以保存基本表。需要修改基本表的结构时,可以随时打开表设计器。

注意：在保存基本表时可以对表进行命名或更名,如果初次保存时不进行命名,则表名为系统给出的默认名,如 table_1 等。

(1) 单击工具栏上的【保存】按钮,弹出【选择名称】对话框。

(2) 在【输入表名称】文本框中输入设定的表名,这里表名为"出版社",如图 6.11 所示。

之后,就可以在对象管理器中看到初步创建的出版社表,如图 6.12 所示。

图 6.11 保存表名   图 6.12 查看出版社表

6.2.1.5 设置 CHECK 约束

CHECK 约束分为列级 CHECK 约束和表级 CHECK 约束,是数据库管理系统提供的用户定义的完整性约束的主要手段,保证进入数据库的数据完整有效。

1. 列级 CHECK 约束的设置

首先,介绍图书馆表中电话列的 CHECK 约束设置。

(1) 在对象管理器中,打开图书信息管理数据库 LibraryDatabase,选择图书馆表,右击,在下拉列表中选择【设计】,对象管理器上方出现新的工具栏(如图 6.4 所示),单击工具栏【管理 CHECK 约束】按钮。

(2) 弹出【CHECK 约束】对话框,单击【添加】按钮。

(3) 将约束的名称改为"CK_图书馆电话",如图 6.13 所示。

(4) 可以在表达式行右边空白处直接输入 CHECK 表达式。这里采用的方法是单击表达式一行空白处,出现省略号按钮 。单击右侧的省略号按钮之后,出现【CHECK 约束表达式】编辑框,输入约束表达式,如图 6.14 所示。

(5) 单击【确定】按钮后,电话列的 CHECK 约束如图 6.15 所示。

保存图书表,刷新之后,可以在对象管理器中看到设置的约束。

除了使用工具栏的【管理 CHECK 约束】按钮之外,还可以用如下方法,进行 CHECK 约束的设置。

下面以图书表为例,加以说明。

打开对象资源管理器,在图书信息管理数据库 LibraryDatabase 下,选定图书表,右击,弹出下拉列表框,选择【设计】,进入表设计器。

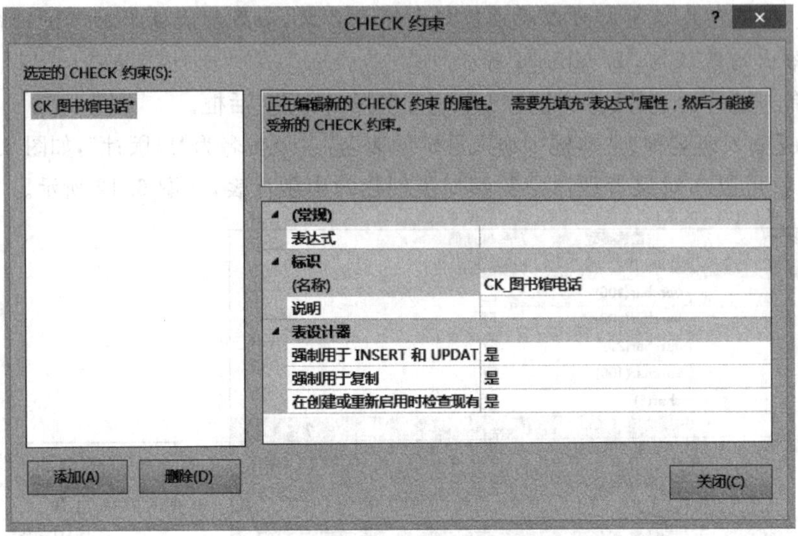

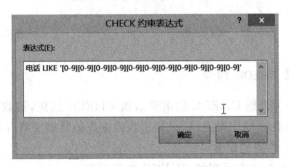

图 6.13　新建约束名

图 6.14　输入电话列的 CHECK 表达式

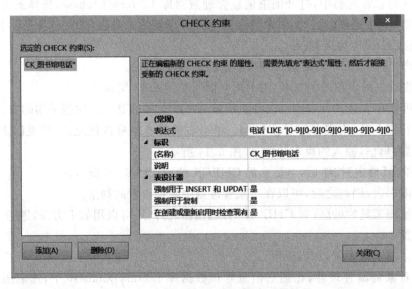

图 6.15　电话列的 CHECK 约束设置结果

图书价格应该在 0～5000 之间，设置这一 CHECK 约束，不使用工具栏【管理 CHECK 约束】按钮，在表设计器中右击，出现下拉列表框，如图 6.16 所示。

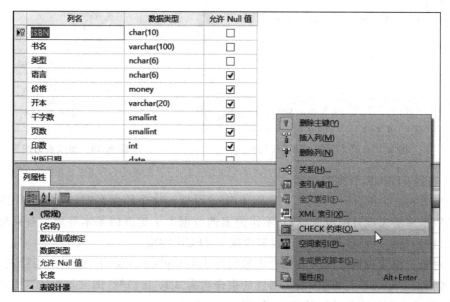

图 6.16 下拉列表框方式设置 CHECK 约束

选择【CHECK 约束】，之后的步骤与上面图书馆表电话列的 CHECK 约束设置类似。这里约束表达式的设定如图 6.17 所示。

进入 CHECK 约束设计的第 3 种方法是在对象资源管理器中，选择相应表的约束文件夹，右击，出现下拉列表框，选择【新建约束】。以图书表开本列为例，如图 6.18 所示。

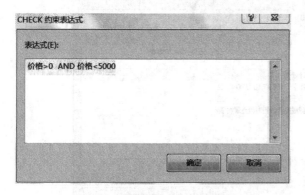

图 6.17 价格列的 CHECK 约束

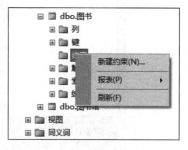

图 6.18 从约束文件夹新建约束

设定开本列的 CHECK 约束如图 6.19 所示。开本为 850×1168、184×260、880×1230、140×112 之一，注意，条件中应使用西文单引号。

类似方法可以创建图书表的其他约束。保存图书表，刷新约束，可以看到设置好的图书表的 4 个约束，约束中还包含默认值，如图 6.20 所示。

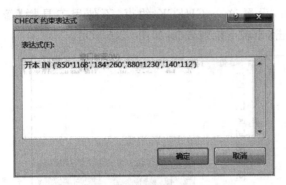

图 6.19 开本列的 CHECK 约束

图 6.20 图书表的约束

2. 表级 CHECK 约束的设置

以出版社表为例，介绍表级 CHECK 约束的设置。这个约束在案例数据库 1 图书信息管理数据库的表设计中没有提到，不作为案例数据库 1 建表的基本要求。有兴趣的读者，可以按照下面的操作样例，尝试设置表级 CHECK 约束。

在对象资源管理器的图书信息管理数据库 LibraryDatabase 下，选定出版社表，单击工具栏【管理 CHECK 约束】按钮。新建约束命名为"CK_出版社_国家与地址"，并填入约束条件，要求中国的出版社地址非空，如图 6.21 所示。

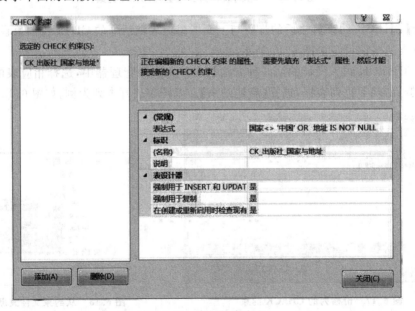

图 6.21 表级约束定义

表级的 CHECK 约束定义方式与列级的相同，这也是为什么列级约束也要写入列名的道理；不同点在于表级的约束涉及表中的多列。

注意：上面例子出现的是几种常见的 CHECK 约束条件，无论是列级约束还是表级约束，理论上讲，凡是 WHERE 子句中出现的条件，都可以出现在 CHECK 约束中，但是不能包括子查询。

3. 删除 CHECK 约束

要删除 CHECK 约束,可以在【CHECK 约束】对话框单击【删除】按钮;或者从对象管理器中选择数据库基本表的约束节点后右击,从下拉列表中选择【删除】即可。

6.2.1.6 定义外键约束

1. 用表设计器

首先以图书表为例,在创建图书表中出版社号为外键,参照出版社表的主键编号。注意,此时,需要先创建【出版社】表。

在对象资源管理器的 LibraryDatabase 数据库下选择图书表,展开后可以看到【键】文件夹。右击【键】文件夹,出现下拉列表,选择【新建外键】,弹出【外键关系】对话框。修改外键约束的名称为"FK_图书_出版社",如图 6.22 所示。

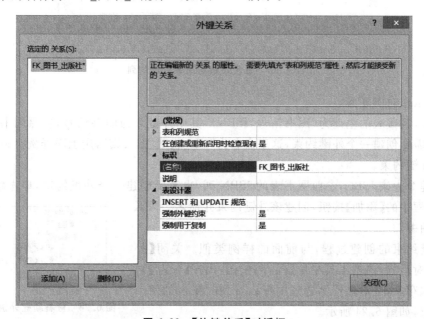

图 6.22 【外键关系】对话框

之后,单击【表和列规范】,在【表和列规范】行的右侧出现省略号按钮。

单击省略号按钮,进入【表和列】的编辑窗口。

在左侧主键表的下拉列表中选择出版社表。之后在【主键表】下方,选择编号列,在图书表下方,选择出版社号列,如图 6.23 所示。

单击【确定】按钮,返回【外键关系】对话框,单击【关闭】按钮。单击工具栏中【保存】按钮,出现【保存外键约束】对话框,单击【是】按钮,右击图书表下的【键】文件夹,在下拉列表中选择【刷新】之后,图书表文件夹出现新建的外键约束,如图 6.24 所示。这表明成功创建了外键约束"FK_图书_出版社"。

图书表的外键出版社号与主键 ISBN 是彼此独立的。此时创建的外键约束反映的是图书与出版社之间的多对一联系。

在二元多对多联系中,主键为组合键,外键是主键的真子集,两个外键参照不同的主

图 6.23　设置外键约束中对应的列

键表，表示多对多联系。

例如，收藏表的主键为（图书馆号，ISBN），其中外键 1 为图书馆号，参照图书馆表的编号列，需要创建一个外键约束，这里命名为"FK_收藏_图书馆"，用上面样例类似的方式创建该外键约束。

外键 2 为该 ISBN，参照图书表的 ISBN 列，也需要创建一个外键约束，单击【外键关系】对话框中的【添加】按钮，创建该外键约束并命名为"FK_收藏_图书"。

外键约束的创建过程，与前面的样例类似。关闭【外键关系】对话框，单击工具栏中【保存】按钮，出现【保存】对话框。保存后，在对象资源管理中可以看到收藏表的两个外键约束，如图 6.24 所示。

图 6.24　查看新建外键约束

2. 用数据库关系图创建外键约束

以编著表为例。在对象资源管理器的 LibraryDatabase 下找到【数据库关系图】文件夹，右击，出现下拉列表，如图 6.25 所示。

选择【新建数据库关系图】，弹出【添加表】对话框，如图 6.26 所示。

依次添加编著表、图书表、作者表之后，可以看到 3 张表依次出现在数据库关系图中，如图 6.27 所示。

之后，用鼠标点住编著表的外键作者号拖到作者表的主键编号处，出现类似定义外键关系的两层对话框，如图 6.28 所示。

在这两层对话框中都单击【确定】按钮，创建编著表与作者表的外键约束。然后，可以调整表或连线的位置，精确表达外键的哪一列对应主键表的哪一列。调整后数据库关系图如图 6.29 所示，连线中有金钥匙的一端为"一"的一方，无穷大符号标识的一端表示"多"的一方。

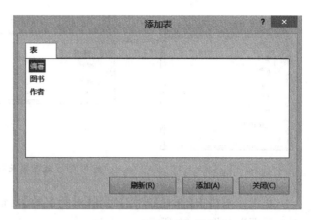

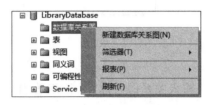

图 6.25 新建数据库关系图   图 6.26 【添加表】对话框

图 6.27 数据库关系图中选定的表

图 6.28 编著表与图书表的外键约束

图 6.29　数据库关系图

单击工具栏中【保存】按钮，出现【选择名称】对话框。输入关系图名称"图书-编著-作者关系图"，如图 6.30 所示。

单击【确定】按钮，出现【保存】对话框，提示对表的影响。

单击【是】按钮，保存。刷新编著表的键文件夹，此时，可以看到成功创建了编著表的两个外键约束，如图 6.31 所示。

图 6.30　输入关系图名称

图 6.31　编著表外键约束

于是，用数据库关系图方式，就简洁地创建了编著表的外键约束。

6.2.1.7　修改表结构

设计时欠考虑或者用户需求发生了改变，都要求修改表结构。修改表结构也可以使用表设计器，对于很多操作，使用表设计器的方法是一样的。

下面以【作者】表为例介绍修改表结构的方法。在对象资源管理器中选择作者表，右击出现下拉列表，选择【设计】。

（1）原有列的数据类型、空值约束、默认值可直接修改。修改方法与新建表时进行表设计类似。这里不再赘述。

（2）新增列。可以新增一列，列名为"地址"，数据类型为 varchar(50)，并且设置默认值为"未填写"，可空，如图 6.32 所示。

同样可以新增一列"电子邮箱"，类型为 varchar(50)，可空。

（3）新增 CHECK 约束。与新建表时创建约束的方法类似，例如可为新增的【电子邮箱】列设计 CHECK 约束，要求电子邮箱包含"@"符号，如图 6.33 所示。

关闭【CHECK 约束】对话框。单击工具栏【保存】按钮保存结果。刷新后可看到已经创建的约束。

排名	smallint	☑
地址	varchar(50)	☑
		☐

列属性

▲ (常规)
(名称)　　　　　　　　　　　　　　　　　　　地址
默认值或绑定　　　　　　　　　　　　　　　'未填写'
数据类型　　　　　　　　　　　　　　　　　varchar

图 6.32　新增地址列

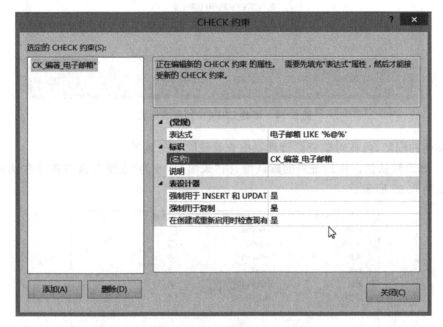

图 6.33　新增约束

（4）修改约束。在表设计器中可以修改约束,选定约束"CK_作者_电子邮箱",右击,出现下拉列表,选择【修改】。进入【CHECK 约束】对话框,直接进行修改即可。例如,除要求电子邮箱除包含"@"外,其后还包含"."。修改后的结果如图 6.34 所示。

关闭【CHECK 约束】对话框,单击工具栏【保存】按钮。刷新后,可查看到新的 CHECK 约束。

（5）删除约束。在对象资源管理器中选择相应的基本表,扩展其下的约束文件夹,选择要删除的约束,右击,出现下拉列表,单击其中的【删除】即可。

删除约束的另一种方法是在对象资源管理器中选择相应的基本表,扩展其下的约束文件夹,选择要删除的约束,右击,出现下拉列表,选择【修改】,进入【CHECK 约束】对话框,选择相应的约束,单击【删除】按钮即可。

无论何种方式,都会出现【删除对象】对话框。单击【确定】按钮,即可确认删除约束。

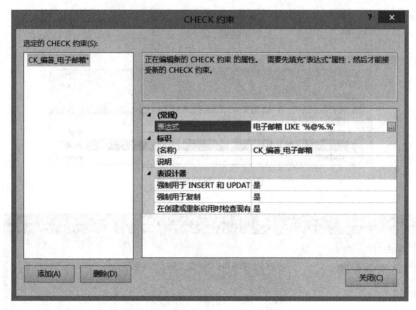

图 6.34　修改 CHECK 约束表达式

之后，保存并刷新，可在对象资源管理器中查看删除后的效果。

（6）修改默认值。将地址列的默认值，由"未填写"改为"未知"，这与新建默认值方法类似，如图 6.35 所示。

图 6.35　修改默认值

（7）删除列。以删除作者表中新加的电子邮箱列为例。选择要删除的列电子邮箱，右击，出现下拉列表，选择【删除】，如图 6.36 所示。

　　删除列的另一种方法，以删除作者表中添加的地址列为例。在对象资源管理器中，选择作者表的地址列，右击，出现下拉列表，选择【删除】即可，如图 6.37 所示。

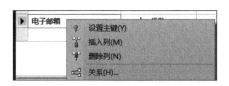

图 6.36 在表设计器中删除列

图 6.37 在对象资源管理器中删除列

6.2.1.8 删除基本表

使用对象资源管理器删除基本表,以删除数据库 DB1 中基本表 table_1 为例。在数据库 DB1 下选择 table_1 表,右击,出现下拉列表,选择【删除】。

弹出【删除对象】对话框,单击【确认】按钮,即可删除 table_1 表。

6.2.2 利用 T-SQL 语句创建与管理基本表

6.2.2.1 利用 CREATE TABLE 语句创建表

创建基本表比较完整的语法格式如下:

```
CREATE TABLE [数据库名.[架构名].表名]
(列名    数据类型
    [[[DEFAULT 常数表达式] | [ IDENTITY [(种子,增量)]]]
[COLLATE 排序方式]
[ NULL| NOT NULL ]
  [ 列约束 ]
]
[,列名 ……]
  [列名 AS 计算列的表达式]
  [ 表约束])
[ON 文件组| DEFAULT]
[TEXTIMAGE_ON 文件组| DEFAULT]
```

其中,"列约束"的格式为:

```
[ CONSTRAINT 约束名 ]
  { { PRIMARY KEY | UNIQUE }
    [ CLUSTERED | NONCLUSTERED ]
  |[ FOREIGN KEY ]REFERENCES 被引用表名 [(被引用列)]

  |CHECK (逻辑表达式)}
```

"表约束"的格式为:

```
[CONSTRAINT 约束名]
```

```
{{ PRIMARY KEY | UNIQUE }[ CLUSTERED | NONCLUSTERED ]{(列名[,...n])}|
    FOREIGN KEY(列名[,...n])REFERENCES 被引用表名[(被引用列名[,...n])]
    |CHECK (搜索条件)}
```

解释：

（1）空值约束定义：

- NULL,本列不可为空。

- NOT NULL,本列不可为空。

（2）DEFAULT：设定本列的默认值。

（3）IDENTITY：此关键字表示设置标识列,该列的起始值为种子值,之后每一行的标识列自动加上增值（将增值设为负数,实现递减的效果）。默认种子值为 1,增值为 1。

（4）COLLATE：定义列的排序方式。

（5）列约束有：

- PRIMARY KEY,设定本列为主键。

- UNIQUE,设定唯一性约束。

- CLUSTERED,本列创建簇式索引。

- NONCLUSTERED,本列创建非簇式索引。

- [FOREIGN KEY]REFERENCES,被引用表名[（被引用列）]定义本列为外键。

- CHECK,（逻辑表达式）定义本列的 CHECK 约束。

（6）列名 AS　计算列的表达式：

计算列是同一基本表中其他列计算得来的值,这里指出计算列的名字以及计算表达式。

计算列的类型是隐式设置为表达式值的类型。

例如：

销售额 AS 单价 * 销售数量

单价和销售数量是表中具有数据的列,销售额是计算列。

这与范式理论稍有冲突。但很实用。

（7）表约束。与列约束类似,只是当约束基于多列时必须使用表约束。约束可基于单列,也可以使用表约束。

6.2.2.2　图书信息管理数据库各个表的建表语句

为了便于后面的操作,这里给出图书信息管理数据库中各个表的创建语句。

创建图书馆表语句：

```
CREATE TABLE 图书馆
(  编号 char(6) PRIMARY KEY,
名称 varchar(50) NOT NULL,
地址 varchar(100) ,
```

电话 char(11)
CHECK (电话 LIKE ' [0-9] [0-9] [0-9] [0-9] [0-9] [0-9] [0-9] [0-9] [0-9] [0-9] [0-9] '),
)

创建出版社表的语句：

```
CREATE TABLE 出版社
( 编号 char(7) PRIMARY KEY,
名称 varchar(100) NOT NULL,
国家 varchar(100) NOT NULL DEFAULT '中国',
城市 varchar(20),
地址 varchar(100),
邮编 char(10),
网址 varchar(50)
)
```

创建作者表的语句：

```
CREATE TABLE 作者
( 编号 char(8) PRIMARY KEY,
姓名 varchar(20) NOT NULL,
性别 nchar(1) DEFAULT '男' CHECK (性别 IN ('男', '女')),
出生年代 varchar(20) DEFAULT '当代',
国籍 varchar(20) DEFAULT '中国'
)
```

创建图书表的语句：

```
CREATE TABLE 图书
( ISBN char(10) PRIMARY KEY,
书名 varchar(100) NOT NULL,
类型 nchar(6) NOT NULL,
语言 nchar(6) DEFAULT '中文',
价格 money CHECK (价格 >0 AND 价格 <5000),
开本 varchar(20) CHECK (开本 IN ('850 * 1168','184 * 260','880 * 1230','140 * 112')),
千字数 smallint CHECK (千字数 >0),
页数 smallint CHECK (页数 >10 AND 页数<3000) ,
印数 int,
出版日期 date NOT NULL,
印刷日期 date,
出版社号 char(7) NOT NULL REFERENCES 出版社(编号)
)
```

创建收藏表的语句：

```
CREATE TABLE 收藏
( 图书馆号 char(6) NOT NULL,
```

```
    ISBN char(10) NOT NULL,
    收藏日期 date,
    PRIMARY KEY(图书馆号,ISBN),
    FOREIGN KEY (图书馆号) REFERENCES 图书馆(编号),
    FOREIGN KEY (ISBN) REFERENCES 图书(ISBN)
)
```

创建编著表的语句：

```
CREATE TABLE 编著
(  ISBN char(10),
    作者号 char(8),
    类别 nchar(4) CHECK (类别 IN ('主编','主审','编著者','译者')),
排名 smallint,
PRIMARY KEY (ISBN, 作者号)
    FOREIGN KEY (ISBN) REFERENCES 图书 (ISBN),
    FOREIGN KEY (作者号) REFERENCES 作者(编号)
)
```

6.2.2.3　建表操作样例

（1）打开 SQL Server Management Studio，并用"SQL Server 身份验证"登录。

（2）单击标准工具栏的【新建查询】按钮，打开查询编辑窗口，在数据库列表框选择 LibraryDatabase 数据库。

（3）输入创建出版社表的建表语句。

（4）单击工具栏上分析按钮（绿色的√），检查语法。

（5）语法正确后，单击工具栏上的【执行】按钮，执行建表语句，结果如图 6.38 所示。

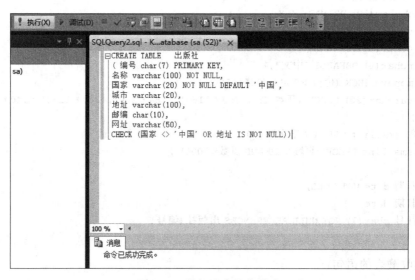

图 6.38　执行建表语句成功

（6）对象资源管理器中刷新后，查看结果，可以看到已创建了出版社表。

（7）展开出版社表，可以看到表中列定义、约束定义等，如图 6.39 所示。

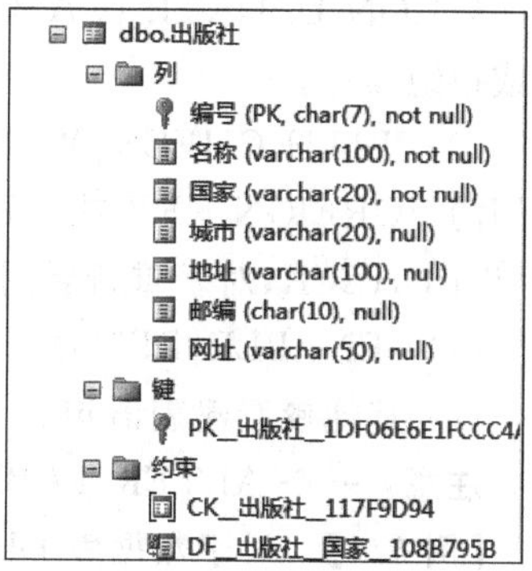

用类似的方法，可以依次创建图书馆表、图书表、作者表、收藏表和编著表。

注意：表与表之间有参照关系时，要先创建主键表，后创建外建表。具体参看常见问题解答。

图 6.39　出版社表结构

6.2.2.4　用 ALTER TABLE 语句改表结构

1．增加列定义与列约束

增加列与约束的语法如下：

```
ALTER TABLE [数据库名.[架构名].]表名
ADD 列名 数据类型
    [[DEFAULT 常量表达式] | [ IDENTITY [(种子, 增量)] ]]
    [COLLATE 排列方式]
[NULL|NOTNULL]
[列约束]
[列名 AS 计算列表达式]
```

解释：参看建表语句。

注意：一个 ALTER 语句一次只能增加一列。

增加表约束的语法如下：

```
ALTER TABLE [数据库名.[架构名].]表名
ADD
  [CONSTRAINT 约束名]
{[[{PRIMARY KEY|UNIQUE}]] (列名 1[,...列名 n])
    |FOREIGN KEY (列名 1[,...列名 n])
    REFERENCES 被参照表名 [(被参照列名 1[,...被参照列名 n])]
    [ON DELETE {CASCADE|NO ACTION}]
    [ON UPDATE {CASCADE|NO ACTION}]
    |DEFAULT 列名 常数表达式 [FOR 列名]

|CHECK
  (搜索条件 1)[,...n]
    [{WITH CHECK|WITH NOCHECK}]

|{ENABLE|DISABLE} TRIGGER
    {ALL|触发器名 1(,...触发器名 n)}
}
```

解释：

（1）ON DELETE {CASCADE|NO ACTION}：删除时参照完整性的维护策略，级

联或拒绝操作。

（2）ON UPDATE ｛CASCADE｜NO ACTION｝：更新时参照完整性的维护策略，级联或拒绝操作。

（3）WITH CHECK｜WITH NOCHECK：指定表中的数据是否用新添加的或重新启用的 FOREIGN KEY 或 CHECK 约束进行验证。如果未指定，对于新约束，假定为WITH CHECK，对于重新启用的约束，假定为 WITH NOCHECK。

（4）｛ENABLE｜DISABLE｝TRIGGER：触发器的启用或禁用。

（5）其他参看建表语句。

注意：一个 ALTER TABLE 只有一个 ADD，一次添加一列及约束，或一个表约束。

【例 6.1】 对于数据库 DB1 的 table_1 表，在无主键列的情况下，增加主键列 a3。

语句：

```
ALTER TABLE DB1..table_1
    ADD a3 int PRIMARY KEY
```

【例 6.2】 对于数据库 DB1 的 table_1 表，增加一个非空列 a4。

语句：

```
ALTER TABLE db1..table_1
    ADD a4 varchar(10) NOT NULL
```

【例 6.3】 为作者表增加电话列，同时指定数据类型、默认值和 CHECK 约束。

语句：

```
ALTER TABLE 作者 ADD 电话 CHAR(8) DEFAULT 'no list'
CHECK (电话 LIKE '[0-9][0-9][0-9][0-9][0-9][0-9][0-9][0-9]')
```

【例 6.4】 为作者表增加手机列，指定数据类型为 CHAR(11)，非空以及唯一性约束。

语句：

```
ALTER TABLE 作者 ADD 手机 CHAR(11) NOT NULL UNIQUE
```

2. 修改列定义

修改列定义的语法如下：

```
ALTER TABLE [数据库名.[架构名].]表名
{ALTER COLUMN 列名 [架构名.]新数据类型
    [COLLATE 排列方式]
[NULL|NOTNULL]
```

注意：约束不能修改，只能删除重新添加。

【例 6.5】 对于数据库 DB1 的 table_1 表，把 a3 列的类型改为整型。

语句如下：

```
ALTER TABLE db1..table_1
```

```
ALTER COLUMN a3 int NOT NULL
```

【例 6.6】 对于数据库 DB1 的 table_1 表,把 a1 列的空值约束由非空改为可空。
语句如下:

```
ALTER TABLE table_1
    ALTER COLUMN a1 CHAR(11) NULL
```

【例 6.7】 修改图书馆数据库中作者表的姓名列的排序方式。
语句如下:

```
ALTER TABLE 作者
    ALTER COLUMN 姓名 CHAR(12) COLLATE Arabic_100_CI_AI
```

3. 删除列定义或列约束

语句格式如下:

```
ALTER TABLE [数据库名.架构名.]表名
DROP {COLUMN 列名 1 [,...列名 n]
    |[CONSTRAINT]约束名 [,..约束名 n]
    |{CHECK |NOCHECK } CONSTRAINT {ALL,约束名 1[,...约束名 n]}
    |{ENABLE|DISABLE} TRIGGER
        {ALL|[触发器 1[,...触发器 n]]}
```

解释:

(1)〔CHECK |NOCHECK 〕CONSTRAINT 对于约束可以设置检测或不检测。

(2)〔ENABLE|DISABLE〕TRIGGER 对于触发器可以使能或反之。

(3)其他参看建表语句。

【例 6.8】 删除图书馆库中作者表的电话列的约束。
语句如下:

```
ALTER TABLE 作者
    DROP CONSTRAINT DF__作者__电话__5AEE82B9, CK__作者__电话__5BE2A6F2
```

刷新后,会看到约束被删除。

注意:不能同时删列和约束,而默认值被视为约束的一种。

关于删除默认值的功能,SQL Server 的以后版本没有了。

4. 修改表的分区

修改表的分区语法如下:

```
ALTER TABLE [数据库名.架构名.]表名
SWITCH [PARTITION 源分区数值表达式]
TO [架构名.]目标表 [PARTITION 目标分区数值表达式]
```

注意:在建表语句介绍中没有提及修改表的分区问题。这里介绍修改分区的功能,是为了提示读者,逻辑结构与存储结构是关联的。例子略。

6.2.2.5 用 DROP TABLE 语句删除表

语句格式：

DROP TABLE [[数据库名.]架构名.]表名 1[,..表名 n]

解释：

（1）要删除的表在当前数据库的当前架构下，则数据库名以及架构名可省，可以同时删除若干基本表。

（2）要删除的表与其他基本表有主外键关联时，删除有一定的次序。

【例 6.9】 删除 DB1 数据库的 table_1 表。

语句如下：

DROP TABLE DB1..table_1

6.2.3 用系统存储过程查看基本表信息

6.2.3.1 查看前面定义的表

语法如下：

USE 数据库名 EXEC sp_help 表名

步骤如下：

（1）打开 SQL Server Management Studio，并用"SQL Server 身份验证"登录。

（2）单击标准工具栏的【新建查询】按钮，打开查询编辑窗口。

（3）在查询编辑窗口中输入如下的 T-SQL 语句：

USE LibraryDatabase
EXEC sp_help 图书馆

（4）按 F5 键或单击工具栏上的【执行】按钮，可以看到建表语句成功执行，图书馆表的基本信息如图 6.40 所示。

	Name	Owner	Type	Created_datetime							
1	图书馆	dbo	user table	2014-05-16 11:21:31.330							

	Column_name	Type	Computed	Length	Prec	Scale	Nullable	TrimTrailingBlanks	FixedLenNullInSource	Collation
1	编号	char	no	6			no	no	no	Chinese_PRC_CI_AS
2	名称	varchar	no	50			no	no	no	Chinese_PRC_CI_AS
3	地址	varchar	no	100			yes	no	yes	Chinese_PRC_CI_AS
4	电话	char	no	11			yes	no	yes	Chinese_PRC_CI_AS

	Identity	Seed	Increment	Not For Replication
1	No identity column defined.	NULL	NULL	NULL

	RowGuidCol

图 6.40 使用系统过程查看图书馆表的基本信息

6.2.3.2　查看基本表上的约束

（1）打开 SQL Server Management Studio，并用"SQL Server 身份验证"登录。

（2）单击标准工具栏的【新建查询】按钮，打开查询编辑窗口。

（3）在查询编辑窗口中输入如下的 T-SQL 语句：

```
USE LibraryDatabase
EXEC sp_helpconstraint 图书馆
```

（4）按 F5 键或单击工具栏上的【执行】按钮，可以看到语句成功执行，如图 6.41 所示。

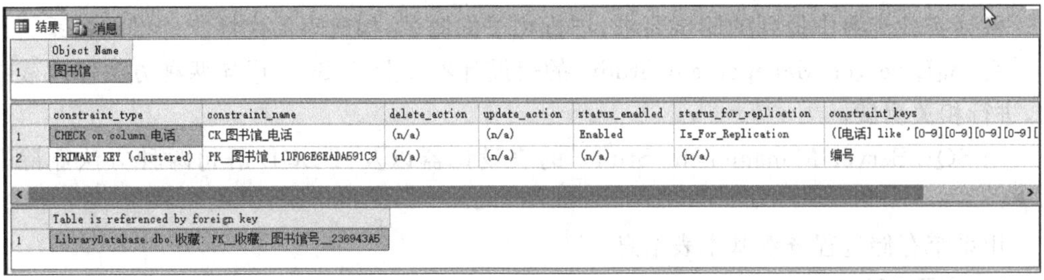

图 6.41　用系统过程查看图书馆表的约束

6.3　实　　验

6.3.1　实验目的

本实验的学习目标在于熟练掌握数据库基本表的创建、修改和删除的方法，具体实验目的如下：

（1）学会使用 SQL Server Management Studio 的表设计器和 T-SQL 语句两种方法创建、修改和删除表。

（2）学会使用 SQL Server Management Studio 的表设计器和 T-SQL 语句两种方法设置常用的数据完整性约束，含主键约束、外键约束、空值约束、UNIQUE 约束、默认值以及 CHECK 约束等。

（3）学会使用系统存储过程查看基本表信息。

（4）熟悉 SQL 的常用数据类型。

（5）理解相关概念：基本表与三级结构、实体完整性、参照完整性、用户定义完整性、主键、外键、空值、默认值等。

（6）创建 3 个案例数据库的相关基本表，为后面的实验做准备。

（7）测试各种异常、错误情况，加深对表管理操作以及相关知识点的理解。

6.3.2　实验内容

注意：实验过程中应保存关键步骤、初始状态、实验结果、错误信息、系统信息的截图。

根据实验报告撰写要求，撰写实验报告。

这里介绍 3 个实验的主要内容，下一小节给出具体的实验步骤。

1. 基础实验

使用图书信息管理数据库。使用对象资源管理器方式以及 T-SQL 语句方式完成实验。

根据第 4 章案例数据库（图书信息管理数据库）的基本表的设计，用 SQL Server Management Studio 的表设计器以及 T-SQL 语句两种方法创建图书馆表、图书表、出版社表、作者表、收藏表、编著表，按照设计要求定义数据类型、长度、空值否、默认值、主键约束、外键约束、CHECK 约束。

根据实验步骤中提到的测试要求，进行相关的测试，如建表的次序与外键的关系。

用 SQL Server Management Studio 的表设计器以及 T-SQL 语句两种方法修改表结构，进行相关测试。

用 SQL Server Management Studio 的表设计器以及 T-SQL 语句两种方法删除基本表。

用系统存储过程查看基本表信息。

2. 扩展实验 1

使用教学信息管理数据库。用对象资源管理器完成实验。

根据第 4 章案例数据库（教学信息管理数据库）的基本表的设计，用 SQL Server Management Studio 的表设计器创建学生表、班级表、课程表、教师表、选修表、授课表，按照设计要求定义数据类型、长度、空值否、默认值、主键约束、外键约束、CHECK 约束。

根据实验步骤中提到的测试要求，测试建表的次序与外键的关系。

用 SQL Server Management Studio 的表设计器修改表结构，并保存。

用 SQL Server Management Studio 的表设计器删除基本表。

用系统存储过程查看基本表信息。

3. 扩展实验 2

使用航班信息管理数据库，用 T-SQL 语句完成实验。

根据第 4 章案例数据库（航班信息管理数据库）的基本表的设计，在 SQL Server Management Studio 中用 T-SQL 语句创建航线表、航班表、乘客表、职工表、飞机类型表、工作表和乘坐表，按照设计要求定义数据类型、长度、空值否、默认值、主键约束、外键约束、CHECK 约束。

根据实验步骤中提到的测试要求，测试建表的次序与外键的关系。

在 SQL Server Management Studio 中用 T-SQL 语句修改基本表结构，并保存。

在 SQL Server Management Studio 中用 T-SQL 语句删除基本表。

用系统存储过程查看基本表信息。

6.3.3　实验步骤

1. 基础实验

（1）用 SQL Server Management Studio 的表设计器，依次创建图书馆表、出版社表、作者表、图书表、收藏表、编著表。

要求图书表中的外键和收藏表的外键使用表设计器创建,编著表的外键使用数据库关系图创建。

(2)用 SQL Server Management Studio 的表设计器删除出版社表、图书表和收藏表。

重建图书表,观察执行效果,总结外键与建表次序的关系。

重建收藏表,观察执行效果,总结外键与建表次序的关系。

以正确的次序重建出版社表、图书表、收藏表。

(3)用 SQL Server Management Studio 的表设计器修改图书表的表结构。

做如下修改:

① 删除图书表中的"印数"、"千字数"、"印刷日期"列。保存,用表设计器以及对象管理器观察表结构的变化。

② 增加如下新列:

列名:印数,类型:int,空值约束:可空。

列名:千字数,类型:smallint,空值约束:可空,CHECK 约束:0-15。

列名:印刷日期,类型:date,空值约束:可空。

保存,用表设计器以及对象管理器观察表结构的变化。

(4)用 SQL Server Management Studio 的表设计器删除如下基本表:图书馆表、图书表、出版社表、作者表、编著表、收藏表。

(5)用 T-SQL 语句 CREATE TABLE 按照如下次序创建图书馆表、出版社表、作者表、图书表、收藏表、编著表。

(6)用 T-SQL 语句 DROP TABLE 依次删除收藏表和图书表。

观察执行效果,总结外键与删除基本表次序的关系。

调整次序,重新删除上述两表。

按照原设计用 CREATE TABLE 语句重建图书表和收藏表。

(7)用 T-SQL 语句 ALTER TABLE 修改图书表的表结构,要求删除开本、千字数、页数 3 列,保存。

① 删除图书表中的"印刷日期"列,保存,用表设计器、对象管理器观察表结构的变化。

② 增加"印刷日期"列:

列名:印刷日期,类型:date,空值约束:可空。保存,用表设计器、对象管理器观察表结构的变化。

③ 修改"千字数"列:

列名:千字数,类型:int,空值约束:非空。保存,用表设计器、对象管理器观察表结构的变化。

(8)用 T-SQL 语句 DROP TABLE 删除图书表。按照原设计用 CREATE TABLE 语句重建图书表。

(9)用系统存储过程查看各基本表信息。

注意:稳妥起见,建议将修改过的表删除重建,因为后面的实验将使用表的原始设计。

2. 扩展实验1

（1）按照案例数据库2（教学信息管理数据库）的设计，用 SQL Server 2012 Management Studio 表设计器依次创建教学信息管理数据库的教师表、班级表、学生表、课程表、选修表和授课表。

要求：学生表、选课表的外键用表设计器创建，授课表的外键用数据库关系图创建。

注意：在此课程表不设置默认值，设置默认值的操作在后续步骤中。

（2）测试：用 SQL Server 2012 Management Studio 表设计器删除教师表和授课表，重新创建授课表，用对象管理器观察结果。总结外键与建表次序的关联。

以正确的次序，重建这两个表。

（3）测试：授课表的主键为班号与课号组合键，含两个属性。用 SQL Server 2012 Management Studio 表设计器对两个属性分别设主键，观察结果，分析原因。

（4）用 SQL Server Management Studio 的表设计器修改教师表的表结构。

用表设计器对教师表增加身份证号列：

列名：身份证号，类型：char(13)，空值约束：非空。

CHECK 约束：CHECK(身份证号 LIKE '[0-9][0-9][0-9][0-9][0-9][0-9][0-9][0-9][0-9][0-9][0-9]')。

用对象管理器观察修改后的表结构。用表设计器删除该列。

（5）用 SQL Server Management Studio 的表设计器修改课程表的表结构。

用表设计器为课程表中类别列增加默认值"专业必修"。

注意：稳妥起见，建议将修改过的表，删除重建，因为后面的实验将使用表的原始设计。

3. 扩展实验2

（1）按照案例数据库3（航班信息管理数据库）的设计，在 SQL Server 2012 Management Studio 中用 T-SQL 语句 CREATE TABLE 依次创建航线表、乘客表、职工表、飞机类型表、航班表、工作表和乘坐表。

注意：建表语句根据语句的语法格式，可参考图书馆管理信息数据库的相关语句。

（2）测试：用 T-SQL 语句 DROP TABLE 删除职工表和航班表。用 CREATE TABLE 语句重新创建航班表。观察执行结果，分析外键与建表次序的关联。

以正确的次序，重建这两个表。

（3）用 T-SQL 语句 ALTER TABLE 修改航班表的表结构。

将航班表的机长号的列约束改为"非空"，乘客表增加手机号列：

列名：手机号，类型：char(11)，空值约束：可空，唯一性约束：UNIQUE。

用对象管理器观察修改后的表结构。

（4）测试：用 T-SQL 语句 ALTER TABLE 修改航班表的表结构，将机型的数据类型改为 varchar(20)。

分析主键与外键数据类型不一致的情况。

（5）用 T-SQL 语句 ALTER TABLE 修改航班表的表结构，为航班表添加元组约束，要求：起飞时间早于到达时间。

注意：稳妥起见，建议将修改过的表，删除重建，因为后面的实验将使用表的原始设计。

6.3.4　常见问题解答

（1）问题：建表失败。

在数据库 DB1 中，用 T-SQL 语句方式直接创建收藏表。命令执行后，出现错误信息如图 6.42 所示。

```
CREATE TABLE 收藏
( 图书馆号 char(6) NOT NULL,
    ISBN char(10) NOT NULL,
    收藏日期 date,
    PRIMARY KEY(图书馆号,ISBN),
    FOREIGN KEY (图书馆号) REFERENCES 图书馆(编号),
    FOREIGN KEY (ISBN) REFERENCES 图书(ISBN)
)
```

```
100 %
消息
消息 1767，级别 16，状态 0，第 1 行
外键 'FK_收藏_图书馆号_173876EA' 引用了无效的表 '图书馆'。
消息 1750，级别 16，状态 0，第 1 行
无法创建约束。请参阅前面的错误消息。
```

图 6.42　创建收藏表出现错误

分析：当有外键需要参照其他基本表的主键时，不能先建外键所在表（如这里的收藏表）后建相应主键所在表（如这里的图书馆表和图书表），应该把建表的顺序调整过来。

解决方案：在创建收藏表之前，先创建收藏表中两个外键分别参照的图书馆表和图书表，并设定相应的主键。

注意：使用图形方式建表也会有类似的问题。

（2）问题：建表失败。

执行建表操作，在 DB1 中创建出版社表和图书表。使用 T-SQL 方式，语句如图 6.43 所示。

执行后，出现的错误信息如图 6.44 所示。

分析：这个错误是主键与外键的数据类型匹配问题引起的，出版社号在主键表出版社表中类型为 char(7)，在外键表图书表中类型为 char(8)。

类似的问题是读者在创建出版社表时忘记定义主键，而创建图书表时定义外键；或是在定义外键约束时没有写明或写错主键表的表名、没有写明或写错外键在主键表中的对应名称。

解决方案：将两张表的数据类型改为一致即可。如果是其他类似情况，调整好主键表与外键表的对应关系即可。

```
CREATE TABLE 出版社
( 编号 char(7) PRIMARY KEY,
  名称 varchar(100) NOT NULL,
  国家 varchar(100) NOT NULL DEFAULT '中国',
  城市 varchar(20),
  地址 varchar(100),
  网址 varchar(50)
)

CREATE TABLE 图书
( ISBN char(10) PRIMARY KEY,
  书名 varchar(100) NOT NULL,
  类型 nchar(6) NOT NULL,
  语言 nchar(6) DEFAULT '中文',
  价格 money CHECK (价格 > 0 AND 价格 < 5000 ),
  开本 varchar(20) CHECK (开本 IN ('850*1168','184*260','880*1230','140*112') ),
  千字数 smallint CHECK ( 千字数 > 0),
  页数 smallint CHECK (页数 > 10 AND 页数< 3000) ,
  印数 int,
  出版日期 date NOT NULL,
  印刷日期 date,
  出版社号 char(8) NOT NULL REFERENCES 出版社(编号)
)
```

图 6.43　创建出版社表与图书表

```
消息
消息 1753，级别 16，状态 0，第 11 行
列 '出版社.编号' 的长度或小数位数与外键 'FK_图书_出版社号_21B6055D' 中的引用列 '图书.出版社号' 的长度或小数位数不同。参与构造外键关系的列必须定
消息 1750，级别 16，状态 0，第 11 行
无法创建约束。请参阅前面的错误消息。
```

图 6.44　创建出版社表与图书表出错

注意：使用图形方式建表也会有类似的问题。

（3）问题：试图修改默认约束，失败！

使用如下语句，尝试修改作者表中电话列的默认值：

```
ALTER TABLE 作者
ALTER COLUMN 电话 CHAR(12)
DEFAULT '000-00000000'
CHECK (电话 LIKE ' [0-9] [0-9] [0-9] -[0-9] [0-9] [0-9] [0-9] 0-9] [0-9] [0-9] [0
-9]')
```

执行后出错信息如图 6.45 所示。

分析：约束包括默认约束，不能用 ALTER 语句修改。

解决方案：用 ALTER TABLE 语句删除约束，再用 ALTER TABLE 重新添加约束。

（4）问题：修改表结构时，删除列失败。

操作：在数据库 DB1 的 table_1 表中，删除 a3 和 a4 列。

语句：

```
ALTER TABLE DB1..table_1
DROP COLUMN a3, a4
```

```
ALTER TABLE 作者
    ALTER COLUMN 电话 CHAR(12)
    DEFAULT '000-00000000'
    CHECK ( 电话 LIKE '[0-9][0-9][0-9]-[0-9][0-9][0-9][0-9][0-9][0-9][0-9][0-9]')
```

```
100 %

结果
  消息 156，级别 15，状态 1，第 3 行
  关键字 'DEFAULT' 附近有语法错误。
```

图 6.45　修改默认约束出错

执行情况与错误信息如图 6.46 所示。

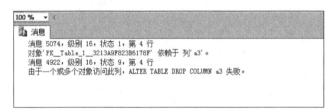

图 6.46　删除列定义失败

分析：a3 列是主键列，含有主键约束，不能删除。

解决方案：先删除 a3 列上的主键约束，再删除 a3 列。

（5）问题：删除列定义失败。

操作：删除图书馆信息管理数据库中作者表的电话列。

语句：

```
ALTER TABLE 作者
DROP COLUMN 电话
```

执行情况与错误信息如图 6.47 所示。

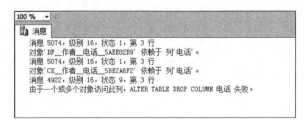

图 6.47　尝试删除带有约束的列出错

分析：因为有默认值约束和 CHECK 约束依附于该列，删除失败！

　　解决方案：先删除约束，再删除列。

6.3.5　思考题

（1）SQL Server 2012 中有哪些常用的数据类型？

（2）什么是外键？它的作用是什么？

（3）关系模式可以有多个键吗？

（4）什么是组合键？什么是键属性？

（5）默认值是约束的一种吗？

第 7 章

数据的更新

创建基本表后,需要往表中插入数据,也可以根据自己的需要对表中的数据进行修改和删除。对于基本表数据的增删改称为数据的更新。在 SQL Server 2012 中,对数据的插入、修改和删除可以通过 SQL Server Management Studio 的对象资源管理器来操作,也可以利用 T-SQL 语句来实现。

7.1 相关知识点

1. 主键约束与数据更新

主键约束在创建基本表时定义,数据库管理系统(如 SQL Server 2012)在数据更新时自动检测。

(1) 插入数据的时候,键中的属性不能为空值,键不能与表中已存在记录的键重复,否则插入失败。

(2) 修改数据的时候,不能将键中的属性设置为空值,不能改为表中其他记录使用的键值。

2. 外键约束与数据更新

外键约束在创建基本表时定义,SQL Server 2012 在数据更新时自动检测。

(1) 插入外键表数据时要求:非空的外键值在主键表中有对应的主键值,否则,插入失败。

(2) 修改外键表数据时要求:修改后非空的外键值在主键表中有对应的主键值,否则,修改失败。

(3) 删除主键表数据时,要求外键表没有参照此主键的记录,否则,删除失败。

注意:这里考虑的是参照完整性的维护没有使用级联与置空策略的情况。

3. CHECK 约束与数据更新

CHECK 约束在创建基本表时定义,SQL Server 2012 在数据更新时自动检测。

(1) 插入数据时,检测 CHECK 约束,不满足约束,插入失败。

(2) 修改数据时,检测 CHECK 约束,不满足约束,修改失败。

(3) 删除数据时,不检测 CHECK 约束。

注意:这里考虑参照完整性的维护没有使用级联与置空策略的情况。

4. 空值约束

空值约束在创建基本表的时候定义,SQL Server 2012 在数据更新时自动检测。插入数据或修改数据时,非空列的取值不能为空,否则操作失败。

5. 默认值约束

默认值是一种特殊的约束,不仅仅是为数据列提供默认值,简化插入或修改操作,还可以保证数据的一致与非空。在创建基本表时定义,SQL Server 2012 在数据更新时自动检测。插入或修改数据行时,若没有为某一数据列提供具体数值,SQL Server 2012 将自动为该列填入建表时定义好的默认值。

6. 数据类型的使用

每一种数据类型有自身特定的使用方式,例如:

(1)数值型:整型、实型、十进制类型等,输入的数值不必加引号,但不能超出每一种类型的取值范围,参看第 6 章数据类型介绍。

(2)定长字符串型 CHAR(n):输入的字符串字符数不足时系统自动补空格,字符数超出长度限制时,系统将截断后面的字符,截断之前给出提示。在编辑窗口中直接输入,在 T-SQL 语句中用西文单引号括起。

(3)变长字符串型 VARCHAR(n|max):n 为最大字符数,max 为系统可使用的最大字符数。输入的字符串没有固定的字符数限制,但有最大字符数的限制,系统自动添加串尾标记,超出最大字符数时将截断后面的字符,截断之前系统给出提示。在编辑窗口中直接输入,在 T-SQL 语句中用西文单引号括起。

(4)汉字字符串 NCHAR(n)或 NVARCHAR(n|max):n 为汉字的个数,max 为系统可使用的最大字符数。每个汉字占两个字节,系统中如 CHECK 约束、DEFAULT 约束表达式等,会在汉字字符串前加 N 加以标记。在编辑窗口中直接输入,在 T-SQL 语句中用西文单引号括起。

(5)日期型:常的输入格式为 YYYY-MM-DD,在编辑窗口中直接输入,在 T-SQL 语句中用西文单引号括起。

(6)时间型:通常输入的格式为 hh:mm:ss[:nnnnnn]。nnnnnn 为秒的小数部分。在编辑窗口中直接输入,在 T-SQL 语句中用西文单引号括起。

(7)货币型:整数 19 位,4 位小数,可以为整数,还可以为负数。

(8)BIT 型:取值为 0 或 1。

其他数据类型的使用参看第 6 章的介绍以及 SQL Server 2012 的相关书籍。

7.2 实验操作样例

本节只是操作样例,并不是完整的操作步骤。这里选取常用的基本表的增、删、改操作作为样例,不考虑案例数据库各个表更新操作的完整性以及具体步骤。

数据的更新操作,与表定义中各种约束密切相关。在本章的实验要求中,包含一些与约束相关的测试操作。因而,实验操作样例部分,也给出了数据约束测试操作的样例。

本章介绍的基本表数据更新实验,分为两个部分,其一,使用 SQL Server Management Studio 的对象资源管理器进行更新;其二,使用 T-SQL 语句进行数据更新。因而,操作样例也分为两部分介绍。

注意：原图书表的设计有很多列，这是考虑后续章节查询需要而设定的，但书页篇幅有限，太多的列不适宜展示窗口中数据，所以本章使用的图书表，删除了千字数、页数、印数和印刷日期这 4 列。

7.2.1 利用对象资源管理器更新数据

7.2.1.1 用对象资源管理器插入数据

这里以图书表为例，说明用对象资源管理器插入数据的步骤，假定已经插入出版社表相应数据：

（1）启动 SQL Server Management Studio，连接到 SQL Server 2012 数据库实例。

（2）展开 SQL Server 实例，打开 LibraryDatabase 数据库，选择图书表，右击，然后从弹出的快捷菜单中选择【编辑前 200 行】命令，如图 7.1 所示，打开表的编辑窗口。

（3）在表编辑窗口中，对于新表，显示出当前表中数据为空，如图 7.2 所示。

（4）插入图书表有关"行星科学"一书的数据，如图 7.3 所示。

根据图书表的定义，其中 ISBN、书名、类型、出版日期、出版编号不能为空，其他列均可为空。可空列可以不填写内容。这些可空列的数据可以在以后使用编辑方式补填。

语言列默认值为"中文"，插入数据时不必填写内容，系统会自动填写。

光标移到下一行，即可提交上一行编辑的内容。结果如图 7.4 所示。

（5）下面演示插入完整的一行数据，关于"西游记"一书的数据。这里，可空列的相关数据填写了具体数值。根据表中各列的约束条件，正确填写了各列内容。如图 7.5 所示，插入"西游记"完整一行。

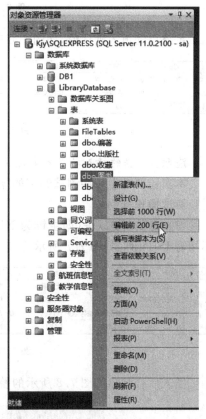

图 7.1 编辑前 200 行

	ISBN	书名	类型	语言	价格	开本	出版日期	出版社号
*	*NULL*	*NULL*	*NULL*	*NULL*	*NULL*	*NULL*	*NULL*	*NULL*

图 7.2 新表编辑窗口

	ISBN	书名	类型	语言	价格	开本	出版日期	出版社号
⌀	7030230522 ❶	行星科学 ❶	天文学 ❶	*NULL*	*NULL*	*NULL*	2008-01-01 ❶	P000005
*	NULL	NULL	NULL	NULL	NULL	NULL	NULL	NULL

图 7.3 插入"行星科学"一行编辑后

	ISBN	书名	类型	语言	价格	开本	出版日期	出版社号
	7030230522	行星科学	天文学	中文	*NULL*	*NULL*	2008-01-01	P000005
▶*	*NULL*	*NULL*	*NULL*	*NULL*	*NULL*	*NULL*	*NULL*	*NULL*

图 7.4　插入"行星科学"一行后

	ISBN	书名	类型	语言	价格	开本	出版日期	出版社号
	7030230522	行星科学	天文学	中文	*NULL*	*NULL*	2008-01-01	P000005
⌀	7020008739	西游记　❶	中国文学　❶	*NULL*	47.2　❶	850*1168　❶	1955-01-01　❶	P000008
*	NULL	NULL	NULL	NULL	NULL	NULL	NULL	NULL

图 7.5　插入完整一行数据

系统自动填入默认值，如图 7.6 所示。

	ISBN	书名	类型	语言	价格	开本	出版日期	出版社号
	7030230522	行星科学	天文学	中文	*NULL*	*NULL*	2008-01-01	P000005
	7020008739	西游记	中国文学	中文	47.2000	850*1168	1955-01-01	P000008
▶*	*NULL*	*NULL*	*NULL*	*NULL*	*NULL*	*NULL*	*NULL*	*NULL*

图 7.6　系统自动填入默认值

注意：数据的插入与基本表定义中的约束密切相关。

本实验要求做一些测试约束的操作，下面是有关数据约束测试操作的样例。

测试操作样例

（1）测试主键缺失（即主键为 NULL）：在图书表中插入"数据库系统导论"一行时，不填写 ISBN 列，如图 7.7 所示。

	ISBN	书名	类型	语言	价格	开本	出版日期	出版社号
	7030230522	行星科学	天文学	中文	*NULL*	*NULL*	2008-01-01	P000005
	7020008739	西游记	中国文学	中文	47.2000	850*1168	1955-01-01	P000008
⌀	*NULL*	数据库系统导论	计算机　❶	*NULL*	75　❶	184*260　❶	2007-06-01　❶	P000002
*	NULL	NULL	NULL	NULL	NULL	NULL	NULL	NULL

图 7.7　主键缺失的插入操作

插入后会弹出如图 7.8 所示的警告对话框。

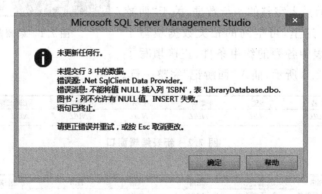

图 7.8　ISBN 列不允许有 NULL 值的警示对话框

之后，在 ISBN 列正确填写数据后，图书表中成功插入一行，如图 7.9 所示。

ISBN	书名	类型	语言	价格	开本	出版日期	出版社号
7030230522	行星科学	天文学	中文	NULL	NULL	2008-01-01	P000005
7020008739	西游记	中国文学	中文	47.2000	850*1168	1955-01-01	P000008
7111213338	数据库系统导论	计算机	中文	75.0000	184*260	2007-06-01	P000002
▶* NULL	NULL	NULL	NULL	NULL	NULL	NULL	NULL

图 7.9　填写主键值之后正确插入

这说明，基本表定义了主键约束之后，系统会自动监控，要求主键非空。

（2）测试外键约束：在图书表插入"物联网工程导论"一书的数据，在出版社号列错误地输入为 P000112，观察执行情况，如图 7.10 所示。因为出版社号为外键，在出版社表中没有出版社号为 P000112 的行，所以提示错误信息，如图 7.11 所示。

ISBN	书名	类型	语言	价格	开本	出版日期	出版社号
7030230522	行星科学	天文学	中文	NULL	NULL	2008-01-01	P000005
7020008739	西游记	中国文学	中文	47.2000	850*1168	1955-01-01	P000008
7111213338	数据库系统导论	计算机	中文	75.0000	184*260	2007-06-01	P000002
✎ 71111388210 ❶	物联网工程导论❶	计算机 ❶	NULL	49 ❶	184*260 ❶	2012-07-01 ❶	P000112
* NULL	NULL	NULL	NULL	NULL	NULL	NULL	NULL

图 7.10　尝试插入数据测试外键约束

图 7.11　外键约束测试操作的错误信息

修正错误操作，将出版社号列修正为正确的（出版社表存在的）出版社号 P000002，重新操作，将成功插入数据到图书表，如图 7.12 所示。

ISBN	书名	类型	语言	价格	开本	出版日期	出版社号
7030230522	行星科学	天文学	中文	NULL	NULL	2008-01-01	P000005
7020008739	西游记	中国文学	中文	47.2000	850*1168	1955-01-01	P000008
7111213338	数据库系统导论	计算机	中文	75.0000	184*260	2007-06-01	P000002
7111388210	物联网工程导论	计算机	中文	49.0000	184*260	2012-07-01	P000002
▶* NULL	NULL	NULL	NULL	NULL	NULL	NULL	NULL

图 7.12　修正外键值后的插入操作

这个测试说明，建表时定义了外键约束后，SQL Server 2012 会自动监控基本表之间的数据关联。在这个例子中，对外键约束的控制，可以避免由图书基本信息查找不到出版社信息的情况。

（3）测试 CHECK 约束：在图书表中插入"企业云计算 架构与实施指南"一书的数据，在开本列输入为"190 * 260"，如图 7.13 所示。

	ISBN	书名	类型	语言	价格	开本	出版日期	出版社号
	7030230522	行星科学	天文学	中文	*NULL*	*NULL*	2008-01-01	P000005
	7020008739	西游记	中国文学	中文	47.2000	850*1168	1955-01-01	P000008
	7111213338	数据库系统导论	计算机	中文	75.0000	184*260	2007-06-01	P000002
	7111388210	物联网工程导论	计算机	中文	49.0000	184*260	2012-07-01	P000002
🖉	7302225058 ❶	企业云计算 架...	计算机	❶ *NULL*	59	❶ 190*260	❶ 2010-05-01	❶ P000003
*	NULL	NULL	NULL	NULL	NULL	NULL	NULL	NULL

图 7.13　违反开本列 CHECK 约束的插入

因为开本列的约束为 190 * 260，这里的输入违反了 CHECK 约束，错误信息如图 7.14 所示。

图 7.14　违反 CHECK 约束输入的错误信息

把开本列数据修改为 184 * 260，成功插入数据，执行效果，如图 7.15 所示。

	ISBN	书名	类型	语言	价格	开本	出版日期	出版社号
	7030230522	行星科学	天文学	中文	*NULL*	*NULL*	2008-01-01	P000005
	7020008739	西游记	中国文学	中文	47.2000	850*1168	1955-01-01	P000008
	7111213338	数据库系统导论	计算机	中文	75.0000	184*260	2007-06-01	P000002
	7111388210	物联网工程导论	计算机	中文	49.0000	184*260	2012-07-01	P000002
	7302225058	企业云计算 架...	计算机	中文	59.0000	184*260	2010-05-01	P000003
▶*	*NULL*	*NULL*	*NULL*	*NULL*	*NULL*	*NULL*	*NULL*	*NULL*

图 7.15　修正数据满足 CHECK 约束之后的执行情况

这个测试说明，SQL Server 2012 会自动检测用户定义的 CHECK 约束，违反约束的数据不能插入表中。

7.2.1.2　用对象资源管理器修改图书表数据

使用对象资源管理器编辑表时，修改操作与插入操作是类似的，只不过当前行已有数据，在单元格内直接编辑即可。前面插入"企业云计算"一书时，开本列输入错误，之后进行的修改，就是在当前行开本列的单元格中直接编辑修改的。

注意：与数据的插入一样，数据修改与基本表定义中的约束密切相关。

本实验要求做一些测试约束的操作,下面是有关数据约束测试操作的样例。

测试操作样例

(1) 测试修改时主键重复的情况：将图书表中"企业云计算 架构与实施指南"一行的 ISBN 修改为 7111213338,如图 7.16 所示。

	ISBN	书名	类型	语言	价格	开本	出版日期	出版社号
	7030230522	行星科学	天文学	中文	NULL	NULL	2008-01-01	P000005
	7020008739	西游记	中国文学	中文	47.2000	850*1168	1955-01-01	P000008
	7111213338	数据库系统导论	计算机	中文	75.0000	184*260	2007-06-01	P000002
	7111388210	物联网工程导论	计算机	中文	49.0000	184*260	2012-07-01	P000002
✐	7111213338	企业云计算 架...	计算机	中文	59.0000	184*260	2010-05-01	P000003
*	NULL	NULL	NULL	NULL	NULL	NULL	NULL	NULL

图 7.16　修改时主键重复

因表中已经存在"数据库系统导论"一书的 ISBN 为"7111213338",所以弹出如图 7.17 所示警示框。

图 7.17　出现重复主键的错误信息

这个测试表明,主键约束要求主键值唯一,SQL Server 2012 是自动监控的。修改数据时,不小心给出重复值,系统会提醒,只要选择正确的数值输入即可。

(2) 测试修改外键的情况：将"企业云计算 架构与实施指南"一书的出版社号改为 P000333,如图 7.18 所示。

	ISBN	书名	类型	语言	价格	开本	出版日期	出版社号
	7030230522	行星科学	天文学	中文	NULL	NULL	2008-01-01	P000005
	7020008739	西游记	中国文学	中文	47.2000	850*1168	1955-01-01	P000008
	7111213338	数据库系统导论	计算机	中文	75.0000	184*260	2007-06-01	P000002
	7111388210	物联网工程导论	计算机	中文	49.0000	184*260	2012-07-01	P000002
✐	7302225058	企业云计算 架...	计算机	中文	59.0000	184*260	2010-05-01	P000333
*	NULL	NULL	NULL	NULL	NULL	NULL	NULL	NULL

图 7.18　尝试修改外键

因为在出版社表中没有 P000333 号出版社,所以弹出如图 7.19 所示的错误提示。

这个测试演示了 SQL Server 2012 在修改基本表数据时对于外键约束的自动检测。这样可以保证基本表之间的参照完整性。

图 7.19　修改操作违反外键约束的错误信息提示

（3）修改后违反 CHECK 约束的情况：尝试修改图书表"企业云计算 架构与实施指南"一行，将价格列的值改为 0，如图 7.20 所示。

ISBN	书名	类型	语言	价格	开本	出版日期	出版社号
7030230522	行星科学	天文学	中文	*NULL*	*NULL*	2008-01-01	P000005
7020008739	西游记	中国文学	中文	47.2000	850*1168	1955-01-01	P000008
7111213338	数据库系统导论	计算机	中文	75.0000	184*260	2007-06-01	P000002
7111388210	物联网工程导论	计算机	中文	49.0000	184*260	2012-07-01	P000002
7302225058	企业云计算 架...	计算机	中文	0	184*260	2010-05-01	P000003
NULL	*NULL*	*NULL*	*NULL*	*NULL*	*NULL*	*NULL*	*NULL*

图 7.20　违反 CHECK 约束的修改操作

由于价格列的 CHECK 约束要求价格大于 0，所以上面的修改违反 CHECK 约束，弹出错误信息窗口，如图 7.21 所示。

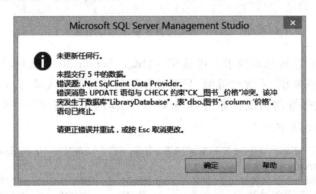

图 7.21　违反 CHECK 约束的错误信息提示

7.2.1.3　用对象资源管理器删除图书表数据

以图书表为例，说明用对象资源管理器删除数据的步骤（假定已经插入出版社表相应数据）：

（1）启动 SQL Server Management Studio，连接到 SQL Server 2012 数据库实例。

（2）展开 SQL Server 实例，选择 LibraryDatabase 数据库，选择图书表，右击，然后从弹出的快捷菜单中选择【编辑前 200 行】命令,打开表的编辑窗口,将看到图书表的当前数据,具体数据根据读者操作步骤确定。这里的数据是延续上一小节的操作状态,如图 7.22 所示。

ISBN	书名	类型	语言	价格	开本	出版日期	出版社号
7030230522	行星科学	天文学	中文	NULL	NULL	2008-01-01	P000005
7020008739	西游记	中国文学	中文	47.2000	850*1168	1955-01-01	P000008
7111213338	数据库系统导论	计算机	中文	75.0000	184*260	2007-06-01	P000002
7111388210	物联网工程导论	计算机	中文	49.0000	184*260	2012-07-01	P000002
7302225058	企业云计算 架…	计算机	中文	59.0000	184*260	2010-05-01	P000003
NULL	NULL	NULL	NULL	NULL	NULL	NULL	NULL

图 7.22　图书表的数据

选中“企业云计算 架构与实施指南”一行,右击,在弹出的快捷菜单中选择【删除】命令,如图 7.23 所示。

	ISBN	书名	类型	语言	价格	开本	出版日期	出版社号
	7030230522	行星科学	天文学	中文	NULL	NULL	2008-01-01	P000005
	7020008739	西游记	中国文学	中文	47.2000	850*1168	1955-01-01	P000008
	7111213338	数据库系统导论	计算机	中文	75.0000	184*260	2007-06-01	P000002
	7111388210	物联网工程导论	计算机	中文	49.0000	184*260	2012-07-01	P000002
▶	7302225058	企业云计算 架	计算机	中文	59.0000	184*260	2010-05-01	P000003
*	N		NULL	NULL	NULL	NULL	NULL	NULL

KJY\SQLEXPRESS....tabase - dbo.图书

执行 SQL(X)　　Ctrl+R
剪切(T)　　Ctrl+X
复制(Y)　　Ctrl+C
粘贴(P)　　Ctrl+V
删除(D)　　Del
窗格(N)
清除结果(L)
属性(R)　　Alt+Enter

图 7.23　删除操作

将会弹出如图 7.24 所示的提示对话框,单击【确定】按钮。

Microsoft SQL Server Management Studio

⚠ 您将要删除 1 行。

单击"是"将永久删除这些行。您将无法撤消所做的更改。

是(Y)　　否(N)　　帮助

图 7.24　删除行的提示对话框

删除成功之后,如图 7.25 所示,最后一行变为《物联网工程导论》一书。

注意:删除与插入和修改操作一样,也要考虑数据约束的问题。

下面演示删除操作受到数据约束影响的情况。

例如,要在操作出版社表中删除出版社号为 P000002 的行,右击该行,单击【删除】,如图 7.26 所示。

ISBN	书名	类型	语言	价格	开本	出版日期	出版社号
7030230522	行星科学	天文学	中文	*NULL*	*NULL*	2008-01-01	P000005
7020008739	西游记	中国文学	中文	47.2000	850*1168	1955-01-01	P000008
7111213338	数据库系统导论	计算机	中文	75.0000	184*260	2007-06-01	P000002
▶ 7111388210	物联网工程导论	计算机	中文	49.0000	184*260	2012-07-01	P000002
* *NULL*	*NULL*	*NULL*	*NULL*	*NULL*	*NULL*	*NULL*	*NULL*

图 7.25　删除成功后的图书表数据

图 7.26　出版社表删除前

弹出【删除提示】窗口如图 7.24 所示。

单击【是】按钮确认删除 P000002 行，将弹出如图 7.27 所示的错误对话框。

图 7.27　删除与外键约束冲突的错误提示

　　因为，在出版社表中编号被图书表中外键出版社号所参照，所以只有先删除图书表中出版社号为 P000002 的所有行，才能在出版社表中成功删除编号为 P000002 的行。

　　这一测试演示说明，SQL Server 2012 会自动检测具有参照完整性的两个基本表的数据，若删除时外键表数据存在，禁止删除主键表中对应的数据，以维护参照完整性。

7.2.2　利用 T-SQL 语句更新数据

7.2.2.1　利用 T-SQL 语句插入数据

INSERT 语句句法如下：

```
INSERT [ INTO ] { [数据库名 .[ 架构名 ] .| 架构名 .]表或视图名
    { [ (列名列表 ) ]
        { VALUES ( { DEFAULT | NULL |表达式 } [ ,...n ] ) [ ,...n ]
            | SELECT 语句导入表 }
    }
```

解释：

（1）只能往一张基本表或视图插入数据。

（2）INTO 为可选的关键字。

（3）列名列表是要在其中插入数据的一列或多列的列表。必须用括号将列名列表括起来，并且用逗号进行分隔。如果某列不在列名列表中，则数据库引擎必须能够基于该列的定义提供一个值；否则不能加载行。如果列满足下面的条件，则数据库引擎将自动为列提供值：

- 具有 IDENTITY 属性。使用下一个增量标识值。
- 有默认值。使用列的默认值。
- 具有 timestamp 数据类型。使用当前的时间戳值。
- 可以为 NULL。使用 NULL 值。
- 是计算列。使用计算值。

当向标识列中插入显式值时，必须使用列名列表，并且表的 SET IDENTITY_INSERT 选项必须为 ON。

（4）VALUES 子句：引入要插入的数据值的一个或多个列表。对于列名列表（如果已指定）或表中的每个列，都必须有一个数据值。必须用圆括号将值列表括起来。

如果值列表中的各值与表中各列的顺序不相同，或者未包含表中各列的值，则必须使用列名列表显式指定存储每个传入值的列。

可以使用 T-SQL 行构造函数（又称为表值构造函数）在一个 INSERT 语句中指定多个行。行构造函数包含一个 VALUES 子句和多个括在圆括号中且以逗号分隔的值列表。

（5）DEFAULT：强制数据库引擎加载为列定义的默认值。如果某列并不存在默认值，并且该列允许 NULL 值，则插入 NULL。对于使用 timestamp 数据类型定义的列，插入下一个时间戳值。DEFAULT 对标识列无效。

（6）表达式：一个常量、变量或表达式。当引用 Unicode 字符数据类型 nchar、nvarchar 和 ntext 时，表达式应采用大字母 N 作为前缀。如果未指定 N，则 SQL Server 会将字符串转换为与数据库或列的默认排序规则相对应的代码页。此代码页中没有的字符都将丢失。

（7）SELECT 语句导入表：任何有效的 SELECT 语句，它返回将加载到表中的数据行。插入操作只有在满足数据约束的前提下，才会执行。

下面给出几个 INSERT 语句的例子。

【例 7.1】 使用 VALUES 子句，为图书馆表插入完整的一行数据。

具体步骤如下：

（1）打开 SQL Server Management Studio，并用"SQL Server 身份验证"登录。

（2）展开 SQL Server 实例，选择 LibraryDatabase 数据库，选择图书馆表，右击，然后从弹出的快捷菜单中选择【编辑前 200 行】命令，打开表的编辑窗口。将看到图书馆表的当前状态，这里为空表，如图 7.28 所示。

	编号	名称	地址	电话
＊	*NULL*	*NULL*	*NULL*	*NULL*

图 7.28　【图书馆】表插入记录前

（3）单击标准工具栏的【新建查询】按钮，打开查询编辑窗口。

在查询编辑窗口中输入 T-SQL 语句：

```
INSERT INTO 图书馆 (编号,名称,地址,电话)
VALUES ('L00001','首都图书馆','北京市朝阳区东三环南路 88 号','01067358114')
```

如图 7.29 所示。

```
INSERT INTO 图书馆 (编号,名称,地址,电话)
    VALUES ('L00001','首都图书馆','北京市朝阳区东三环南路88号','01067358114')
```

图 7.29　在新建查询窗口中输入 INSERT 语句

（4）按 F5 键或单击工具栏上的【执行】按钮，窗口下方将出现系统消息。

（5）重新查看图书馆表编辑窗口，如图 7.30 所示，在图书馆表中成功插入了一条记录。

	编号	名称	地址	电话
▶	L00001	首都图书馆	北京市朝阳区...	01067358114
＊	*NULL*	*NULL*	*NULL*	*NULL*

图 7.30　【图书馆】表第一行记录插入后

【例 7.2】 当插入语句给出表中所有列的数据，并且数据的顺序与表定义中的列的顺序一一对应的时候，该语句可以不含列名列表。

步骤如下：

（1）单击标准工具栏的【新建查询】按钮，打开查询编辑窗口。

在查询编辑窗口中输入 T-SQL 语句，如图 7.31 所示。

```
INSERT INTO 图书馆
VALUES ('L00002','国家图书馆分馆','北京市西城区文津街 7 号','01066126165')
```

（2）按 F5 键或单击工具栏上的【执行】按钮，窗口下方出现系统消息。

（3）重新查看图书馆表编辑窗口，如图 7.32 所示，图书馆表中成功插入了一条记录。

```
⊟INSERT INTO 图书馆
    VALUES ('L00002','国家图书馆分馆','北京市西城区文津街7号','01066126165')
```

图 7.31　使用缺省列名列表的 INSERT 语句插入完整的一行

	编号	名称	地址	电话
▶	L00001	首都图书馆	北京市朝阳区...	01067358114
	L00002	国家图书馆分馆	北京市西城区...	01066126165
*	*NULL*	*NULL*	*NULL*	*NULL*

图 7.32　列名列表缺省时成功插入一行

【**例 7.3**】　INSERT 语句插入数据，其中含有空值和默认值。

插入图书表数据，插入前数据如图 7.33 所示。

	ISBN	书名	类型	语言	价格	开本	出版日期	出版社号
▶*	*NULL*	*NULL*	*NULL*	*NULL*	*NULL*	*NULL*	*NULL*	*NULL*

图 7.33　图书表插入数据前

步骤如下：

（1）单击标准工具栏的【新建查询】按钮，打开查询编辑窗口。

（2）在查询编辑器中输入 INSERT 语句，给出列名列表和对应的数值，其中不含空值以及默认值列，如图 7.34 所示。

```
INSERT INTO 图书(ISBN,书名,类型,出版日期,出版社号)
VALUES('7030230522','行星科学','天文学','2000-01-01','P000005')
```

```
⊟INSERT INTO 图书 (ISBN,书名,类型,出版日期,出版社号)
    VALUES ('7030230522','行星科学','天文学','2000-01-01','P000005')
```

图 7.34　插入包含空值默认值的数据行——方法 1

（3）按 F5 键或单击工具栏上的【执行】按钮，窗口下方出现系统消息。

（4）重新查看图书馆表编辑窗口，如图 7.35 所示，图书表中成功插入了"行星科学"一书的记录，语言列自动添加默认值"中文"，价格与开本列填上空值。

	ISBN	书名	类型	语言	价格	开本	出版日期	出版社号
▶	7030230522	行星科学	天文学	中文	*NULL*	*NULL*	2000-01-01	P000005
*	*NULL*	*NULL*	*NULL*	*NULL*	*NULL*	*NULL*	*NULL*	*NULL*

图 7.35　插入包含空值默认值的数据行——方法 1 的结果

（5）使用另一种形式，即不给列名列表的 INSERT 语句，插入数据中包含空值默认值数据，如图 7.36，语句如下：

```
INSERT INTO 图书
VALUES('7030230522','行星科学','天文学',
        DEFAULL,NULL,NULL,'2000-01-01','P000005')
```

```
INSERT INTO 图书
  VALUES ('7030230522','行星科学','天文学',DEFAULT,NULL,NULL,'2000-01-01','P000005')
```

图 7.36　插入包含空值默认值的数据行——方法 2

结果同图 7.35 所示。

【例 7.4】　使用带 SELECT 子句的 INSERT 语句插入数据。

创建一个新表 Booktable_1,包含图书表的前 3 列,数据类型一致,主键一致。Booktable_1 表设计如图 7.37 所示。

插入数据之前,Booktable_1 表无数据,如图 7.38 所示。

列名	数据类型	允许 Null 值
ISBN	char(10)	☐
书名	varchar(100)	☐
类型	nchar(6)	☐
		☐

图 7.37　Booktable_1 表设计

ISBN	书名	类型
NULL	*NULL*	*NULL*

图 7.38　Booktable_1 表无数据

图书表中的数据如图 7.39 所示。

ISBN	书名	类型	语言	价格	开本	出版日期	出版社号
7030230522	行星科学	天文学	中文	*NULL*	*NULL*	2000-01-01	P000005
7301096828	应用卫星气象学	气象学	中文	*NULL*	*NULL*	2006-01-01	P000007
7807082354	长江流域地质...	地球物理学	中文	*NULL*	*NULL*	2007-01-01	P000009
NULL	*NULL*	*NULL*	*NULL*	*NULL*	*NULL*	*NULL*	*NULL*

图 7.39　图书表中的数据

插入数据的步骤如下:

(1) 单击标准工具栏的【新建查询】按钮,打开查询编辑窗口。

(2) 在查询编辑器中输入 INSERT 语句,其中 SELECT 子句指出从图书表检索前三列的数据添加到 Booktable_1 表,如图 7.40 所示。

```
INSERT INTO Booktable_1 SELECT ISBN,书名,类型 FROM 图书
```

(3) 按 F5 键或单击工具栏上的【执行】按钮,窗口下方出现系统消息。

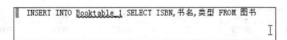

图 7.40　带 SELECT 的 INSERT 语句

(4) 重新查看图书馆表编辑窗口,如图 7.41 所示。

ISBN	书名	类型
7030230522	行星科学	天文学
7301096828	应用卫星气象学	气象学
7807082354	长江流域地质...	地球物理学
NULL	*NULL*	*NULL*

图 7.41　Booktable_1 表的数据

按照 SELECT 子句表达的查询要求,检索出图书表当前所有行的前三列数据,插入到 Booktable_1 表中。

【例 7.5】 当需要插入多行数据的时候,可以使用一个 VALUES 子句。

本例向作者表插入 3 行数据,作者表插入前如图 7.42 所示。

编号	姓名	性别	出生年代	国籍
* *NULL*	*NULL*	*NULL*	*NULL*	*NULL*

图 7.42 作者表插入数据之前

步骤如下:

(1) 单击标准工具栏的【新建查询】按钮,打开查询编辑窗口。

(2) 在查询编辑器中输入 INSERT 语句,其中 VALUES 子句包含 3 行数据,如图 7.43 所示。

```
INSERT INTO 作者(编号,姓名,性别,出生年代,国籍)
VALUES('A1000001','雨果','男','1802','法国')
     ,('A0000002','巴金','男','1904','中国')
     ,('A0000003','罗贯中','男','元末明初','中国')
```

```
□INSERT INTO 作者 (编号,姓名,性别,出生年代,国籍)
    VALUES ('A1000001','雨果','男','1802','法国')
         ,('A0000002','巴金','男','1904','中国')
         ,('A0000003','罗贯中','男','元末明初','中国')
```

图 7.43 一个 VALUES 带 3 行数据的插入语句

(3) 按 F5 键或单击工具栏上的【执行】按钮,窗口下方出现插入成功的系统消息。

(4) 重新查看图书馆表编辑窗口,如图 7.44 所示。

编号	姓名	性别	出生年代	国籍
▶ A0000002	巴金	男	1904	中国
A0000003	罗贯中	男	元末明初	中国
A1000001	雨果	男	1802	法国
* *NULL*	*NULL*	*NULL*	*NULL*	*NULL*

图 7.44 一个 VALUES 带 3 行数据的插入语句的结果

注意:关于数据插入操作与数据约束,除了使用 INSERT 语句进行插入之外,与对象资源管理器方式进行插入的测试类似,这里不再重复给出。

7.2.2.2 用 T-SQL 语句修改数据

可以使用 T-SQL 语句修改基本表中的数据,UPDATE 语句简要语法格式如下:

```
UPDATE [数据库名.[架构名] . | 架构名.]表名或视图名
    SET
        { 列名 = { 表达式 | DEFAULT | NULL }
         | 列名 { + = | - = | * = | /= | %= | &= | ^= | |=} 表达式
```

```
        } [ ,...n ]
      [ FROM{ <表源> } [ ,...n ] ]
      [ WHERE <搜索条件>
      ]
```

解释：

（1）SET 子句：指定要更新的列或变量名称的列表。

（2）列名：包含要更改的数据的列。列名必须存在于表或视图名中。不能更新标识列。

（3）表达式：返回单个值的变量、文字值、表达式或嵌套 SELECT 语句（加括号）。表达式返回的值替换列名的现有值。

注意：当引用 Unicode 字符数据类型 nchar、nvarchar 和 ntext 时，表达式应以大写字母 N 作为前缀。如果未指定 N,SQL Server 会将字符串转换为与数据库或列的默认排序规则相对应的代码页。此代码页中没有的字符都将被丢失。

（4）DEFAULT：指定用为列定义的默认值替换列中的现有值。如果该列没有默认值并且定义为允许 NULL 值，则该参数也可用于将列更改为 NULL。

（5）{ ＋＝ | －＝ | ＊＝ | /＝ | ％＝ | ＆＝ | ^＝ | |＝ }：复合赋值运算符：

- ＋＝ 相加并赋值。
- －＝ 相减并赋值。
- ＊＝ 相乘并赋值。
- /＝ 相除并赋值。
- ％＝ 取模并赋值。
- ＆＝ "位与"并赋值。
- ^＝ "位异或"并赋值。
- |＝ "位或"并赋值。

（6）<表源>：指定将表、视图或派生表源用于为更新操作提供条件。

（7）WHERE 子句：用于指定搜索条件，确定要对哪一行、哪些行进行修改。修改数据的操作，只有在满足数据约束的前提下才会执行。

这里以教学信息管理数据库为例。使用查询编辑器输入和执行 SQL 语句的方法与上一小节插入数据是类似的，这里不再重复说明。每一个例子，给出修改前的表中的数据，修改的语句，以及修改之后的表的数据。

【例 7.6】 修改单表单行单列的数据。修改教师表，将郑洁如的职称由"讲师"改为"副教授"。

修改前的教师表郑洁如的职称如图 7.45 所示。

4279	尚骁	男	1982-07-15	讲师	经济管理
4573	王义勇	男	1984-03-29	讲师	经济管理
4900	郑洁如	女	1980-09-30	讲师	经济管理
*	*NULL*	*NULL*	*NULL*	*NULL*	*NULL*

图 7.45　教师表职称修改前

修改使用的语句如下(参见图 7.46):

UPDATE 教师表　SET 职称='副教授' WHERE 姓名='郑洁如'

```
⊟UPDATE 教师表
   SET 职称='副教授'
   WHERE 姓名='郑洁如'|
                        T
```

图 7.46　修改教师表职称列的语句

修改成功之后,郑洁如的职称改为"副教授",如图 7.47 所示。

	4279	尚骁	男	1982-07-15	讲师	经济管理
	4573	王义勇	男	1984-03-29	讲师	经济管理
	4900	郑洁如	女	1980-09-30	副教授	经济管理
*	NULL	NULL	NULL	NULL	NULL	NULL

图 7.47　教师表职称修改之后

【例 7.7】　字符串修改,使用拼串操作。将课程表中课程名由"软件工程"改为"软件工程导论"。

课程名修改之前如图 7.48 所示。

修改课程名使用了字符串的拼串操作,执行修改语句如下(参见图 7.49):

UPDATE 课程表 SET 课名=课名+'导论' WHERE 课名='软件工程'

	3009	操作系统	4.0	专业必修
	3010	编译原理	4.0	专业必修
	3011	软件工程	3.5	专业必修
	3012	物联网技术	4.0	专业必修
	3013	分布式系统	2.5	选修

图 7.48　课程名修改前

```
⊟UPDATE  课程表
   SET  课名=课名+'导论'
   WHERE 课名='软件工程'|
```

图 7.49　拼串操作的语句

修改成功之后的结果如图 7.50 所示。

	3009	操作系统	4.0	专业必修
	3010	编译原理	4.0	专业必修
	3011	软件工程导论	3.5	专业必修
	3012	物联网技术	4.0	专业必修
	3013	分布式系统	2.5	选修

图 7.50　拼串成功后的结果

【例 7.8】　修改单表单行中多列的例子。将学生表中学生"王义明"的姓名改为"王一鸣"并且将他的手机号改为"13800007650"。

学生表修改前的数据如图 7.51 所示。

	学号	姓名	性别	年龄	手机号	Email	班号
▶	10210101	姜明皓	男	20	13800006772	jiang11@sohu..	102101
	10210102	柳笛	女	19	13300003453	didi123@163...	102101
	10210103	王义明	男	20	15800007650	wangym24@y..	102101
	10210104	王咏	男	20	15900003421	yw1209@263...	102101

图 7.51　学生表姓名与手机号修改前

如图 7.52 所示,修改单行多列的语句如下:

```
UPDATE 学生表 SET 姓名='王一鸣',手机号='13800007650'
WHERE 姓名='王义明' AND 手机号='15800007650'
```

```
UPDATE 学生表
    SET 姓名='王一鸣',
        手机号='13800007650'
    WHERE 姓名='王义明' AND 手机号='15800007650'
```

图 7.52　修改姓名与手机号两列的语句

姓名与手机号修改之后如图 7.53 所示。

学号	姓名	性别	年龄	手机号	Email	班号
10210101	姜明皓	男	20	13800006772	jiang11@sohu.	102101
10210102	柳笛	女	19	13300003453	didi123@163.	102101
10210103	王一鸣	男	20	13800007650	wangym24@y.	102101
10210104	王咏	男	20	15900003421	yw1209@263.	102101

图 7.53　姓名与手机号修改后的结果

【例 7.9】　修改单表中多行数据。将课程表中所有选修的课程的学分均改为 2 学分。

修改前课程表的数据如图 7.54 所示。

3013	分布式系统	2.5		选修
3014	空间数据库	2.0		选修
3015	数据挖掘	2.5		选修

图 7.54　课程表修改前

如图 7.55 所示，多行中的学分修改语句如下：

```
UPDATE 课程表 SET 学分=2.0 WHERE 类别='选修'
```

课程表修改之后，原来学分为 2.5 的课程，修改为 2，如图 7.56 所示。

【例 7.10】　修改数据时，条件使用子查询并且涉及多表的例子。将教师"董清清"讲授的 3008 号课程的教室由"3-201"改为"3-314"。

修改之前，教师表的数据如图 7.57 所示，"董清清"的职工号为 2300。

```
UPDATE 课程表
    SET 学分=2.0
    WHERE 类别='选修'
```

图 7.55　修改课程表多行数据的语句

3013	分布式系统	2.0		选修
3014	空间数据库	2.0		选修
3015	数据挖掘	2.0		选修

图 7.56　修改课程表多行之后

2009	易慧莲	女	1973-04-16	副教授	嵌入式
2300	董清清	女	1971-06-24	副教授	数据库
2400	林牧	男	1970-09-18	副教授	数据挖掘

图 7.57　修改前教师表的数据

修改之前，授课表的数据如图 7.58 所示，职工号为 2300，而课程号为 3008 的数据有两行,第一行和第四行,表示 102101 班和 102102 班同时在同一教室上课,即合班课堂的情况。

班号	课号	职工号	学期	教室	时段
102101	3008	2300	2011-2012-1	3-201	08:00-09:35
102101	3009	1525	2011-2012-2	3-102	09:55-11:30
102101	3010	1525	2011-2012-2	3-204	13:30-15:05
102102	3008	2300	2011-2012-1	3-201	08:00-09:35
102102	3009	2009	2011-2012-2	1-303	09:55-11:30

图 7.58　修改前授课表的数据

如图 7.59 所示,完成这个修改使用的语句如下:

```
UPDATE 授课表 SET 教室='3-314'
FROM 教师表.职工号=授课表.职工号 AND 姓名='董清清' AND 课号='3008'
```

```
UPDATE 授课表 SET 教室='3-314'
    FROM 教师表,授课表
    WHERE 教师表.职工号=授课表.职工号
    AND 姓名='董清清'
    AND 课号='3008'
```

图 7.59　修改条件涉及多表的语句例

成功修改之后的结果如图 7.60 所示,第一行和第四行教室改为 3-314。

班号	课号	职工号	学期	教室	时段
102101	3008	2300	2011-2012-1	3-314	08:00-09:35
102101	3009	1525	2011-2012-2	3-102	09:55-11:30
102101	3010	1525	2011-2012-2	3-204	13:30-15:05
102102	3008	2300	2011-2012-1	3-314	08:00-09:35
102102	3009	2009	2011-2012-2	1-303	09:55-11:30

图 7.60　授课表修改之后

使用 T-SQL 语句修改数据受数据约束的影响,与使用对象资源管理器进行修改时的情况是类似的,这里不再重复给出。

7.2.2.3　用 T-SQL 语句删除数据

删除基本表中的数据,也可以使用 T-SQL 语句,简要的语法格式如下:

```
DELETE
    [ FROM ] { [数据库名.[架构名].|架构名.]表名或视图名
    [ FROM 表源 [,...n ] ]
    [ WHERE <搜索条件>]
```

解释如下:

(1) 删除语句只能从一个表或视图删除数据行,紧跟在 DELETE 之后的 FROM 关键字可省,其后指定从哪一表或视图删除数据。

(2) 第三行的 FROM 引入表源,可以是一个或多个表名或视图名,为下面的搜索条件提供表源。

(3) WHERE 子句给出搜索条件,用于确定要删除的数据行,省略时,删除表或视图中所有行。

（4）删除操作只有在满足数据约束的前提下，才会执行。

下面给出操作样例。这里的样例使用教学信息管理数据库。

有关使用查询编辑器输入和执行 SQL 语句的方法与上一小节插入数据是类似的，这里不再重复说明。每一个例子，给出修改前的表中的数据，修改的语句的截屏，以及修改之后的表的数据。

【例 7.11】 删除单表单行数据。删除选课表中学号为 10250104、课号为 2006 的记录。由于篇幅有限，这里只列出选课表的局部数据。删除前，选课表的局部数据如图 7.61 所示。

如图 7.62 所示，删除操作使用的 T-SQL 语句如下：

```
DELETE FROM 选课表 WHERE 学号='10250104' AND 课号='2006'
```

10250104	2005	88
10250104	2006	91
10330101	3012	NULL
10330102	3012	NULL
10330103	3012	NULL
* NULL	NULL	NULL

图 7.61　删除前选课表的局部数据

```
DELETE FROM 选课表
  WHERE 学号='10250104' AND 课号='2006'
```

图 7.62　删除选课表一行的语句例

删除成功之后，选课表的局部数据如图 7.63 所示。

【例 7.12】 删除单表多行数据。删除选课表中成绩为空的数据行。删除前选课表的局部数据如图 7.64 所示。

10250104	2005	88
10330101	3012	NULL
10330102	3012	NULL
10330103	3012	NULL
* NULL	NULL	NULL

图 7.63　数据行删除后选课表的局部数据

10250104	2005	88
10330101	3012	NULL
10330102	3012	NULL
10330103	3012	NULL
* NULL	NULL	NULL

图 7.64　选课表删除前的局部数据

在选课表中，成绩为空的有这三行。如图 7.65 所示，使用如下所示的语句，删除成绩为空的记录：

```
DELETE FROM 选课表 WHERE 成绩 IS NULL
```

删除成功之后，刷新选课表，看结果如图 7.66 所示。

```
DELETE FROM 选课表
  WHERE 成绩 IS NULL
```

图 7.65　删除选课表中成绩为空的数据行

10250104	2005	88
* NULL	NULL	NULL

图 7.66　成绩为空的选课记录删除之后

【例 7.13】 删除单表多行数据，删除条件带子查询。删除数据库原理的授课记录，数据库原理的课号为 3008，可以从课程表查出，这个操作用到两个基本表的关联，使用子查询表达。

先看一下删除前两张表的数据，课程表的局部数据如图 7.67 所示。删除前授课表的数据如图 7.68 所示。

3007	高级语言程序...	3.0	专业必修
3008	数据库原理	3.5	专业必修
3009	操作系统	4.0	专业必修

图 7.67　课程表的局部数据

班号	课号	职工号	学期	教室	时段
102101	3008	2300	2011-2012-1	3-201	08:00-09:35
102101	3009	1525	2011-2012-2	3-102	09:55-11:30
102101	3010	1525	2011-2012-2	3-204	13:30-15:05
102102	3008	2300	2011-2012-1	3-201	08:00-09:35
102102	3009	2009	2011-2012-2	1-303	09:55-11:30
102102	3010	2001	2011-2012-2	1-225	15:25-17:00
102501	2005	1206	2012-2013-1	2-404	08:00-09:35
102501	2006	4210	2012-2013-1	3-405	13:30-15:05
103301	3012	2001	2012-2013-2	2-303	09:55-11:30

图 7.68　删除前授课表的数据

如图 7.69 所示,完成这一删除操作使用的语句如下所示,其中删除条件涉及两张表,使用子查询表达了两张表的关联:

```
DELETE FROM 授课表
  WHERE 课号 IN (SELECT 课号
                FROM 课程表
                WHERE 课名='数据库原理')
```

图 7.69　条件包含子查询的删除语句

DELETE FROM 授课表

WHERE 课号 IN (SELECT 课号 FROM 课程表 WHERE 课名 = '数据库原理')

语句成功执行之后,授课表的结果如图 7.70 所示。数据库原理的课号为 3008,所有 3008 课程的授课记录,即图 7.68 所示的第一行和第四行被删除。

班号	课号	职工号	学期	教室	时段
102101	3009	1525	2011-2012-2	3-102	09:55-11:30
102101	3010	1525	2011-2012-2	3-204	13:30-15:05
102102	3009	2009	2011-2012-2	1-303	09:55-11:30
102102	3010	2001	2011-2012-2	1-225	15:25-17:00
102501	2005	1206	2012-2013-1	2-404	08:00-09:35
102501	2006	4210	2012-2013-1	3-405	13:30-15:05
103301	3012	2001	2012-2013-2	2-303	09:55-11:30

图 7.70　删除后授课表的数据

班号	专业	班主任号
102101	软件工程	3023
102102	软件工程	3009
102104	物联网	2002
102501	经济管理	4210
102502	经济管理	4573
102503	经济管理	4573
102504	经济管理	4900
103301	物联网	3023
103302	物联网	3009

图 7.71　删除前班级表的数据

【例 7.14】　删除单表多行数据,条件取自多表,使用连接查询方式表达。删除软件工程专业各班级相关的授课记录。

先看一下删除之前班级表以及授课表的数据。班级表如图 7.71 所示,可以看到,软件工程专业有两个班级 102101 和 102102。授课表如图 7.72 所示,可以看到,涉及这两个班级的授课记录为第 1~6 行。

班号	课号	职工号	学期	教室	时段
102101	3008	2300	2011-2012-1	3-201	08:00-09:35
102101	3009	1525	2011-2012-2	3-102	09:55-11:30
102101	3010	1525	2011-2012-2	3-204	13:30-15:05
102102	3008	2300	2011-2012-1	3-201	08:00-09:35
102102	3009	2009	2011-2012-2	1-303	09:55-11:30
102102	3010	2001	2011-2012-2	1-225	15:25-17:00
102501	2005	1206	2012-2013-1	2-404	08:00-09:35
102501	2006	4210	2012-2013-1	3-405	13:30-15:05
103301	3012	2001	2012-2013-2	2-303	09:55-11:30

图 7.72　删除前授课表的数据

如图 7.73 所示，完成这个删除操作，使用的语句如下：

DELETE FROM 授课表 FROM 班级表,授课表
WHERE 班级表.班号=授课表.班号 AND 班级表.专业='软件工程'

```
DELETE FROM 授课表
    FROM 班级表,授课表
    WHERE 班级表.班号=授课表.班号 AND 班级表.专业='软件工程'
```

图 7.73　条件使用多表连接表达的删除语句

语句成功执行之后，授课表的结果如图 7.74 所示。原来的第 1～6 行数据被删除了。

班号	课号	职工号	学期	教室	时段
102501	2005	1206	2012-2013-1	2-404	08:00-09:35
102501	2006	4210	2012-2013-1	3-405	13:30-15:05
103301	3012	2001	2012-2013-2	2-303	09:55-11:30

图 7.74　删除后授课表的数据

【例 7.15】　删除单表所有数据的例。删除授课表中所有数据。
删除之前授课表的数据如图 7.75 所示。

班号	课号	职工号	学期	教室	时段
102101	3008	2300	2011-2012-1	3-201	08:00-09:35
102101	3009	1525	2011-2012-2	3-102	09:55-11:30
102101	3010	1525	2011-2012-2	3-204	13:30-15:05
102102	3008	2300	2011-2012-1	3-201	08:00-09:35
102102	3009	2009	2011-2012-2	1-303	09:55-11:30
102102	3010	2001	2011-2012-2	1-225	15:25-17:00
102501	2005	1206	2012-2013-1	2-404	08:00-09:35
102501	2006	4210	2012-2013-1	3-405	13:30-15:05
103301	3012	2001	2012-2013-2	2-303	09:55-11:30

图 7.75　删除前授课表的数据

　　如图 7.76 所示，删除基本表中所有数据，只需
省去 WHERE 子句，语句如下：

```
DELETE FROM 授课表
```

图 7.76　删除表中所有数据行的语句

DELETE FROM 授课表

删除成功之后，授课表的数据如图 7.77 所示，表的列标题还在，但没有任何一行

数据。

班号	课号	职工号	学期	教室	时段
* *NULL*	*NULL*	*NULL*	*NULL*	*NULL*	*NULL*

图 7.77 删除授课表所有数据行之后

注意：有关删除操作与数据约束的关联问题，与使用对象资源管理器是类似的，这里不再重复给出。

7.3 实　　验

7.3.1　实验目的

有关数据库更新操作的实验，主要目的是：

（1）学会使用 SQL Server Management Studio 进行数据的增、删、改。

（2）学会使用 T-SQL 语句进行数据的增、删、改。

（3）掌握数据增、删、改对数据约束的影响，深入理解主键约束、外键约束、CHECK 约束以及空值、默认值等相关概念。

（4）熟练掌握各种数据类型的使用。

（5）往 3 个案例数据库中的基本表插入数据，作为后面查询实验的基础。

7.3.2　实验内容

实验过程中，注意保存关键步骤、初始状态、实验结果、错误信息、系统信息的截图。根据实验报告撰写要求，写出实验报告。

1. 基础实验

使用案例数据库 1（图书信息管理数据库）进行实验。使用对象资源管理器和 T-SQL 两种方法，对表中的数据进行增、删、改操作以及对主键约束、外键约束和 CHECK 约束进行测试。并对数据行包含非空约束、默认值的使用进行测试。

对于 T-SQL 语句方式，插入操作使用 VALUES 子句和 SELECT 的子句两种方式；对于修改以及删除操作，涉及各种搜索条件的表达，包括条件涉及多表数据的情况。

最后，为图书馆表、出版社表、图书表、作者表、收藏表、编著表添加足够的数据，以供后面各章的查询实验使用。具体数据见附录。

2. 扩展实验 1

使用案例数据库 2（教学信息管理数据库）进行实验。使用对象资源管理器方式进行数据的插入、修改与删除操作，并对主键约束、外键约束和 CHECK 约束进行测试，对数据行包含非空约束、默认值的使用进行测试。

最后，为学生表、班级表、教师表、课程表、选课表以及授课表添加足够的数据，必供后面的查询实验使用。

3. 扩展实验 2

使用案例数据库 3（航班信息管理数据库）进行实验。使用 T-SQL 语句进行数据的插入、删除、修改操作，测试主键约束、外键约束、CHECK 约束以及 DEFAULT 约束和空值约束。

插入操作使用 VALUES 子句和 SELECT 的子句两种方式；对于修改以及删除操作，涉及各种搜索条件的表达，包括条件涉及多表数据的情况。

最终，为航线表、航班表、乘客表、职工表、飞机类型表、工作表和乘坐表添加足够的数据，以供后面的查询实验使用。

7.3.3　实验步骤

1. 基础实验

基础实验使用案例数据库 1（图书信息管理数据库），使用对象资源管理器和 T-SQL 语句两种方法进行表的更新操作。

使用对象资源管理器中表编辑功能依次完成如下操作：

（1）向作者表插入如下 3 行数据：

(A1000001,雨果,男,1802,法国)

(A0000002,巴金,男,1904,中国)

(A000003,罗贯中,男,元末清初,中国)

（2）向作者表插入如下 2 行数据：

(A0000004,吴承恩,,,)

(A0000005,胡中为,,,)

其中性别、出生年代、国籍不用输入。

观察可空列和设有默认值的列，插入数据行之后的取值。

（3）修改作者表吴承恩一行的数据：

填入吴承恩的出生年代：明。

（4）向作者表插入如下 2 行数据：

(B0000001,张三,,,)

(B0000002,李四,,,)

其中性别、出生年代、国籍不用输入。之后，将其删除。

（5）尝试向作者表插入如下数据：

(A0000005,徐伟彪,男,当代,中国)

观察执行效果。

将当前编辑行，徐伟彪的作者号改为"A0000006"，观察执行效果。

针对系统对主键约束的控制进行总结。

（6）尝试向图书表插入如下数据：

(7020058594,家,中国文学,中文,23,,,,,1953-01-01,,P000008)

其中开本、千字数、页数、印数以及印刷日期不用输入。

观察执行效果。

向出版社表插入如下数据：

(P000008,人民文学出版社,中国, , , , ,)

其中城市、地址、邮编、网址不用输入。

重新向图书表插入如下数据：

(7020058594,家,中国文学,中文,23, , , , ,1953-01-01, ,P000008)

观察执行结果。

针对系统对外键约束的控制进行总结。

（7）尝试向图书表输入如下数据：

(7070002323,三国演义,中国文学,中文,47.2,850*168, , , ,1953-01-01, ,P000008)

其中千字数、页数、印数以及印刷日期不用输入。

观察执行效果,查看图书表的约束。

修改开本为"850*1168",观察执行结果。

针对系统对 CHECK 约束的控制进行总结。

使用 T-SQL 语句方法依次完成如下操作。

注意：延续使用第一部分的实验成果。图书表已插入的数据继续使用。字符串类型数据需要加上西文单引号。

（1）用 INSERT 语句向图书馆表插入如下数据：

(L00001,首都图书馆,朝阳区东三环南路 88 号,01067358111)

（2）用一个 INSERT 语句向图书馆表插入如下 2 行数据：

(L00002,国家图书馆分馆,西城区文津街 7 号,01066126165)
(L00003,东城区图书馆,东城区交道口东大街 85 号,01064051155)

（3）用一个 UPDATE 语句修改"首都图书馆分馆"一行：

① 地址前面加上"北京市"。

② 电话改为 01067358114。

（4）用一个 UPDATE,把图书馆编号修改为 L00002 和 L00003 两行,在地址前加上"北京市"。

（5）创建临时数据,执行删除语句。

① 向图书馆表插入如下 3 行：

(L11001,图书馆 1, ,)
(L11002,新图分馆 1, ,)
(L11003,新图分馆 2, ,)

地址和电话不必插入。

② 用 DELETE 语句删除"图书馆 1"一行。

③ 一个 DELETE 语句删除"新图分馆 1"和"新图分馆 2"所在行。

（6）向图书馆表插入如下数据：

(7030230522,行星科学,天文学,,,,,,,2008-01-01,,P000005)

语言、价格、开本、千字数、页数、印数以及印刷日期不用输入。

观察语言列默认值插入的情况，其他可空列空值插入的情况。

（8）尝试向图书馆表插入如下数据：

(L00001,图书馆 1,,)

地址、电话不必输入。

观察执行效果。总结数据库管理系统对主键约束的控制。

（9）尝试向收藏表插入如下数据：

(L00001,7805674322,2007-02-01)

观察执行效果。

（10）向图书表插入如下数据：

(785674322,巴黎圣母院,外国文学,,,,,,2002-02-01,,P000010)

语言、价格、开本、千字数、页数、印数以及印刷日期不用输入。

之后，再次尝试向收藏表插入如下数据：

(L00001,7805674322,2007-02-01)

观察执行结果，总结数据库管理系统对外键约束的控制。

（11）修改图书馆表 L00001 一行的数据，将电话前面的三位数字 010 去掉，观察执行效果。

查看图书馆表的 CHECK 约束，总结数据库管理系统对 CHECK 约束的控制。

（12）用建表语句创建图书馆表 1，仅包含编号和名称两列。列名与类型同图书馆表。

用带 SELECT 子句的 INSERT 语句将图书馆表中的编号和名称两列插入到图书馆表 1 中。观察执行效果。

（13）向图书馆表插入"北京大学图书馆"一行。

向图书表插入"行星科学"1 行数据，可空列不必插入。

向收藏表插入：

(L00001,7020058594,2010-12-01)
(L00001,707002323,1992-01-01)
(L00020,7030230522,2008-01-01)

用一个 UPDATE 语句将首都图书馆的藏书的收藏日期均改为 2008-07-31 。

（14）用一个 DELETE 语句删除首都图书馆的藏书记录。

（15）使用对象资源管理器中表编辑功能，以及图书信息管理数据库中各个表的参考数据，补齐这个库中各个表的数据，以备后用。

2．扩展实验 1

扩展实验 1 使用案例数据库 2（教学信息管理数据库）。用对象资源管理器中表编辑功能依次完成如下操作：

（1）向教师表插入如下 3 行数据：

> (1178,李翰海,男,1957-12-09,教授,物联网)
> (1206,刘明德,男,1959-10-05,教授,经济管理)
> (1488,陈晨,男,1960-03-25, 教授,数据挖掘)

（2）向教师表插入如下 2 行数据：

> (1525,吴诗雨, , , ,) (2001,张云逸, , , ,)

其中性别、出生日期、职称、专业方向不用输入。

观察可空列和设有默认值的列，插入数据行之后的取值。

（3）修改刚刚插入的两行数据。

① 修改教师表"吴诗雨"一行的数据：

> 吴诗雨的性别为：女,出生日期：1967-02-09,职称：教授,专业方向：嵌入式

② 修改教师表"张云逸"一行的数据：

> 张云逸的出生日期：1965-08-10,职称：教授,专业方向：物联网

（4）向教师表插入如下 2 行数据：

> (T01,张三, , , ,)
> (T02,李四, , , ,)

其中性别、出生日期、职称、专业方向不输入。

之后，将其删除。

（5）尝试向教师表插入如下数据：

> (1206,易慧莲,女,1973-04-16,副教授,嵌入式)

观察执行效果。

将当前编辑行，易慧莲的职工号改为 2009,

观察执行效果。

针对系统对主键约束的控制进行总结。

（6）尝试向班级表插入如下数据：

> (102101,软件工程,3023)

观察执行效果。

向教师表插入如下数据：

(3023,杨刚,男,1982-07-02,讲师,嵌入式)

重新插入上述班级表数据。

观察执行结果。

针对系统对外键约束的控制进行总结。

（7）尝试向课程表输入如下数据：

(1001,高等数学,8.0,必修)

观察执行效果，查看课程表的约束，

修改学分为 3.0，观察执行结果。

针对系统对 CHECK 约束的控制进行总结。

最后，使用对象资源管理器中表编辑功能，以及教学信息管理数据库各个表的参考数据，补齐这个库中各个表的数据，以备后用。

3. 扩展实验 2

扩展实验 2 使用案例数据库 3（航班信息管理数据库），用 T-SQL 语句方法依次完成如下操作：

注意：字符串类型数据需要加上西文单引号。

（1）用 INSERT 语句向航线表插入如下数据：

(1001,北京,三亚,2710)

（2）用一个 INSERT 语句向航线表插入如下 2 行数据：

(1002,北京首都国际,高崎机场,1774)
(1003,上海浦东,高崎机场,878)

（3）用一个 UPDATE 语句修改刚刚插入的 1001 航线一行：

① 出发地在"北京"之后加上"首都国际"。

② 到达地在"三亚"之后加上"凤凰机场"。

（4）用一个 UPDATE 修改，刚刚插入的到达地为"高崎机场"的两行。将到达地改为"厦门高崎机场"。

（5）创建临时数据，执行删除语句。

① 向航线表插入如下 3 行：

(X001,北京,三亚,)
(X002,北京,成都,)
(X003,上海,北京,)

飞行距离不必插入。

② 用 DELETE 语句删除出发地为"上海"的一行。

③ 一个 DELETE 语句删除出发地为"北京"的两行。

（6）向飞机类型表插入如下数据：

(319, , , ,)

类型名、通道数、载客人数、制造商不必输入。

观察类型名、制造商默认值插入的情况,其他可空列空值插入的情况。

(7) 尝试向航线表插入如下数据:

(1002,上海浦东,三亚凤凰机场,)

飞行距离不必输入。

观察执行效果。总结数据库管理系统对主键约束的控制。

(8) 尝试向航班表插入如下数据:

(CA1106,2013-01-04,23:20,0:30,,,,1009)

不必为机长号、机型提供数据。

观察执行效果。

向航线表插入如下数据:

(1009,呼和浩特白塔,北京首都国际,444)

之后,再次尝试向航班表插入上述数据。

观察执行结果,总结数据库管理系统对外键约束的控制。

(9) 尝试插入职工表"陈刚"一行的数据如下:

(1001,陈刚,男,42,20,副机长)

观察执行效果,查看职工表的 CHECK 约束。

将陈刚的职务改为"机长"重新插入。

总结数据库管理系统对 CHECK 约束的控制。

(10) 用建表语句创建航线表 1,仅包含航线号和出发地与到达地。列名与类型同航线表。

用带 SELECT 子句的 INSERT 语句将航线表中对应的 3 列插入到航线表 1 中。观察执行效果。

(11) 向职工表插入:

(1002,李玉强,男,40,18,机长)
(1003,王德利,男,38,15,驾驶员)

向飞机类型表插入

(737,波音 73,,)
(321,空客 321,,)

通道数、载客人数和制造商为可空列不必插入。

航线表已有航线 1009,继续插入

(1005,北京首都国际,南京禄口,981)
(1006,北京首都国际,呼和浩特白塔,444)

向航班表插入如下 3 行数据:

(CA1503,2013-02-16,17:15,19:15,1001,737,1005)

(CA1111,2013-02-16,6:40,8:00,1002,321,1006)

(CA9554,2013-01-04,23:50,0:50,1001,737,1009)

用一个 UPDATE 语句修改航班表，将机长为"陈刚"的航班的机长号改为"王德利"的职工号。

（12）用一个 DELETE 语句删除机长为"王德利"的航班信息。

最后使用对象资源管理器中表编辑功能，以及航班信息管理数据库中各个表的参考数据，补齐这个库中各个表的数据，以备后用。

7.3.4 常见问题解答

（1）问题：插入数据失败。

如图 7.78 所示，尝试向收藏表插入一行，语句如下所示。

```
INSERT INTO 收藏 VALUES ('L00016','7030230522',2010-01-01)
```

语句执行之后，出现错误信息如图 7.79 所示。

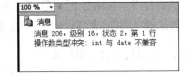

图 7.78 尝试插入数据时数据类型不一致　　图 7.79 插入时数据类型不一致的错误信息

分析：插入时，无列名表，则按照表定义的列顺序插入数值，这里的数值与定义不一致，收藏日期没有加引号，因而按照整型处理，导致类型不一致。

解决方案：日期类型输入时，加引号，如图 7.80 所示。

```
INSERT INTO 收藏 VALUES ('L00016','7030230522','2010-01-01')
```

（2）问题：插入失败。

如图 7.81 所示，尝试向收藏表插入一行，语句如下所示。

```
INSERT INTO 收藏 VALUES ('L00016','2010-01-01','7030230522')
```

图 7.80 数据类型正确的插入语句　　图 7.81 尝试插入数据时数值与列的顺序不一致

出现错误信息如图 7.82 所示。

分析：插入时没有给出列名表，没有按照表定义顺序提供数据。

解决方案：可以不按照表定义顺序给出列数据，但不能缺省列名表，如图 7.83 所示。

```
INSERT INTO 收藏 (图书馆号,收藏日期,ISBN)
```

```
VALUES ('L00016','2010-01-01','7030230522')
```

图 7.82　插入数值与列顺序不一致时的
　　　　　错误信息

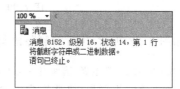

图 7.83　插入时不按表定义顺序提供
　　　　　数值的插入语句

（3）问题：修改数据失败。

如图 7.84 所示，尝试修改收藏表的数据，执行语句如下所示。

```
UPDATE 收藏 SET ISBN='0007030230522'
WHERE 图书馆号='L00016' AND ISBN='7030230522'
```

语句执行之后，错误信息如图 7.85 所示。

图 7.84　尝试修改收藏表数据

图 7.85　修改数据时数据截断的提示

分析：ISBN 列的数据长度超出了表定义中规定的长度 10 个字符长。

解决方案：修订 ISBN 列的数值，按表的定义，保持在 10 个字符内即可。

（4）问题：插入失败。

如图 7.86 所示，尝试向收藏表插入数据如下：

```
INSERT INTO 收藏 VALUES ('L00016','7030230522')
```

语句执行之后，出现错误信息，如图 7.87 所示。

图 7.86　尝试插入数据其中缺少数据值

图 7.87　插入时缺少数据值的提示

分析：收藏日期为可空列，不必输入，但是由于没有给出列名表，这里就要提供 3 列的数据，否则要提供列名表。

解决方案：

正确的方法有两种，如下所示为缺省列名表插入 NULL 值的方法，如图 7.88 所示。

```
INSERT INTO 收藏 VALUES ('L00016','7030230522',NULL)
```

如图 7.89 所示，另一种方案是给出列名表插入 NULL 值的方法，语句如下所示。

```
INSERT INTO 收藏 (图书馆号,ISBN) VALUES ('L00016','7030230522')
```

```
□ INSERT INTO 收藏
    VALUES ('L00016','7030230522',NULL)
```

```
□ INSERT INTO 收藏(图书馆号,ISBN)
    VALUES ('L00016','7030230522')
```

图 7.88　省略列名表插入 NULL 值的语句　　　**图 7.89　给出列名表插入 NULL 的语句**

（5）问题：删除多表数据失败。

尝试使用一个 DELETE 语句同时删除多表数据失败。对于外键相关的学生表与选课表，想要同时删除姜明皓在学生表的信息，以及他的选课信息。删除前学生表和选课表的数据分别如图 7.90 和图 7.91 所示。

学号	姓名	性别	年龄	手机号	Email	班号
10210101	姜明皓	男	20	13800006772	jiang11@sohu...	102101
10210102	柳笛	女	19	13300003453	didi123@163....	102101
10210103	王义明	男	20	15800007650	wangym24@y...	102101

图 7.90　删除前学生表的局部数据

如图 7.92 所示，执行的删除语句如下所示。

```
DELETE FROM 学生表,选课表 FROM 学生表,选课表
WHERE 学生表.学号=选课表.学号 AND 姓名='姜明皓'
```

学号	课号	成绩
10210101	3008	78
10210101	3009	89
10210101	3010	89
10210102	3008	81
10210102	3009	67
10210102	3010	80
10210103	3008	87

```
□ DELETE FROM 学生表,选课表
    FROM 学生表,选课表
    WHERE 学生表.学号=选课表.学号 AND 姓名='姜明皓'
```

图 7.91　删除前选课表的局部数据　　　**图 7.92　尝试删除多表中数据的语句**

执行之后的错误信息如图 7.93 所示。

分析：FROM 后不能用多表。

解决方案：如图 7.94 所示，分别删除选课表中数据和学生表中数据，注意先删除外键表中数据。相应语句如下所示。

```
DELETE FROM 选课表 FROM 学生表,选课表
WHERE 学生表.学号=选课表.学号 AND 姓名='姜明皓'
```

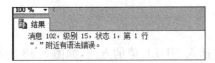

```
□ DELETE FROM 选课表
    FROM 学生表,选课表
    WHERE 学生表.学号=选课表.学号 AND 姓名='姜明皓'
```

图 7.93　尝试删除多表中数据的语句执行后错误信息　　　**图 7.94　先删除选课表中相应数据**

如图 7.95 所示，后删除学生表中的数据。

DELETE FROM 学生表 FROM 学生表,选课表 WHERE 姓名='姜明皓'

```
⊟DELETE FROM 学生表
 FROM 学生表,选课表
 WHERE 姓名=' 姜明皓'
                     ⊤
```

图 7.95　后删除学生表中相应数据

7.3.5　思考题

（1）假定表 2 的列名以及数据类型与表 1 相同,如何将表 1 中已经有的数据复制到表 2?

（2）INSERT 语句插入数据的时候,什么情况下可以省略列名表?

（3）在一个数据库中,各个基本表彼此相关,怎么安排各个表的数据的插入、删除和修改的先后次序? 依据是什么?

（4）数据库管理系统在什么时候检测 CHECK 约束?

（5）可以借助 CHECK 约束替代外键约束吗? 为什么?

第8章

单表查询

本章介绍 T-SQL 中 SELECT 语句的基本结构,聚合函数和 GROUP BY 子句以及 ORDER BY 子句的基本用法。

涉及多表数据的查询见第 9 章介绍。第 10 章介绍使用查询编辑器创建查询的方法以及 SELECT 语句的一些高级应用,包括 GROUP BY 子句以及 ORDER BY 子句的高级应用。

8.1　相关知识点

1. SELECT 语句的结构

完整的 SELECT 语句其语法结构十分繁杂,但其主要结构如下:

```
(查询说明 1) [UNION |EXCEPT |INTERSECT (查询说明 2),...n]
[ ORDER BY 子句 ]
```

解释:

(1) 一个完整的 SELECT 语句,可以在多个查询说明之间使用集合运算获得集合查询的结果。有关集合查询的详尽内容,见第 9 章的介绍。

(2) 用于排序查询结果的 ORDER BY 子句置于 SELECT 语句的最后。

2. 查询说明中的各个子句

```
SELECT 子句
FROM 子句
[WHERE 子句]
[GROUP BY 子句]
```

解释:

(1) 通常,SELECT 子句和 FROM 子句是不可省的。

(2) WHERE 子句可省,省略时即表示结果集包含所有行。

(3) GROUP BY 子句可省,不做分组统计时,无须此子句。

(4) 这里给出子句的先后,表明了这些子句出现的次序。

3. SELECT 子句

```
SELECT [ALL|DISTINCT] 选择列表
```

解释:

(1) ALL:结果集中包括所有行。

(2) DISTINCT:结果集中只包括不同的行。

(3) 选择列表:形如列 1[,...列 n]。给出由 SELECT 语句选出的各个列,每一列可以是列名、函数、表达式。

(4) SELECT 后用 * 代表选择所有列。

(5) 别名的使用:这里所谓的别名实际是列标题,即结果输出时表头各列显示的名称,别名的使用有 3 种方法:

- 列名 AS 别名;
- 列名 别名;
- 别名=列名。

4. FROM 子句

FROM {表 1|视图 1}

解释:指出从哪些表或视图查询数据。本章仅限单表查询,仅需指出一个表名或视图名。关于多表查询的内容见第 9 章。

5. WHERE 子句

WHERE 搜索条件

解释:

- 搜索条件由子条件经逻辑运算符组合而成。逻辑运算符有 NOT、AND、OR。运算优先级为 NOT 最高,OR 最低。
- 子条件为返回 TRUE、FALSE 或 UNKOWN 的表达式,有如下几种形式:

(1) 算术表达式 1 算术运算符 算术表达式 2。

算术表达式可以为列名、常量、函数,或者是通过运算符连接的列名、常量和函数的任意组合。算术运算符的含义如表 8.1 所示。

表 8.1 算术运算符

=	<>	!=	>	>=	!>	<	<=	!<
等于	不等于	不等于	大于	大于等于	不大于	小于	小于等于	不小于

例如:年龄>10。

(2) 字符串表达式 1 [NOT] LIKE 字符串模式匹配表达式[ESCAPE '转义字符']。

LIKE 之后的字符串模式匹配表达式中使用如表 8.2 所示通配符。

表 8.2 模式匹配表达式中的通配符

%	代表长度为 n 的任意字符串,n>=0
_	代表任意一个字符
[]	代表[]中包含的任意一个字符,如:[AC]

| [-] | 代表[ ]指定区间内的任意一个字符,如:[C-E] |
| [^] | 表示不在[ ]指定范围内的任意一个字符,如[^AC] |

转义字符可以使模式匹配字符串中出现通配符时避免混淆。

例如:

名称 LIKE '$ %XYZ%$ %' ESCAPE '$ '

表示名称满足如下条件:以%开头,后面有 XYZ,之后是任意字符串,最后以%截止。

这里,转义字符使用$,表示紧跟其后的%不是通配符,而是普通字符%。实际上,可以选用任意字符。例如,转义字符使用'*':

名称 LIKE '* %XYZ%* %' ESCAPE '* '

(3) 表达式[NOT] BETWEEN 表达式下限 AND 表达式上限。

例如:

年龄 between 20 and 30

(4) 表达式 IS [NOT] NULL 判定表达式是否为空。

例如:

价格 IS NULL

价格为空时,此条件为真。

(5) 括号可以改变运算的优先级,内层优先。

(6) 含关键字 CONTAINS 的搜索条件见第 10 章。

(7) 含子查询的搜索条件见第 9 章。

6. GROUP BY 子句与 HAVING 子句

GROUP BY 分组列 1[,...n]
    [HAVING 搜索条件]

解释:

(1) 分组的含义是将分组列取值相同的分为一组,同组的行再进行汇总计算。

例如:

SELECT 学号,AVG(成绩) FROM 选课表 GROUP BY 学号

就是将选课表中同一学号的行分为一组,统计平均成绩,即求出每一学生选修的各门课程的平均成绩。

(2) HAVING 子句是 GROUP BY 子句的附属子句,当分组统计只需输出满足条件的分组统计值时使用,HAVING 给出的搜索条件用来筛选满足条件的组。

例如:

SELECT 学号,AVG(成绩) FROM 选课表 GROUP BY 学号 HAVING AVG(成绩)>=75

就是将选课表中同一学号的行分为一组,统计平均成绩,即求出每一学生选修的各门课程的平均成绩,但仅仅输出平均成绩在 75 分以上同学的学号和平均分。

（3）分组列可以是列名或表达式,可以有多个。如果有多个分组列,则组合在一起做分组条件,例如,班级、课程两个分组列,则每一班每一课程为一组进行汇总统计。

（4）关于 GROUP BY 子句的高级应用见第 10 章。

7. 聚合函数

下述为常用的 5 个聚合函数,其中算术表达式通常为单一列名也可以是若干列名与常量、函数及算术运算符构成的表达式。可以单独使用对整个结果集进行汇总统计,也可以与 GROUP BY 子句配合使用对结果集中各个分组的数据集进行汇总统计。算术表达式为空的行不在统计之列。

ALL 表示这对结果集或分组中所有行进行汇总统计,为默认选项;DISTINCT 表示对结果集或分组中不同行进行汇总统计。

（1）MAX(算术表达式)：返回结果集或分组数据集中该算术表达式的最大值。

（2）MIN(算术表达式)：返回结果集或分组数据集中该算术表达式的最小值。

（3）AVG(ALL|DISTINCT 算术表达式)：返回结果集或分组数据集中该算术表达式的平均值。

（4）SUM(ALL|DISTINCT 算术表达式)：返回结果集或分组数据集中该算术表达式的和。

（5）COUNT(ALL|DISTINCT 算术表达式|＊)：返回结果集或分组数据集中该算术表达式的计数,即有多少个不同的表达式 COUNT(＊)用来统计结果集或分组数据集中的行数。

8. ORDER BY 子句

```
ORDER BY 排序列 1 [ [ASC ]|DESC ] [ ,...n ]
```

解释:

（1）按指定的排序列列表对查询的结果集进行排序,不使用 ORDER BY 子句,不能确定在结果集中返回的行的顺序。

（2）排序列可以是列名、列别名,也可以是表达式,排序列可以有多个。当有多个排序列时,先按第 1 个排序再按第 2 个排序。

（3）ASC 表示升序,是默认排序顺序,可省去不写。DESC 表示降序。NULL 值被视为最低的可能值。多列排序时,每一列分别指出升序或降序。

（4）也可以给出列在表定义中的序号,代替列名,但不推荐这种用法,因为当表结构变化时会出错。

（5）ORDER BY 子句的高级应用见第 10 章。

（6）如果 SELECT 语句包含集合运算或 DISTINCT 关键字,则必须在选择列表中定义由 ORDER BY 子句中指定的列名和别名。

当查询语句包含集合运算 UNION、EXCEPT 或 INTERSECT 运算符时,必须在第一个(左侧)查询的选择列表中指定列名或列别名。

8.2 操作样例

使用 3 个案例数据库，进行查询，查询前数据库表中的数据可参看附录。这里的例子，只给出查询后的结果。

8.2.1 SELECT 子句

【例 8.1】 选择所有列的例。查询航线表中所有信息。

语句：

SELECT * FROM 航线表

查询结果如图 8.1 所示。

【例 8.2】 选择多列的例。查询航线表中航线号、出发地和到达地这 3 列。

语句：

SELECT 航线号,出发地 ,到达地 FROM 航线表

查询结果如图 8.2 所示。

	航线号	出发地	到达地	飞行距离
1	1001	北京首都国际	三亚凤凰机场	2710
2	1002	北京首都国际	厦门高崎机场	1774
3	1003	上海浦东	厦门高崎机场	878
4	1004	北京首都国际	大连周水子	579
5	1005	北京首都国际	南京禄口	981
6	1006	北京首都国际	呼和浩特白塔	444
7	1007	北京首都国际	成都双流国际	1697
8	1008	厦门高崎机场	北京首都国际	1774
9	1009	呼和浩特白塔	北京首都国际	444
10	1010	北京首都国际	天津	180

图 8.1 选择所有列的查询结果

	航线号	出发地	到达地
1	1001	北京首都国际	三亚凤凰机场
2	1002	北京首都国际	厦门高崎机场
3	1003	上海浦东	厦门高崎机场
4	1004	北京首都国际	大连周水子
5	1005	北京首都国际	南京禄口
6	1006	北京首都国际	呼和浩特白塔
7	1007	北京首都国际	成都双流国际
8	1008	厦门高崎机场	北京首都国际
9	1009	呼和浩特白塔	北京首都国际
10	1010	北京首都国际	天津

图 8.2 选择多列的查询结果

【例 8.3】 列输出顺序的例。查询航线表中出发地、到达地和航线号这 3 列。

语句：

SELECT 出发地 ,到达地 ,航线号 FROM 航线表

查询结果如图 8.3 所示。

本例查询与例 8.2 同，只是输出结果时希望航线号放在最右侧。表中各个列的输出不一定按照表设计时的顺序，可以在 SELECT 子句中重新指定顺序，这对表的结构没有影响。

【例 8.4】 结果集去重复行。查询各个航线的出发地。

	出发地	到达地	航线号
1	北京首都国际	三亚凤凰机场	1001
2	北京首都国际	厦门高崎机场	1002
3	上海浦东	厦门高崎机场	1003
4	北京首都国际	大连周水子	1004
5	北京首都国际	南京禄口	1005
6	北京首都国际	呼和浩特白塔	1006
7	北京首都国际	成都双流国际	1007
8	厦门高崎机场	北京首都国际	1008
9	呼和浩特白塔	北京首都国际	1009
10	北京首都国际	天津	1010

图 8.3 改变列输出顺序的查询结果

先给出不去重复的语句：

SELECT 出发地 FROM 航线表

或

SELECT ALL 出发地 FROM 航线表

ALL 为默认选项，可以不写。查询结果如图 8.4 所示。

下面给出去重复的语句：

SELECT DISTINCT 出发地 FROM 航线表

查询结果如图 8.5 所示。

	出发地
1	北京首都国际
2	北京首都国际
3	上海浦东
4	北京首都国际
5	北京首都国际
6	北京首都国际
7	北京首都国际
8	厦门高崎机场
9	呼和浩特白塔
10	北京首都国际

图 8.4 结果集不去重复的查询结果

	出发地
1	北京首都国际
2	呼和浩特白塔
3	上海浦东
4	厦门高崎机场

图 8.5 结果集去重复行的查询结果

关键字 DISTINCT 说明结果集中的行，输出时去重复，SQL Server 2012 内部处理时需要对结果集进行排序，以确定是否有重复的行，因此要花费一定的时间。

【例 8.5】 输出列使用表达式即计算列的例。查询航班信息数据库中职工的姓名和出生年。

语句：

SELECT 姓名,2015 - 年龄 FROM 职工表

这里当前年份 2015 减去年龄即为出生年份。更周全的使用方法是用系统函数求出当前年份，有关函数见第 15 章的相关介绍。

查询结果如图 8.6 所示。

注意：这里的出生年一列因为是计算列，列标题显示为无列名。这样，很不易于理解数据。

下面给出重新定义列标题的例子。

【例 8.6】 重新定义列标题的例。查询职工的姓名和出生年，输出时出生年一列的列标题定义为"出生年份"。

语句：

SELECT 姓名,2015 - 年龄 AS 出生年份 FROM 职工表

查询结果如图 8.7 所示。

图 8.6　使用计算列的查询结果　　　　图 8.7　重新定义列标题的查询结果

列标题的定义，仅仅影响输出效果，不影响表的结构。定义列标题有 3 种方法，见本章前面的知识点介绍部分。

8.2.2　WHERE 子句

关于单表查询中 WHERE 子句的条件，参看本章前面的知识点介绍部分。WHERE条件的其他形式参看第 9 章和第 10 章。

【例 8.7】　算术运算表达查询条件的例子。查询飞行距离在 1500 公里以上（含 1500公里）的航线的航线号和出发地。

语句：

```
SELECT 航线号, 出发地, 飞行距离 FROM 航线表
WHERE 飞行距离 >1500
```

查询结果如图 8.8 所示。

【例 8.8】　逻辑运算 NOT 的例。查询飞行距离不超过 1500 公里的航线的航线号和出发地。

图 8.8　算术运算表达查询条件

语句：

```
SELECT 航线号, 出发地, 飞行距离 FROM 航线表
WHERE NOT 飞行距离 >1500
```

查询结果如图 8.9 所示。

与此 WHERE 条件等价的还有其他表示方法，如飞行距离＜1500、飞行距离!＞＝1500。

【例 8.9】　逻辑条件的使用例子。查询日期为"2013-01-04"并且起飞时间早于"12:00:00"的航班的航班号、日期以及起飞时间。

语句：

```
SELECT 航班号, 日期, 起飞时间 FROM 航班表
WHERE 日期='2013-01-04' AND 起飞时间 <'12:00:00'
```

查询结果如图 8.10 所示。

	航线号	出发地	飞行距离
1	1003	上海浦东	878
2	1004	北京首都国际	579
3	1005	北京首都国际	981
4	1006	北京首都国际	444
5	1009	呼和浩特白塔	444
6	1010	北京首都国际	180

图 8.9 使用 NOT 的查询结果

	航班号	日期	起飞时间
1	CA1103	2013-01-04	07:25:00.0000000
2	CA1817	2013-01-04	08:40:00.0000000
3	CA8904	2013-01-04	11:45:00.0000000

图 8.10 组合条件的查询结果

WHERE 条件可以由不同的子条件加上逻辑运算符 NOT、AND、OR 组成更为复杂的条件。表达式中运算的优先级为从左至右，左侧优先级高。这 3 个逻辑运算的优先级是 NOT 最高，OR 最低。可以使用括号改变优先级，内层括号的运算优先。

【例 8.10】 有关组合条件的优先级的例子。查询日期为“2013-01-04”的航班，并且起飞时间早于“09:00:00”或晚于“21:00:00”的航班。输出航班号、日期以及起飞时间。

错误的语句：

```
SELECT 航班号, 日期, 起飞时间 FROM 航班表
  WHERE 日期='2013-01-04'OR 日期='2013-02-16'
    AND 起飞时间 <'12:00:00'
```

查询结果如图 8.11 所示。这里出现了 1 月 4 日中午 12:00 之后的航班。原因是 AND 运算的优先级高，上面的条件相当于

```
日期='2013-01-04'OR (日期='2013-02-16' AND 起飞时间 <'12:00:00')
```

正确的语句：

```
SELECT 航班号, 日期, 起飞时间 FROM 航班表
WHERE (日期='2013-01-04'OR 日期='2013-02-16' )
  AND 起飞时间 <'12:00:00'
```

查询结果如图 8.12 所示。日期在这两天之一，时间在中午 12:00 之前。

	航班号	日期	起飞时间
1	CA1101	2013-01-04	20:25:00.0000000
2	CA1103	2013-01-04	07:25:00.0000000
3	CA1106	2013-01-04	23:20:00.0000000
4	CA1111	2013-02-16	06:40:00.0000000
5	CA1801	2013-01-04	20:35:00.0000000
6	CA1810	2013-01-04	12:45:00.0000000
7	CA1816	2013-01-04	19:55:00.0000000
8	CA1817	2013-01-04	08:40:00.0000000
9	CA1871	2013-01-04	13:40:00.0000000
10	CA4194	2013-02-16	07:00:00.0000000
11	CA8904	2013-01-04	11:45:00.0000000
12	CA9554	2013-01-04	23:50:00.0000000
13	CA9661	2013-01-04	21:45:00.0000000

图 8.11 组合条件错误的结果

	航班号	日期	起飞时间
1	CA1103	2013-01-04	07:25:00.0000000
2	CA1111	2013-02-16	06:40:00.0000000
3	CA1817	2013-01-04	08:40:00.0000000
4	CA4194	2013-02-16	07:00:00.0000000
5	CA8904	2013-01-04	11:45:00.0000000

图 8.12 组合条件正确的结果

【**例 8.11**】 区间条件的例子。查询飞行距离在 1500～2000 公里之间的航线的相关信息。

语句：

```
SELECT * FROM 航线表
WHERE 飞行距离 BETWEEN 1500 AND 2000
```

查询结果如图 8.13 所示。

飞行距离大于等于 1500 公里并且小于等于 2000 公里的行出现在结果集中。

如果查询飞行距离不在 1500～2000 公里之间的航线的相关信息。则使用逻辑运算符 NOT 即可：

```
SELECT * FROM 航线表
WHERE 飞行距离 NOT BETWEEN 1500 AND 2000
```

查询结果如图 8.14 所示。

	航线号	出发地	到达地	飞行距离
1	1002	北京首都国际	厦门高崎机场	1774
2	1007	北京首都国际	成都双流国际	1697
3	1008	厦门高崎机场	北京首都国际	1774

图 8.13 区间内的查询结果

	航线号	出发地	到达地	飞行距离
1	1001	北京首都国际	三亚凤凰机场	2710
2	1003	上海浦东	厦门高崎机场	878
3	1004	北京首都国际	大连周水子	579
4	1005	北京首都国际	南京禄口	981
5	1006	北京首都国际	呼和浩特白塔	444
6	1009	呼和浩特白塔	北京首都国际	444
7	1010	北京首都国际	天津	180

图 8.14 区间外的查询结果

飞行距离小于 1500 公里或是大于 2000 公里的行出现在结果集中。

注意：使用区间查询要在 BETWEEN 后面给出下限，在 AND 后面给出上限，不能反过来。

【**例 8.12**】 使用集合条件表达查询的例子。查询机型在 733、737、330 这个范围内的航班的航班号、日期和起飞时间。这里使用关键字 IN 来表达这个查询。

语句：

```
SELECT 航班号, 日期, 起飞时间, 机型
FROM 航班表
WHERE 机型 IN (733,737,330)
```

执行后的查询结果如图 8.15 所示。

如果查询机型不在这个范围内的航班，可以使用 NOT 操作，语句如下：

```
SELECT 航班号, 日期, 起飞时间, 机型
FROM 航班表
WHERE 机型 NOT IN (733,737,330)
```

执行后的查询结果如图 8.16 所示。

	航班号	日期	起飞时间	机型
1	CA1101	2013-01-04	20:25:00.0000000	733
2	CA1106	2013-01-04	23:20:00.0000000	737
3	CA1503	2013-02-16	17:15:00.0000000	737
4	CA1605	2013-02-08	10:45:00.0000000	737
5	CA1801	2013-01-04	20:35:00.0000000	737
6	CA1810	2013-01-04	12:45:00.0000000	330
7	CA1816	2013-01-04	19:55:00.0000000	737
8	CA1819	2013-02-16	20:05:00.0000000	737
9	CA1847	2013-02-08	10:30:00.0000000	737
10	CA1871	2013-01-04	13:40:00.0000000	330
11	CA601	2013-02-08	08:25:00.0000000	737
12	CA8904	2013-01-04	11:45:00.0000000	737
13	CA953	2013-02-08	08:40:00.0000000	737
14	CA9554	2013-01-04	23:50:00.0000000	737
15	CA9661	2013-01-04	21:45:00.0000000	330

图 8.15　集合内查询结果

	航班号	日期	起飞时间	机型
1	CA1103	2013-01-04	07:25:00.0000000	321
2	CA1111	2013-02-16	06:40:00.0000000	321
3	CA1377	2013-02-04	12:45:00.0000000	777
4	CA1405	2013-02-08	07:55:00.0000000	747
5	CA1817	2013-01-04	08:40:00.0000000	319
6	CA4108	2013-02-16	14:00:00.0000000	321
7	CA4114	2013-02-16	12:00:00.0000000	340
8	CA4194	2013-02-16	07:00:00.0000000	747

图 8.16　集合外查询结果

本章仅介绍单表查询，IN 引入的集合都提供具体集合元素，在第 9 章中读者会看到用 IN 引入子查询的例子。

【例 8.13】 空值条件的使用例。查询价格未知的图书的 ISBN 和书名。

语句如下：

```
SELECT ISBN, 书名,价格 FROM 图书 WHERE 价格 IS NULL
```

执行结果如图 8.17 所示。

如果查询已知价格的图书，即价格非空图书的 ISBN 和书名，使用如下两个语句之一即可。

```
SELECT ISBN, 书名,价格 FROM 图书 WHERE 价格 IS NOT NULL
```

或

```
SELECT ISBN, 书名,价格 FROM 图书 WHERE NOT (价格 IS NULL)
```

查询结果如图 8.18 所示。

	ISBN	书名	价格
1	1074348759	Pride and Prejudice	NULL
2	1451648539	Steve Jobs	NULL
3	7030230522	行星科学	NULL
4	7301096828	应用卫星气象学	NULL
5	7807082354	长江流域地质灾害及防治	NULL

图 8.17　判定空值的查询结果

	ISBN	书名	价格
1	1853262412	100 Selected Stories	20.00
2	1857150964	War and Peace	87.00
3	7020008739	西游记	47.20
4	7020038947	欧也妮.葛朗台	8.00
5	7020040179	傲慢与偏见	13.00
6	7020058594	家	23.00
7	7020071012	欧.亨利短片小说选	16.00
8	7020071036	高老头	14.00
9	7020071548	爱玛	22.00
10	7070002323	三国演义	13.40
11	7111213338	数据库系统导论	75.00
12	7111388210	物联网工程导论	49.00
13	7302225058	企业云计算 架构与实施指南	59.00
14	7805674322	巴黎圣母院	20.00

图 8.18　判定非空的查询结果

【例8.14】 模糊查询的例。

（1）查询书名中有"云计算"一词的图书的书名和价格。

语句：

SELECT 书名,价格 FROM 图书 WHERE 书名 LIKE '%云计算%'

结果如图8.19所示。

（2）查询书名以P或W开头的书名和价格。语句如下：

SELECT 书名,价格 FROM 图书 WHERE 书名 LIKE '[PW]%'

查询结果如图8.20所示。

图8.19　模糊查询之一的结果

图8.20　模糊查询之二的结果

（3）查询书名以Steve开始后跟4个字符的图书的书名和价格。语句如下：

SELECT 书名,价格 FROM 图书 WHERE 书名 LIKE 'Steve ＿＿＿＿'

查询结果如图8.21所示。

LIKE引入的条件可以对字符串进行模式匹配，即模糊查询。当对于字符串仅仅知晓部分信息时，十分有用。LIKE的条件表达有许多，这里选择常用的几个作为例子，其他表示条件的方式可以参看本章知识点部分的介绍。

图8.21　模糊查询之三的结果

8.2.3　聚合函数与GROUP BY子句

本节介绍聚合函数与GROUP BY子句的基本用法，包括HAVING子句的使用，有关GROUP BY子句的高级使用参看第10章。

【例8.15】 单列作为分组列的例子。查询中文图书，用图书类型分组，输出类型以及每一种类型的图书的数目。

语句：

SELECT 类型, COUNT(*) AS 图书数目 FROM 图书
    WHERE 语言='中文'
    GROUP BY 类型

查询结果如图8.22所示。

【例8.16】 多列作为分组列的结果。查询"1960-01-01"以后出版的图书，用"语言"和"类型"进行分组，"语言"与"类型"以及每一组图书的平均价格。

语句：

SELECT 语言, 类型, AVG(价格) AS 平均价格 FROM 图书

```
  WHERE 出版日期 >='1960-01-01'
  GROUP BY 语言,类型
```

查询结果如图 8.23 所示。

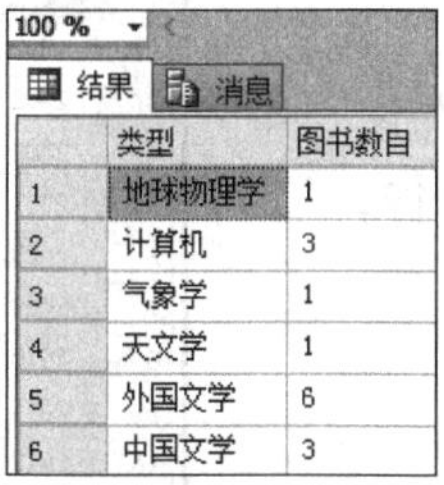

	类型	图书数目
1	地球物理学	1
2	计算机	3
3	气象学	1
4	天文学	1
5	外国文学	6
6	中国文学	3

图 8.22　单列分组的结果

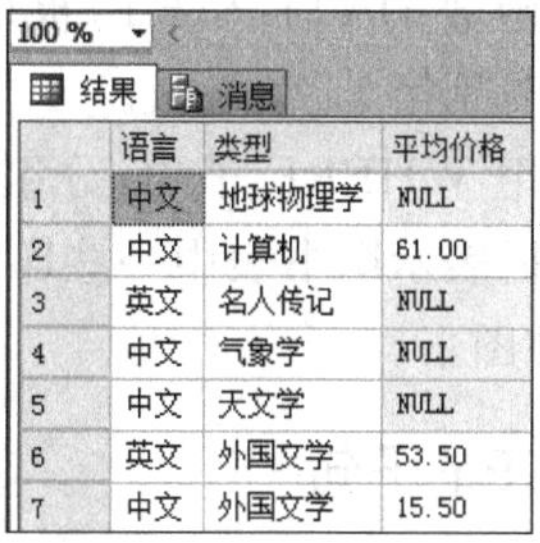

	语言	类型	平均价格
1	中文	地球物理学	NULL
2	中文	计算机	61.00
3	英文	名人传记	NULL
4	中文	气象学	NULL
5	中文	天文学	NULL
6	英文	外国文学	53.50
7	中文	外国文学	15.50

图 8.23　多列分组的结果

【例 8.17】　使用 HAVING 条件的例子。查询中文图书，用图书类型分组，统计每一种类型的图书数目，仅输出图书数目低于 3 的分组的类型以及数目。

语句：

```
SELECT 类型, COUNT(ISBN) AS 图书数目 FROM 图书
  WHERE 语言='中文'
    GROUP BY 类型
    HAVING COUNT(ISBN) <3
```

查询结果如图 8.24 所示。

【例 8.18】　聚合函数使用 DISTINT 关键字的例子。查询在图书表价格已知的图书中，每一种语言的图书分别有几种开本，输出语言及开本种数。

语句：

```
SELECT 语言, COUNT(DISTINCT 开本) AS 开本种类数 FROM 图书
  WHERE 价格 IS NOT NULL
    GROUP BY 语言
```

查询结果如图 8.25 所示。

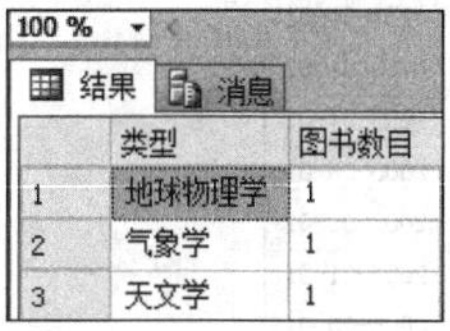

	类型	图书数目
1	地球物理学	1
2	气象学	1
3	天文学	1

图 8.24　HAVING 子句的结果

	语言	开本种类数
1	英文	1
2	中文	3

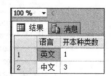

图 8.25　聚合中使用 DISTINCT 的结果

DISTINCT 的使用，可以确保找出不同开本的个数。

【例 8.19】　分组列为表达式的例子。查询印刷日期同年的图书数目，输出年份以及图书数目。

语句：

```
SELECT DATEPART(year,印刷日期) AS 印刷年份, COUNT(*) AS 图书数目 FROM 图书
   GROUP BY DATEPART(year,印刷日期)
```

查询结果如图 8.26 所示。

这里使用了函数 DATEPART，提取日期中的年，有
关函数的详尽说明见第 15 章函数。

本例没有使用 WHERE 子句，分组查询可以没有该
子句。第一行数据表示图书表中一些印刷日期为空的行，
分为一组，共 5 种图书。

	印刷年份	图书数目
1	NULL	5
2	1992	2
3	2002	1
4	2006	1
5	2007	2
6	2008	2
7	2009	2
8	2010	1
9	2011	2
10	2012	1

**图 8.26 分组列为表达式的
例的结果**

8.2.4 ORDER BY 子句

本节介绍聚合函数与 ORDER BY 子句的基本用法，
有关 ORDER BY 子句的高级使用参看第 10 章。

【例 8.20】 单列升序排序。查询图书表中千字数非
空图书的 ISBN、书名、出版日期，输出结果按照出版日期的升序排序。

语句：

```
SELECT ISBN,书名 ,出版日期
FROM 图书
    WHERE 千字数 IS NOT NULL
ORDER BY 出版日期 ASC
```

或

```
SELECT ISBN,书名 ,出版日期
FROM 图书
    WHERE 千字数 IS NOT NULL
ORDER BY 出版日期
```

升序 ASC 为默认顺序，可以省略。查询结果如图 8.27 所示。

	ISBN	书名	出版日期
1	7020058594	家	1953-01-01
2	7020008739	西游记	1955-01-01
3	7020040179	傲慢与偏见	1993-07-01
4	7020038947	欧也妮.葛朗台	2000-05-01
5	7020071036	高老头	2002-02-01
6	7020071012	欧.亨利短片小说选	2003-01-01
7	7020071548	爱玛	2005-08-01
8	7302225058	企业云计算 架构与实施指南	2010-05-01

图 8.27 出版日期升序排序的查询结果

【例 8.21】 单列降序排序。查询图书表中千字数非空图书的 ISBN、书名、出版日
期，输出结果按照出版日期的降序排序。

语句：

```
SELECT ISBN,书名,出版日期
    FROM 图书
        WHERE 千字数 IS NOT NULL
    ORDER BY 出版日期 DESC
```

降序关键字 DESC 不可以省略。查询结果如图 8.28 所示。

【例 8.22】　多列排序,同时有升序也有降序的例子。查询图书表中千字数非空图书的书名、出版社号和出版日期,输出时以出版社号降序和出版日期的升序排列。

语句:

```
SELECT 书名 ,出版社号, 出版日期
    FROM 图书
        WHERE 千字数 IS NOT NULL
        ORDER BY 出版社号 DESC, 出版日期
```

查询结果如图 8.29 所示。

	ISBN	书名	出版日期
1	7302225058	企业云计算 架构与实施指南	2010-05-01
2	7020071548	爱玛	2005-08-01
3	7020071012	欧. 亨利短片小说选	2003-01-01
4	7020071036	高老头	2002-02-01
5	7020038947	欧也妮. 葛朗台	2000-05-01
6	7020040179	傲慢与偏见	1993-07-01
7	7020008739	西游记	1955-01-01
8	7020058594	家	1953-01-01

图 8.28　出版日期降序排序的查询结果

	书名	出版社号	出版日期
1	家	P000008	1953-01-01
2	西游记	P000008	1955-01-01
3	傲慢与偏见	P000008	1993-07-01
4	欧也妮. 葛朗台	P000008	2000-05-01
5	高老头	P000008	2002-02-01
6	欧. 亨利短片小说选	P000008	2003-01-01
7	爱玛	P000008	2005-08-01
8	企业云计算 架构与实施指南	P000003	2010-05-01

图 8.29　多列排序例的查询结果

多列排序的时候先按照第一列排序,第一列相同时按照第二列排序。注意,升序降序的关键字要在每一列后面定义,ASC 可以省略。

【例 8.23】　使用列的别名排序的例子。查询图书表中千字数非空图书的 ISBN 和书名,ISBN 的列标题改为"统一书号",输出时以统一书号的降序排列。

语句:

```
SELECT ISBN AS '统一书号', 书名
    FROM 图书
        WHERE 千字数 IS NOT NULL
        ORDER BY 统一书号 DESC
```

查询结果如图 8.30 所示。

【例 8.24】　表达式排序的例子。查询千字数非空图书的 ISBN 和书名和出版年,按照出版的年份排序。

语句:

```
SELECT ISBN , 书名 ,DATEPART(year, 出版日期) AS 出版年
    FROM 图书
```

WHERE 千字数 IS NOT NULL

ORDER BY DATEPART(year, 出版日期)

查询结果如图 8.31 所示。

	统一书号	书名
1	7302225058	企业云计算 架构与实施指南
2	7020071548	爱玛
3	7020071036	高老头
4	7020071012	欧.亨利短片小说选
5	7020058594	家
6	7020040179	傲慢与偏见
7	7020038947	欧也妮.葛朗台
8	7020008739	西游记

图 8.30 别名排序的查询结果

	ISBN	书名	出版年
1	7020058594	家	1953
2	7020008739	西游记	1955
3	7020040179	傲慢与偏见	1993
4	7020038947	欧也妮.葛朗台	2000
5	7020071036	高老头	2002
6	7020071012	欧.亨利短片小说选	2003
7	7020071548	爱玛	2005
8	7302225058	企业云计算 架构与实施指南	2010

图 8.31 表达式为排序条件的例的查询结果

8.3 实　　验

有关单表查询的实验，涉及 SELECT 子句、WHERE 子句、GROUP BY 子句、HAVING 子句、ORDER BY 子句以及聚合函数的基本应用，数据采自单一的基本表或视图。多表查询的实验见第 9 章。高级查询的相关实验见第 10 章。

8.3.1　实验目的

单表查询的实验是使用 SELECT 语句从单一基本表查询数据，主要目的是：

（1）学会 SELECT 子句各种基本用法。

（2）熟悉单表查询中各种 WHERE 条件的使用方法。

（3）掌握常用的聚合函数的用法。

（4）掌握分组统计的概念，熟悉 GROUP BY 子句以及 HAVING 子句的基本用法。

（5）掌握结果集输出时的各种排序方法，ORDER BY 子句的常用方法。

8.3.2　实验内容

实验过程中，对查询前数据、查询语句、查询语句执行后的错误信息、系统信息以及查询结果保留截屏，对出错情况进行分析，根据实验报告撰写要求，写出实验报告。

基础实验、扩展实验 1 和扩展实验 2 的内容说明如下。

1. 基础实验

使用案例数据库 1（图书信息管理数据库）进行实验。实验数据已经在第 7 章基本表的更新实验中准备好，具体见附录。

实验内容：

（1）使用 T-SQL 语句方法，应用 SELECT 语句对单表的数据进行查询操作。

（2）包括输出列、列标题的使用、计算列的使用、结果集去重复行的表达方式。

（3）包括使用算术运算符、逻辑运算符、范围条件、集合条件、空值条件以及字符串的模式匹配表达查询要求进行单表查询。

(4) 包括使用聚合函数、GROUP BY 子句以及 HAVING 子句进行汇总计算,具体又分为不分组、单一列分组和多列分组的统计等等。

(5) 包括使用 ORDER BY 子句对输出结果进行排序。具体又分为单列排序、多列排序、升序降序的表达等等。

实验不是 SELECT、WHERE 等等单一子句的练习,而是各个子句的综合使用。

2. 扩展实验 1

使用案例数据库 2(教学信息管理数据库)进行实验。实验数据已经在第 7 章基本表的更新实验中准备好,具体见附录。

实验内容:扩展实验 1 涉及的知识点与基础实验类似,具体练习有所不同。扩展实验 1 的设置是为了强化单表查询操作的训练。

3. 扩展实验 2

使用案例数据库 3(航班信息管理数据库)进行实验。实验数据已经在第 7 章基本表的更新实验中准备好,具体见附录。

实验内容:扩展实验 2 涉及的知识点与基础实验类似,具体练习有所不同。扩展实验 2 的设置是为了强化单表查询操作的训练。

8.3.3　实验步骤

1. 基础实验

根据如下查询要求,应用 SELECT 语句对单表的数据进行查询操作。

(1) 查询某作者的相关信息,该作者姓名前面 4 个字符之后的字符串是"Date"。

(2) 查询图书馆名称中包含"北京"一词的图书馆的名称(输出时列标题为馆名)、地址。

(3) 查询所有的作者类别,输出时不输出重复的类别。

(4) 查询出版日期和印刷日期非空的图书记录的 ISBN、书名、出版年和印刷年。

(5) 查询开本为"880 * 1230"的图书中,千字数小于 300 或页数小于 270 的图书的书名。

(6) 查询开本在("140 * 112","850 * 1168","184 * 260")之一的图书的书名和类型。
用 IN 关键字表达以下查询条件。

(7) 查询千字数非空但不在 150 到 300 之间的图书的书名和出版社号。

(8) 查询收藏图书中最早的收藏日期。

(9) 查询每一种图书的最早收藏日期,同时输出图书的 ISBN。

(10) 查询图书作者在 3 人或 3 人以上图书的 ISBN 以及作者人数。

(11) 查询作者相关信息,列名"编号"改为列标题"作者编号",按作者姓名的升序输出。

(12) 查询国内但地址不在北京的、邮编非空的出版社,输出名称(列标题改为出版社名称)、地址和邮编,按照出版社名称的升序排列。

(13) 查询图书收藏的日期,输出收藏日期和 ISBN,以收藏日期的降序、ISBN 的升序排列。

（14）查询每一个出版社、每一种类型的图书的最高价格，同时输出出版社号和图书的类型，按照最高价的降序排列。

2．扩展实验1

根据如下查询要求，应用 SELECT 语句对单表（或单一视图）的数据进行查询操作。

（1）查询教师表中所有"讲师"的相关信息。

（2）查询专业方向为"物联网"或者职称为"教授"的教师的姓名、出生年和职工号，职工号列标题改为"教师编号"。

（3）查询学生班级属于哪些不同的专业，输出专业名。

（4）查询"1960-01-01"到"1980-12-31"之间出生的教师的姓名、性别和职称，按照出生日期的降序排列。

（5）查询专业方向不是"经济管理"而职称为"教授"或"副教授"的教师的姓名、性别和出生年。

（6）查询手机号以"133""135""138"开头的男生的学号、姓名、年龄。

用 IN 关键字表达以下查询条件。

（7）查询选了课目前还没有成绩的学生的学号，以学号的降序排列。

（8）查询姓名中有"明"字的学生的学号、姓名、性别、年龄和手机号，按照性别和手机号的升序排列。

（9）统计同一年出生的教师的人数，输出年份和人数，按照年份的降序排列。

（10）查询每一班级的学生的人数，输出人数在 3 人以下的班级和人数。

（11）查询选了课的学生中，每一班级的人数、平均分、最高分，同时输出班级。

（12）查询选了课的学生中每一班级每一课程的选课人数、最高分、最低分，同时输出班级，按照班级号的升序、课程号的降序排列。

（13）查询每一类别课程的总学分和课程数目，仅输出那些总学分在 10.0 以上，课程数目在 3 门以上的统计信息，按照课程数目降序、总学分降序输出。

（14）查询在同一学期、同一时间、同一教室上同一课程的班级数目，按照班号升序、课号的升序排列。

3．扩展实验2

根据如下查询，要求应用 SELECT 语句对单表的数据进行查询操作。

（1）查询"美国波音公司"制造的飞机的名称、通道数和载客人数。

（2）查询通道数为 2 的所有机型的相关信息。

（3）查询机长和乘务长的姓名、性别和年龄与工龄之差（列标题改为入职年龄）。

（4）查询工龄在 2～5 年之间的职工的编号、姓名和职务。

（5）查询职工的工龄，仅输出不同的工龄，按降序输出。

（6）查询乘坐航班号包含"1503"的航班的乘客身份证号和座位号，按照座位号降序排序。

（7）查询每一乘客乘坐航班的次数，输出乘客的身份证号，以升序排列。

（8）查询不同工龄的职工人数、最大年龄和最小年龄，同时输出工龄数，按照工龄的降序排列。

（9）查询不同职务不同性别的职工人数和平均年龄，同时输出职务和性别。

（10）查询不同航线使用的机型的数目，仅仅输出机型数目小于 2 的，同时输出航线号，按航线号升序排列。

（11）查询航班信息，按照航线号升序、机型降序排列。

（12）查询职工的职工号、姓名、职务，按照年龄与工龄之差的降序排列。

（13）查询航线是（1001,1004,1009）之一的航班号、日期和机长号，按照日期升序、航班号升序排列。

用 IN 关键字表达以下查询条件。

（14）查询职工工作于不同航班的次数，同时输出职工号，按照职工号升序、相应次数的降序排列。

8.3.4 常见问题解答

（1）问题：查询失败。

语句：

SELECT 班号,专业 FROM 班级表 WHERE 专业 = '软件%'

错误现象：没有查到结果，如图 8.32 所示。

分析：模糊查询不能使用等号表达，要用关键字 LIKE。

解决方案：修改语句为

SELECT 班号,专业 FROM 班级表 WHERE 专业 LIKE '软件%'

执行后的结果如图 8.33 所示。

图 8.32　模糊查询没有结果　　　　图 8.33　模糊查询正确结果

（2）问题：查询失败。

语句：

SELECT * FROM 图书 WHERE 页数 =NULL

错误现象：没有找到结果，如图 8.34 所示。

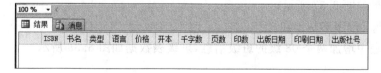

图 8.34　空值查询没有结果

分析：空值条件不能用等号，要用 IS 表达。

解决方案：修改后的语句为

SELECT * FROM 图书 WHERE 页数 IS NULL

执行后的查询结果如图 8.35 所示。

	ISBN	书名	类型	语言	价格	开本	千字数	页数	印数	出版日期	印刷日期	出版社号
1	1074348759	Pride and Prejudice	外国文学	英文	NULL	NULL	NULL	NULL	NULL	1925-01-01	NULL	P000014
2	7030230522	行星科学	天文学	中文	NULL	NULL	NULL	NULL	NULL	2008-01-01	NULL	P000005
3	7301096828	应用卫星气象学	气象学	中文	NULL	NULL	NULL	NULL	NULL	2006-01-01	NULL	P000007
4	7805674322	巴黎圣母院	外国文学	中文	20.00	850*1168	NULL	NULL	NULL	2002-01-01	NULL	P000010
5	7807082354	长江流域地质灾害及防治	地球物理学	中文	NULL	NULL	NULL	NULL	NULL	2007-01-01	NULL	P000009

图 8.35 空值查询的正确结果

（3）问题：查询失败。

语句：

SELECT ISBN,类型,MAX(价格) AS 最高价 FROM 图书
 WHERE 印数 IS NOT NULL
GROUP BY 类型

错误信息如图 8.36 所示。

图 8.36 分组查询错误信息

分析：分组查询句法要求，只有在 GROUP BY 子句的分组列表中出现的列，才可以以非聚集形式，出现在 SELECT 子句中；即不作为聚合函数的参数，单独出现在 SELECT 子句中。

解决方案：将 ISBN 从 SELECT 列表中去掉，改后的语句为

SELECT 类型,MAX(价格) AS 最高价 FROM 图书
WHERE 印数 IS NOT NULL
GROUP BY 类型

执行结果如图 8.37 所示。

（4）问题：排序不是预期。

在班级表中增加两个 08 级的班级信息，班级表数据如图 8.38 所示。

语句：

SELECT 班号,专业 FROM 班级表
WHERE 专业 LIKE '软件%' ORDER BY 班号

班号	专业	班主任号
102101	软件工程	3023
102102	软件工程	3009
102104	物联网	2002
102501	经济管理	4210
102502	经济管理	4573
102503	经济管理	4573
102504	经济管理	4900
103301	物联网	3023
103302	物联网	3009
82101	软件工程	3023
82102	软件工程	3009

	类型	最高价
1	外国文学	22.00
2	中国文学	47.20

图 8.37　分组查询的正确结果　　　　图 8.38　查询前班级表数据

错误现象：按照班号排序应该 08 级的班级在前，10 级的班级在后，而结果是 10 级在前。

查询结果如图 8.39 所示。

分析：这是因为班号不是数值型，而是字符型，其排序方式是按照 ASCII 码的次序，102101 的首字符是 1，所以在 82101 之前。

解决方案：班级表在编辑时，08 级要输入为"08"，不能输入"8"，修改数据后，重新查询，结果如图 8.40 所示。

	班号	专业
1	102101	软件工程
2	102102	软件工程
3	82101	软件工程
4	82102	软件工程

	班号	专业
1	082101	软件工程
2	082102	软件工程
3	102101	软件工程
4	102102	软件工程

图 8.39　排序与预期不同　　　　图 8.40　排序与预期相同

（5）问题：查询失败。

语句：

```
SELECT 专业,COUNT(*)AS 班级数 FROM 班级表
WHERE 专业 LIKE '软件%'
ORDER BY COUNT(*)
GROUP BY 专业
```

错误信息如图 8.41 所示。

分析：ORDER BY 子句必须放在查询语句的最后。这是句法规定的。

解决方案：调整 GROUP BY 子句与 ORDER BY 子句的顺序，修改后的语句如下

```
SELECT 专业,COUNT(*) AS 班级数 FROM 班级表
   WHERE 专业 LIKE '软件%'
   GROUP BY 专业
ORDER BY COUNT(*)
```

执行后正确的结果，如图 8.42 所示。

图 8.41　分组与排序子句错误　　　　图 8.42　排序子句位置正确的查询结果

8.3.5　思考题

（1）什么是列标题？定义列标题会影响基本表的设计吗？

（2）什么是计算列？计算列可以出现在哪些子句中？

（3）没有 WHERE 子句可以有 ORDER BY 子句吗？可以有 GROUP BY 子句吗？

（4）HAVING 条件与 WHERE 条件有什么不同之处？有什么相同之处？

（5）为什么只有 GROUP BY 后面的分组列，才可以直接放在 SELECT 子句中？

第9章

多表查询

本章介绍多表查询的基本内容,具体包括内连接查询、子查询以及集合查询。有关交叉查询、外连接查询等内容,在第 10 章中介绍。

9.1 相关知识点

1. 原理知识点

(1) 笛卡儿积:笛卡儿积是关系代数中的二元运算,关系 R1 与关系 R2 的笛卡儿积,记为:

$$R1 \times R2$$

其结果集包含这样的元组:R1 中的每一个元组与 R2 中每一个元组,拼接成更长的元组,R1 元组在左侧,R2 元组在右侧。

(2) 内连接:关系 1 与关系 2 进行内连接运算,选择两个关系满足连接条件的行,拼接成更长的元组。

内连接的连接条件一般为:

关系 1.列 1 比较运算符 关系 2.列 2

比较运算符不一定是"=",可以为:=、! =、>、>=、<、<=和<>之一。

可以针对多个对应列给出连接条件,用逻辑运算符连接或用括号改变优先级。

内连接运算可以由笛卡儿积运算,加上选择运算实现,选择条件为上述连接条件。

用于连接的列(常常称为公共属性),通常是外键和对应关系的主键。

用于连接的列也可以不是公共属性。

(3) 等值连接:当内连接的连接条件中用"="表达时,称为等值连接。

例如,学生(学号,姓名,性别,班级)与选课(学号,课号,成绩)进行直接运算。

若连接条件为

学生.学号=选课.学号

则结果集中是每一个学生和自己的选课记录拼接在一起的行构成的。

(4) 自然连接:公共属性对应相等为条件的等值连接的结果中会出现相同的列,如上例取自学生表的学号和取自选课表的学号,消除一个重复的列,这样的结果称为自然连接。这实际上是最常用的连接方式。

（5）自连接：内连接中的 R1 和 R2 物理上是同一个关系时，增加别名来区分两个关系，再表达连接条件。这种连接方法是同一个关系自己进行连接运算，故称为自连接。

一些复杂的查询问题必须使用自连接实现，具体参看本章的操作样例。

（6）并兼容：R1 和 R2 进行并、交、差三种集合运算时，前提条件是 R1 与 R2 中的列数相同、各个列的取自同一个域，不要求对应的列名相同。这个条件称为"并兼容"。

（7）并：R1 和 R2 的并，结果集由 R1 中出现的元组或 R2 中出现的元组构成。

（8）交：R1 和 R2 的交，结果集由 R1 中出现并且 R2 中也出现的元组构成。

（9）差：R1 和 R2 的差，结果集由 R1 中出现但是 R2 中没有出现的元组构成。

2. SQL Server 2012 知识点

（1）内连接查询标准表示法：内连接查询涉及的表以及连接条件都在 FROM 子句中体现：

```
SELECT 选择列表
FROM 表源 1 [INNER] JOIN 表源 2 ON 连接条件 1 [ ,…n ]
```

解释：

- INNER 关键字可省，只写 JOIN 等价于内连接。
- 表源：表源可以是表、视图或子查询得到的派生表。
- 表名或视图名：可以包含数据库名架构名，形如

  [数据库名.[架构名.]]表名|视图名

- 列名：当相同列名出现在不同表中，语句中列名之前要加表名前缀，以消除歧义。如果表使用了表别名，则用表别名做前缀。表源为视图或派生表的情况类似。
- 连接条件：常用的连接条件为两个表源的对应列相等，可以有多个用于连接的列；也可以进行其他比较运算，比如，大于。
- 别名：可以为表、视图派生表定义别名，派生表还可以定义列的别名的列表。

  表名|视图名 [AS] 表别名
  派生表 [AS] 表别名 [(列别名 1 [,…n])]

  别名可带来使用上的方便，也可用于区分自连接或子查询中的表或视图。
  如果定义了别名，当为消除歧义做表前缀时，只能使用别名，不能使用表名。

- 多个连接：即 3 张或 3 张以上的表的连接，可以继续写出 INNER JOIN 和 ON 条件，按从左到右的次序连接，或使用圆括号来更改连接的自然顺序。
- 标准表示法的好处：WHERE 子句只写选择条件，连接条件一定在 FROM 子句的 ON 关键字之后表达。不易缺失连接条件，便于查询语句的自动生成。

（2）内连接查询的简约表示法：内连接查询的简约表示法，是在 FROM 子句中写出要连接的表源以逗号相隔，将连接条件放在 WHERE 子句中。形如：

```
FROM 表源 1,表源 2 […,n]
```

而将连接条件放置于 WHERE 子句中。

解释：

- 简约表示法的好处是整个语句的字符少，书写方便，缺点是初学者容易忽略连接条件的编写。
- 有关表源、连接条件、别名、列名的使用，与上面介绍的标准表示法相同。

本教材中考虑到篇幅有限，主要使用简约表示法。

(3) 子查询：子查询指出现在 WHERE 子句中的查询语句。

子查询有 3 种引入方式：［NOT］IN 、比较运算符、［NOT］EXISTS。

- 子查询可以嵌套多层，内层子查询可以使用与外层相同的表或不同的表。
- 除［NOT］EXISTS 之外，子查询只能返回单一的列。
- 当不同层次的表或视图的列名出现歧义时，加表名前缀或视图名前缀予以区分。
- 子查询中不允许使用 ORDER BY 子句和 INTO 关键字（见第 10 章）。除此之外，可以是任意的查询语句。
- ［NOT］IN 引入子查询。

  形如：

  `WHERE 表达式 [ NOT ] IN (子查询)`

  ◇ 子查询返回的数据类型与表达式数据类型一致。
  ◇ 子查询可以返回包含单列的数据的集合。

- 算术运算符与 ALL、ANY（或 SOME）关键字引入子查询。

  ◇ 子查询返回数值类型，且数据类型与表达式数据类型一致。
  ◇ 子查询可以返回包含单列的数据集合。
  ◇ 当子查询返回单值，可以直接同算术表达式进行比较。形如：

    `WHERE 表达式 {=|!=|<>|>|>=|!>|<|<=|!<} (返回单值的子查询)`

  ◇ 当子查询返回集合，比较运算符必须与如下关键字配合引入子查询：
    ✓ ALL

      `WHERE 表达式 ALL{=|!=|<>|>|>=|!>|<|<=|!<} (子查询)`

      子查询返回的结果集中的所有值与表达式进行相应的比较运算都为真，则 WHERE 条件为真。否则，为假。

    ✓ { SOME | ANY }

      `WHERE 表达式 SOME{=|!=|<>|>|>=|!>|<|<=|!<}(子查询)`

      等价的写法：

      `WHERE 表达式 ANY{=|!=|<>|>|>=|!>|<|<=|!<} (子查询)`

      子查询返回的结果集中的某一值与表达式进行相应的比较运算都为真，则 WHERE 条件为真。否则，为假。

- ［NOT］EXISTS 引入子查询

  形如：

WHERE 表达式 [NOT] EXISTS (子查询)

◇ 当子查询结果集存在返回行 EXISTS 测试结果为真。否则为假。

◇ 子查询可以返回单列，也可以返回多列，都无关紧要，条件测试仅仅关注结果集是否有行返回。

（4）独立子查询：子查询的执行与外层无关时，称为独立的子查询。可以将子查询的结果带入上层查询的条件，再进行上层查询。

（5）相关子查询：子查询的执行与外层相关时，称为相关的子查询。外层查询的每一次迭代，内层的子查询要根据外层查询当前数据行重新执行一遍。子查询不能独立执行。

相关子查询大多由 EXISTS 引入，但 IN 引入的子查询以及比较运算符引入的子查询也可以是相关子查询。

（6）集合查询：包含集合查询的完整的查询语句的句法如下。

(SELECT 语句 1)
UNION |EXCEPT |INTERSECT (SELECT 语句 2)[,…n]
[ORDER BY 子句]

解释：

• 关键字 UNION 代表"并"，结果集包含出现在两个集合之一的数据行。

• 关键字 EXCEPT 代表"差"，包含出现在左侧集合的没有出现在右侧集合的数据行。

• 关键字 INTERSECT 代表"交"，结果集包含在两个集合中都出现的数据行。

• 参与集合运算的 SELECT 语句的结果，必须满足"并兼容"条件（见原理知识点），如果输出列列名不同，使用左侧 SELECT 语句的列名。

• ORDER BY 子句总在查询语句的最后，不能出现在其中的 SELECT 语句中。

• 多个集合运算相连，使用括号改变优先级。

（7）集合查询的前提条件：集合查询的前提条件是参与集合运算的 SELECT 语句得到的列数相同、对应列的数据类型相同、列名可以不同。列名不同时，结果的列标题使用左侧 SELECT 语句的列标题。这个条件也称为"并兼容"。

9.2　操 作 样 例

使用 3 个案例数据库，进行多表查询。这里的例子，只给出查询后的结果。

9.2.1　内连接查询

【例 9.1】 两表连接。查询 2013 年 1 月 4 日，CA1101 航班的出发地、到达地和起飞时间。

标准表示法语句：

SELECT 出发地，到达地，起飞时间

FROM 航班表 JOIN 航线表 ON 航班表.航线号 =航线表.航线号
WHERE 日期='2013-01-04' AND 航班号='CA1101'

简约表示法语句：

SELECT 出发地,到达地,起飞时间
FROM 航班表,航线表
WHERE 航班表.航线号 =航线表.航线号 AND
    日期='2013-01-04' AND 航班号='CA1101'

执行后结果如图 9.1 所示。

【例 9.2】 三表连接。查询 2013 年 1 月 4 日,CA1101 航班的出发地、到达地、起飞时间以及机长姓名。

标准表示法语句：

SELECT 出发地,到达地,起飞时间,姓名 AS 机长姓名
FROM (航班表 JOIN 航线表 ON 航班表.航线号 =航线表.航线号)
    JOIN 职工表 ON 航班表.机长号=职工表.职工号
WHERE 日期='2013-01-04' AND 航班号='CA1101'

简约表示法语句：

SELECT 出发地,到达地,起飞时间,姓名 AS 机长姓名
FROM 航班表,航线表,职工表
WHERE 航班表.航线号 =航线表.航线号 AND
    航班表.机长号=职工表.职工号 AND
    日期='2013-01-04' AND 航班号='CA1101'

执行后结果如图 9.2 所示。

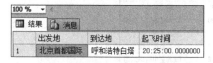

图 9.1　两表连接的查询结果

图 9.2　三个表连接的查询结果

【例 9.3】 表连接与分组。查询不同日期,各个航班飞行距离之和,同时输出日期。

语句(简约法)：

SELECT 日期, SUM(飞行距离) AS 总飞行距离
FROM 航班表,航线表
WHERE 航班表.航线号 =航线表.航线号
GROUP BY 日期

执行后结果如图 9.3 所示。

【例 9.4】 表连接与排序例。查询不同日期,各个航班飞行距离之和,同时输出日期,结果按照总飞行距离的降序排列。

语句(简约法)：

```
SELECT 日期，SUM(飞行距离) AS 总飞行距离
FROM 航班表，航线表
WHERE 航班表.航线号 =航线表.航线号
GROUP BY 日期
ORDER BY SUM(飞行距离)
```

执行后结果如图 9.4 所示。

图 9.3　表连接与分组例的查询结果图　　　图 9.4　带排序的连接查询结果

【例 9.5】　连接查询使用表别名的例，也是自连接查询。查询 2013 年 1 月 4 日飞行的航班的航班号、出发地、起飞时间、载客人数、制造商。

语句（简约法）：

```
SELECT 航班号，出发地，起飞时间，载客人数，制造商
FROM 航班表 T1，航线表 T2，飞机类型表 T3
WHERE T1.航线号 =T2.航线号 AND T1.机型 =T3.机型
    AND 日期='2013-01-04'
```

执行后结果如图 9.5 所示。

	航班号	出发地	起飞时间	载客人数	制造商
1	CA1101	北京首都国际	20:25:00.0000000	145	美国波音公司
2	CA1103	北京首都国际	07:25:00.0000000	220	欧洲空中客车公司
3	CA1106	呼和浩特白塔	23:20:00.0000000	189	美国波音公司
4	CA1801	北京首都国际	20:35:00.0000000	189	美国波音公司
5	CA1810	厦门高崎机场	12:45:00.0000000	412	欧洲空中客车公司
6	CA1816	厦门高崎机场	19:55:00.0000000	189	美国波音公司
7	CA1817	北京首都国际	08:40:00.0000000	134	欧洲空中客车公司
8	CA1871	北京首都国际	13:40:00.0000000	412	欧洲空中客车公司
9	CA8904	北京首都国际	11:45:00.0000000	189	美国波音公司
10	CA9554	呼和浩特白塔	23:50:00.0000000	189	美国波音公司
11	CA9661	北京首都国际	21:45:00.0000000	412	欧洲空中客车公司

图 9.5　使用表别名例的查询结果

【例 9.6】　自连接。查询飞行距离比 1005 航线短的其他航线的信息。

语句：

```
SELECT T2.* FROM 航线表 T1，航线表 T2
WHERE T1.航线号 ='1005' AND T1.飞行距离 >T2.飞行距离
```

执行后结果如图 9.6 所示。

自连接是一张表中不同行进行比较,获取查询结果的一种查询方法。使用连接查询表达,两张表是物理存储上的同一个基本表,为了表达连接条件,要使用别名加以区分,如例子中的 T1、T2。

【例9.7】 基本表与派生表连接。查询 2013 年 1 月 4 日 17:15:00 起飞的航班的航线号、乘客的姓名与座位号。

语句:

SELECT T1.航班号,起飞时间,到达时间,乘客姓名,乘客座位
　FROM 航班表 T1,(SELECT 航班号,姓名,座位号 FROM 乘客表,乘坐 WHERE 乘客表.身份证号=
　　　　乘坐.身份证号)T2(航班号,乘客姓名,乘客座位)
　WHERE T1.航班号=T2.航班号
　　　　AND 日期='2013-01-04' AND 起飞时间='23:50:00'

执行后结果如图 9.7 所示。

	航线号	出发地	到达地	飞行距离
1	1003	上海浦东	厦门高崎机场	878
2	1004	北京首都国际	大连周水子	579
3	1006	北京首都国际	呼和浩特白塔	444
4	1009	呼和浩特白塔	北京首都国际	444
5	1010	北京首都国际	天津	180

图 9.6 自连接例的查询结果

	航班号	起飞时间	到达时间	乘客姓名	乘客座位
1	CA9554	23:50:00.0000000	00:50:00.0000000	柳丽	14D
2	CA9554	23:50:00.0000000	00:50:00.0000000	郝新	25C
3	CA9554	23:50:00.0000000	00:50:00.0000000	周国强	12F
4	CA9554	23:50:00.0000000	00:50:00.0000000	秦朗	12E
5	CA9554	23:50:00.0000000	00:50:00.0000000	金耀祖	11B
6	CA9554	23:50:00.0000000	00:50:00.0000000	陈东	23A

图 9.7 与派生表连接的例的查询结果

表连接中可以使用基本表、视图或派生表。这里给出的是使用派生表的例子,T2 为派生表的别名,此例同时给出了派生表各个列的别名列表。此查询问题可以直接用 3 张表的连接实现,不必使用派生表。但是,当查询问题复杂,涉及多个层次,甚至不同层次的统计问题时,用派生表会较为便利。

9.2.2 子查询

【例9.8】 关键字 IN 引入子查询。查询乘坐 CA1503 航班的乘客的姓名。
语句:

SELECT 身份证号,姓名 FROM 乘客表
　WHERE 身份证号 IN
(SELECT 身份证号 FROM 乘坐 WHERE 航班号='CA1503')

子查询得到的中间结果,即乘坐该航班的乘客的身份证号,如图 9.8 所示。这是典型的独立子查询,即不相关子查询,子查询的执行与外层主查询无关。绝大多数子查询都是独立子查询。本章后续部分,遇到相关子查询会特别提示,不做提示的都是独立子查询。

外层主查询执行后结果如图 9.9 所示。

图 9.8　子查询得到的中间结果　　图 9.9　IN 引入的子查询的结果

【例 9.9】　由 NOT IN 引入子查询。查询没有乘坐 CA1503 航班的乘客的姓名。
语句：

```
SELECT 身份证号,姓名 FROM 乘客表
WHERE 身份证号 NOT IN
(SELECT 身份证号 FROM 乘坐 WHERE 航班号='CA1503')
```

执行后结果如图 9.10 所示。

【例 9.10】　子查询多层嵌套。查询"安明远"乘坐过的航班的航班号和起飞时间。

图 9.10　NOT IN 引入子查询的结果

语句：

```
SELECT 航班号,起飞时间 FROM 航班表
WHERE 航班号 IN
    (SELECT 航班号 FROM 乘坐
    WHERE 身份证号 IN
        (SELECT 身份证号 FROM 乘客表 WHERE 姓名='安明远'))
```

最内层子查询结果是"安明远"的身份证号，如图 9.11。中间层子查询查询结果是"安明远"乘坐的航班号，如图 9.12 所示。外层主查询执行后结果，如图 9.13 所示。

图 9.11　最内层子查询结果　　图 9.12　中间层子查询结果　　图 9.13　子查询多层嵌套例的最后结果

【例 9.11】　比较运算直接引入子查询。查询飞行距离为 2710 的航班号、日期和起飞时间。
语句：

```
SELECT 航班号,日期,起飞时间
FROM 航班表
WHERE 航线号 =
    (SELECT 航线号 FROM 航线表
```

WHERE 飞行距离=2710)

图 9.14　比较运算直接引入子查询的结果

由于子查询结果为单一数值：1001，此例可以用等号引入子查询。

执行后结果如图 9.14 所示。

【例 9.12】　比较运算直接引入子查询多层嵌套。查询飞行距离最长的航线的所有航班的航班号、日期和起飞时间。

语句：

```
SELECT 航班号,日期,起飞时间
FROM 航班表
WHERE 航线号 =
    (SELECT 航线号
    FROM 航线表
    WHERE 飞行距离=
        (SELECT MAX(飞行距离)
        FROM 航线表 ))
```

由于案例数据库中的数据，2710 为各个航线最长飞行距离，且仅 1001 航线为此距离，所以执行后的结果，与上例同，如图 9.14 所示。

【例 9.13】　比较运算符与 ALL 引入子查询。查询飞行距离比 1003、1005、1009 这 3 个航线的飞行距离都长的航线的航线号、出发地和到达地。

语句：

```
SELECT 航线号,出发地,到达地
FROM 航线表
WHERE 飞行距离>=ALL
    (SELECT 飞行距离 FROM 航线表
    WHERE 航线号 IN ('1003','1005','1009'))
```

最内层查询的结果为：878、981、444。

飞行距离比这 3 个距离都要长的，也就是距离大于 981 公里。用聚合函数可以写出等价的语句：

```
SELECT 航线号,出发地,到达地
FROM 航线表
WHERE 飞行距离>=
    (SELECT MAX(飞行距离)
    FROM 航线表
    WHERE 航线号 IN ('1003','1005','1009'))
```

查询执行后结果如图 9.15 所示。

【例 9.14】　比较运算符与 SOME| ANY 引入子查询。查询飞行距离比 1003、1005、1009 这 3 条航线之一

图 9.15　比较运算符与 ALL 引入子查询的结果

的飞行距离都长的航线的航线号、出发地和到达地。

语句：

```
SELECT 航线号,出发地,到达地
FROM 航线表
WHERE 飞行距离>=ANY
    (SELECT 飞行距离
    FROM 航线表
    WHERE 航线号 IN ('1003','1005','1009'))
```

可以用 SOME 关键字取代 ANY,如下：

```
SELECT 航线号,出发地,到达地
FROM 航线表
WHERE 飞行距离>=SOME
    (SELECT 飞行距离
    FROM 航线表
    WHERE 航线号 IN ('1003','1005','1009'))
```

SOME 与 ANY 的作用是一样的,所以如上两个语句是等价的,只是按个人喜好选择使用。

最内层查询的结果为：878、981、444。

飞行距离比这 3 个距离之一长的,也就是距离大于 444 公里即可。

用聚合函数可以写出等价的语句：

```
SELECT 航线号,出发地,到达地
FROM 航线表
WHERE 飞行距离 >=
    (SELECT MIN(飞行距离)
    FROM 航线表
    WHERE 航线号 IN ('1003','1005','1009'))
```

	航线号	出发地	到达地
1	1001	北京首都国际	三亚凤凰机场
2	1002	北京首都国际	厦门高崎机场
3	1003	上海浦东	厦门高崎机场
4	1004	北京首都国际	大连周水子
5	1005	北京首都国际	南京禄口
6	1006	北京首都国际	呼和浩特白塔
7	1007	北京首都国际	成都双流国际
8	1008	厦门高崎机场	北京首都国际
9	1009	呼和浩特白塔	北京首都国际

图 9.16　比较运算符与 SOME|ANY 引入子查询的例的结果

如上 3 个语句执行后结果如图 9.16 所示。

【例 9.15】　EXISTS 引入子查询同时也是相关子查询。查询乘坐 CA1503 航班的乘客的姓名。

语句：

```
SELECT 身份证号,姓名 FROM 乘客表
WHERE EXISTS (SELECT 身份证号 FROM 乘坐
        WHERE 身份证号=乘客表.身份证号 AND 航班号='CA1503')
```

这是一个相关子查询,外层查询考查乘客表一行数据时,子查询运行一遍。比如,考查"成明"这一行时。内层查询考查"成明"的身份证号是否出现在乘坐表中 CA1503 对应的数据行中。

EXISTS 测试存在,子查询有行返回,即"成明"的身份证号出现在乘坐表中 CA1503

对应的数据行中,则 WHERE 条件为真。

执行后结果如图 9.17 所示。

【**例 9.16**】　NOT EXISTS 引入子查询。查询没有乘坐 CA1503 航班的乘客的姓名。

语句:

SELECT 身份证号,姓名 FROM 乘客表
WHERE NOT EXISTS (SELECT 身份证号 FROM 乘坐
　　　　　　　　WHERE 身份证号=乘客表.身份证号 AND 航班号='CA1503')

这是一个相关子查询,外层查询考查乘客表一行数据时,子查询运行一遍。比如,考查"成明"这一行时。内层查询考查"成明"的身份证号是否出现在乘坐表中 CA1503 对应的数据行中。

NOT EXISTS 测试不存在,子查询没有行返回,即"成明"的身份证号没有出现在乘坐表中 CA1503 对应的数据行中,则 WHERE 条件为真。

执行后结果如图 9.18 所示。

图 9.17　EXISTS 引入子查询的结果　　　**图 9.18　NOT EXISTS 引入子查询的结果**

【**例 9.17**】　EXISTS 引入子查询多层嵌套,也就是相关子查询。查询"安明远"乘坐过的航班的航班号和起飞时间。

语句:

SELECT 航班号,起飞时间 FROM 航班表
WHERE EXISTS (SELECT 航班号 FROM 乘坐
　　　　　　WHERE 航班号=航班表.航班号 AND EXISTS (SELECT 身份证号 FROM 乘客表
　　　　　　WHERE 身份证号=乘坐.身份证号 AND 姓名='安明远'))

这是嵌套 2 层的相关子查询,比如,外层查询考查航班表 CA1101 一行数据时,中间层子查询运行一遍。考查乘坐表有无 CA1101 的数据。内层子查询再查询中间层查到的数据中,身份证号对应于乘客表表的数据行,是否姓名为"安明远"。这里,"安明远"没有乘坐 CA1101 航班,所以,该航班信息不在结果集中。"安明远"仅乘坐过 CA1111 航班。

**图 9.19　EXISTS 引入子查询
多层嵌套的结果**

最终执行后结果如图 9.19 所示。

9.2.3　集合查询

集合查询要求参与运算的数据集,具有"并兼容"的特性,即列的个数相同,对应列的数据类型相同。

图 9.20 和图 9.21 给出后面集合查询例中,中间查询步骤语句的相应结果数据。

查询乘坐 CA1111 航班的乘客的身份证号:

```
SELECT 身份证号 FROM 乘坐 WHERE 航班号='CA1111'
```

查询乘坐 CA9554 航班的乘客的身份证号:

```
SELECT 身份证号 FROM 乘坐 WHERE 航班号='CA9554'
```

100 % ▾	
⊞ 结果 ⏽ 消息	
	身份证号
1	110111111101120033
2	110111111101120047
3	110111111101120052
4	110111111101120059
5	110111111101120067
6	110111111101120098

100 % ▾	
⊞ 结果 ⏽ 消息	
	身份证号
1	110111111101120026
2	110111111101120034
3	110111111101120039
4	110111111101120044
5	110111111101120047
6	110111111101120088

图 9.20　乘坐 CA1111 航班的乘客的身份证号　　**图 9.21　乘坐 CA9554 航班的乘客的身份证号**

【**例 9.18**】　集合查询并运算。查询乘坐过 CA1111 航班或 CA9554 航班的乘客的身份证号。

语句:

```
(SELECT 身份证号 FROM 乘坐 WHERE 航班号='CA1111')
UNION
(SELECT 身份证号 FROM 乘坐 WHERE 航班号='CA9554')
```

执行后结果如图 9.22 所示。

【**例 9.19**】　集合查询交运算。查询既乘坐过 CA1111 航班也乘坐过 CA9554 航班的乘客的身份证号。

语句:

```
(SELECT 身份证号 FROM 乘坐 WHERE 航班号='CA1111')
INTERSECT
(SELECT 身份证号 FROM 乘坐 WHERE 航班号='CA9554')
```

100 % ▾	
⊞ 结果 ⏽ 消息	
	身份证号
1	110111111101120026
2	110111111101120033
3	110111111101120034
4	110111111101120039
5	110111111101120044
6	110111111101120047
7	110111111101120052
8	110111111101120059
9	110111111101120067
10	110111111101120088
11	110111111101120098

图 9.22　集合查询并运算的结果

执行后结果如图 9.23 所示。

【**例 9.20**】　集合查询差运算。查询乘坐过 CA1111 航班,但是没有乘坐过 CA9554 航班的乘客的身份证号。

语句:

```
(SELECT 身份证号 FROM 乘坐 WHERE 航班号='CA1111')
```

```
EXCEPT
(SELECT 身份证号 FROM 乘坐 WHERE 航班号='CA9554')
```

执行后结果如图 9.24 所示。

图 9.23　集合查询交运算的结果　　　图 9.24　集合查询差运算的结果

【例 9.21】　包含连接的集合运算。查询乘坐过 CA1111 航班,但是没有乘坐过 CA9554 航班的乘客的身份证号和姓名。

语句:

```
(SELECT 乘客表.身份证号,姓名 FROM 乘客表,乘坐
    WHERE 乘客表.身份证号=乘坐.身份证号 AND 航班号='CA1111')
EXCEPT
(SELECT 乘客表.身份证号,姓名 FROM 乘客表,乘坐
    WHERE 乘客表.身份证号=乘坐.身份证号 AND 航班号='CA9554')
```

执行后结果如图 9.25 所示。

【例 9.22】　含排序的集合运算。查询乘坐过 CA1111 航班,但是没有乘坐过 CA9554 航班的乘客的身份证号和姓名,结果按照姓名的升序排列。

语句:

```
(SELECT 乘客表.身份证号,姓名 FROM 乘客表,乘坐
    WHERE 乘客表.身份证号=乘坐.身份证号 AND 航班号='CA1111')
EXCEPT
(SELECT 乘客表.身份证号,姓名 FROM 乘客表,乘坐
    WHERE 乘客表.身份证号=乘坐.身份证号 AND 航班号='CA9554')
ORDER BY 姓名
```

执行后结果如图 9.26 所示。

图 9.25　包含连接的集合运算的结果　　　图 9.26　含排序的集合运算的结果

9.3 实 验

9.3.1 实验目的

多表查询的实验是使用查询语句从多个基本表或视图查询数据，包含连接查询（内连接）、集合查询以及子查询 3 种查询方法。本实验主要目的是：

（1）学会内连接查询的表示方法（标准表示法或简约表示法均可），以及自连接的表示法。

（2）学会集合查询的表达，包括 UNION、INTERSECT 和 EXCEPT 的表达，理解集合运算的"并兼容"问题。

（3）学会子查询即嵌套查询的使用方法，包括 3 种形式引入子查询的方法：［NOT］IN、比较运算符与 ALL|ANY 和 EXISTS；理解相关子查询和独立子查询的概念，学会相关子查询的表达方法。

（4）学会上述 3 种多表查询方法的综合应用。

（5）学会上述 3 种多表查询与 GROUP BY 子句以及 ORDER BY 子句的联合使用。

（6）深入理解主键、外键的概念。

（7）深入理解实体完整性约束与参照完整性约束的概念。

9.3.2 实验内容

实验过程中，对查询前数据、查询语句、查询语句执行后的错误信息、系统信息以及查询结果保留截屏，对出错情况进行分析，根据实验报告撰写要求，写出实验报告。

基础实验、扩展实验 1 和扩展实验 2 的内容说明如下。

1. 基础实验

使用案例数据库 1（图书信息管理数据库）进行实验。实验数据已经在第 7 章基本表的更新实验中准备好。

实验内容：使用 T-SQL 语句方法，应用查询语句对多个表（或视图、派生表）的数据进行查询操作。

（1）包括内连接查询的表示法（标准表示法或简约表示法）的使用。

（2）包括自连接以及表别名的使用。

（3）包括连接查询使用派生表的方法，以及派生表的表别名、列别名列表的使用。

（4）包括集合查询中 UNION、INTERSECT 以及 EXCEPT 查询的应用。

（5）包括子查询的表示方法，3 种形式引入子查询的方法：［NOT］IN、比较运算符与 ALL|ANY 和 EXISTS；相关子查询的表达方法。

（6）包括 GROUP BY 子句、ORDER BY 子句与连接查询、集合查询和子查询的综合应用。

2. 扩展实验 1

使用案例数据库 2（教学信息管理数据库）进行实验。实验数据已经在第 7 章基本表的更新实验中准备好。

实验内容：扩展实验1涉及的知识点与基础实验类似，具体练习有所不同。扩展实验1的设置是为了强化多表查询操作的训练。

3．扩展实验2

使用案例数据库3（航班信息管理数据库）进行实验。实验数据已经在第7章基本表的更新实验中准备好。

实验内容：扩展实验1涉及的知识点与基础实验类似，具体练习有所不同。扩展实验1的设置是为了强化多表查询操作的训练。

9.3.3 实验步骤

1．基础实验

基础实验使用T-SQL语句方法，根据如下查询要求应用查询语句对多个表（或视图、派生表）的数据进行查询操作。

（1）查询"人民文学出版社"出版的所有图书的ISBN、书名和价格。用连接查询和子查询两种方法实现。

（2）查询出版《物联网工程导论》的出版社名称和地址。用连接查询和子查询两种方法实现。

（3）查询《数据库系统导论》的第一译者姓名、性别和出生年代。用连接查询和子查询两种方法实现。

（4）查询"巴金"编著图书的书名和出版社名。

（5）查询所有图书的ISBN、书名和编著者姓名；结果按照ISBN和编著者排名输出。

（6）查询收藏了《三国演义》的图书馆编号和收藏日期，用IN引入子查询的方法实现。

（7）查询《数据库系统导论》的编著者姓名，用IN引入子查询的方法实现。

（8）查询所有只有编著者没有译者的图书的ISBN和书名。用［NOT］IN引入子查询的方法和集合查询两种方法实现。

（9）查询"首都图书馆"收藏的、收藏日期早于收藏《家》、《傲慢与偏见》和《高老头》等图书的编号和收藏日期。用比较运算符引入子查询实现。

（10）查询"首都图书馆"收藏的、收藏日期早于收藏《家》、《傲慢与偏见》和《高老头》等书的收藏日期之一的图书编号和收藏日期。用比较运算符引入子查询实现。

（11）查询页数最多图书的书名和出版社名，比较运算符引入子查询实现。

（12）查询"巴尔扎克"编著的图书的编号。分别用IN和EXISTS方式引入子查询的方法实现。

（13）查询"孟晓峰"参加翻译的图书书名和价格。分别用IN和EXISTS方式引入子查询的方法实现。

（14）查询既收藏"计算机"类图书，又收藏"外国文学"类图书的图书馆名称、地址和电话。用集合查询的方法实现。

（15）查询"首都图书馆"和"国家图书馆新馆"都收藏了的图书的ISBN和书名。用集合查询和 IN 引入的子查询两种方法实现。

（16）查询所有"首都图书馆"收藏而"北京大学图书馆"没有收藏的图书书名和 ISBN，用集合查询和 IN 引入的子查询两种方法实现。

（17）查询所有 2 位以上译者翻译图书的书名和价格。分别用 IN 和 EXISTS 方式引入子查询的方法实现。

（18）查询收藏 10 种以上图书的图书馆收藏的图书 ISBN、书名和收藏日期。以收藏日期的降序排列。

（19）查询哪些编著图书但是不翻译图书的作者姓名、国籍和出生年代，以姓名的升序排列。

（20）查询与"王珊"共同翻译同一本书的作者姓名和性别，按照排名的升序排列。

（21）设计派生表获得每一本图书的 ISBN、书名和第一编著者的姓名，用此派生表与图书表连接，查询这些图书的出版社名，最终的输出有 ISBN、书名、第一编著者姓名、出版社名，以 ISBN 升序排列。

2. 扩展实验 1

扩展实验 1 使用 T-SQL 语句方法，根据如下查询要求应用查询语句对多个表（或视图、派生表）的数据进行查询操作。

具体实验步骤如下：

（1）查询"吴诗雨"在"2011-2012-2"学期讲授的课程编号、班级号。使用连接查询和子查询两种方式实现。

（2）查询讲授"操作系统"课程的教师姓名、授课学期、班级和教室。

（3）查询上课时段在"08：00-09：35"的课程名称、教师姓名、职称、学期，按照课程名的升序排列。

（4）查询没有担任班主任工作的教师姓名和职工号，按职工号升序排列。分别用子查询和集合查询两种方式实现。

（5）查询"专业必修课"中学分最低的课程编号、名称和学分。比较运算符引入子查询实现。

（6）查询学分与某一门"专业必修课"的学分相同的"必修"课程的课程名和学分。比较运算符引入子查询实现。

（7）查询使用过 3-201 教室的班级的班号以及班主任号，分别用 IN 和 EXISTS 引入子查询的方法实现。

（8）查询"张云逸"讲授的课程名称和学分，分别用 IN 和 EXISTS 引入子查询的方法实现。

（9）查询各个班主任所在班级的平均成绩，同时输出班主任号。

（10）查询各科平均分在 85 分以上的学生姓名和所在班级和专业。

（11）查询讲授"操作系统"和"编译原理"两门课程的教师职工号、姓名、性别和职称。

（12）查询给 102101 班授课，没有给 102102 班授课的教师职工号、姓名和专业方向。

（13）查询每一学生选修课程的数量，输出选修了 3 门以上课程的学生姓名和性别。

（14）查询选修课程的数量与"姜明皓"一样多的学生的学号、姓名、Email。

（15）查询仅仅选修了一门课程的学生的学号、姓名和手机号。

（16）查询在同一学期、同一时段、同一教室上课的班级的编号和班主任姓名。

（17）设计派生表，提供每一个班级的编号和班主任姓名，用此派生表实现（16）的查询。

3. 扩展实验2

扩展实验2使用 T-SQL 语句方法，根据如下查询要求应用查询语句对多个表（或视图、派生表）的数据进行查询操作。

具体实验步骤如下：

（1）查询"2013-02-16"的 CA1503 航班的机长姓名。用连接查询和子查询两种方法实现。

（2）查询"2013-0104"的 CA9554 航班的乘务长姓名。用连接查询和子查询两种方法实现。

（3）查询没有在 CA9554 航班工作过的乘务员姓名、年龄和工龄。用子查询和集合查询两种方法实现。

（4）查询 CA1111 航班上年龄最小的女乘务员职工号、姓名。用比较运算符引入子查询实现。

（5）查询 CA1111 航班比所有乘务员年龄都大的乘客身份证号、姓名和年龄。按年龄的降序排列。用比较运算符引入子查询实现。

（6）查询乘坐 CA1111 航班比某一个乘务员年龄大的乘客身份证号、姓名和年龄。按年龄的降序排列。用比较运算符引入子查询实现。

（7）查询在 CA9554 航班工作的所有职工的职工号、职务、姓名和性别。分别用 IN 和 EXISTS 引入子查询的方法实现。

（8）查询乘务长"康晓英"曾经工作的航班的航线号和出发地和到达地。分别用 IN 和 EXISTS 引入子查询的方法实现。

（9）查询在美国波音公司和欧洲空中客车公司的飞机上都工作过的职工编号和姓名、性别。按照姓名的升序排列。用集合查询实现。

（10）查询在美国波音公司或欧洲空中客车公司的飞机上工作过的职工编号和姓名、性别。用集合查询实现。

（11）查询在美国波音公司但没有在欧洲空中客车公司的飞机上工作过的职工编号和姓名、性别。用集合查询实现。

（12）查询各个年龄的职工飞行的航班数目，同时输出年龄。

（13）查询各个出发地出发的航班的数目、最早起飞时间，按照起飞时间的升序排序。

（14）查询乘坐航班次数最多的乘客姓名、性别和出生年，按照出生年的降序排列。

（15）查询比"吴虹"年长的乘务员职工号、姓名和工龄。按照工龄的降序排列。

（16）设计派生表提供航班号、机长姓名、乘务长姓名。用此派生表与航班表连接，查询航班号、起飞时间、机长姓名和乘务长姓名。

9.3.4 常见问题解答

（1）问题：查询出现编译错误，未执行。

尝试查询 2013 年 1 月 4 日航班飞行的航线编号、出发地、到达地和起飞时间，执行如下语句：

```
SELECT 航线号,出发地,到达地,起飞时间
FROM 航班表, 航线表
WHERE 航班表.航线号 =航线表.航线号 AND 日期='2013-01-04'
```

出现错误信息如图 9.27 所示。

分析：列名航线号在航班表和航线表两个表中出现，此时需要用表名前缀加以区分。

解决方案：加航班表或航线表的表名前缀即可。

例如，将上述语句修改为：

```
SELECT 航班表.航线号,出发地,到达地,起飞时间
FROM 航班表, 航线表
WHERE 航班表.航线号 =航线表.航线号 AND 日期='2013-01-04'
```

（2）问题：查询出现编译错误，未执行。

尝试查询 2013 年 1 月 4 日航班飞行的航线编号、出发地、到达地和起飞时间，执行如下语句：

```
SELECT T1.航线号,出发地,到达地,起飞时间
FROM 航班表 T1, 航线表 T2
WHERE 航班表.航线号 =航线表.航线号 AND 日期='2013-01-04'
```

执行后出现错误信息如图 9.28 所示。

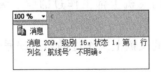

图 9.27　列名歧义的错误信息

图 9.28　使用表别名出现的错误信息

分析：此例为了书写简便定义了表的别名，一旦定义了别名，SQL Server 2012 就以别名识别该表，不能在使用原来的表名作为表名前缀。

解决方案：只使用表的别名，将语句修改如下。

```
SELECT T1.航线号,出发地,到达地,起飞时间
FROM 航班表 T1, 航线表 T2
WHERE T1.航线号 =T2.航线号 AND 日期='2013-01-04'
```

（3）问题：查询出现编译错误，未执行。

尝试查询"北京首都国际"作为出发地的航线以及"北京首都国际"作为到达地的航线

信息,使用集合并来实现。

语句为:

(SELECT 航线号,飞行距离 FROM 航线表 WHERE 出发地='北京首都国际')
UNION
(SELECT 航线号,到达地 FROM 航线表 WHERE 到达地='北京首都国际')

执行后出现的错误信息如图 9.29 所示。

分析:原因是违反了"并兼容"条件,参与集合运算的两个 SELECT 语句的对应列,其类型不一致。

解决方案:修改语句,使得两个 SELECT 语句的列名列表一致,对应的类型自然一致,查询的结果也更加合乎常理。

图 9.29　并兼容问题的错误信息

(SELECT 航线号,出发地,到达地 FROM 航线表 WHERE 出发地='北京首都国际')
UNION
(SELECT 航线号,出发地,到达地 FROM 航线表 WHERE 到达地='北京首都国际')

执行结果如图 9.30 所示。

(4) 问题:查询结果中出现不合理的数据行。

尝试查询 2013 年 1 月 4 日 CA1101 航班的航班号、航线号、出发地、到达地和起飞时间,语句如下:

SELECT 航班号,航线表.航线号,出发地,到达地,起飞时间
FROM 航班表,航线表
WHERE 日期='2013-01-04' AND 航班号='CA1101'

该航班仅仅飞行航线 1001,但如图 9.31 所示的查询结果中出现了所有航线的信息。

图 9.30　集合查询正确执行的结果　　　图 9.31　错误的航线信息

分析:表连接的简约表示法要注意不能缺少连接条件,此语句忘记写连接条件,所以无论是否 CA1101 航班飞行的航线,都出现在结果中了。

解决方案:补写连接条件。修改后的语句如下。

```
SELECT 航班号,航线表.航线号,出发地,到达地,起飞时间
FROM 航班表,航线表
WHERE 航班表.航线号=航线表.航线号 AND 日期='2013-01-04' AND 航班号='CA1101'
```

执行后的正确结果如图 9.32 所示。

图 9.32　正确的航线信息

（5）问题：查询结果中出现不合理的数据行。

尝试查询 2013 年 1 月 4 日 CA1101 航班的航班号、航线号、出发地、到达地。用 EXISTS 引入的子查询实现，语句如下。

```
SELECT 航线号,出发地,到达地
FROM 航线表
WHERE EXISTS (SELECT * FROM 航班表
              WHERE 日期='2013-01-04' AND 航班号='
              CA1101')
```

执行结果如图 9.33 所示，包含了 1001 航线之外的其他航线，并不是 CA1101 飞行的航线。

分析：这个子查询是一个相关子查询，却没有写出相关条件。子查询与航线表无关，查询有无 2013 年 1 月 4 日 的 CA1101 航班，结果是有一个返回行，此时 EXISTS 测试为真。

	航线号	出发地	到达地
1	1001	北京首都国际	三亚凤凰机场
2	1002	北京首都国际	厦门高崎机场
3	1003	上海浦东	厦门高崎机场
4	1004	北京首都国际	大连周水子
5	1005	北京首都国际	南京禄口
6	1006	北京首都国际	呼和浩特白塔
7	1007	北京首都国际	成都双流国际
8	1008	厦门高崎机场	北京首都国际
9	1009	呼和浩特白塔	北京首都国际
10	1010	北京首都国际	天津

图 9.33　包含多余航线信息

对于航线表的每一行 WHERE 条件都为真。故返回所有航线的信息。

解决方案：加上内层查询与外层查询的相关条件，修改后的语句如下。

```
SELECT 航线号,出发地,到达地
FROM 航线表
WHERE EXISTS (SELECT * FROM 航班表
              WHERE 航线号=航线表.航线号
              AND 日期='2013-01-04' AND 航班号='CA1101')
```

正确的结果如图 9.34 所示。

（6）问题：子查询使用失败。

尝试查询 2013 年 1 月 4 日 CA1101 航班的航班号、航线号、出发地、到达地。用 IN 引入的子查询实现，语句如下。

```
SELECT 航线号,出发地,到达地
  FROM 航线表
 WHERE IN (SELECT 航班号 FROM 航班表
           WHERE 日期='2013-01-04' AND 航班号='CA1101')
```

执行后查询错误信息如图 9.35 所示。

分析：书写不符合语法,IN 关键字之前应该出现相应的列名或表达式。

图 9.34 对应的航线信息

图 9.35 IN 子查询错误信息

解决方案：加上相应的列名,修改后语句如下。

```
SELECT 航线号,出发地,到达地
FROM 航线表
WHERE 航线号 IN (SELECT 航班号 FROM 航班表
            WHERE 日期='2013-01-04' AND 航班号='CA1101')
```

新的问题：执行结果为空,如图 9.36 所示。这是不合理的。

再次分析：上面的语句 IN 之前是航线号,子查询的 SELECT 列表中是航班号,条件就成了航线号要出现在一个航班号的集合中,这是不可能的。所以,书写子查询时要注意,IN 之前应与子查询选择列表的呼应。正确写法应该是

```
SELECT 航线号,出发地,到达地
FROM 航线表
WHERE 航线号 IN (SELECT 航线号 FROM 航班表
            WHERE 日期='2013-01-04' AND 航班号='CA1101')
```

正确的结果如图 9.37 所示。

图 9.36 IN 子查询无合理结果

图 9.37 IN 子查询的正确结果

9.3.5 思考题

(1) 什么叫内连接？内连接的标准形式与简约形式有什么不同之处？

(2) EXISTS 引入的子查询,输出的列与 EXISTS 测试有关吗？

(3) 什么叫自连接？什么情况下用到自连接？

(4) 内连接的简约表达法,如果没有写 WHERE 子句,其效果等同于关系代数中什么运算？

(5) T-SQL 中表连接的标准表示法中有自然连接吗？

第10章

高 级 查 询

本章介绍 T-SQL 方式的一些高级查询,包括公用表表达式 CTE、SELECT 子句中 TOP 关键字以及 INTO 子句的使用,分组统计中的 ROLLUP 和 CUBE,与排序配合的分页输出,连接查询中的外连接与交叉连接。并且,在 10.2.2 节介绍了图形方式创建查询的方法。

本章介绍的高级查询不属于常见的查询应用,但是,在一些特定的情况下还是十分有用的,本章的样例操作以及实验,使用本教材的 3 个案例数据库,但是对于个别的高级查询问题案例数据库的数据不能满足要求,补充了一些必要的表的设计以及相应数据。

10.1 相关知识点

1. 原理知识点

(1) 外连接:关系 R1 与关系 R2 进行外连接操作,得到的结果集包含满足连接条件而得到的内连接的结果数据,除此之外还包括不满足连接条件的一些数据,具体分为左外连接、右外连接和全外连接。

(2) 左外连接:关系 R1 与关系 R2 进行左外连接操作,得到的结果集包含满足连接条件而得到的内连接的结果数据,除此之外还包括左侧关系即 R1 的不满足连接条件的那些行,结果集当中这些行对应于 R2 的那些列的取值为 NULL。

(3) 右外连接:关系 R1 与关系 R2 进行右外连接操作,得到的结果集包含满足连接条件而得到的内连接的结果数据,除此之外还包括右侧关系即 R2 的不满足连接条件的那些行,结果集当中这些行对应于 R1 的那些列的取值为 NULL。

(4) 全外连接:关系 R1 与关系 R2 进行全外连接操作,得到的结果集包含满足连接条件而得到的内连接的结果数据,除此之外还包括左侧关系即 R1 的不满足连接条件的那些行,结果集当中这些行对应于 R2 的那些列的取值为 NULL,同时包括右侧关系即 R2 的不满足连接条件的那些行,结果集当中这些行对应于 R1 的那些列的取值为 NULL。

(5) 交叉连接:交叉连接就是笛卡儿积运算。参看第 9 章介绍中有关笛卡儿积的内容。后面的 SELECT 语句连接方法是笛卡儿积,只是输出的列可以由 SELECT 子句选择。

2. SQL Server 2012 知识点

(1) 公用表表达式(CTE):在 SELECT 子句之前,可以用 WITH 引入公用表表达式。

所谓公用表表达式（Common Table Expression）就是用单条的 SELECT 语句来创建命名的临时表。可以创建若干个临时表。以下提到的临时表，即指 CTE。

语法：

```
[ WITH 临时表名 1[列名列表 1] AS (SELECT 语句 1)[ ,...n ] ]
```

解释：

- 临时表名，即 CTE 的名称，不能与其他临时表名重复，可以与基本表或视图同名，查询中对临时表名的引用，都是使用临时表的定义，不是基本表或视图。
- 列名列表：给出临时表的列名，SELECT 语句的选择列表中，没有重复列名时可以省去。
- SELECT 语句：也称为 CTE 查询定义，是简单的 SELECT 语句。不能内嵌 SELECT 语句，不能包含排序分组等子句。
- 定义多个 CTE 时，用集合运算符连接起来。集合运算符有 UNION ALL、UNION、EXCEPT 和 INTERSECT。

递归公用表表达式：

- 公用表表达式可以包括对自身的引用，称为递归公用表表达式。递归 CTE 定义至少必须包含两个 CTE 查询定义，一个定位点成员和一个递归成员。可以定义多个定位点成员和递归成员；但必须将所有定位点成员查询定义置于第一个递归成员定义之前。
- 定位点成员必须与以下集合运算符之一结合使用：UNION ALL、UNION、INTERSECT 或 EXCEPT。在最后一个定位点成员和第一个递归成员之间，以及组合多个递归成员时，只能使用 UNION ALL 集合运算符。
- 定位点成员和递归成员中的列的数目与类型一致，即满足并兼容条件。
- 递归成员的 FROM 子句只能引用一次临时表名。

(2) SELECT 子句中 TOP 关键字的使用。

语法：

```
SELECT [ALL|DISTINCT]
    [TOP（表达式）[PERCENT]]
        选择列表
```

解释：

- TOP：其作用是限制查询后结果的返回行数，可以是指定的行数或指定的百分比。一般应与 ORDER BY 子句结合使用，输出结果集中前面的若干行。如果没有使用 ORDER BY 子句，结果的顺序是不确定的，以随机的次序返回前面的若干行。
- 表达式：指定返回行数的数值表达式。如果指定了 PERCENT，则表达式将隐式转换为 float 类型的值；否则，它将转换为 bigint 类型的值。
- PERCENT：表示按表达式取值的百分比返回前面的若干行。

(3) SELECT 子句中 INTO 子句。

语法：

```
SELECT [ALL|DISTINCT][TOP（表达式）[PERCENT]] 选择列表
[ INTO 新表 ]
```

解释：

- INTO 子句的作用是在默认文件组中创建新表，数据取自查询的结果，新表的列是查询选择列表中的列。
- 新表：定义新表的表名，完整的表名为[[数据库名.] 架构名.]表名|视图名。

（4）GROUP BY 子句中 ROLLUP 与 CUBE。

语法：

```
GROUP BY 分组列表达式 1[,...分组列表达式 n]
[WITH { CUBE | ROLLUP } ]
```

解释：

- 分组列表达式：表达式值相同的分为一组，进行汇总统计；有多个列表达式的时候，这些表达式的值组合在一起确定一个组。列表达式最简单的形式是列名本身。
- ROLLUP：使用 ROLLUP 分组统计的结果将包括 GROUP BY 原来的分组统计，较之上一层次的小计，依次类推，直至总计结果。

  例如：

  ```
  SELECT a, b, c, SUM（表达式）
  FROM T
  GROUP BY ROLLUP (a,b,c);
  ```

  会产生 按照（a，b，c）、（a，b）和（a）值的每个组合分组的统计，还将产生一个总计行。分组的种类是分组列表达式的个数，另加一个全表不分组的总计。

  列是按照从右到左的顺序汇总的。列的顺序会影响 ROLLUP 的输出分组，而且可能会影响结果集内的行数。

- CUBE：使用 CUBE 分组统计的结果将包括 GROUP BY 原来的分组统计，ROLLUP 增加的分组统计，即较之原来分组上一层次的小计，依次类推，直至总计结果。此外，还包括交叉统计。

  例如：

  ```
  SELECT a, b, c, SUM (表达式)
  FROM T
  GROUP BY CUBE (a,b,c);
  ```

  会为产生按照（a,b,c）、（a,b）、（a,c）、（b,c）、（a）、（b）和（c）值的每个组合分组的统计，还会产生一个总计行。分组的种类是分组列表达式的个数的 2 倍加 1，另加一个全表不分组的总计。列的顺序不影响 CUBE 的输出。

（5）ORDER BY 子句中 OFFSET 子句以及 FETCH 子句。

语法：

```
ORDER BY 排序表达式
    [ ASC | DESC ]
    [ ,...n ]
    [{ OFFSET { 整数 | 位移行数表达式 } { ROW | ROWS }
        [
        FETCH { FIRST | NEXT } { 整数 | 提取行数表达式 } { ROW | ROWS } ONLY
        ]}
    ]
```

解释：

- OFFSET 〈整数 | 位移行数表达式〉{ ROW | ROWS }：指定返回结果之前跳过的行数。该值可以是大于或等于零的整数常量或表达式。ROW 和 ROWS 是同义词，是为了与 ANSI 兼容而提供的。

- FETCH { FIRST | NEXT }〈整数 | 位移行数表达式〉{ ROW | ROWS } ONLY：指定返回结果时输出的行数。该值可以是大于或等于零的整数常量或表达式。ROW 和 ROWS 是同义词，是为了与 ANSI 兼容而提供的。FIRST 和 NEXT 是同义词，是为了与 ANSI 兼容而提供的。

- 这是一种分页输出的方式，但是每一页要写一个独立的查询语句，比如 1~10 行输出为一页，11~20 行输出为一页，要写两个查询语句。

（6）交叉连接。

语法：

```
SELECT 选择列表
FROM 表源 1 CROSS JOIN 表源 2
```

解释：

- CROSS JOIN 表示交叉连接，指定两个表的叉积。

- 返回的行数是两个表源行数之积。

- 交叉连接本身对应于笛卡儿积运算，只是 T-SQL 语句可以通过 SELECT 子句选择输出的列。

- 标准形式的这种交叉连接等价于简约的多表联接中没有指定 WHERE 子句的情形。

（7）外连接。

语法：

```
SELECT 选择列表
FROM 表源 1{ LEFT | RIGHT | FULL } [ OUTER ] JOIN 表源 2 ON 连接条件 1 [ ,...n ]
```

解释：

- LEFT JOIN：左外连接，指定在结果集中包括左表中所有不满足联接条件的行，除了由内部联接返回所有的行之外，还将另外一个表的输出列设置为 NULL。

- RIGHT JOIN：右外连接，指定在结果集中包括右表中所有不满足联接条件的行，除了由内部联接返回所有的行之外，还将与另外一个表对应的输出列设置为NULL。

- FULL JOIN：全外连接，指定在结果集中包括左表或右表中不满足联接条件的行，并将对应于另一个表的输出列设为 NULL。这是对通常由 INNER JOIN 返回的所有行的补充。

（8）查询语句总结。

下面的查询说明，是有关 SELECT 语句的较为完整的语法构成。

搜索条件单独做了简单的描述，其中包含子查询。

最后给出包含集合运算以及 ORDER BY 子句的查询语句的语法构成。

注意：集合运算处于查询运算的最外层，无论有无集合运算 ORDER BY 子句总是处于最后。

- 查询说明：

```
[ WITH 临时表名 1[列名列表 1] AS (SELECT 语句 1)[ , ...n ] ]
SELECT [ALL|DISTINCT]
[TOP ( 表达式 ) [PERCENT]]
选择列表
[ INTO 新表 ]
FROM 表源 1
{ [[INNER]| { LEFT | RIGHT | FULL } [ OUTER ]] JOIN 表源 2 ON 连接条件 1
    [ , ...n ] |CROSS JOIN 表源 2 [ , ...n ] }
```

WHERE 搜索条件

```
GROUP BY 分组列 1[, ...n] [WITH { CUBE | ROLLUP } ] [HAVNG 子句]
```

- 搜索条件：包含列、函数、常量、算数运算、逻辑运算以及括号构成，另外可以包含子查询，子查询可以由 [NOT] IN 引入、比较运算符与 ALL 或 ANY 引入、[NOT] EXISTS 引入。

- 完整的查询语句如下：

```
(查询说明 1) [UNION |EXCEPT |INTERSECT (查询说明 2),...n]
[ORDER BY 排序列 1 [ [ASC ]| DESC ] [ , ...n ]
[ OFFSET { 整数 | 位移行数表达式 } { ROW | ROWS }
    [ FETCH { FIRST | NEXT } {整数 | 提取行数表达式 } { ROW | ROWS } ONLY ]]]
```

10.2　操　作　样　例

本章样例尽量使用 3 个案例数据库中数据，一些例子有特别的需要，做了数据表设计以及数据的补充。

10.2.1　T-SQL 方式实现高级查询

【**例 10.1**】　定义 CTE"图书与作者"包含图书与作者的编著关系，输出书名、姓名、编著类别、编著者排名以及出版社号,使用 CTE 与出版社表连接,查询翻译图书的第一译者,输出出版社名、书名、作者姓名以及编著类别。

查询语句如下,其中的 WITH 子句给出了 CTE 的定义:

```
WITH 图书与作者
  AS (SELECT 书名,姓名,编著.类别,排名,出版社号
      FROM 图书,编著,作者
      WHERE 图书.ISBN=编著.ISBN AND 编著.作者号=作者.编号)
SELECT 出版社.名称,书名,姓名 ,'第一' AS '排名与',类别
  FROM 图书与作者,出版社
  WHERE 图书与作者.出版社号=出版社.编号 AND 类别 = '译者' AND 排名=1
```

CTE 定义就是一个临时表,其内容由 AS 后的查询语句决定,在之后的 SELECT 语句中,像使用基本表名称一样,使用 CTE 定义的临时表的名字。执行结果如图 10.1 所示。

【例 10.2】 递归 CTE 的例子。

数据准备,创建某企业职工表

职工表(<u>职工号</u>,姓名,性别,职位,直接上级)

带有下划线的职工号为主键,所谓直接上级为直接上级的职工号,企业总经理的直接上级为 NULL。每一个职工只有一个直接上级。

为该表填入简单的数据,如图 10.2 所示。

	名称	书名	姓名	排名与	类别
1	人民文学出版社	欧也妮.葛朗台	张冠尧	第一	译者
2	人民文学出版社	傲慢与偏见	张玲	第一	译者
3	人民文学出版社	欧.亨利短片小说选	王永年	第一	译者
4	人民文学出版社	高老头	张冠尧	第一	译者
5	人民文学出版社	爱玛	李文俊	第一	译者
6	机械工业出版社	数据库系统导论	孟晓峰	第一	译者
7	译林出版社	巴黎圣母院	施康强	第一	译者

图 10.1　CTE 例子的查询结果

职工号	姓名	职位	直接上级
1001	王强	总经理	*NULL*
1002	李冰	副总经理	1001
1003	刘力	副总经理	1001
1021	成明	财务部经理	1002
1211	康伟	会计	1021
1212	陈希	会计	1021

图 10.2　企业职工表数据

此例使用递归 CTE 查找下级职工赋予具体的职位级别,然后用递归 CTE 得到的临时表输出职工及相应职位级别。语句如下:

```
WITH 职工职位等级表
    AS ( (SELECT 职工号,姓名,职位,1 AS 职位等级
FROM 职工表
WHERE 直接上级 IS NULL)
UNION ALL
(SELECT 职工表.职工号,职工表.姓名,职工表.职位,职位等级+ 1
FROM 职工表,职工职位等级表
        WHERE 职工表.直接上级=职工职位等级表.职工号))
SELECT * FROM 职工职位等级表
  ORDER BY 职位等级
```

注意：UNION ALL 前面的 SELECT 是定位点成员，得到最高等级的职工总经理以及他的等级1，后面的 SELECT 是递归成员，在递归调用的过程中，不断获得职工自身的等级，逐级加1。

最后的 SELECT 输出递归 CTE 创建的职工职位等级表的相关信息，并以职位等级排序。结果如图 10.3 所示。

【例 10.3】 给出常量参数的 TOP 使用例子。查询编号为 P000008 的出版社出版图书的书名、类型、语言和价格。仅仅输出结果集中的前 5 行数据。

先查看不使用 TOP 时，该查询的结果集中的所有行。

语句：

```
SELECT 书名，类型，语言，价格
FROM 图书
WHERE 出版社号='P000008'
ORDER BY 价格
```

查询结果如图 10.4 所示。

图 10.3 递归 CTE 例子的查询结果

图 10.4 使用 TOP 之前结果集中所有行

使用 TOP 以及常量参数 5，表示仅输出前 5 行数据，语句如下：

```
SELECT TOP (5) 书名，类型，语言，价格
FROM 图书
WHERE 出版社号='P000008'
ORDER BY 价格
```

执行后，结果如图 10.5 所示。

【例 10.4】 指定百分比参数的 TOP 使用例子。查询编号为 P000008 的出版社出版图书的书名、类型、语言和价格。仅仅输出结果集中前面百分之二十的数据行。

语句如下：

```
SELECT TOP (20) PERCENT 书名，类型，语言，价格
FROM 图书
WHERE 出版社号='P000008'
ORDER BY 价格
```

执行后的结果，如图 10.6 所示。

	书名	类型	语言	价格
1	欧也妮. 葛朗台	外国文学	中文	8.00
2	傲慢与偏见	外国文学	中文	13.00
3	三国演义	中国文学	中文	13.40
4	高老头	外国文学	中文	14.00
5	欧. 亨利短片小说选	外国文学	中文	16.00

图 10.5　仅输出前 5 行数据

	书名	类型	语言	价格
1	欧也妮. 葛朗台	外国文学	中文	8.00
2	傲慢与偏见	外国文学	中文	13.00

图 10.6　仅输出前面的百分之二十的数据行

注意,当按照百分比计算出的行数带有小数部分时,四舍五入转换为整数行,比如此例,20％的行应为 1.6 行,实际输出 2 行。

【例 10.5】　INTO 子句的例子。查询价格非空的图书数据,输出 ISBN、书名、价格以及出版社号,按照 ISBN 升序排列,仅输出前 10 行,并将结果存入新表 Books。

语句:

```
SELECT TOP (10) ISBN,书名,价格,出版社号 INTO Books
FROM 图书 WHERE 价格 IS NOT NULL ORDER BY ISBN
```

执行后查询结果窗口,仅显示 10 行受影响,不再显示查询结果数据。查看对象资源管理器,如图 10.7 所示。可以看到由 INTO 子句新建的基本表 Books。

打开基本表 Books,可看到其中的数据如图 10.8 所示。这正是查询语句的结果数据。

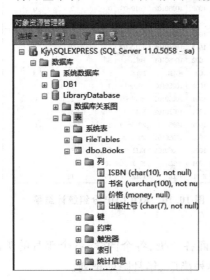

图 10.7　对象资源管理器中的 Books

ISBN	书名	价格	出版社号
1853262412	100 Selected ...	20.0000	P000013
1857150964	War and Peace	87.0000	P000012
7020008739	西游记	47.2000	P000008
7020038947	欧也妮.葛朗台	8.0000	P000008
7020040179	傲慢与偏见	13.0000	P000008
7020058594	家	23.0000	P000008
7020071012	欧.亨利片片小...	16.0000	P000008
7020071036	高老头	14.0000	P000008
7020071548	爱玛	22.0000	P000008
7070002323	三国演义	13.4000	P000008

图 10.8　Books 中的数据

INTO 子句创建的不是临时表,是数据库中长期保存的基本表。Books 表仅仅是作为 INTO 子句的例子不是案例数据库中的内容,故本例操作完成之后,从案例数据库 LibraryDatabase 中删除 Books 表。

实际应用中需要复制表或表的一部分到另一个基本表中,可以使用 INTO 子句。

【例 10.6】　分组统计中 ROLLUP 的使用。

数据准备,创建一个新表"考勤表"包含如下各列:课号、学号、年月、旷课数、请假数、迟到数。添加数据如图 10.9 所示。使用 ROLLUP 查询各个班、各个同学、各个年月的旷课数、请假数、迟到数的各种统计值，按照课号降序、学号降序、年月降序排列。

课号	学号	年月	旷课数	请假数	迟到数
1001	10050101	2010-09	2	3	5
1001	10050101	2010-10	0	2	2
1002	10050101	2010-09	1	0	2
1002	10050101	2010-10	1	3	3
1001	10050102	2010-09	0	2	0
1001	10050102	2010-10	1	1	3
1002	10050102	2010-09	0	0	0
1002	10050102	2010-10	1	1	1

图 10.9　考勤表数据

语句：

SELECT 课号,学号,年月,SUM(迟到数) AS 迟到次数, SUM(请假数) AS 请假次数,
　　SUM(旷课数)AS 旷课次数 FROM 考勤表 GROUP BY ROLLUP (课号,学号,年月)
　　ORDER BY 课号 DESC,学号 DESC,年月 DESC

查询结果如图 10.10 所示。

其中第一行为 1002 号课程 08030102 号同学 2010 年 10 月的出勤情况,属于细节数据,没有汇总。第 3 行年月为空,是 1002 号课程 10050102 号同学各个年月的出勤小计。第 7 行学号、年月为空,是 1002 号课程所有同学各个年月的出勤统计。最后一行课号、学号、年月均为空,此行为总计行,即每一门课每一个同学所有年月的出勤统计。ROLLUP 中列的出现次序影响分组统计的方式。此例 ROLLUP 的分组统计的结果统计形式包括：（课号,学号,年月）、（课号,学号）、（课号）以及（）即不分组的总计 4 种。

	课号	学号	年月	迟到次数	请假次数	旷课次数
1	1002	10050102	2010-10	1	1	1
2	1002	10050102	2010-09	0	0	0
3	1002	10050102	NULL	1	1	1
4	1002	10050101	2010-10	3	3	1
5	1002	10050101	2010-09	2	0	1
6	1002	10050101	NULL	5	3	2
7	1002	NULL	NULL	6	4	3
8	1001	10050102	2010-10	3	1	1
9	1001	10050102	2010-09	0	2	0
10	1001	10050102	NULL	3	3	1
11	1001	10050101	2010-10	2	2	0
12	1001	10050101	2010-09	5	3	2
13	1001	10050101	NULL	7	5	2
14	1001	NULL	NULL	10	8	3
15	NULL	NULL	NULL	16	12	6

图 10.10　ROLLUP 分组统计结果

【例 10.7】　分组中 CUBE 关键字的使用。利用上例创建的考勤表,使用 CUBE 关键字查询各个班、各个同学、各个年月的旷课数、请假数、迟到数的各种统计值,按照课号降序、学号降序、年月降序排列。

语句：

SELECT 课号,学号,年月,SUM(迟到数) AS 迟到次数, SUM(请假数) AS 请假次数,
　　SUM(旷课数)AS 旷课次数
FROM 考勤表
GROUP BY CUBE (课号,学号,年月)
ORDER BY 课号 DESC ,学号 DESC,年月 DESC

语句的执行结果如图 10.11 和图 10.12 所示。

图 10.11　CUBE 分组统计结果第一部分

图 10.12　CUBE 分组统计结果第二部分

　　仔细观察结果,可以看到这里包含了 ROLLUP 分组结果的各种组合,即(课号,学号,年月)、(课号,学号)、(课号)以及()即不分组的总计 4 种,但除此之外还增加了更多的分组方式,如第 7、8 行统计(课号,年月)组合的出勤小计,第 19、20 行和第 22、23 行统计(学号,年月)组合的出勤小计,第 21 行、第 24 行(学号)组合的出勤小计,第 25、26 行(年月)的出勤小计。

　　可以看出 CUBE 给出的分组组合与 CUBE 中列名列表中列的次序无关,给出任意 1 列、任意 2 列,……,分组的统计以及不分组的总计。

　　【例 10.8】　ORDER BY 设定分页输出。输出图书表中价格为空的图书的书名、类型、语言和价格,以价格的降序排列。每 4 行一页。

　　先看常规的输出结果,即完整的结果集。

SELECT 书名,类型,语言,价格 FROM 图书 WHERE 价格 IS NOT NULL
ORDER BY 价格 DESC

完整的结果集如图 10.13 所示。

　　使用 OFFSET 子句可以设定输出时跳过的行数,使用 FETCH 子句可以设定输出几行,分页输出的时候,每一页要设定起止行,所以每一页要用一个独立的查询语句。下面 3 个查询语句,放在同一个查询编辑窗口中,单击【执行】按钮,依次执行,结果出现在结果窗口中,如图 10.14 所示。

SELECT TOP(4) 书名,类型,语言,价格 FROM 图书 WHERE 价格 IS NOT NULL
ORDER BY 价格 DESC

SELECT 书名,类型,语言,价格 FROM 图书 WHERE 价格 IS NOT NULL
ORDER BY 价格 DESC OFFSET 4 ROWS FETCH NEXT 4 ROWS ONLY

SELECT 书名,类型,语言,价格 FROM 图书 WHERE 价格 IS NOT NULL
ORDER BY 价格 DESC OFFSET 8 ROWS FETCH NEXT 4 ROWS ONLY

图 10.13　完整的结果集

图 10.14　分页输出的结果

【例 10.9】　交叉连接。由于书页篇幅有限，不宜使用案例数据库中的原表。这里使用两个临时表。先看两个临时表的结果。

查询嵌入式教师的职工号：

SELECT 职工号 FROM 教师表 WHERE 专业方向='嵌入式'

结果如图 10.15 所示。

查询软件工程专业的班号：

SELECT 班号 FROM 班级表 WHERE 专业='软件工程'

结果如图 10.16 所示。

图 10.15　嵌入式教师职工号图　　　　图 10.16　软件工程专业班级

用 CTE 创建的临时表"软件班级"和"嵌入式教师"进行交叉连接。

语句如下：

WITH 嵌入式教师 AS (SELECT 职工号 FROM 教师表 WHERE 专业方向='嵌入式'),
软件班级 AS (SELECT 班号 FROM 班级表 WHERE 专业='软件工程')
SELECT 班号,职工号 AS 班主任号
FROM 软件班级 CROSS JOIN 嵌入式教师
ORDER BY 班号,职工号

交叉连接的执行结果如图 10.17。

交叉连接的结果由所有 2 个软件班级和所有 4 位嵌入式教师的各种组合共 8 种构成。交叉连接本质上是笛卡儿积运算。

【例 10.10】 三种外连接。继续使用例 10.9 的临时表。

为了理解外连接运算,首先,看看内连接的结果,查询软件班级由哪些嵌入式教师做班主任。

语句如下:

WITH 嵌入式教师 AS (SELECT 职工号 FROM 教师表 WHERE 专业方向='嵌入式'),
软件班级 AS (SELECT 班号,班主任号 FROM 班级表 WHERE 专业='软件工程')
SELECT 班号,职工号 AS 班主任号
FROM 软件班级 INNER JOIN 嵌入式教师 ON 软件班级.班主任号=嵌入式教师.职工号
ORDER BY 班号,职工号

图 10.17　交叉连接结果

内连接的执行结果如图 10.18 所示。

下面看看左外连接,查询所有软件班级以及软件班级由哪些嵌入式教师做班主任。

语句如下:

WITH 嵌入式教师 AS (SELECT 职工号 FROM 教师表 WHERE 专业方向='嵌入式'),
软件班级 AS (SELECT 班号,班主任号 FROM 班级表 WHERE 专业='软件工程')
SELECT 班号,职工号 AS 班主任号
FROM 软件班级 LEFT OUTER JOIN 嵌入式教师 ON 软件班级.班主任号=嵌入式教师.职工号
ORDER BY 班号,职工号

左外连接的结果如图 10.19 所示。包含所有软件班级,其中只有 102101 班由职工号为 3023 的嵌入式教师担任班主任,出现在结果的第一行,结果的第二行中班主任号为空,说明 102102 班不是由嵌入式教师担任班主任,但依然出现在结果集中。左外连接除了包含内连接结果中有的数据行,还包含左侧表不满足连接条件的数据行。其意义在于看到左侧表所有行,以及与右侧表可以连接上的数据行。

图 10.18　内连接结果

图 10.19　左外连接结果

接下来,看看右外连接,查询所有嵌入式教师以及软件班级由哪些嵌入式教师做班主任。

语句如下:

WITH 嵌入式教师 AS (SELECT 职工号 FROM 教师表 WHERE 专业方向='嵌入式'),
软件班级 AS (SELECT 班号,班主任号 FROM 班级表 WHERE 专业='软件工程')
SELECT 班号,职工号 AS 班主任号
FROM 软件班级 RIGHT OUTER JOIN 嵌入式教师
　　　　　　ON 软件班级.班主任号=嵌入式教师.职工号
ORDER BY 班号,职工号

右外连接的结果如图 10.20 所示。包含所有嵌入式教师，其中只有职工号为 3023 的嵌入式教师担任 102101 班班主任，出现在结果的第 4 行，结果的前 3 行中班号为空，说明这 3 位嵌入式教师不担任软件班级的班主任，但依然出现在结果集中。右外连接除了包含内连接结果中有的数据行，还包含右侧表不满足连接条件的数据行。其意义在于看到右侧表所有行，以及与左侧表可以连接上的数据行。

最后，看看全外连接。查询所有软件班级、所有嵌入式教师以及软件班级由哪些嵌入式教师做班主任。

语句如下：

```
WITH 嵌入式教师 AS (SELECT 职工号 FROM 教师表 WHERE 专业方向='嵌入式'),
     软件班级 AS (SELECT 班号,班主任号 FROM 班级表 WHERE 专业='软件工程')
SELECT 班号,职工号 AS 班主任号
FROM 软件班级 FULL OUTER JOIN 嵌入式教师
ON 软件班级.班主任号=嵌入式教师.职工号
ORDER BY 班号,职工号
```

全外连接的执行结果如图 10.21 所示。包含所有班级以及所有嵌入式教师的数据行，其中只有职工号为 3023 的嵌入式教师担任 102101 班班主任，出现在结果的第 4 行，结果的第 1～3 行中班号为空，说明这 3 位嵌入式教师不担任软件班级的班主任，第 5 行班主任号为空，102102 班不是由嵌入式教师担任班主任，但依然出现在结果集中。全外连接除了包含内连接结果中有的数据行，还包含左侧表、右侧表不满足连接条件的数据行。其意义在于看到左侧表和右侧表所有行，以及左侧表与右侧表可以连接上的数据行。

图 10.20 右外连接结果　　　　图 10.21 全外连接的结果

注意：比较图 10.21 与图 10.17 可以看到，全外连接不等同于交叉连接，交叉连接是两侧表数据行拼接成更长的行，按照所有可能的方式组合结果。交叉连接可以视为内连接的基础操作。

10.2.2 图形方式创建查询

第 8 章、第 9 章以及本章的前面介绍了使用 T-SQL 语句方式进行查询的各种方法。实际上，还可以使用图形方式创建查询。可以选择查询用到的基本表、输出的列、排序方式，多个用或运算连接的简单连接条件。当然，图形方式创建查询有一定的局限性，但创建后得到的语句，可以继续编辑修改，以实现更为复杂的查询要求。

图形方式创建查询的具体操作步骤如下：

（1）启动 SQL Server Management Studio，连接之后，在对象资源管理器中选择数据

库,这里以图书信息管理数据库为例。在工具栏单击【新建查询】按钮,打开编辑窗口。在右侧查询编辑窗口,右击鼠标弹出快捷菜单,如图 10.22 所示。

(2) 单击【在编辑器中设计查询】。出现【查询设计器】窗口,并看到【添加表】对话框。在【添加表】对话框中,单击编著表,如图 10.23 所示。

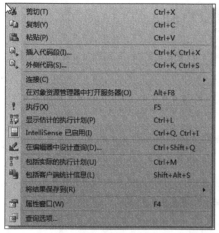

图 10.22 右键快捷菜单

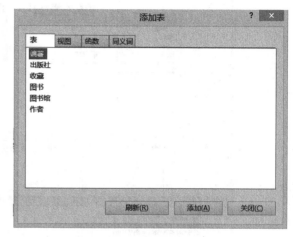

图 10.23 选择要添加的表

(3) 单击【添加】按钮,即添加到表关联窗格中。添加了作者、编著与图书表之后,查询设计器如图 10.24 所示。

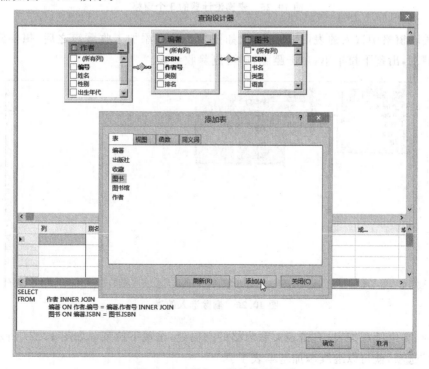

图 10.24 添加 3 张相关表之后

（4）单击【关闭】按钮，关闭【添加表】对话框，查询设计器如图 10.25 所示。上方的窗格为表关联窗格，中间窗格为查询准则设计窗格，下方为 SQL 语句编辑窗格。下方 SQL 窗格中是系统自动生成的 FROM 子句中的内连接条件。

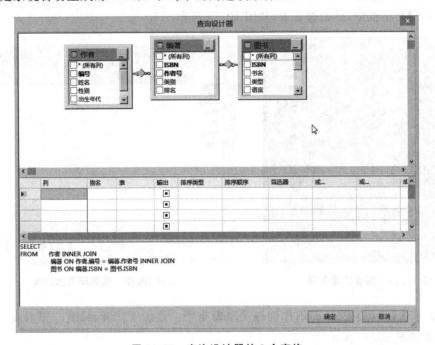

图 10.25　查询设计器的 3 个窗格

　　表关联窗格中选入的表可以删除，比如图 10.26 中添加了收藏表之后，想要删除它，右击收藏表，出现下拉菜单，单击删除，即可删除收藏表。

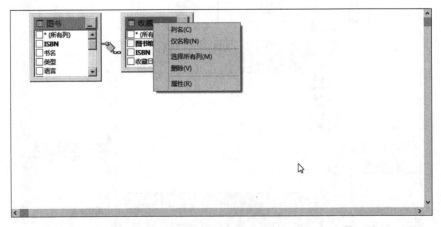

图 10.26　删除选入的表

　　此时，要继续添加表，右击表关联窗格的空白处，出现下拉菜单如图 10.27 所示，单击"添加表"选项，就可以继续添加基本表了。

　　添加表完成之后，可以选择输出的列，在表关联窗格中想要输出的基本表的列的左侧

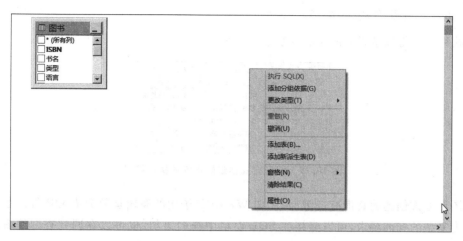

图 10.27　继续添加表

勾选,设计排序方式和 WHERE 条件,如图 10.28 所示。下方的 SQL 语句窗格中自动生成了 SELECT 子句的选择列表、WHEER 子句和 ORDER BY 子句。

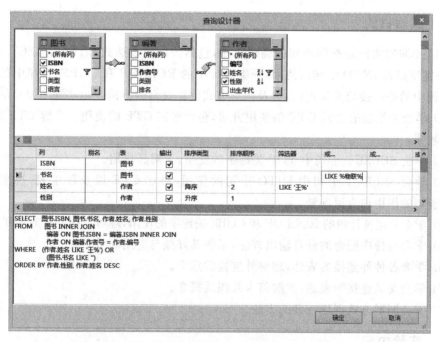

图 10.28　查询准则设定之后的查询设计器内容

此时,单击【确定】按钮。关闭查询设计器,回到查询编辑窗口。查询窗口出现语句如下:

SELECT 图书.ISBN, 图书.书名, 作者.姓名, 作者.性别
FROM 　图书 INNER JOIN
　　　　编著 ON 图书.ISBN =编著.ISBN INNER JOIN
　　　　作者 ON 编著.作者号 =作者.编号
WHERE (作者.姓名 LIKE '王%') OR (图书.书名 LIKE '%物联%')

ORDER BY 作者.性别, 作者.姓名 DESC

执行语句得到结果如图 10.29 所示。

	ISBN	书名	姓名	性别
1	7111388210	物联网工程导论	吴功宜	男
2	7020071012	欧.亨利短片小说选	王永年	男
3	7111388210	物联网工程导论	吴英	女
4	7111213338	数据库系统导论	王珊	女

图 10.29　图形方式创建的查询的执行结果

图形方式创建的查询有局限性，比如 WHERE 子句的逻辑运算只有 OR 等。如果需要更为复杂的查询要求，可以直接在 SQL 窗格中查询语句，也可以在回到查询编辑器窗口后继续编辑查询语句。

10.3　实　　验

10.3.1　实验目的

高级查询的实验是查询语句的高级应用，包括公用表表达式 CTE、SELECT 子句中 TOP 关键字以及 INTO 子句的使用，分组统计中的 ROLLUP 和 CUBE，排序中的分页，连接查询中的外连接与交叉连接，以及图形方式创建查询的方法。本实验主要目的是：

（1）学会公用表表达式 CTE 的使用方法，包含递归 CTE 的使用。了解 CTE 的好处和应用场景。

（2）学会 SELECT 子句中 TOP 关键字的使用，了解其作用。

（3）学会 SELECT 子句中 INTO 子句的使用，对比 CTE 以及派生表、视图，了解 INTO 子句的作用和应用场景。

（4）学会分组统计中的 ROLLUP 和 CUBE 关键字的使用，理解数据分析的多种方法。

（5）学会与排序配合的分页输出方法，了解其好处与应用场景。

（6）学会各种外连接的表达，理解外连接的意义。

（7）学会交叉连接的表达，理解笛卡儿积的概念。

（8）学会图形方式创建查询的方法。

10.3.2　实验内容

实验过程中，对查询前数据、查询语句、查询语句执行后的错误信息、系统信息以及查询结果保留截屏，对出错情况进行分析，根据实验报告撰写要求，写出实验报告。

基础实验、扩展实验 1 和扩展实验 2 的内容说明如下。

1. 基础实验

使用案例数据库 1（图书信息管理数据库）进行实验。实验数据已经在第 7 章基本表的更新实验中准备好。

由于本章实验是高级查询,有个别实验需要另外创建基本表,并编辑输入特殊的数据。

具体实验内容:使用 T-SQL 语句方法,应用查询语句对多个表(或视图、派生表)的数据进行查询操作,最后练习使用图形方式创建查询。

(1) 常规 CTE 的使用、递归 CTE 的使用,总结 CTE 的好处。

(2) SELECT 子句中 TOP 关键字的使用。

(3) SELECT 子句中 INTO 子句的使用,实验报告中要求与 CTE、派生表、视图进行对比分析。

(4) 分组统计中的 ROLLUP 和 CUBE 关键字的使用,实验报告中要求对 GROUP BY 子句的各种数据分析方式进行对比分析。

(5) 与排序配合的分页输出方法的使用。

(6) 三种外连接的应用,实验报告中对于外连接的作用进行分析。

(7) 交叉连接的应用,实验报告中分析交叉连接与其他连接方法的不同与关联。

(8) 图形方式创建查询。

2. 扩展实验 1

使用案例数据库 2(教学信息管理数据库)进行实验。实验数据已经在第 7 章基本表的更新实验中准备好,具体见附录。

实验内容:扩展实验 1 涉及的知识点与基础实验类似,具体练习有所不同。扩展实验 1 的设置是为了强化多表查询操作的训练。

3. 扩展实验 2

使用案例数据库 3(航班信息管理数据库)进行实验。实验数据已经在第 7 章基本表的更新实验中准备好,具体见附录。

实验内容:扩展实验 1 涉及的知识点与基础实验类似,具体练习有所不同。扩展实验 1 的设置是为了强化多表查询操作的训练。

10.3.3　实验步骤

1. 基础实验

基础实验使用 T-SQL 语句方法,根据如下查询要求应用查询语句对多个表(或视图、派生表)的数据进行高级查询操作。最后,练习使用图形方式,创建查询。

(1) 设计名为"图书收藏"的 CTE,其结果集的列包含图书馆名称、图书名称和收藏日期,数据行包含图书馆收藏的图书与相应图书馆;用 CTE"图书收藏"与编著表、作者表连接,最终输出图书馆收藏的图书书名与相应图书馆馆名和第一编著者的姓名。

(2) 创建一个基本表"相声演员",其中包括每一位演员的师傅的信息,假定每一个相声演员,只有一位师傅。输入具体数据。应用递归 CTE,查询相声演员的名字以及师徒辈分,从祖师爷开始逐辈输出。

(3) 按照收藏日期的先后,查询图书馆名、书名和收藏日期,仅仅输出前 10 行数据。

(4) 按照出版日期查询图书记录,仅仅输出前 20% 的记录。

(5) 查询国外出版社出版的图书的 ISBN、书名、类型、价格和开本,使用 INTO 子句生成基本表"国外出版图书",之后查看对象资源管理器中"国外出版图书"表的信息。

（6）创建基本表"销售"，其中有列：日期、商场、商品类别、销售数量、销售额。添加 7 个日期、3 个商场、5 种商品类别（比如运动衣、运动帽等）的销售数据。使用 ROLLUP 关键字，按商品类别、商场、日期的次序对销售数量与销售额进行汇总，结果按照商品类别号的降序、商场号的降序、日期升序排列，分析有多少种汇总方式以及 ROLLUP 的作用。

（7）使用上题"销售"表，用 CUBE 关键字对销售数据进行汇总统计，结果按照商品类别号的降序、商场号的降序、日期升序排列，分析 CUBE 与 ROLLUP 的不同作用。

（8）查询每一个出版社出版图书的信息，输出出版社名称、图书名称、出版日期，按照出版社名、出版日期的升序排列，跳过 6 行，从结果集的第 7 行开始输出。

（9）查询每一个出版社出版图书的信息，输出出版社名称、图书名称、出版日期，按照出版社名、出版日期的升序排列，按照每 6 行一页，输出结果，写 3 个相应的查询语句，共输出 3 页。

（10）图书表，新增 5 个图书信息，不添加收藏信息，之后查询图书的收藏情况，输出被收藏图书的书名与图书馆名和收藏日期，此外，结果集要求包含所有图书的书名，使用左外连接运算实现。

（11）图书馆表，新增 2 个图书馆信息，不添加相应的收藏信息，之后查询图书的收藏情况，输出被收藏图书的书名与图书馆名和收藏日期，此外，结果集要求包含所有图书馆的馆名，使用右外连接运算实现。

（12）使用上面两题修改后的图书表和图书馆表，不增加收藏信息，查询图书的收藏情况，输出被收藏图书的书名与图书馆名和收藏日期，此外，结果集要求包含所有图书的书名以及图书馆的馆名，使用全外连接运算实现。

（13）使用图书表与出版社表进行内连接运算，输出 ISBN、书名、出版社名、出版社地址和电话，查看图书与出版社的对应关系，之后使用交叉连接来连接图书表与出版社表查看结果，分析交叉连接的本质与内连接、外连接的关联。

（14）图形方式创建查询：查询所有翻译图书的编著信息，输出 ISBN、书名、图书类别、作者姓名、编著类别、作者排名，输出结果按照 ISBN、编著类别、作者排名的升序排列。运行查询，观察结果，并保存. SQL 文件。

（15）打开上一题目生成的. SQL 文件，在查询窗口，编辑该查询，增加如下条件：书名包含"数据库"，并且由 3 位译者翻译。

2. 扩展实验 1

扩展实验 1 使用 T-SQL 语句方法，根据如下查询要求应用查询语句对多个表（或视图、派生表）的数据进行高级查询操作。最后，练习使用图形方式，创建查询。

（1）设计名为"教师授课"的 CTE，其结果集包含各个教师的授课情况，输出的列包含：教师姓名、学期、课程号和教室；用 CTE"教师授课"与课程表连接，最终输出教师姓名、课程名、学分、学期、教室。

（2）创建一个基本表"父系家谱"，其中包括每一公民的亲生父亲的信息。应用递归 CTE，查询公民的名字以及备份，每一家族最初祖先的辈分为 1。输入具体数据。指定一个具体的公民。从其最初祖先开始逐辈输出其家族的家谱。

（3）按照学分的降序输出课程表的信息，仅仅输出前 5 行数据。

（4）查询学生选课信息，输出学号、姓名、课程名和成绩，按照课程名升序、成绩的降序输出，仅仅输出前 10％的记录。

（5）查询所有平均分在 85 分以上的学生，结果集的列包括学号、姓名和平均分，使用 INTO 子句生成基本表"优等生"，之后查看对象资源管理器中"优等生"表的信息。

（6）创建基本表"采购"，其中有列：月份、采购员、供应商、商品类别、采购数量与金额。添加 4 个月份、5 个采购员、5 个供应商的采购数据。使用 ROLLUP 关键字，按采购员、供应商、月份的次序对采购数量与金额进行汇总，结果按照采购员编号降序、供应商编号降序、月份降序排列，分析有多少种汇总方式，ROLLUP 的作用。

（7）使用上题"采购"表，用 CUBE 关键字对采购数据进行汇总统计，结果按照采购员编号降序、供应商编号降序、月份降序排列，分析 CUBE 与 ROLLUP 的不同作用。

（8）查询所有学生对于所有 3 学分以上课程的选课情况，输出学生的学号、姓名、课程名和分数。跳过前 5 行，从第 6 行开始输出数据。

（9）查询所有学生各科成绩信息，输出学号、最高分、最低分和平均分。按照最高分的降序输出。每页输出 5 行，写出两个相应的查询语句，共输出 2 页。

（10）查询所有教师的姓名，以及担任班主任的教师所负责的班级的班号。选择适当的外连接运算实现。观察结果对外连接进行分析。

（11）查询教师与课程的讲授情况，输出教师姓名、课程名、学期、教室、时段，使用全外连接实现。观察结果对全外连接进行分析。

（12）使用课程表与授课表进行内连接运算，查看课程与其对应授课情况，之后使用交叉连接来连接课程表与授课表查看结果，分析交叉连接的本质与内连接、外连接的关联。

（13）图形方式创建查询：查询 102101 班或 102102 班的所有授课信息，输出课程名、班号、学期、教室、时段，输出结果按照学期、课程名、班号的升序排列。运行查询，观察结果，并保存.SQL 文件。

（14）打开上一题目生成的.SQL 文件，在查询窗口，编辑该查询，增加查询条件：时段为"08：00-09：35"，并且教师姓"吴"。运行查询、观察结果。

3. 扩展实验 2

扩展实验 2 使用 T-SQL 语句方法，根据如下查询要求应用查询语句对多个表（或视图、派生表）的数据进行高级查询操作。最后，练习使用图形方式，创建查询。

（1）设计名为"乘客乘坐航班"的 CTE，包含乘客每一次乘坐某一航班的相关信息，其结果集的列包含：乘客的身份证号、乘客姓名、航班号、日期和座位号；用 CTE"乘客乘坐航班"与职工表连接，最终输出乘客的身份证号、乘客姓名、航班号、日期和座位号以及航班机长的姓名。

（2）创建一个基本表"军官表"，其中包括一个军内的各级干部自身的信息和其直接上级，假定每一个干部仅仅一个直接上级。添加具体数据。应用递归 CTE，查询每一个干部的身份证号、名字以及在干部管理层次中的级别，军长的级别为 1，从军长开始逐级输出。

（3）按照航班号、座位号的升序输出乘坐表的信息，查询航班号、座位号和身份证号，仅仅输出前 30 行数据。

（4）按照机型、航班号的升序输出航班表的信息，仅仅输出前 40％的记录。

（5）查询每一个航班的航班号、机型、机长姓名、日期、出发地、起飞时间、到达地、到达时间，使用 INTO 子句生成基本表"航班详情"，之后查看对象资源管理器中"航班详情"的信息。

（6）创建基本表"运动会"，其中有列：第几届、项目类别（比如中长跑）、班级、奖牌数。添加 3 届运动会，添加短跑、中长跑、投掷、球类 4 个项目类别，添加 5 个班级，以及获得奖牌的数目，不分金银铜牌统一计数。使用 ROLLUP 关键字，按第几届、项目类别、班级的次序对奖牌数量进行汇总，结果按照第几届降序、项目类别降序、班级降序来排序，分析有多少种汇总方式及 ROLLUP 的作用。

（7）使用上一题创建的基本表"运动会"。用 CUBE 关键字对奖牌数据进行汇总统计，结果按照第几届降序、项目类别降序、班级降序来排序，分析 CUBE 与 ROLLUP 的不同作用。

（8）查询每一个航班的机组人员的信息，输出航班号、职工号、姓名，按照航班号、职工号的升序排列，跳过前 5 个记录，从第 6 个记录开始输出。

（9）查询每一个航班的乘客信息，输出航班号、日期、乘客身份证号、乘客姓名、性别、出生年月，按照航班号、出生日期的升序排列，每 8 行一页，输出结果，写 2 个相应的查询语句，共输出 2 页。

（10）查询所有乘客的姓名以及乘坐的航班号、座位。选择适当的外连接运算实现。对查询结果进行分析，总结外连接的作用。

（11）查询每一个职工的姓名以及每一个航班的航班号、日期、起飞时间，以及航班与机组人员的对应关系，选择适当的外连接运算实现。

（12）使用航班表与飞机类型表进行内连接运算输出航班号、日期、机型和通道数，查看航班与机型的对应关系，之后使用交叉连接来连接航班表与飞机类型表输出同样的列，查看结果，分析交叉连接的本质与内连接、外连接的关联。

（13）图形方式创建查询：查询乘客"金耀祖"的所有乘坐信息，输出他的身份证号、姓名、航班号、座位号，输出结果按航班号的升序排列。运行查询，观察结果，并保存.SQL 文件。

（14）打开上一题目生成的.SQL 文件，在查询窗口，编辑该查询，增加如下条件：航班的日期为 2010-2-16。运行查询观察结果。

10.3.4　思考题

（1）什么是 CTE？CTE 可以用于什么场合？

（2）什么是递归 CTE？递归 CTE 有什么特点？

（3）INTO 子句生成的是临时表吗？什么情况下适宜使用 INTO 子句生成表？

（4）分组统计使用 ROLLUP 关键字，一般用于什么应用背景？分组与 ROLLUP 参数中的列名出现的次序有关吗？

（5）分组统计使用 CUBE 关键字，与 ROLLUP 有什么不同，一般用于什么应用背景？

（6）结果集的分页输出需要注意什么？

（7）外连接与内连接有什么关联？有什么不同？

（8）全外连接与笛卡儿积一样吗？

提 高 篇

提高篇介绍视图、索引、存储过程、触发器、函数、游标、事务与锁技术、数据库安全与访问的相关知识、实验操作方法等。对于课程设计以及工程设计来说，提高篇的内容是十分重要的。

提高篇包括第 11~18 章。

第 11 章

视　图

11.1　相关知识点

视图是数据库系统中非常重要的对象,作用在数据库基本表之上,为用户虚拟出一个满足其应用需求的数据组织方式,也称为虚表。使用视图有很多好处,比如,提供数据的逻辑独立性,简化查询语句的书写,使用户可以从自己的视角观察数据;同时,可以对视图进行授权,便于数据库管理系统进行安全性控制。

例如,对于航班数据库来说,视图可支持多类用户的多种应用要求。对于一般用户来说,只需要进行航班信息的查询以实现订票操作,而对于公司员工来说,可能需要知道某些航班的基本信息以及员工工作情况的信息。针对这样的两种应用要求,就可以分别为两类用户提供 2 种视图。其中满足一般用户的视图含有:航班号、出发地、目的地、起飞时间、到达时间、类型名、飞行时间、座位号等。而满足公司员工应用的视图含有:航班号、日期、起飞时间、到达时间、机型、制造商、载客人数、航线号、飞行时间、机长、副机长、乘客信息等。

这样,一方面不同用户清楚地看到自己需要的数据,另一方面把一些跟自己无关的数据屏蔽掉,在一定程度上也保证了数据的安全。

视图由查询进行定义,属性由查询语句中 SELECT 后面的属性构成,元组来自于查询引用的基本表或其他视图中的元组。

针对上面的例子,用于一般用户的视图由下面的 SELECT 语句构建:

SELECT 航班号,出发地,目的地,起飞时间,到达时间,类型名,飞行时间,座位号
FROM 航班表 机型表 航线表
WHERE 航班表.航线号=航线表。航线号 AND 航班表.机型=机型表.机型

但是,需要注意的是:视图虽由查询定义,但定义时该查询并不执行,系统只保存查询的定义,并不保存查询的结果,只有当基于视图的查询执行时,作为视图定义的查询才会执行。

该语句执行之后,便从航班表、机型表、航线表三个数据源中抽取出相应的数据组织成一张临时关系表。

本章将要学习视图的创建和删除,视图的修改,视图的加密以及通过视图修改表。

11.2　视图的创建

视图的创建既可以使用 SQL Server Management Studio，也可以使用 T-SQL 语句中的 CREATE VIEW 语句实现。

11.2.1　利用 SQL Server Management Studio 创建视图

以航班数据为例，创建一个用于支持用户订票应用的数据视图，内容包含航班号、出发地、目的地、起飞时间、到达时间、类型名、飞行时间、座位号，操作步骤如下：

图 11.1　新建视图

步骤 1：启动 SQL Server Management Studio，连接到 SQL Server 2012 数据库实例。

步骤 2：在【对象资源管理器】窗口里，展开 SQL Server 实例，选择【数据库】→【航班信息管理数据库】→【视图】选项，右击，然后从弹出的快捷菜单中选择【新建视图】命令，如图 11.1 所示，打开【视图设计器】。

步骤 3：视图设计器如图 11.2 所示，其上有【添加表】的对话框，可以将要引用的表添加到视图设计对话框上，在本例中，添加航班表、航线表、乘坐、飞机类型四个表。

步骤 4：添加完成数据表之后，单击【关闭】按钮，返回到如图 11.3 所示的【视图设计】的界面。如果还需要添加新的数据表，可以在【关系图】窗格的空白处右击，从弹出的快捷菜单里选择【添加表】命令，则会弹出如图 11.2 所示的【添加表】对话框，然后继续为视图添加引用表或视图。如果要移除已经添加的数据表或视图，可以在【关系图】窗格里选择要移除的数据表或视图，右击，在弹出的快捷菜单中选择【移除】命令，或选中要移除的数据表或视图后，直接按 Delete 键移除。

步骤 5：在【关系图】窗格里，可以创建表与表之间的参照关系，例如，要创建航班表的航线号和航线表的航线号之间的参照关系，只需将航线表中的航线号列拖曳到航班表中的航线号列上即可，此时两个表之间将会有一根线连着。

步骤 6：在【关系图】窗格里选择数据表列前的复选框，可以设置视图要输出的列，同样，在【条件窗口】里也可设置要输出的列。

步骤 7：在【条件】窗格里还可以设置要过滤的查询条件。

步骤 8：设置完后的 SQL 语句，会显示在 SQL 窗格里，这个 SELECT 语句也就是视图所要存储的查询语句。

步骤 9：所有查询条件设置完毕之后，单击【执行】按钮，试运行 SELECT 语句是否正确。

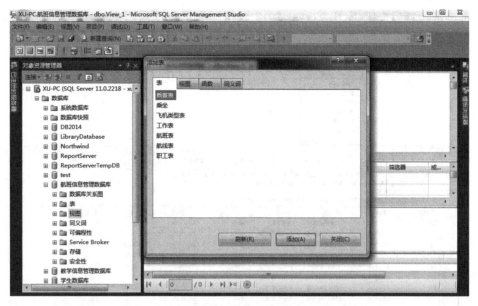

图 11.2 打开视图设计器时的【添加表】对话框

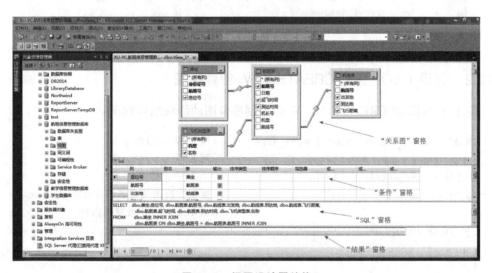

图 11.3 视图设计器结构

步骤 10：在一切测试都正常之后，单击【保存】按钮，在弹出的对话框里输入视图名称，如图 11.4 所示。

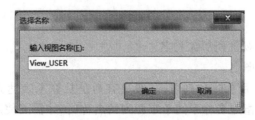

图 11.4 添加视图名称

再单击【确定】按钮，SQL Server 2012 数据库引擎会依据用户的设置完成视图的创建。视图执行结果如图 11.5 所示。

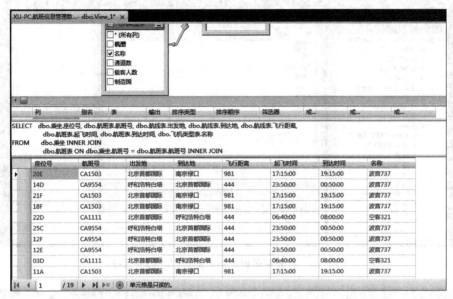

图 11.5　视图设计执行结果

11.2.2　利用 T-SQL 语句 CREATE VIEW 创建视图

使用 T-SQL 的 CREATE VIEW 命令创建视图的语法结构如下：

```
CREATE VIEW [ schema_name.] view_name    ----构架名.视图名
[ ( column [ ,...n ] ) ]                 ----列名
[ WITH <view_attribute >[ ,...n ] ]
AS select_statement [ ; ]                ----强制修改语句都必须符合在 select_
                                             statement 中设置的条件
[ WITH CHECK OPTION ]
<view_attribute >::=
{
    [ENCRYPTION ]                        ----加密
[ SCHEMABINDING ]                        ----绑定架构
[VIEW_METADATA ]                         ----返回有关视图的元数据信息
}
```

参数说明：

- schema_name：视图所属架构名。
- view_name：视图名。
- column：视图中所使用的列名，一般只有列是从算术表达式、函数和常量派生出来的，或者列的指定名称不同于来源列的名称时，才需要使用。
- select_statement：搜索语句。

- WITH CHECK OPTION：强制针对视图执行的所有数据修改语句都必须符合在 select_statement 中设置的条件。
- ENCRYPTION：加密视图。
- SCHEMABINDING：将视图绑定到基础表的架构。
- VIEW_METADATA：指定为引用视图的查询请求浏览模式的元数据时，SQL Server 实例将向 DB-Library、ODBC 和 OLE DB API 返回有关视图的元数据信息，而不返回基表的元数据信息。

【例 11.1】　使用上一节的例子，用 CREATE VIEW 创建一个用于支持用户订票应用的数据视图。

具体步骤如下：

步骤 1：打开 SQL Server Management Studio，并用"Windows 身份验证"登录。

步骤 2：单击标准工具栏的【新建查询】按钮，打开查询编辑窗口。

步骤 3：在查询编辑窗口中输入如下的 T-SQL 语句：

```
Use 航班信息管理数据库
Go
 CREATE VIEW View_USER AS
 SELECT 航班表.航班号,起飞时间,到达时间,出发地,到达地,飞行距离,名称,座位号
 FROM 航班表,航线表,乘坐,飞机类型表
 WHERE 航线表.航线号=航班表.航线号 AND 乘坐.航班号=航班表.航班号
     AND 飞机类型表.机型=航班表.机型
```

步骤 4：按 F5 键或单击工具栏上的【执行】按钮，结果如图 11.6 所示。

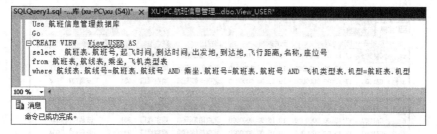

图 11.6　例 11.1 执行结果

创建了视图后，可以利用查询语句查看该视图，也可以基于此视图进行查询。

【例 11.2】　基于刚创建的视图，查看其所包含的信息。

在查询编辑器中输入如下 T-SQL 语句：

```
SELECT * FROM View_USER
```

执行结果如图 11.7 所示。

【例 11.3】　在此视图上查询从北京首都国际飞往南京禄口的航班信息。

查询语句如下：

```
SELECT * FROM View_USER
    WHERE 出发地='北京首都国际' AND 到达地='南京禄口'
```

图 11.7　例 11.2 查询结果

执行结果如图 11.8 所示。

图 11.8　例 11.3 查询结果

可以给视图中的列起别名，以利于用户更好地辨识各列的含义。别名列表在视图名之后。

【例 11.4】　将上面视图中的航班号改成航班，名称改成飞机类型。

```
CREATE VIEW View_USER (航班,起飞时间,到达时间,出发地,到达地,飞行距离,飞机类型,座位号)
AS
SELECT 航班表.航班号,起飞时间,到达时间,出发地,到达地,飞行距离,名称,座位号
FROM 航班表,航线表,乘坐,飞机类型表
WHERE 航线表.航线号=航班表.航线号 AND 乘坐.航班号=航班表.航班号
    AND 飞机类型表.机型=航班表.机型
```

执行以上 T-SQL 语句，查询结果如图 11.9 所示，其中航班号改为航班，名称改为飞

机类型。

	航班	起飞时间	到达时间	出发地	到达地	飞行距离	飞机类型	座位号
1	CA1503	17:15:00.0000000	19:15:00.0000000	北京首都国际	南京禄口	981	波音737	20E
2	CA9554	23:50:00.0000000	00:50:00.0000000	呼和浩特白塔	北京首都国际	444	波音737	14D
3	CA1503	17:15:00.0000000	19:15:00.0000000	北京首都国际	南京禄口	981	波音737	21F
4	CA1503	17:15:00.0000000	19:15:00.0000000	北京首都国际	南京禄口	981	波音737	18F
5	CA1111	06:40:00.0000000	08:00:00.0000000	北京首都国际	呼和浩特白塔	444	空客321	22D
6	CA9554	23:50:00.0000000	00:50:00.0000000	呼和浩特白塔	北京首都国际	444	波音737	25C
7	CA9554	23:50:00.0000000	00:50:00.0000000	呼和浩特白塔	北京首都国际	444	波音737	12F
8	CA9554	23:50:00.0000000	00:50:00.0000000	呼和浩特白塔	北京首都国际	444	波音737	12E

图 11.9　例 11.4 查询结果

但是视图的创建也是有约束的,在使用 CREATE VIEW 创建视图时,SELECT 子句中不能包含以下成分:

- COMPUTE 和 GROUP BY 子句。
- ORDER BY 子句,除非在 SELECT 语句中有 TOP 子句。
- OPTION 子句。
- INTO 关键字。
- 不能引用临时表或表变量。

下面以 ORDER BY 子句为例,设计一个视图,并使用 ORDER BY 子句,看看执行的结果。

【例 11.5】 创建一个视图,查看按照飞行距离降序排序的航班信息。尝试使用如下代码:

```
CREATE VIEW View_FLIGHT
AS
SELECT 航班表.航班号,出发地,到达地,飞行距离
FROM 航班表 JOIN 航线表 ON 航班表.航线号=航线表.航线号
ORDER BY 飞行距离 DESC
```

执行以上语句,结果如图 11.10 所示,给出了错误信息提示,说明 ORDER BY 子句的使用范围。读者还可以对 GROUP BY 等子句进行测试,并对结果进行分析。

那么什么时候可以排序呢？可以在创建好视图后,基于视图进行查询时,才可以使用 ORDER BY 子句对查询结果进行排序。

也可以在 SELECT 子句中指定了

```
CREATE VIEW View_FLIGHT
AS
SELECT 航班表.航班号,出发地,到达地,飞行距离
FROM 航班表 JOIN 航线表 ON 航班表.航线号=航线表.航线号
ORDER BY 飞行距离 DESC
```

% ▼ ◀

消息
消息 1033,级别 15,状态 1,过程 View_FLIGHT,第 12 行
除非另外还指定了 TOP、OFFSET 或 FOR XML,否则,ORDER BY
子句在视图、内联函数、派生表、子查询和公用表表达式中无效。

图 11.10　例 11.5 错误消息提示

TOP 关键字的情况下使用 ORDER BY 子句。下面的代码就是正确的:

```
CREATE VIEW View_FLIGHT
AS
SELECT top 100 航班表.航班号,出发地,到达地,飞行距离
FROM 航班表 JOIN 航线表 ON 航班表.航线号=航线表.航线号
ORDER BY 飞行距离 DESC
```

执行语句,则结果显示如图 11.11 所示,说明视图定义成功。

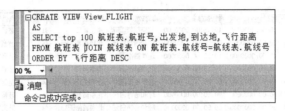

图 11.11　创建视图

11.3　视图的删除

11.3.1　使用 SQL Server Management Studio 删除视图

以前面创建的视图 View_USER 为例,说明使用 SQL Server Management Studio 进行删除的操作步骤。

步骤 1:打开 SQL Server Management Studio,并用"Windows 身份验证"登录。

步骤 2:在【对象资源管理器】窗格里展开树形目录,定位到 View_USER 选项。右击 View_USER 选项,在弹出的快捷菜单中选择【删除】选项,如图 11.12 所示。

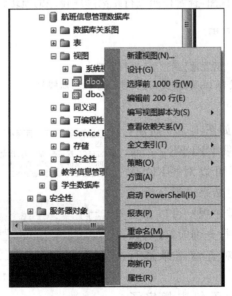

图 11.12　删除视图

步骤 3:在弹出的【删除对象】对话框中可以看到要删除的视图名称,单击【确定】按钮删除成功,如图 11.13 所示。

11.3.2　使用 DROP VIEW 删除视图

T-SQL 中删除视图的语法结构如下:

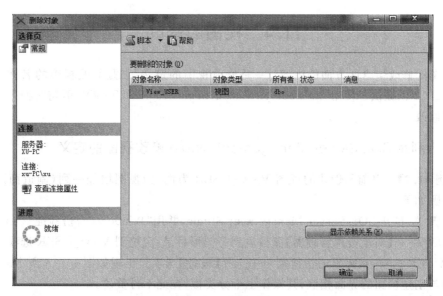

图 11.13　删除对象

```
DROP VIEW [schema_name . ] view_name [ ...,n] [ ; ]          ----架构名.视图名
```

下面用操作样例来说明使用 DROP VIEW 删除视图的步骤。

【**例 11.6**】　仍以创建的视图 View_USER 为例，使用 DROP VIEW 删除它。

步骤 1：打开 SQL Server Management Studio，并用"Windows 身份验证"登录。

步骤 2：单击标准工具栏的【新建查询】按钮，打开查询编辑窗口。

步骤 3：在查询编辑窗口中输入如下的 T-SQL 语句：

```
DROP VIEW View_USER
```

步骤 4：按 F5 键或单击工具栏上的【执行】按钮。该样例执行前和执行后的结果分别如图 11.14 和图 11.15 所示。

图 11.14　删除前的视图对象

图 11.15　执行 DROP VIEW 后的结果

11.4　视图的修改

视图的修改包含两方面的内容：一是修改视图的定义，二是修改视图的名称。SQL Server 2012 也提供了使用 SQL Server Management Studio 和 T-SQL 语句两种方法进行视图的修改。

11.4.1　利用 SQL Server Management Studio 修改视图的定义

【例 11.7】　以前面创建的视图 View_USER 为例，为视图增加一列（制造商），具体操作步骤如下。

步骤 1：打开 SQL Server Management Studio，并用"Windows 身份验证"登录。

步骤 2：在【对象资源管理器】窗格里展开树形目录，定位到 View_USER 选项。右击 View_USER 选项，在弹出的快捷菜单中选择【设计】选项。出现如图 11.16 所示的界面。该界面与创建视图的界面相似，其操作也十分类似，在此不再赘述。

步骤 3：修改完成后进行保存。

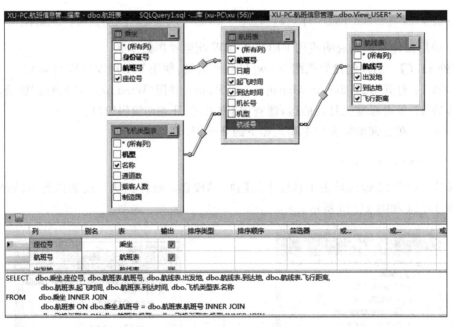

图 11.16　修改视图界面

11.4.2　使用 ALTER VIEW 修改视图

在 T-SQL 中修改视图的语法结构如下：

```
ALTER VIEW [ schema_name.] view_name        ----架构名.视图名
[ column [ ,...n ] )]                        ----列名
[ WITH <view_attribute >[ ,...n ] ]
```

```
AS select_statement[ ; ]        ----强制修改语句都必须符合在 select_statement 中设置
                                    的条件
[ WITH CHECK OPTION ]
<view_attribute >::=
{
    [ENCRYPTION ]               ----加密
    [ SCHEMABINDING ]           ----绑定架构
    [VIEW_METADATA ]            ----返回有关视图的元数据信息
}
```

从上面代码可以看出，ALTER VIEW 语句的语法与 CREATE VIEW 语法完全一样，只不过是以 ALTER VIEW 开头。下面以上面创建的视图 View_USER 为例，说明 ALTER VIEW 语句的用法。

【例 11.8】 以前面创建的视图 View_USER 为例，为其增加一列（日期）。语句如下：

```
ALTER VIEW View_USER AS
SELECT 航班表.航班号,日期,起飞时间,到达时间,出发地,到达地,飞行距离,名称,座位号
FROM 航班表,航线表,乘坐,飞机类型表
WHERE 航线表.航线号=航班表.航线号 AND 乘坐.航班号=航班表.航班号
      AND 飞机类型表.机型=航班表.机型
```

执行语句并对其进行查询显示，结果如图 11.17 所示，可以看到已增加了日期列。

	航班号	日期	起飞时间	到达时间	出发地	到达地	飞行距离	名称	座位号
1	CA1503	2013-02-16	17:15:00.0000000	19:15:00.0000000	北京首都国际	南京禄口	981	波音737	20E
2	CA9554	2013-01-04	23:50:00.0000000	00:50:00.0000000	呼和浩特白塔	北京首都国际	444	波音737	14D
3	CA1503	2013-02-16	17:15:00.0000000	19:15:00.0000000	北京首都国际	南京禄口	981	波音737	21F
4	CA1503	2013-02-16	17:15:00.0000000	19:15:00.0000000	北京首都国际	南京禄口	981	波音737	18F
5	CA1111	2013-02-16	06:40:00.0000000	08:00:00.0000000	北京首都国际	呼和浩特白塔	444	空客321	22D
6	CA9554	2013-01-04	23:50:00.0000000	00:50:00.0000000	呼和浩特白塔	北京首都国际	444	波音737	25C
7	CA9554	2013-01-04	23:50:00.0000000	00:50:00.0000000	呼和浩特白塔	北京首都国际	444	波音737	12F
8	CA9554	2013-01-04	23:50:00.0000000	00:50:00.0000000	呼和浩特白塔	北京首都国际	444	波音737	12E
9	CA1111	2013-02-16	06:40:00.0000000	08:00:00.0000000	北京首都国际	呼和浩特白塔	444	空客321	03D
10	CA1503	2013-02-16	17:15:00.0000000	19:15:00.0000000	北京首都国际	南京禄口	981	波音737	11A

图 11.17 ALTER VIEW 结果

11.5 编辑视图中的记录

在有些情况下，可以根据视图来修改基本表中的数据，称之为编辑视图中的记录。但需要注意以下情况：

- Timestamp 和 Binary 类型的列不能修改。
- 如果列的值是自动产生的，比如计算列、标识列，也不能修改。
- 修改的内容要符合列的类型定义。

11.5.1 利用 SQL Server Management Studio 编辑视图记录

【例 11.9】 以前面创建的视图 View_USER 为例，修改其中一个列的值，并插入一条新记录。操作步骤如下：

步骤 1：打开 SQL Server Management Studio，并用"Windows 身份验证"登录。

步骤 2：在【对象资源管理器】窗格里展开树形目录，定位到 View_USER 选项。右击 View_USER 选项，在弹出的快捷菜单中选择【编辑前 200 行】选项。打开如图 11.18 所示视图编辑窗口。

航班号	日期	起飞时间	到达时间	出发地	到达地	飞行距离	名称	座位号
CA1503	2013-02-16	17:15:00	19:15:00	北京首都国际	南京禄口	981	波音737	20E
CA9554	2013-01-04	23:50:00	00:50:00	呼和浩特白塔	北京首都国际	444	波音737	14D
CA1503	2013-02-16	17:15:00	19:15:00	北京首都国际	南京禄口	981	波音737	21F
CA1503	2013-02-16	17:15:00	19:15:00	北京首都国际	南京禄口	981	波音737	18F
CA1111	2013-02-16	06:40:00	08:00:00	北京首都国际	呼和浩特白塔	444	空客321	22D
CA9554	2013-01-04	23:50:00	00:50:00	呼和浩特白塔	北京首都国际	444	波音737	25C
CA9554	2013-01-04	23:50:00	00:50:00	呼和浩特白塔	北京首都国际	444	波音737	12F
CA9554	2013-01-04	23:50:00	00:50:00	呼和浩特白塔	北京首都国际	444	波音737	12E
CA1111	2013-02-16	06:40:00	08:00:00	北京首都国际	呼和浩特白塔	444	空客321	03D
CA1503	2013-02-16	17:15:00	19:15:00	北京首都国际	南京禄口	981	波音737	11A
CA9554	2013-01-04	23:50:00	00:50:00	呼和浩特白塔	北京首都国际	444	波音737	11B
CA1111	2013-02-16	06:40:00	08:00:00	北京首都国际	呼和浩特白塔	444	空客321	10B
CA1503	2013-02-16	17:15:00	19:15:00	北京首都国际	南京禄口	981	波音737	11C
CA1111	2013-02-16	06:40:00	08:00:00	北京首都国际	呼和浩特白塔	444	空客321	22F
CA1503	2013-02-16	17:15:00	19:15:00	北京首都国际	南京禄口	981	波音737	03D
CA1111	2013-02-16	06:40:00	08:00:00	北京首都国际	呼和浩特白塔	444	空客321	23A
CA9554	2013-01-04	23:50:00	00:50:00	呼和浩特白塔	北京首都国际	444	波音737	23A
CA1111	2013-02-16	06:40:00	08:00:00	北京首都国际	呼和浩特白塔	444	空客321	01B
CA1503	2013-02-16	17:15:00	19:15:00	北京首都国际	南京禄口	981	波音737	05A
NULL	*NULL*	*NULL*	*NULL*	*NULL*	*NULL*	*NULL*	*NULL*	*NULL*

图 11.18 视图编辑窗口

步骤 3：找到要修改的记录，在记录上直接修改列内容，修改完毕后，只需要将光标从该记录上移开，定位到其他记录上，SQL Server 2012 就会将修改的记录保存。

步骤 4：定位到最后一条记录下面，有一条所有列为 NULL 的记录，在此可以输入新记录的内容。

11.5.2 使用 INSERT、UPDATE 和 DELETE 语句操作视图中的记录

可以使用 T-SQL 中的 INSERT、UPDATE 和 DELETE 通过视图操作记录，其语法结构与对表的操作完全相同。

仍以视图 View_USER 为例，举三个例子说明如何插入一条记录，删除一条记录以及修改一个列值。

【例 11.10】 向视图 View_USER 中插入一条记录。具体数据是：航班号为 CA1507，日期为 2014-05-01，起飞时间为 10:00:00，到达时间为 17:00:00。SQL 语句如下：

```
INSERT View_USER VALUES('CA1507','2014-05-01','10:00:00','17:00:00')
```

按 F5 键或单击工具栏上的【执行】按钮，此时会出现不可更新的错误，如图 11.19

所示。

图 11.19　向视图 View_USER 插入记录时出错

这一插入为何会失败呢？错误信息提示中给出了比较明确的提示,插入新的数据时影响到多个基本表,主要是航班号这一列在其他表中有引用。如果没有设置级联更新,则系统直接拒绝数据的插入;如果设置了级联更新,但如果其他表中有的列不允许为空,插入也不能成功。所以一般来说,不会通过创建在多个基本表上的视图进行数据更新操作。当视图创建在一个基本表上,有时可以实现对基本表的更新,但需要避免 NOT NULL 列的约束。下面以例子说明之。

【例 11.11】　创建一个新的视图,输入的 SQL 语句如下:

CREATE VIEW View_F AS SELECT 航班号,日期,起飞时间,到达时间 FROM 航班表

即从航班表中把一部分属性,如航班号、日期、起飞时间、到达时间抽取出来,构成一个新的视图。

然后通过 VIEW_F 增加一行 ('CA1507','2014-05-01','10:00:00','17:00:00'):

INSERT INTO View_F
VALUES('CA1507','2014-05-01','10:00:00','17:00:00')

执行以上语句,结果如图 11.20 所示,出现错误,不能插入数据。

图 11.20　当基本表中有属性具有 NOT NULL 约束时插入数据产生的错误

由于视图不一定包括表中的所有列,所以在插入记录时可能会遇到问题。视图中那些没有出现的列无法显式插入数据,假如这些列不接受系统指派的 NULL 值,那么插入操作将失败。

【例 11.12】　下面再次创建一个新的视图,该视图基于的基本表没有 NOT NULL约束。创建视图的 SQL 语句如下:

CREATE VIEW View_F AS SELECT 航线号,出发地,到达地 FROM 航线表

接着,通过视图 View_FL 向航线表中增加一行('1000','北京首都','上海浦东'),SQL语句如下:

INSERT View_FL VALUES('1000','北京首都','上海浦东')

执行该语句,成功插入数据。图 11.21 和图 11.22 分别展示插入数据前和插入数据后的数据结果。

	航线号	出发地	到达地
1	1001	北京首都国际	三亚凤凰机场
2	1002	北京首都国际	厦门高崎机场
3	1003	上海浦东	厦门高崎机场
4	1004	北京首都国际	大连周水子

图 11.21　插入数据前

	航线号	出发地	到达地
1	1000	北京首都	上海浦东
2	1001	北京首都国际	三亚凤凰机场
3	1002	北京首都国际	厦门高崎机场
4	1003	上海浦东	厦门高崎机场
5	1004	北京首都国际	大连周水子

图 11.22　插入数据后

基于视图,也可以在有限情况下对某一数据项进行更新和删除,下面以例子进行说明。

【例 11.13】　通过视图将航线号为“1000”的航班的出发地改为“北京首都国际”。语句如下:

```
UPDATE View_FL SET 出发地='北京首都国际' WHERE 航线号='1000'
```

图 11.23 和图 11.24 分别是更新前和更新后的数据情况。

	航线号	出发地	到达地
1	1000	北京首都	上海浦东
2	1001	北京首都国际	三亚凤凰机场
3	1002	北京首都国际	厦门高崎机场
4	1003	上海浦东	厦门高崎机场

图 11.23　更新前的数据

	航线号	出发地	到达地
1	1000	北京首都国际	上海浦东
2	1001	北京首都国际	三亚凤凰机场
3	1002	北京首都国际	厦门高崎机场
4	1003	上海浦东	厦门高崎机场

图 11.24　更新后的数据

【例 11.14】　通过视图将航线号为“1000”的航班信息删除。语句为:

```
DELETE FROM View_FL WHERE 航线号='1000'
```

执行该语句,图 11.25 和图 11.26 是删除前和删除后的数据情况。

	航线号	出发地	到达地
1	1000	北京首都国际	上海浦东
2	1001	北京首都国际	三亚凤凰机场
3	1002	北京首都国际	厦门高崎机场
4	1003	上海浦东	厦门高崎机场

图 11.25　删除前的数据

	航线号	出发地	到达地
1	1001	北京首都国际	三亚凤凰机场
2	1002	北京首都国际	厦门高崎机场
3	1003	上海浦东	厦门高崎机场
4	1004	北京首都国际	大连周水子

图 11.26　删除后的数据

11.6　通过视图限制表或视图的修改

有时可能会因为某些原因将视图定义所引用的表删除,这时再运行视图会产生运行错误。为了避免由于引用表或引用视图被删除而引起的运行错误,需要限制引用表或引用视图的删除。这一功能可在视图定义时通过使用 WITH SCHEMABINDING 关键字来实现。

【例 11.15】　以前面的视图 View_USER 为例,在创建时加上 WITH SCHEMABINDING 关键字:

```
CREATE VIEW View_USER
WITH SCHEMABINDING
AS
SELECT 航班表.航班号,日期,起飞时间,到达时间,出发地,到达地,飞行距离,名称,座位号
FROM dbo.航班表,dbo.航线表,dbo.乘坐,dbo.飞机类型表
WHERE 航线表.航线号=航班表.航线号 AND 乘坐.航班号=航班表.航班号
    AND 飞机类型表.机型=航班表.机型
```

创建成功后,然后删除所引用的数据表:

```
DROP TABLE 乘坐
```

执行语句,运行结果如图 11.27 所示,此时不允许删除数据表。

图 11.27　删除例 11.15 创建的视图所需要的基本表而产生的错误信息

在使用 WITH SCHEMABINDING 时,有以下方面需要注意:

- 使用了 WITH SCHEMABINDING,在 SELECT 语句中,不能用 * 来代表所有的列,必须使用列名。
- 使用了 WITH SCHEMABINDING,在 SELECT 语句中所用到的表或视图名必须用 Owner.object 方式表示。

11.7　视图的加密

在 SQL Server 2012 中,每个数据库系统视图里都有一个名为: INFORMATION_SCHEMA.VIEW 的视图对象,其中记录了数据库中所有视图的信息。可以使用语句:

```
SELECT *
FROM INFORMATION_SCHEMA.VIEWS
```

语句查看视图的内容,如图 11.28 所示,可以看见视图的定义及相关信息。

	TABLE_CATALOG	TABLE_SCHEMA	TABLE_NAME	VIEW_DEFINITION	CHECK_OPTION	IS_UPDATABLE
1	航班信息管理数据库	dbo	View_USER	--SELECT * FROM View_USER --DROP View View_U...	NONE	NO

图 11.28　INFORMATION_SCHEMA.VIEW 视图对象中的内容

如果不想让别人看见你所创建的视图,可以使用 WITH ENCRYPTION 参数为视图加密。

【例 11.16】 以前面所创建的视图 View_USER 为例,将此视图加密成新视图 View

_USER2,语句如下：

```
CREATE VIEW View_USER2
WITH ENCRYPTION
AS
SELECT 航班表.航班号,日期,起飞时间,到达时间,出发地,到达地,飞行距离,名称,座位号
FROM 航班表,航线表,乘坐,飞机类型表
WHERE 航线表.航线号=航班表.航线号 AND 乘坐.航班号=航班表.航班号
    AND 飞机类型表.机型=航班表.机型
```

再使用 SELECT * FROM INFORMATION_SCHEMA.VIEWS 查看视图内容,其结果如图 11.29 所示,在 View_USER2 记录上显示的视图内容为 NULL,事实上 View_USER2 视图内容并不为 NULL,只是加密后用户无法查看而已。

	TABLE_CATALOG	TABLE_SCHEMA	TABLE_NAME	VIEW_DEFINITION	C
1	航班信息管理数据库	dbo	View_USER	--SELECT * FROM View_USER --DROP View View_U...	N
2	航班信息管理数据库	dbo	View_USER2	NULL	N

图 11.29 查看加密后的视图

创建的 View_USER2 视图在 SQL Server Management Studio 中也不能对其进行修改。如图 11.30 所示,View_USER2 视图前的小图标与其他视图不同,上面有一把小锁,代表视图已经被加密。右击该视图名,在弹出的快捷菜单中【设计】选项是灰色的,不能进行修改。

图 11.30 加密后的视图

虽然在 SQL Server Management Studio 中不能修改加密后的视图,但是并不意味着加密视图就不能被修改,使用 ALTER VIEW 语句可以修改加密视图。因为 ALTER VIEW 语句修改视图和使用 SQL Server Management Studio 修改视图不同,不需要先显示视图代码。

11.8　实　　验

11.8.1　实验目的

本实验主要是通过学习视图的相关知识,了解视图的作用,创建、修改、删除视图及视图加密等相关技术。具体要求如下:

(1) 掌握视图的基本概念,了解视图在数据库系统中的作用及原理。

(2) 掌握使用 SQL Server Management Studio 进行视图的创建、修改和删除操作。

(3) 掌握使用 T-SQL 进行视图的创建、修改和删除操作。

(4) 了解基于视图进行表数据的修改及其注意事项。

(5) 了解视图加密的方法。

11.8.2　实验内容

(1) 要求仍以航班数据库为例,用 T-SQL 的 CREATE VIEW 创建一个支持公司员工进行航班信息查询的数据视图,数据内容包含:航班号、日期、起飞时间、到达时间、机型、制造商、载客人数、航线号、飞行时间、机长、副机长、乘客信息。

(2) 将前面作业中创建的视图删除掉,用 SQL Server Management Studio 创建此视图。

(3) 以上面所创建的视图为例,为其减少一列(航线号),请使用 SQL Server Management Studio 和 ALTER VIEW 两种方法修改视图的定义。

(4) 以(1)或(2)创建的视图为例,请使用 SQL Server Management Studio 和 T-SQL 两种方法操作视图的记录:

① 插入一条记录。

② 删除一条记录。

③ 修改一个记录的起飞时间。

(5) 以(1)或(2)创建的视图为例,限制其引用表的删除。写出相应的语句并执行之,查看执行结果。

(6) 以(1)或(2)创建的视图为例,为视图加密。

11.8.3　思考题

(1) 什么叫视图?

(2) 视图的作用有哪些?

(3) 视图在数据库中以什么形式存在?

(4) 基于视图查询是否会提高查询效率?

第 12 章

索　引

12.1　相关知识点

数据库中的索引是一种辅助的数据结构,其作用与图书的目录一样,可以提高检索数据的速度。索引依赖于基本表创建。每个索引项记录基本表中某个或某些列的值及其在磁盘上相应的存储地址。这样,当按此列进行检索时,就可以先在索引文件中找到检索值对应的存储地址,然后直接到该地址中抽取相应的记录。

索引有许多类别,在 SQL Server 2012 中可支持的索引种类有聚集索引(Clustered)、非聚集索引(Non-Clustered)、唯一性索引(Unique)、复合索引、包含性列索引、视图索引、全文索引和 XML 索引。

(1) 聚集索引是指索引文件中索引的顺序与基本表中记录的顺序一致。比如,在航班表中对航班号创建聚集索引,索引项的值的顺序是按航班号从小到大,则数据文件中记录的存储顺序也是按航班号从小到大。而非聚集索引则不要求数据的存储顺序与索引的顺序一致。比如在航班表中按年龄创建非聚集索引,则索引文件中索引项的顺序按年龄的次序排列,而数据文件中记录的顺序仍然按航班号的顺序进行存储。

由于聚集索引代表的是数据文件中记录的存储顺序,而存储顺序只能是一个,所以对于一个基本表,只能创建一个聚集索引,而非聚集索引则可以创建多个。

(2) 唯一性索引是指索引项没有重复值,即被索引列的取值是唯一的,该索引可以是聚集的也可以是非聚集的。但一般来说,唯一索引都是创建在基本表的主键列上,当在基本表中创建主键后,数据库管理系统会自动将主键列设置成聚集的、唯一性索引。设置成唯一性索引的列通常是不允许为空(NULL)的,如果设置可以为空,则表中只能有一条记录为空,因为在各个索引项中 NULL 值也是不允许重复的。

(3) 复合索引是指索引的列多于一个,比如在航线表中,在出发地、目的地以及飞行距离三个列上创建复合索引。这种索引的索引值首先按第一个列的值进行排序,然后在第一个列排序的基础上按第二个列进行排序,依此类推。在 SQL Server 2012 中复合索引中的列总数不能超过 16 个,所有列大小之和不能超过 900 字节。因为如果索引的列太多,索引文件将会变得很大,与存储数据的文件相比没有优越性,检索一个索引文件的时间甚至与检索该基本表的时间差不多,这样不但不能提高检索效率,反而降低了检索的效率。

(4) 包含性列索引。在一些特殊的应用中,索引的列比较长(比如文章的标题大约要1000 字节),或需要对一些具有描述性的列(如对一些非结构化数据的描述)进行索引,此时由于复合索引的列大小之和有限制,创建复合索引时就会失败。为了解决这个问题,SQL Server 2012 设置了包含性列索引,其原理是在创建一个索引时将其他列包含到这个索引中,并起到索引的作用。比如想对文章标题进行索引,先在文章编号上创建索引,然后把文章标题包含在这个索引中,就创建了包含性列索引。包含性列索引只能是非聚集索引,在计算构成索引的列数以及索引列的大小时,SQL Server 2012 不考虑被包含的列。

（5）视图索引是指为视图创建索引。视图是一个虚拟的表,数据库系统中只存储视图的定义,并不真正存储数据。但当视图执行后包含的数据比较多时,创建索引也有利于提高检索效率。然而,如果为视图创建索引,则视图将不能再以定义的形式存在,而是要被物化并永久存储(有关物化视图超出了本教材范围,请有需要的读者参看相关参考书籍或 SQL Server 2012 联机文档)。对视图创建索引与对基本表创建索引方法完全相同。可以对视图创建聚集索引,也可以创建非聚集索引。

（6）XML 索引是一种比较特殊的索引,在 SQL Server 2012 中将 XML 数据定义成二进制大对象(BLOB)类型的列,XML 实例就以二进制大对象(BLOB)的形式存储在列中。一般来说,XML 实例数据都是比较大的,最大可达 2GB。在这样大的数据中查询,如果不加索引将是非常耗时的。所以 SQL Server 2012 支持在 XML 列上创建索引,即 XML 索引。

（7）全文索引是一种特殊类型的、基于标记的功能性索引,由 Microsoft SQL Server 全文引擎服务创建并维护。全文索引用于为存储在 SQL Server 数据库中的文本数据创建基于关键字查询的索引。如果需要在大量文本文字中搜索字符串,全文索引比 T-SQL 中 LIKE 查询的效率要高得多。全文索引的创建过程与其他类型索引创建过程差别较大,这里不做详细的描述,有兴趣的读者可参照 SQL Server 2012 的用户手册或在线帮助手册。

SQL Server 2012 的索引是以 B-树(Balanced-tree,平衡树)结构来组织的,效率比较高,可支持随机及范围查找。另外,对于数据库来说,并不是创建的索引越多越好,因为索引也要占用存储空间,而且当插入或删除记录时需要对索引文件进行更新维护。所以一般来说,只对基本表的主键或检索频率高的列创建索引,检索频率较少的列不需要创建索引。

12.2　自动创建索引

SQL Server 2012 提供系统自动创建索引机制。在定义表中的主键或对某些列设置了 UNIQUE 约束时,系统自动在这些列上创建索引。下面以航班表为例说明定义主键时系统自动定义索引的情况。

【例 12.1】　用如下语句创建航班表:

```
CREATE TABLE 航班表
(
    航班号 char(8) primary key,
    日期 date;
    起飞时间 datetime,
    到达时间 datetime,
```

```
    机长号 char(6)
    机型 char(6)
    航线号 char(6) NOT NULL
)
```

执行该语句定义的航班表后，在【对象资源管
理器】窗格中的树形目录中找到该表所在的航班数
据库，并按【表】→【航班表】→【索引】这一路径展开
该航班数据库的子目录，如图 12.1 所示，就可以看
到有一个名为 PK_航班表（聚集）的索引。这个索
引就是系统自动为主键创建的索引，主键索引是聚集索引。

图 12.1　在主键上自动创建的索引

12.3　使用 SQL Server Management Studio 创建索引

在 SQL Server 2012 中，可以使用 SQL Server Management Studio 来创建索引，下面
以航班数据库中的飞机类型表为例，说明使用 SQL Server Management Studio 为列类型
名创建索引的过程。

步骤 1：启动 SQL Server Management Studio 并连接到相应的实例，在【对象资源管
理器】中选择数据库实例→【数据库】→【航班管理信息数据库】→【表】→【飞机类型表】→
【索引】选项。

步骤 2：右击【索引】选项，在弹出的快捷菜单中选择【新建索引】，出现如图 12.2 所示
的【新建索引】对话框。

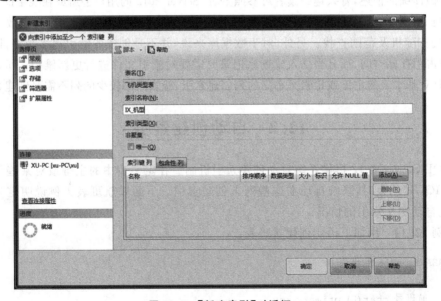

图 12.2　【新建索引】对话框

步骤 3：在【索引名称】文本框处可以输入索引的名称，索引名称在表或视图中必须是
唯一的，但是在数据库中可以不唯一。在【索引类型】下拉列表框中可以选择是聚集索引

还是非聚集索引。【唯一】复选项用于设置是否是唯一性索引。

　　步骤 4：单击【添加】按钮，出现如图 12.3 所示的从【"dbo.飞机类型表"中选择列】对话框，在此可以选择用来创建索引的列。如果选择两个或两个以上的列作为索引列，则该索引为复合索引。

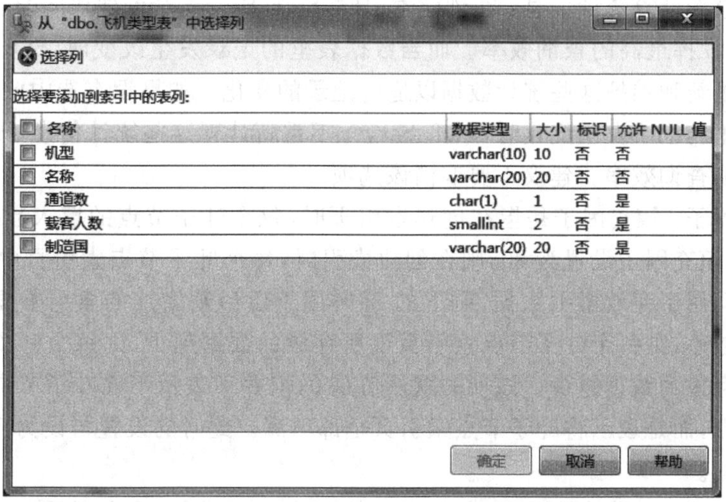

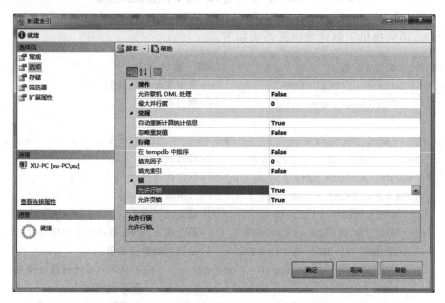

图 12.3　从飞机类型表中选择创建索引的列

　　步骤 5：选择了列后，单击【确定】按钮，返回到【新建索引】对话框，在【排序顺序】栏可以选择升序还是降序。如果没有其他特别需要，可以单击【确定】按钮完成操作。

　　在【新建索引】对话框中还有几个选项页，下面介绍这些选项页里常用的选项参数。

　　在【新建索引】对话框中选择【选项】，出现如图 12.4 所示的【选项】页。在该页中有以下几个常用选项。

图 12.4　【新建索引】对话框中的【选项页】

- 忽略重复值：该项用于指定是否可以将重复的列值插入到数据库中。如果选中此复选项，SQL Server 就会发出错误信息，并回滚插入操作。该项只有索引为唯一性索引时才能使用。如果不是唯一性索引，本来就可以插入重复的索引值，因此不用设置此项。

- 自动重新计算统计信息：在创建索引时，SQL Server 会创建访问索引列的统计数量，以发挥最高的查询效率。而当数据表里的记录发生改变时，SQL Server 也会自动更新和维护这些统计数据以适应记录的变化。如果没有选中此复选项，在数据表里的记录发生变化时，SQL Server 不重新计算这些统计信息，因此无法达到最优的查询效率。建议不要取消该选项。

- 填充因子：填充因子是指在创建索引页时，每个叶子节点的填入数据的填满率。例如，填充因子设置为 80，则在创建索引时，每个叶子节点索引页中只使用 80% 的空间用于存放索引数据，剩下的 20% 用于以后新增加的索引数据。因此索引数据越小，则每个叶子节点索引页里所存放的数据越少，则每个叶子节点索引页里所存放的数据越少。该项的默认值是 0，但并不表示不在叶子节点索引页里填充数据，而是表示将叶子节点索引页全部填满。此时的设置与设为 100 的作用完全相同。

- 填充索引：在默认情况下，中间节点索引页都会留下一个空间用于存入新增加的索引。如果要指定中间索引页的可用空间比率，就必须指定填充因子的大小，因为中间节点索引页的填充比率和填充因子的相同。

- 最大并行度：该项用于设置使用索引进行单个查询时，可以使用 CPU 数量。默认值为 0，表示使用所有的 CPU。

12.4 使用 T-SQL 语句创建索引

T-SQL 语句提供了创建索引的语法如下：

```
CREATE [ UNIQUE ]                              -唯一索引
    [ CLUSTERED | NONCLUSTERED ]               --聚集或非聚集索引
        INDEX index_name                       --索引名称
ON
[database_name. [ schema_name ] . | schema_name. ] table_or_view_name    --表或视图名
    ( column [ ASC | DESC ] [ ,...n ] )        --索引列
    [ INCLUDE ( column_name [ ,...n ] ) ]      --包含性列列
    [ WITH ( PAD_INDEX ={ ON | OFF }           --索引填充
        | FILLFACTOR =fillfactor               --填充因子大小
        | SORT_IN_TEMPDB ={ ON | OFF }         --是否在 tempdb 数据库中存储临时排序结果
        | IGNORE_DUP_KEY ={ ON | OFF }         --是否忽略重复的值
        | STATISTICS_NORECOMPUTE ={ ON | OFF }    --不自动重新计算统计信息
        | DROP_EXISTING ={ ON | OFF }          --删除现有索引
        | ALLOW_ROW_LOCKS ={ ON | OFF }        --在访问索引时使用行锁
```

```
        | ALLOW_PAGE_LOCKS = { ON | OFF }            --在访问索引时使用也锁
        | MAXDOP =max_degree_of_parallelism          --设置最大行
        [,...n])]
    [ ON { partition_scheme_name ( column_name )     --指定分区方案
        | filegroup_name                             --指定文件组
        | default                                    --将索引放在默认文件组中
        }
]
```

创建索引的参数比较多,下面介绍一些常用的选项。

- UNIQUE：创建唯一索引。
- CLUSTERED：创建聚集索引。
- NONCLUSTERED：创建非聚集索引。
- index_name：创建索引名。
- table_or_view_name：数据表名或视图名。
- column：指定索引的列。
- INCLUDE：指定索引包含的非索引列。
- PAD_INDEX：指定索引填充。
- FILLFACTOR = fillfactor：指定填充因子大小。
- SORT_IN_TEMPDB：指定是否在 tempdb 数据库中存储临时排序的结果。
- IGNORE_DUP_KEY：指定在唯一索引中出现插入重复键值时的错误方式,也就是【忽略重复值】的设置。
- STATISTICS_NORECOMPUTE：设置是否自动重新计算统计信息。
- DROP_EXISTING：指定在创建索引时是否删除并重新生成已存在的同名索引。
- ALLOW_ROW_LOCKS：指定是否允许行锁定。
- ALLOW_PAGE_LOCKS：指定是否允许页锁定。
- MAXDOP：指定最大的并行度,也就是指定使用 CPU 的数量。
- partition_scheme_name (column_name)：指定分区方案。
- filegroup_name：指定文件组。
- default：将索引放在默认文件组中。

下面来逐一说明如何使用 T-SQL 为数据库表创建各种索引。

1. 创建简单索引

【例 12.2】　为航班数据库中的乘客表创建一个简单索引,索引的列为姓名。语句如下:

```
CREATE INDEX IX_姓名 ON 乘客表 (姓名)
```

由于各种参数均为默认值,所以创建的索引是非聚集的、按升序排列的、不具唯一性的索引。

当然,可以通过设置相应的参数来改变索引的类型以及排列顺序。比如可以将排列顺序定义成降序,语法如下:

```
CREATE INDEX IX_姓名 2 ON 乘客表 (姓名 DESC)
```

2. 创建聚集索引

【例 12.3】 将航班数据库中乘客表的主键定义删除,然后为其在编号列上创建一个聚集索引。

语句如下:

```
CREATE CLUSTERED INDEX IX_编号 ON 乘客表(编号)
```

3. 创建非聚集索引

非聚集索引可以不定义,也可以在 T-SQL 中显式定义。

【例 12.4】 在航班数据库中航班表的日期列创建一个非聚集的、降序索引。

语句如下:

```
CREATE NONCLUSTERED INDEX IX_日期 ON 航班表(日期 DESC)
```

4. 创建唯一索引

选择 UNIQUE 关键字就可以创建唯一性索引。

【例 12.5】 为飞机类型表中的名称列创建唯一性索引。语句如下:

```
CREATE UNIQUE INDEX IX_类型名 ON 飞机类型表(名称)
```

5. 创建复合索引

【例 12.6】 为乘坐表中的乘客号和航班号两个列创建个复合索引,语句如下:

```
CREATE INDEX IX_乘客号航班号 ON 乘坐表(乘客号,航班号)
```

6. 创建包含性列索引

【例 12.7】 为航班表中的航班号和日期创建复合索引,并将在索引中包含机型列,则语句如下:

```
CREATE INDEX IX_包含性索引
    ON 航班表(航班号,日期)
    INCLUDE(机型)
```

7. 索引中其他因子的设置

在创建索引时,除了上述那些常用的参数设置外,索引参数中的其他因子,如填充因子、填充索引、是否允许重新自动计算统计值等有时也需要设置。比如对于例 12.7,除其本身的定义外,还要求设置填充因子为 80,设置填充索引,而且允许自动重新计算统计信息,则其语句修改如下:

```
CREATE INDEX IX_索引因子
    ON 航班表(航班号,日期)
    INCLUDE(机型)
    WITH
    (
        PAD_INDEX=ON,
        FILLFACTOR=80,
```

```
STATISTICS_NORECOMPUTE=OFF
)
```

12.5 查看和修改索引

创建完索引后，可以使用 SQL Server Management Studio 和 T-SQL 语句来查看和修改索引的内容。

12.5.1 使用 SQL Server Management Studio 查看和修改索引

SQL Server Management Studio 提供两种方法查看和修改索引：第一种方法是直接利用索引项查看和修改索引，第二种方法是利用表设计器查看和修改索引。

【例 12.8】 以航班数据库中乘客表的姓名列上的索引为例，说明使用 SQL Server Management Studio 两种方法修改索引的具体过程。

直接利用索引项进行查看和修改，步骤如下。

步骤 1：启动 SQL Server Management Studio 并连接到相应的实例，在【对象资源管理器】中选择数据库实例→【数据库】→【航班管理信息数据库】→【表】→【飞机类型表】→【索引】选项。

步骤 2：展开【索引】选项可以看见飞机类型表中所创建的所有索引，如图 12.5 所示。

步骤 3：右击其中一个索引，例如【IX_机型】索引，

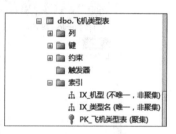

图 12.5 查看索引

在弹出的快捷菜单里选择【属性】选项，弹出如图 12.6 所示的【索引属性-IX_机型】对话框。直接双击索引也可以打开该【索引属性】对话框。该对话框里的内容与创建索引的对

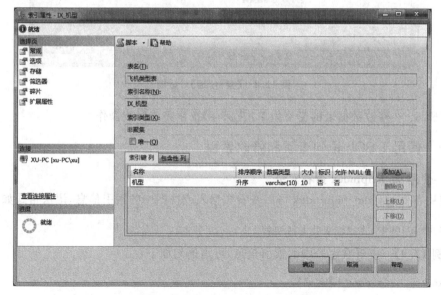

图 12.6 【索引属性-IX 机型】对话框

话框内容大致相同，可以在此直接修改索引的选项参数内容，完成后单击【确定】按钮结束操作。

第二种查看与修改索引的步骤如下。

步骤 1：启动 SQL Server Management Studio 并连接到相应的实例，在【对象资源管理器】中选择数据库实例→【数据库】→【航班数据库】→【表】→【飞机类型表】选项。

步骤 2：右击【飞机类型表】，在弹出的快捷菜单中选择【设计】选项，打开修改数据表的窗格。

步骤 3：单击【表设计器】工具栏上的【管理索引和键】按钮，如图 12.7 所示。

图 12.7 【管理索引和键】按钮

步骤 4：弹出如图 12.8 所示的【索引/键】对话框，在此对话框中可以看到【飞机类型表】中的所有索引，选择不同的索引，可以对其参数值进行修改，修改完毕后，单击【关闭】按钮返回修改数据表的界面。

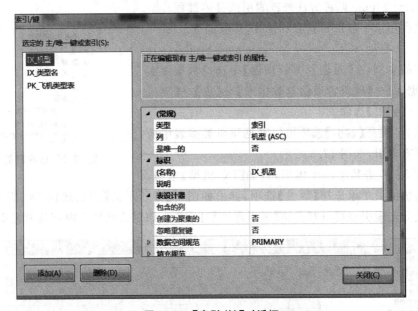

图 12.8 【索引/键】对话框

步骤 5：在修改数据表的窗格里单击【保存】按钮完成修改操作。

12.5.2 使用 T-SQL 语句查看和修改索引

1. 使用 sp_helpindex 查看索引

使用存储过程 sp_helpindex 可以查看数据表或视图中的索引信息，语法格式如下：

```
sp_helpindex [@objname=] 'name'
```

【例 12.9】 查看乘客表中的索引信息，可写语句如下：

```
Exec sp_helpindex '乘客表'
```

运行结果如图 12.9 所示。其中 index-name 列显示的是索引的名称，index_

description 列显示索引的说明。index-keys 指生成索引的列。

	index_name	index_description	index_keys
1	IX_姓名	nonclustered located on PRIMARY	姓名
2	IX_姓名2	nonclustered located on PRIMARY	姓名(-)
3	PK_乘客表	clustered, unique, primary key located on PRIMARY	身份证号

图 12.9　利用 sp_helpindex 查看索引的运行结果

2. 使用 sys.indexes 视图查看索引

在 SQL Server 2012 的系统视图 sys.indexes 中存储了索引的信息,可以通过查看系统视图来查看索引的相关信息。

【例 12.10】　通过系统视图查看索引,语句如下:

```
Use 航班数据库
Select * from sys.indexes
```

执行以上语句,运行结果如图 12.10 所示。

	object_id	name	index_id	type	type_desc	is_unique	data_space_id	ignore_dup_key	is_primary_key	is_unique_constraint	fill_factor	is
116	341576255	IX_姓名	2	2	NONCLUSTERED	0	1	0	0	0	0	0
117	341576255	IX_姓名2	3	2	NONCLUSTERED	0	1	0	0	0	0	0
118	373576369	PK_职工表	1	1	CLUSTERED	1	1	0	1	0	0	0
119	421576540	PK_飞机类型表	1	1	CLUSTERED	1	1	0	1	0	0	0
120	421576540	IX_机型	3	2	NONCLUSTERED	0	1	0	0	0	0	0
121	421576540	IX_类型名	4	2	NONCLUSTERED	1	1	0	0	0	0	0
122	485576768	PK_工作表	1	1	CLUSTERED	1	1	0	1	0	0	0
123	517576882	PK_乘坐	1	1	CLUSTERED	1	1	0	1	0	0	0
124	517576882	IX_乘客号航...	4	2	NONCLUSTERED	0	1	0	0	0	0	0
125	603577500	PK_航班表	1	1	CLUSTERED	1	1	0	1	0	0	0
126	693577509	IX_日期	8	2	NONCLUSTERED	0	1	0	0	0	0	0
127	693577509	IX_包含性索引	9	2	NONCLUSTERED	0	1	0	0	0	0	0

图 12.10　通过系统视图查询索引结果

查询结果中显示了索引的所有参数信息,如索引所属对象的编号(object_id)、索引名称(name)、索引编号(index_id)、索引类型(type)等。

12.6　重新生成索引

索引由数据库管理系统自动维护。每当对数据库进行增删改的时候,索引数据都有可能会被更新,而且有可能会变得越来越大,越来越零散,并且会分散在硬盘的多个位置上,从而产生许多文件碎片。当索引的碎片较多时会影响查询性能,此时就需要对索引进行重新生成或重新组织。重新生成是指将原来的索引删除,创建一个与原来相同的索引。而重新组织是指将索引中的数据进行重新排序,重新分配存储地址,达到整理碎片的目的。

SQL Server 2012 可以使用两种方法重新生成索引:在 SQL Server Management Studio 中重新生成索引,或使用 ALTER INDEX 语句中的 REBUILD 参数重新生成索引。下面分别介绍。

12.6.1 使用 SQL Server Management Studio 重新生成索引

使用 SQL Server Management Studio 重新生成索引的具体步骤如下。

步骤 1：启动 SQL Server Management Studio 并连接到相应的实例,在【对象资源管理器】中选择数据库实例→【数据库】→【航班管理信息数据库】→【表】→【飞机类型表】→【索引】选项。

步骤 2：右击【IX_机型】索引选项,在弹出的快捷菜单中选择【重新生成】选项,弹出如图 12.11 所示的【重新生成索引】对话框。在该对话框中的【碎片统计】栏里,可以看到索引逻辑碎片在索引页中所占的比例。如果该比例很小,则不需要重新生成索引。因为重新生成索引是删除并重建索引的过程,尤其是重新生成聚集索引,会占用许多系统资源。

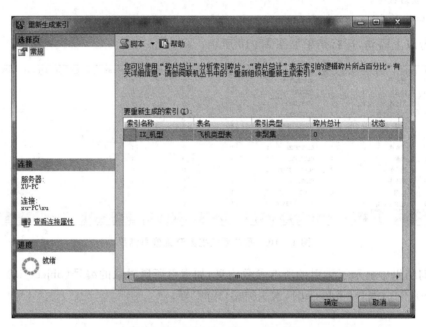

图 12.11 【重新生成索引】对话框

步骤 3：单击【确定】按钮,完成操作。

12.6.2 使用 ALTER INDEX 重新生成索引

ALTER INDEX 的语法结构如下：

```
ALTER INDEX { index_name | ALL }
    ON [ database_name. [ schema_name ] . | schema_name.]  --指定索引名或者所有索引
    table_or_view_name                                     --数据表或视图名
    { REBUILD
      [[WITH
      ( PAD_INDEX ={ ON | OFF }                             --索引填充
```

```
            | FILLFACTOR =fillfactor                    --填充因子大小
            | SORT_IN_TEMPDB ={ ON | OFF }   --是否在 tempdb 数据库中存储临时排序结果
            | IGNORE_DUP_KEY ={ ON | OFF }              --是否忽略重复值
            | STATISTICS_NORECOMPUTE ={ ON | OFF } --不自动重新计算统计信息
            | ALLOW_ROW_LOCKS ={ ON | OFF }            --在访问索引时使用行锁
            | ALLOW_PAGE_LOCKS ={ ON | OFF }           --在访问索引时使用页锁
            | MAXDOP =max_degree_of_parallelism  --设置最大并行数
            [,...n])
        ]
        | [ PARTITION=partition_number              --指定分区方案
            [WITH
            (SORT_IN_TEMPDB={ON|OFF}            --是否在 tempdb 数据库中存储临时排序结果
                |MAXDOP=max_degree_of_parallelism    --设置最大并行数
            [ , ...n ] ) ]
    ]]
    |DISABLE                                  --禁用索引
    |REORGANIZE                               --重新组织的索引
        [PARTTITION=partition_number]         --重新生成或重新组织索引的一个分区
        [WITH(LOB_COMPACTION={ON|OFF})]       --压缩包含大型对象数据的页
    |SET(ALLOW_ROW_LOCKS={ON|OFF}             --在访问索引时使用行锁
        |ALLOW_PAGE_LOCKS={ON|OFF}            --在访问索引时使用页锁
        |IGNORE_DUP_KEY={ON|OFF}              --是否忽略重复的值
        |STATISTICS_NORECOMPUTE={ON|OFF}      --不自动重新计算统计信息
    [,...n])
}
```

这里有很多与创建索引语法重复的内容,在这里就不再累赘了,只介绍一些创建索引的语法里没有的参数。

- index_name:索引名称。
- ALL:所有索引。
- REBUILD:指定将使用相同的列、索引类型、唯一性属性和排列顺序重新生成索引。
- DISABLE:将索引标记为禁用。
- REORGANIZE:重新组织的索引。
- PARTITION:指定重新生成或重新组织索引的一个分区。如果 index_name 不是已分区索引,则不能指定 PARTITION。
- LOB_COMPACTION:指定压缩所有包含大型对象(LOB)数据的页。LOB 数据类型包括 image、text、ntext、varchar(max)、varbinary(max)和 XML。压缩这些类型的数据可以改善磁盘空间的使用情况。

【例 12.11】　重新生成乘客表中的索引 IX_姓名,则语句如下:

```
ALTER INDEX IX_姓名
```

```
ON 乘客
REBUILD
```

在重新生成索引时，还可以设置索引填充，比如重新生成的索引填充因子设置成 75，则语句如下：

```
ALTER INDEX IX_姓名
ON 乘客
REBUILD
WITH(PAD_INDEX=ON
    FILLFACTOR=75)
```

12.7   重新组织索引

SQL Server 2012 也提供两种方法重新组织索引：在 SQL Server Management Studio 中重新组织索引，或使用 ALTER INDEX 语句中的 REORGANIZE 参数重新组织索引，下面分别介绍。

12.7.1   使用 SQL Server Management Studio 重新组织索引

【例 12.12】 以乘客表中姓名列上的索引为例，说明如何重新组织索引。

步骤 1：启动 SQL Server Management Studio 并连接到相应的实例，在【对象资源管理器】中选择数据库实例→【数据库】→【航班管理信息数据库】→【表】→【乘客表】→【索引】选项。

步骤 2：右击【IX_姓名】索引选项，在弹出的快捷菜单中选择【重新组织】选项，弹出如图 12.12 所示的【重新组织索引】对话框。在该对话框中，可以看到索引逻辑碎片在索引页中所占的比例。如果该比例很小，则不需要重新生成索引。

步骤 3：与重新生成索引不同，在【重新组织索引】对话框中，有个【压缩大型对象列数据】复选项。如果选中此复选项，则在重新组织索引时，将压缩包含大型对象数据的页。大型数据类型包括 image、text、ntext、varchar(max)、varbinary(max)和 XML。压缩这些类型的数据可以改善磁盘空间的使用情况。

步骤 4：设置完成后，单击【确定】按钮完成操作。

12.7.2   使用 ALTER INDEX 重新组织索引

在 ALTER INDEX 语句中，使用 REORGANIZE 参数可以对索引进行重新组织。

【例 12.13】 以乘客表中姓名列上的索引为例，使用 REORGANIZE 参数进行重新组织的语句如下：

```
ALTER INDEX IX_姓名
ON 乘客
REORGANIZE
```

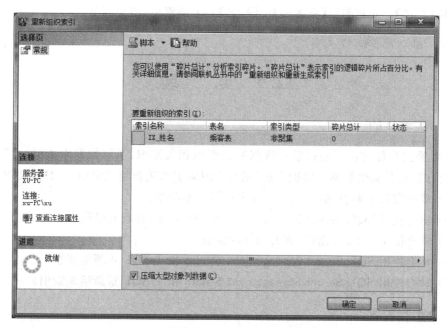

图 12.12 【重新组织索引】对话框

12.8 索引的删除

如果某个索引不需要时,可以将其删除掉。但删除索引需要注意以下事项:

(1) 如果索引是系统自动创建的,如主键上的索引或由 UNIQUE 约束而生成的索引,均不能被删除,除非先从表中将这些约束删除掉。

(2) 如果要删除一个表的所有索引,要先删除非聚集索引,然后再删除聚集索引。

(3) 当数据表或视图被删除时,在其上创建的所有索引均被同时删除。

12.8.1 使用 SQL Server Management Studio 删除索引

【例 12.14】 以乘客表中姓名列上的索引为例,说明如何进行删除。

步骤 1:启动 SQL Server Management Studio 并连接到相应的实例,在【对象资源管理器】中选择数据库实例→【数据库】→【航班管理信息数据库】→【表】→【乘客表】→【索引】选项。

步骤 2:右击【IX_姓名】索引选项,在弹出的快捷菜单中选择【删除】选项。

步骤 3:在弹出的【删除对象】对话框中单击【确定】按钮完成删除操作。

12.8.2 使用 DROP INDEX 删除索引

T-SQL 语言中删除索引的语法格式如下:

```
DROP INDEX <table_name>.<index_name>
```

【例 12.15】 要删除以【乘客表】中【姓名】列上的索引，语句如下：

```
DROP INDEX 乘客表.IX_姓名
```

12.9 实　　验

12.9.1　实验目的

本实验主要目的在于通过学习数据库索引的相关知识，了解数据库索引的结构、类型，创建方法以及索引的基本维护方法（重新生成索引和重新组织索引）。具体要求如下：

(1) 掌握数据库索引基本概念，以及索引的基本类型。

(2) 学会使用 SQL Server Management Studio 创建、查看和修改索引。

(3) 学会使用 T-SQL 创建、查看和修改索引。

(4) 学会使用 SQL Server Management Studio 和 T-SQL 重新生成索引。

(5) 学会使用 SQL Server Management Studio 和 T-SQL 重新组织索引。

12.9.2　实验内容

1. 基础实验

(1) 以航班数据库为例，用 T-SQL 定义并执行创建一个职工表，其中姓名列取值不允许重复，即设置 UNIQUE 约束，然后查看此约束定义后，系统是否自动设置了索引？索引的类别是什么？

(2) 以航班数据库为例，使用 T-SQL 为职工表创建聚集索引，为姓名列创建唯一索引，并设置相应的参数。

(3) 以航班数据库为例，使用 SQL Server Management Studio 和 T-SQL 两种方式来查看和修改实验指导中所创建的索引。

(4) 以航班数据库为例，使用 SQL Server Management Studio 和 T-SQL 两种方式来重新生成前面创建的索引。

(5) 以航班数据库为例，使用 SQL Server Management Studio 和 T-SQL 两种方式来重新组织前面创建的索引。

(6) 以航班数据库为例，使用 SQL Server Management Studio 和 T-SQL 两种方式来删除成前面创建的索引。

2. 扩展实验

本实验为扩展学习，包括如下内容：

尝试创建一个表，包含至少 20 个列，元组 100 万以上，可使用程序进行元组的自动输入。尝试创建多列索引，试着逐渐增加索引列的个数，及每增加一个列，索引文件大小发生怎样的变化？查询效率发生怎样的变化？索引列最多能增加到多少个？

可自己设计一个试验表，由 A,B,C 等列构成，并使用 T-SQL 语言或 VC、Java 等语言设计一个程序进行表中元组的插入。对于索引的创建，每增加一个列，要有相应的索引文件大小的截图，查询效率统计的数据等信息。

12.9.3 思考题

(1) 索引在数据库中的作用是什么？

(2) 索引有哪几种类型？

(3) 每种类型索引的特点是什么？

(4) SQL Server 2012 中索引的维护有哪几种方式？各有什么特点？

第 13 章

存 储 过 程

13.1　相关知识点

存储过程(Stored Process)是一组预先写好的能实现某种功能的 T-SQL 程序。该程序需要指定固定的名称,并经编译后存储在系统中。使用时直接调用该程序并给予适当的参数即可。在数据库管理系统中,存储过程也是一种数据库对象。

由于存储过程是程序,与之前的 T-SQL 语句相比,要复杂得多,它不但包含数据存取语句,还要包含参数定义、流程控制、错误处理等语句。一般来说,存储过程由下面三个主要部分构成:

(1) 输入和输出参数。

(2) 实现功能的 T-SQL 语句。

(3) 返回值或返回状态值,说明执行是成功还是失败的。

数据库管理系统提供存储过程这一机制,具有以下好处:

(1) 提高执行效率。存储过程以预先经过编译的二进制代码形式进行存储,因此运行时不需要再进行编译,直接运行即可,从而加快了执行的速度。

(2) 可重复利用。存储过程一旦被创建,可以重复使用,多个程序均可对它进行调用。这样提高了程序的利用率。

(3) 提供安全控制。与视图类似,存储过程也可以提供一种中间权限控制机制,将数据表与用户分隔开来。用户通过存储过程来访问表,且在存储过程中设置其访问权限,从而起到保护数据的作用。

(4) 减少网络流量。在基于网络的应用中,存储过程提供了这一优势。将存储过程保存在数据库服务器上,当客户端进行调用时,只需使用存储过程的名称及相应的参数。这样客户端向服务端发送请求时的字节数就大大降低了,从而可节省数据传输时间,提高运行效率。

SQL Server 2012 中提供三种类型的存储过程,分别如下:

(1) 系统存储过程(System Stored Procedures)。系统存储过程是数据库管理系统自己创建、管理和使用的一类存储过程,命名以"sp_"开头,它存储在 SQL Server 2012 的 resource 数据库中,用户不能对其进行修改或删除。在第 3 章介绍过 SQL Server 2012 提供了 18 类系统存储过程,以帮助用户查看系统中的很多对象信息。

(2) 用户自定义存储过程(User-defined Store Procedures)。它是用户自行创建的存储过程。

（3）扩展存储过程（Extended Stored Procedures）。扩展存储过程是一种外部存储过程，不存储在 SQL Server 2012 系统中，而是以 DLL 形式单独存在，可以用其他语言进行编写。扩展存储过程的命名以"xp_"开头，在后续的 SQL Server 版本中可能会废除该类存储过程，所以尽量不要使用这种存储过程。

13.2　存储过程的创建

SQL Server 2012 的存储过程也可以使用 SQL Server Management Studio 和 T-SQL 两种方法来创建，下面分别进行介绍。

13.2.1　使用 SQL Server Management Studio 创建存储过程

【例 13.1】　以航班管理信息数据库为例，创建名为"航班信息"的存储过程来查看各航班的飞行线路以及机型信息，步骤如下：

步骤 1：启动 SQL Server Management Studio，连接到相应实例，在【对象资源管理器】窗格中选择数据库实例→【数据库】→【航班管理信息数据库】→【可编程性】→【存储过程】选项。

步骤 2：右击【存储过程】选项，在弹出的快捷菜单中选择【新建存储过程】选项。弹出如图 13.1 所示的创建存储过程的查询编辑器窗格，其中已经加入了一些创建存储过程的代码。

```
SQLQuery1.sql -...库 (xu-PC\xu (56))  X
-- the definition of the procedure.
-- ================================================
SET ANSI_NULLS ON
GO
SET QUOTED_IDENTIFIER ON
GO
-- ================================================
-- Author:      <Author,,Name>
-- Create date: <Create Date,,>
-- Description: <Description,,>
-- ================================================
CREATE PROCEDURE <Procedure_Name, sysname, ProcedureName>
    -- Add the parameters for the stored procedure here
    <@Param1, sysname, @p1> <Datatype_For_Param1, , int> = <Default_Value_For_Param1, , 0>,
    <@Param2, sysname, @p2> <Datatype_For_Param2, , int> = <Default_Value_For_Param2, , 0>
AS
BEGIN
    -- SET NOCOUNT ON added to prevent extra result sets from
    -- interfering with SELECT statements.
    SET NOCOUNT ON;

    -- Insert statements for procedure here
    SELECT <@Param1, sysname, @p1>, <@Param2, sysname, @p2>
END
                        向变量赋值的 SELECT 语句不能与数据检索操作结合使用。
GO
```

图 13.1　创建存储过程

步骤 3：单击菜单栏上的【查询】→【指定模板参数的值】选项，弹出如图 13.2 所示的对话框，其中 Author、Create Date、Description 为可选项，内容可以为空，Procedure_Name 为存储过程名，@Param1 为第一个参数名，Datatype_For_Param1 为第一个参数的类型，Defaulr_Value_For_Param1 为第一个参数的默认值，@Param2 为第二个参数。由于本例中不需要参数,将 2 个参数的相关内容设为空。

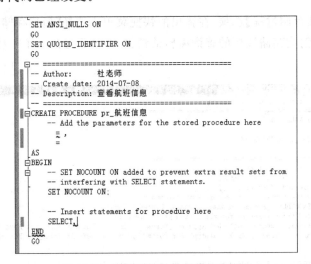

图 13.2 指定模板参数

步骤 4:设置完毕后,单击【确定】按钮,返回到创建存储过程的查询编辑器窗格,如图 13.3 所示,此时代码已经改变。

```
SET ANSI_NULLS ON
GO
SET QUOTED_IDENTIFIER ON
GO
-- =============================================
-- Author:      杜老师
-- Create date: 2014-07-08
-- Description: 查看航班信息
-- =============================================
CREATE PROCEDURE pr_航班信息
    -- Add the parameters for the stored procedure here
    = ,
    =
AS
BEGIN
    -- SET NOCOUNT ON added to prevent extra result sets from
    -- interfering with SELECT statements.
    SET NOCOUNT ON;

    -- Insert statements for procedure here
    SELECT
END
GO
```

图 13.3 设置了参数后的查询编辑器

步骤 5:在"Insert statements for procedure here"下输入 T-SQL 语句,在本例中输入

SELECT 航班表.机型,出发地,到达地
FROM 航班表,航线表,飞机类型表
WHERE 航班表.航线号=航线表.航线号 AND 飞机类型表.机型=航班表.机型

步骤 6:将"Add the parameters for the stored procedure here"下面的等号和逗号全部删除(因为没有参数)。

步骤 7:单击【执行】按钮完成操作,最后结果如图 13.4 所示。

```
        -- Insert statements for procedure here
        SELECT 航班表.机型,出发地,到达地 FROM 航班表,航线表,飞机类型表
        WHERE 航班表.航线号=航线表.航线号 AND 飞机类型表.机型=航班表.机型
  END
  GO
```

```
00 %  ◄
■ 消息
命令已成功完成。
```

图 13.4   设计完的存储过程

13.2.2   使用 T-SQL 语句创建存储过程

T-SQL 中的 CREATE PROCEDURE 语句可以创建存储过程,其语法格式如下:

```
CREATE { PROC | PROCEDURE }
    [schema_name.] procedure_name [ ; number ]
    [ { @parameter [ type_schema_name. ] data_type }
      [ VARYING ] [ =default ] [ OUT | OUTPUT ] [READONLY]
    ] [ ,...n ]
[ WITH <procedure_option> [ ,...n ] ]
[ FOR REPLICATION ]
AS { sql_statement [;] [ ...n ] }
[;]
<procedure_option> ::= [ ENCRYPTION ] [ RECOMPILE ] [ EXECUTE_AS_Clause ]
<sql_statement> ::= { [ BEGIN ] statements [ END ] }
<method_spicifier> ::= EXTERNAL NAME assembly_name.class_name.method_name
```

其参数解释如下:

- schema_name:过程所属架构的名称。
- procedure_name:过程的名称。
- number:用于对同名的过程分组的可选整数。使用一个 DROP PROCEDURE 语句可将这些分组过程一起删除。
- @ parameter:在过程中声明的参数。
- [type_schema_name.] data_type:参数的数据类型以及该数据类型所属的架构。
- VARYING:指定作为输出参数支持的结果集。该参数由过程动态构造,其内容可能发生改变。仅适用于 cursor 参数。该选项对于 CLR 过程无效。
- default:参数的默认值。如果为参数定义了默认值,则无须指定此参数的值即可执行过程。
- OUT | OUTPUT:指示参数是输出参数。使用 OUTPUT 参数将值返回给过程的调用方。
- ENCRYPTION:加密存储过程。
- RECOMPILE:指示数据库引擎不缓存此过程的查询计划,这强制在每次执行此过程时都对该过程进行编译。

- EXECUTE_AS_Clause：指定在其中执行过程的安全上下文。
- FOR REPLICATION：指定为复制创建该过程。因此，它不能在订阅服务器上执行。
- <sql_statement>语法块：存储过程执行的 T-SQL 语句。
- <method_specifier>语法块：指定.NET Framework 程序集的方法，以便 CLR 存储过程引用。

【例 13.2】 仍以航班管理信息数据库为例，创建存储过程查看各航班的飞行线路以及机型信息。代码如下：

```
CREATE PROC pr_FlightInfo
AS
SELECT 航班表.机型,出发地,到达地
FROM 航班表,航线表,飞机类型表
WHERE 航班表.航线号=航线表.航线号 AND 飞机类型表.机型=航班表.机型
GO
```

存储过程的代码以 GO 为结束标志。

执行存储过程时，使用 EXEC 命令，如要运行上例，则写成：

```
EXEC pr_FlightInfo
```

执行的结果如图 13.5 所示。

	机型	出发地	到达地
1	733	北京首都国际	呼和浩特白塔
2	321	北京首都国际	呼和浩特白塔
3	737	呼和浩特白塔	北京首都国际
4	321	北京首都国际	呼和浩特白塔
5	777	北京首都国际	三亚凤凰机场
6	747	北京首都国际	成都双流国际
7	737	北京首都国际	南京禄口
8	737	北京首都国际	大连周水子
9	737	北京首都国际	厦门高崎机场
10	330	厦门高崎机场	北京首都国际
11	737	厦门高崎机场	北京首都国际
12	319	北京首都国际	南京禄口
13	737	北京首都国际	南京禄口
14	737	北京首都国际	南京禄口

图 13.5　运行存储过程的结果

13.3　修改存储过程

当存储过程不能满足需要时，可以对其代码进行修改。

13.3.1　使用 SQL Server Management Studio 修改存储过程

【例 13.3】 以前面创建的航班信息存储过程为例，要求其检索出来的数据按航班号升序排列，具体步骤如下。

步骤1：启动 SQL Server Management Studio，连接到相应实例，在【对象资源管理器】窗格中选择数据库实例→【数据库】→【航班管理信息数据库】→【可编程性】→【存储过程】→【pr_航班信息】选项。

步骤2：右击【pr_航班信息】选项，在弹出的快捷菜单中选择【修改】选项。

步骤3：出现如图13.6所示的修改查询过程的查询编辑器窗格，其中已经加入了一些修改存储过程的代码。

```
USE [航班信息管理数据库]
GO
/****** Object:  StoredProcedure [dbo].[pr_航班信息]    Script Date: 2014/7/8
SET ANSI_NULLS ON
GO
SET QUOTED_IDENTIFIER ON
GO
-- =============================================
-- Author:      杜老师
-- Create date: 2014-07-08
-- Description: 查看航班信息
-- =============================================
ALTER PROCEDURE [dbo].[pr_航班信息]
    -- Add the parameters for the stored procedure here
AS
BEGIN
    -- SET NOCOUNT ON added to prevent extra result sets from
    -- interfering with SELECT statements.
    SET NOCOUNT ON;

    -- Insert statements for procedure here
    SELECT 航班表.机型,出发地,到达地 FROM 航班表,航线表,飞机类型表
    WHERE 航班表.航线号=航线表.航线号 AND 飞机类型表.机型=航班表.机型
END
```

图13.6 修改存储过程代码

步骤4：将语句：

SELECT 航班表.机型,出发地,到达地 FROM 航班表,航线表,飞机类型表 WHERE 航班表.航线号=航线表.航线号 AND 飞机类型表.机型=航班表.机型

改为：

SELECT 航班表.机型,出发地,到达地 FROM 航班表,航线表,飞机类型表 WHERE 航班表.航线号=航线表.航线号 AND 飞机类型表.机型=航班表.机型 ORDER BY 航班号 ASC

步骤5：单击【执行SQL】按钮完成操作。

在 SQL Server Management Studio 中也可以修改存储过程的名字，其操作方法如下。

步骤1：启动 SQL Server Management Studio，连接到相应实例，在【对象资源管理器】窗格中选择数据库实例→【数据库】→【航班管理信息数据库】→【可编程性】→【存储过程】→【pr_航班信息】选项。

步骤2：右击【航班信息】选项，在弹出的快捷菜单中选择【重命名】选项。

步骤3：输入航班信息，然后按回车键，完成操作。

13.3.2 使用 T-SQL 语句修改存储过程

T-SQL 的 ALTER PROCEDURE 可以对存储过程进行修改，其语法结构如下：

```
ALTER { PROC | PROCEDURE }
    [schema_name.] procedure_name [ ; number ]
        [ { @parameter [ type_schema_name. ] data_type }
          [ VARYING ] [ =default ] [ OUT | OUTPUT | [READONLY]
        ] [ ,...n ]
[ WITH <procedure_option> [ ,...n ]
[ FOR REPLICATION ]
AS { sql_statement [;] [ ...n ] }
[;]
<procedure_option> ::= [ ENCRYPTION ] [ RECOMPILE ] [ EXECUTE_AS_Clause ]
<sql_statement> ::= { [ BEGIN ] statements [ END ] }
<method_spicifier> ::= EXTERNAL NAME assembly_name.class_name.method_name
```

看起来是否有似曾相识的感觉？的确，除了 ALTER PROCEDURE 之外，其他代码与创建存储过程代码相同。

【例 13.4】 对例 13.3，使用 ALTER PROCEDURE 进行修改，代码如下：

```
ALTER PROC pr_航班信息
AS
SELECT 航班表.机型,出发地,到达地 FROM 航班表,航线表,飞机类型表
WHERE 航班表.航线号=航线表.航线号 AND 飞机类型表.机型=航班表.机型
ORDER BY 航班号 ASC
```

使用存储过程 sp_rename 也可以修改存储过程的名字，如：

```
exec sp_rename pr_航班信息,航班信息
```

13.4 执行存储过程

SQL Server 2012 中也提供两种方法执行存储过程：SQL Server Management Studio 和 EXEC。在前面介绍存储过程的创建时，涉及使用 EXEC 执行存储过程，下面详细介绍一下 EXEC 的语法结构。

EXEC 是 execute 的缩写，其语法结构如下：

```
[{EXEC|EXECUTE}]
  {
    [@return_status =]
      [ [@paramenter =]{value
                |@variable|[OUTPUT]...
                |[DEFAULT]
                }
      ]
    [,...n]
    [WITH RECOMPILE]
}]
```

其常用参数如下：
- @return_status：可选的整数型变量，用于存储存储过程向调用者返回的值。
- @paramenter：参数名。
- value：参数值。
- @variable：用来存储参数或返回参数变量。
- OUTPUT：表明该参数是返回参数变量。
- DEFAULT：参数默认值。

【例 13.5】 对于 12.3 节创建的存储过程航班信息，执行其的代码如下：

```
Exec pr_航班信息
```

则出现图 13.7 所示的结果。

但如果将该存储过程修改成以下的形式：

```
CREATE PROCEDURE pr_航班数据
    @P1 char(20),
    @P2 char(20)
AS
BEGIN
  SELECT *
  FROM 航班表,航线表,飞机类型表
  WHERE 航班表.航线号=航线表.航线号
      AND 航班表.机型=飞机类型表.机型
      AND 出发地=@p1
      AND 到达地=@p2
END
GO
```

图 13.7 执行存储过程结果

则执行该存储过程的代码如下：

```
EXEC pr_航班数据 @p1=北京首都国际,@p2=成都双流国际
```

因为存储过程需要接收参数，所以在执行时需要向存储过程传递参数。

当然，如果想使用图形化的界面来执行存储过程，SQL Server Management Studio 也完全可以胜任，下面用例 13.6 说明之。

【例 13.6】 以前面创建的存储过程"pr_航班数据"为例，执行其的操作步骤如下。

步骤 1：启动 SQL Server Management Studio，连接到相应实例，在【对象资源管理器】窗格中选择数据库实例→【数据库】→【航班管理信息数据库】→【可编程性】→【存储过程】→【pr_航班数据】选项。

步骤 2：右击【pr_航班数据】选项，在弹出的快捷菜单中选择【执行存储过程】选项，弹出如图 13.8 所示的【执行过程】对话框，在这里可以看到该存储过程有哪些参数，在【值】文本框中输入@p1、@p2 的值，然后单击【确定】按钮。

步骤 3：系统弹出如图 13.9 所示的运行存储过程的窗格。窗格上半部分是 SQL Server 2012 自动添加的运行存储过程的代码，下半部分是运行的结果集。

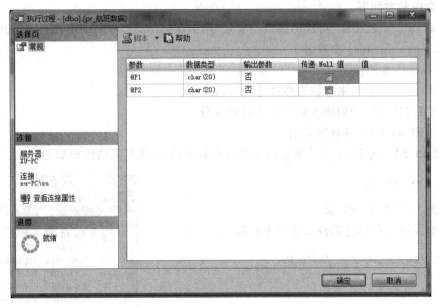

图 13.8 【执行过程】对话框

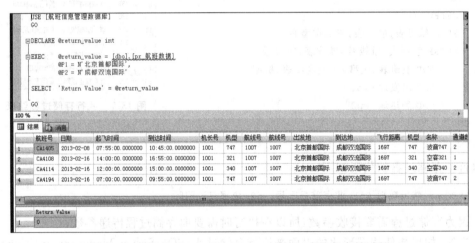

图 13.9 在 SQL Server Management Studio 中执行存储过程

13.5 设计存储过程的一些技巧

在设计存储过程时，有一些技巧或注意事项需要引起注意。这一节介绍一些常用的使用技巧。

13.5.1 参数传递的方式

存储过程的一个重要组成部分是参数，在执行含有输入参数的存储过程时，需要对参数赋值。一种赋值方法是指明为哪个参数赋哪个值，另一种则是不指明参数名称，而是以默认的顺序依次为参数赋值。

【例 13.7】 以存储过程"pr_航班数据"说明向存储过程传递参数的两种方式。

存储过程"pr_航班数据"定义如下：

```
CREATE PROCEDURE pr_航班数据
   @P1 char(20),
   @P2 char(20)
AS
BEGIN
   SELECT *
     FROM 航班表,航线表 飞机类型表
     WHERE 航班表.航线号=航线表.航线号
       AND 航班表.机型=飞机类型表.机型
       AND 出发地=@p1
       AND 到达地=@p2
END
GO
```

执行该存储过程时,可按定义中的参数顺序,依次传递参数给存储过程,如下：

```
Exec pr_XX 北京首都国际,成都双流国际
```

也可以指定参数名称,此时参数的排列顺序可任意,如下：

```
Exec pr_航班数据 @p2=成都双流国际,@P1=北京首都国际
```

如果参数已经设置了默认值,并且在存储过程定义中顺序为最后,则可不为其传递参数,用例 13.8 说明之。

【例 13.8】 仍以存储过程"pr_航班数据"为例,对其进行修改,为到达地设置默认值,即"成都双流国际机场"。

```
CREATE PROCEDURE pr_航班数据
   @P1 char(20),
   @P2 char(20)=成都双流国际机场
AS
BEGIN
   SELECT *
   FROM 航班表,航线表 飞机类型表
   WHERE 航班表.航线号=航线表.航线号
       AND 航班表.机型=飞机类型表.机型
       AND 出发地=@p1
       AND 到达地=@p2
END
GO
```

则执行代码可写成如下形式：

EXEC pr_航班数据 北京首都国际机场

13.5.2 存储过程的返回值的设置

大多数存储过程都会以输出参数的形式向调用其过程返回值，或返回状态值以说明该存储过程执行是成功还是失败的。存储过程有三类不同的返回值：

（1）以 RETURN n 的形式返回一个整数值。

（2）为 output 参数指定返回值。

（3）执行 T-SQL 语句返回数据集。

下面分别用例子进行说明。

【例 13.9】 创建一个返回职工数量的存储过程，代码如下：

```
CREATE PROCEDURE pr_empnum
AS
BEGIN
  DECLARE @返回值 int
  SELECT @返回值=count(职工号)
  FROM 职工表
  RETURN @返回值
END
GO
```

执行这个存储过程时，需要设置变量来接收返回值，代码如下：

```
DECLARE @职工数量 int
EXEC @职工数量=pr_empnum
PRINT @职工数量
```

这个例子中的返回值也可以使用 output 参数接收，为此存储过程可修改例 13.10 所示。

【例 13.10】 使用 output 参数接收存储过程的返回值。

```
CREATE PROCEDURE pr_empnum
@返回值 int output
AS
BEGIN
  SELECT @返回值=count(职工号)
  FROM 职工表
END
GO
```

执行该存储过程时，接收 output 值也需要设置变量，代码如下：

```
DECLARE @职工数量 int
EXEC pr_empnum @职工数量 output
PRINT @职工数量
```

需要注意的是，RETURN 返回的是整数型值，而 output 则可以返回任何类型的数据。

对于存储过程返回 T-SQL 数据集的情况，在存储过程中无法引用，只能在其执行的结果中显示，或返回到调用存储过程的应用程序中，这里不做过多的介绍。

13.5.3 存储过程的其他特点

关于存储过程还有一些其他的特点或注意事项需要了解，下面逐一进行介绍。

（1）存储过程中不能使用的 T-SQL 语句。在书写存储过程时，表 13.1 中列出的 T-SQL 是不能使用的。

表 13.1 存储过程中不能使用的 T-SQL 语句

CREATE AGGREGATE	CREATE DEFAULT	CREATE VIEW	ALTER VIEW
CREATE FUNCTION	ALTER FUNCTION	SET parseonly	SET showplan_all
CREATE PROCEDURE	ALTER PROCEDURE	SET showplan_text	SET showplan_xml
CREATE RULE	CREATE SCHEMA	USE database_name	
CREATE TRIGGER	ALTER TRIGGER		

（2）存储过程中的参数的数量是有上限的，最多不超过 2100 个。在存储过程中可使用局部变量，且局部变量的数量与内存的大小有关。存储过程的大小也有上限，最大不超过 128M。

（3）存储过程可以嵌套调用，即可以在一个存储过程中执行另一个存储过程。这种嵌套最多可达 32 层。

（4）如果存储过程中包含对远程 SQL Server 实例的更新，则一旦该语句执行后，不能回滚。

（5）使用 sp_helptext 可以查看存储过程的源代码。

13.6 删除存储过程

不需要的存储过程，可以删除。删除方法与创建方法相似，可以使用 SQL Server Management Studio 和 T-SQL 两种方式。

13.6.1 使用 SQL Server Management Studio 删除存储过程

【例 13.11】 以删除前面创建的存储过程 pr_FlightInfo 为例，使用 SQL Server Management Studio 删除的具体步骤如下。

步骤 1：启动 SQL Server Management Studio，连接到相应实例，在【对象资源管理器】窗格中选择数据库实例→【数据库】→【航班管理信息数据库】→【可编程性】→【存储过程】→pr_FlightInfo 选项。

步骤 2：右击 pr_FlightInfo 选项，在弹出的快捷菜单中选择【删除】选项。

步骤3：弹出如图13.10所示的【删除对象】对话框，在【要删除的对象】列表框中可以看到存储过程 pr_FlightInfo。

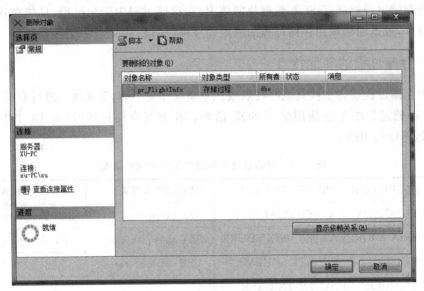

图 13.10 【删除对象】对话框

步骤4：单击【确定】按钮完成删除操作。

13.6.2 使用 T-SQL 语句删除存储过程

T-SQL 使用 DROP PROCEDURE 语句删除存储过程，其语法格式如下：

```
DROP { PROC | PROCEDURE} {[schema_name. ] procedure }[,...n ]
```

【例 13.12】 使用 T-SQL 删除存储过程 pr_FlightInfo，代码如下：

```
DROP PROC pr_FlightInfo
```

13.7 实 验

13.7.1 实验目的

本实验主要目的在于通过学习存储过程的相关知识，了解数据库存储过程的结构、类型、创建以及执行方法。具体要求如下：

(1) 掌握数据库存储过程基本概念，以及存储过程的基本类型。

(2) 学会使用 SQL Server Management Studio 创建、查看和修改存储过程。

(3) 学会使用 T-SQL 创建、查看和修改存储过程。

(4) 掌握存储过程的设计技术。

(5) 学会使用、执行存储过程。

13.7.2 实验内容

1. 基础实验

（1）尝试使用 SQL Server Management Studio 和 T-SQL 两种方法创建存储过程。

（2）设计一个包含三个以上参数的存储过程，并尝试执行时使用参数的两种传递方式。如果参数中有两个或以上的参数均设置成默认值，并且在定义存储过程时放在未设置默认值参数的后面，试试看如果在执行存储过程时不为这些设置默认值的参数赋值是否可以？

（3）设计一个有返回值的存储过程，并尝试用 RETURN 和 output 两种方式接收返回值。

（4）试着用 SQL Server Management Studio 和 T-SQL 两种方法将实验中创建的存储过程删除。

2. 扩展实验

本实验为扩展学习，包括如下内容：

（1）尝试创建一个存储过程，试图插入一些元组，或删除一些元组。自己设计一个试验表，由 A、B、C 等列构成，利用此表设计一个存储过程以实现向表中插入元组或删除元组操作。

（2）尝试创建一个存储过程，并在其他编程工具中使用，比如在 VC、.NET、Java 中调用自己设计的存储过程。可参照第 18 章数据库访问技术，练习在 VC、Java 等语言中设计一个程序进行存储过程的调用。为说明实验的效果，要有相应的执行过程或结果的截图。

13.7.3 实验步骤

（1）各个实验的操作方法步骤参看 13.2～13.6 节中的各个操作样例，在此不再赘述。

（2）关于创建存储过程的每一个步骤以及相应的结果要保存，尤其是执行结果的截图要保存。

13.7.4 思考题

（1）数据库系统中为何提供存储过程？

（2）SQL Server 2012 中有哪些类型的存储过程？每种类型存储过程的特点是什么？

第 14 章

触 发 器

14.1 相关知识点

触发器是一种专门用于保证数据库有效性和完整性的特殊的存储过程,当系统在执行一些特定的 SQL 语句时被触发而自动执行。这也是触发器名称的来源。在 SQL Server 2012 中能够激活触发器的语句包括 INSERT、UPDATE、DELETE、CREATE、ALTER 和 DROP 六个对数据库表的修改操作。

SQL Server 2012 中有两类触发器:DML(Data Manipulation Language)触发器和 DDL(Data Definition language)触发器。

触发器具有如下功能:

(1) 实现复杂情况下的数据约束。在 SQL Server 中,最常见的一种约束是 CHECK 约束。CHECK 约束直接设置或定义在数据表中,一般来说用于实现列约束,列之间比较简单的依赖约束。而对于一些复杂的约束,比如当对数据库进行操作时,只有满足固有条件才能做某些操作等(如要修改一个职工的职务,要求只有当该职工的工龄超过 18 年才能当机长),这时 CHECK 约束就显得力不从心了,触发器则可以用来实现这类约束。用触发器还可以实现根据一个表的 T-SQL 语句实现对另一个表的操作。另外,触发器可以调用存储过程实现复杂的处理,而简单 CHECK 约束是做不到的。

(2) 可以保护表结构被修改或表被删除。SQL Server 2012 将触发器的激活语句扩展到了 DROP 与 ALTER,从而可以利用它们来对数据表进行保护。

(3) 利用触发器可以选择哪些 T-SQL 语句需要执行,哪些不需要执行。比如在触发器中定义了删除数据表记录的 T-SQL 语句,如果该表中的记录是重要记录,不允许删除,则可以选择在此处不执行删除记录的 T-SQL 语句。

(4) 能够返回错误信息。当对数据库的操作不满足要求时,CHECK 约束是不会返回错误信息的。触发器则可以返回错误信息以提示用户具体犯了什么错误,这一点对于开发良好的用户接口是有实际意义的。

(5) 发送 SQL Mail 功能。这是一个扩展的功能,适应工作流机制的应用。触发器可以判断修改记录是否达到某一条件,如果达到则自动调用 SQL Mail 发送邮件。比如在审批流程中,上一节点添加意见后,可以在向下一节点发送邮件时通知其尽快处理。

14.1.1　DML 触发器

DML 触发器是数据操作语言在执行时激活的存储过程。DML 触发器有两类：AFTER 触发器和 INSTEAD OF 触发器。

AFTER 触发器是指数据操作语言执行后，即记录已经修改完后才被激活执行的存储过程。主要用于对记录变更后的处理或检查，一旦发现错误，则可以使用 ROLLBACK TRANSACTION(事务回滚)语句实现数据的复原，保证数据的一致性。

INSTEAD OF 触发器在记录变更前执行，即取代原来的数据操作，是在记录变更前进行检查的一种机制。

1. DML 触发器的工作原理

在 SQL Server 2012 中，每个 DML 触发器在执行时，系统都为其创建两个表，即插入表和删除表。对于插入记录操作来说，插入表中存放的是要插入的数据；对于更新记录操作来说，插入表中存放的是要更新的记录，删除表中存放的是更新前的记录。而对于删除记录操作来说，删除表中存放的是被删除的记录。

这两张表均是触发器在执行时由系统在内存中定义和管理的临时表，用户可以使用 SELECT 语句读取其中的信息，但不能修改。

对于 AFTER 触发器来说，当 SQL Server 收到一个插入操作语句的操作请求时，先将要插入的记录存放到插入表里，再插入记录，然后激活触发器中的语句，执行完毕后，将插入表从内存中删除。而当 SQL Server 收到一个删除操作语句的操作请求时，先将要删除的记录存放到删除表里，然后再删除该记录，随后激活触发器中的语句，执行完毕后，将删除表从内存中删除。

对于 INSTEAD OF 触发器来说，当 SQL Server 收到一个 T-SQL 语句的操作请求时，先创建一个插入表和一个删除表，接下来便由 INSTEAD OF 触发器来执行。触发器中如果要插入数据，则先将数据插入到插入表中，再由 INSTEAD OF 触发器决定是否插入数据。如果要删除数据，则先将要删除的数据放到删除表里，再由 INSTEAD OF 触发器决定是否删除数据，最后将插入表和删除表从内存中删除。

2. 触发器的设计方法

在 SQL Server 2012 中既可以使用 SQL Server Management Studio 设计创建触发器，也可以使用 T-SQL 中的 CREATE TRIGGER 创建触发器。下面分别介绍使用两种方法创建 DML 触发器的步骤。

14.1.2　DDL 触发器的使用情形

DDL 触发器是一种比较特殊的触发器，由数据定义语言 CREATE、ALTER 和 DROP 触发，主要用于在数据库中执行管理任务。尤其是在下列情形比较适合于使用 DDL 触发器：

(1) 数据库或数据表的结构不允许修改时。

(2) 数据库或数据表不允许被删除时。

(3) 在修改一个数据表结构时需要修改另一数据表相应的结构。

（4）需要记录对数据库结构操作的事件。

14.2 DML 触发器的使用

14.2.1 使用 SQL Server Management Studio 设计 DML 触发器

【例 14.1】 创建一个触发器实例，实现向航班信息管理数据库的职工表中插入数据时，显示"欢迎加入我们的团队！"这样一种热情的提示信息。

实现该功能可以使用 AFTER 触发器，具体步骤如下。

步骤 1：启动 SQL Server Management Studio，登录到指定的服务器上，在【对象资源管理器】中选择航班信息管理数据库，并定位到职工表，再找到【触发器】选项。

步骤 2：右击【触发器】选项，在弹出的快捷菜单中选择【新建触发器】选项，此时会自动弹出查询编辑器窗格。在查询编辑器窗格的编辑区里，SQL Server 2012 已经自动写入了一些创建触发器相关的 SQL 语句，如图 14.1 所示。

```
SQLQuery1.sql -...库 (xu-PC\xu (55))  X
    -- examples of different Trigger statements.
    --
    -- This block of comments will not be included in
    -- the definition of the function.
    -- =============================================
    SET ANSI_NULLS ON
    GO
    SET QUOTED_IDENTIFIER ON
    GO
    -- =============================================
    -- Author:      <Author,,Name>
    -- Create date: <Create Date,,>
    -- Description: <Description,,>
    -- =============================================
    CREATE TRIGGER <Schema_Name, sysname, Schema_Name>.<Trigger_Name, sysname, Trigger_Name>
       ON  <Schema_Name, sysname, Schema_Name>.<Table_Name, sysname, Table_Name>
       AFTER <Data_Modification_Statements, , INSERT,DELETE,UPDATE>
    AS
    BEGIN
       -- SET NOCOUNT ON added to prevent extra result sets from
       -- interfering with SELECT statements.
       SET NOCOUNT ON;

       -- Insert statements for trigger here

    END
    GO
```

图 14.1 SQL Server 2012 预写的触发器代码

步骤 3：修改查询编辑器窗格中的代码，将从 CREATE 开始到 GO 结束的代码改为以下内容。

```
CREATE TRIGGER 职工_Insert
    ON 职工表
    AFTER INSERT
AS
BEGIN
    print '欢迎加入我们的团队！'
END
```

```
GO
```

步骤 4：单击工具栏上的【分析】按钮，检查语法是否有错，如图 14.2 所示。如果在下面的【结果】窗格中出现"命令已成功完成"，则表示语法没有错误。

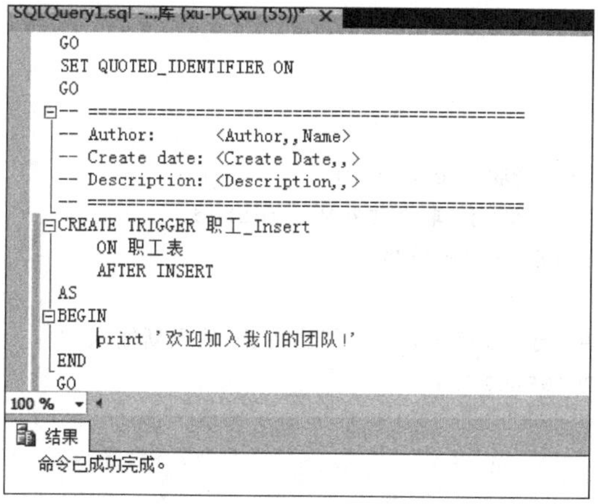

图 14.2　检查语法

步骤 5：语法检查完后，单击【执行】按钮，生成触发器。

步骤 6：关闭查询编辑器窗格，刷新【触发器】选项，可以看见刚才创建的【职工_Insert】触发器。

14.2.2　使用 T-SQL 语句创建 DML 触发器

T-SQL 中使用 CREATE TRIGGER 创建触发器，语法格式如下：

```
CREATE TRIGGER 触发器名
    ON 数据表名或视图名
    {ATFER|INSTEAD OF}{INSERT[,]UPDATE[,]DELETE}
AS
BEGIN
    要运行的 SQL 语句
END
GO
```

对于语法中的参数说明如下：

- 对于一个数据库而言，触发器名必须唯一，即使创建在不同的数据表上。
- AFTER 触发器不能创建在视图上，如果必须在视图上创建触发器，则用 INSTEAD OF 触发器。
- 至少要指定 INSERT、UPDATE 和 DELETE 中的一个，表明是由哪个或哪些操作激活的触发器。

下面以例子说明如何用 T-SQL 创建触发器。

【例 14.2】 创建一个触发器，实现向航班数据库的职工表中插入数据时，如果输入

的职工工龄小于 10 年,但职务是机长,则不允许插入这条记录。创建一个满足这一功能的 AFTER 触发器。代码如下:

```
CREATE TRIGGER 插入职工信息_A
    ON 职工表
    AFTER INSERT
AS
BEGIN
    Declare @工龄 int, @职务 char(10)
    SELECT @工龄=工龄,@职务=职务 FROM inserted
    IF(@工龄<10 and @职务='机长')
    BEGIN
        Print '工龄小于 10 年的职工不能当机长!请重新输入!'
        ROLLBACK TRANSACTION
    END
END
GO
```

在这段代码中,有两个关键的部分。第一个是从 inserted 表中查找要插入的数据,第二个是当不符合要求时回滚事务。

为了证明触发器的有效性,输入下面两组数据:

第一组:

```
INSERT INTO 职工表(职工号,姓名,性别,年龄,工龄,职务)
    VALUES (2013, 郝妍,女,32,8,机长)
```

第二组:

```
INSERT INTO 职工表(职工号,姓名,性别,年龄,工龄,职务)
    VALUES (2014, 张名,男,40,12,机长)
```

步骤 1:在 SQL Server Management Studio 里新建一个查询编辑器,在弹出的查询编辑器窗格中输入第一组代码。

步骤 2:单击【执行】按钮,可以看到消息窗格中提示"欢迎加入我们的团队!"和"工龄小于 10 年的职工不能当机长! 请重新输入!",如图 14.3 所示。这说明经 AFTER 触发器的检查,输入是不满足要求的,插入语句要回滚。

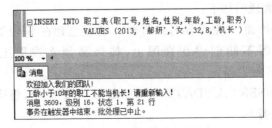

图 14.3　触发器运行结果

步骤 3：在查询编辑器中输入第二组代码并单击【执行】按钮后，【消息】窗格中只显示 "欢迎加入我们的团队！"，如图 14.4 所示。这是因为第二组代码中工龄超过 10 年可以为机长，经触发器检查后输入符合要求，不需要回滚插入语句，插入成功。

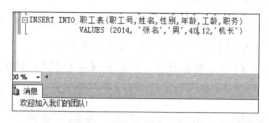

图 14.4 触发器执行结果

上面用了 AFTER 触发器实现对输入的限制，对于这一类的数据约束要求，也可以使用 INSTEAD OF 触发器实现。

【例 14.3】 创建一个触发器，实现向航班数据库的职工表中插入数据时，如果输入的职工工龄小于 10 年，但职务是机长，则不允许插入这条记录。创建一个满足这一功能的 INSTEAD OF 触发器。代码如下：

```
CREATE TRIGGER 插入职工信息_I
    ON 职工表
    INSTEAD OF INSERT
AS
BEGIN
    DECLARE @职工号 char(4), @姓名 varchar(20),@性别 char(1),@年龄 int ,@工龄 int,
    @职务 varchar(10)
    SET @职工号=(SELECT 职工号 FROM inserted)
    SET @姓名=(SELECT 姓名 FROM inserted)
    SET @性别=(SELECT 性别 FROM inserted)
    SET @年龄=(SELECT 年龄 FROM inserted)
    SET @工龄=(SELECT 工龄 FROM inserted)
    SET @职务=(SELECT 职务 FROM inserted)
    IF(@工龄<10 and @职务='机长')
        PRINT '工龄小于 10 年的职工不能当机长!请重新输入!'
    ELSE
        INSERT INTO 职工表 VALUES(@职工号,@姓名,@性别,@年龄,@工龄,@职务)
END
GO
```

从程序中可以看出，使用 INSTEAD OF 触发器可以避免回滚操作，这一点可以减轻服务器的负担。仍然使用上例的两组数据检查触发器的有效性。

第一组：

```
INSERT INTO 职工表(职工号,姓名,性别,年龄,工龄,职务)
    VALUES (2013, 郝妍,女,32,8,机长)
```

第二组：

```
INSERT INTO 职工表(职工号,姓名,性别,年龄,工龄,职务)
    VALUES (2014,张名,男,40,12,机长)
```

第一组数据执行结果如图 14.5 所示，【消息】窗格中显示"工龄小于 10 年的职工不能当机长！请重新输入！"，说明 INSTEAD OF 触发器被激活。

当输入第二组代码时执行结果如图 14.6 所示，【消息】窗格显示成功插入。

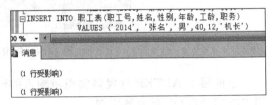

图 14.5　INSTEAD OF 触发器被激活　　　　图 14.6　触发器执行结果

14.2.3　DML 触发器的注意事项

在使用 DML 触发器时，需要注意以下事项：

（1）无论 AFTER 触发器还是 INSTEAD OF 触发器都不能创建在临时表上，INSTEAD OF 触发器可以创建在视图上。

（2）一个触发器只对应一个数据表，但一个数据表可以创建多个触发器。在同一个数据表上的每个操作都可以创建多个 AFTER 触发器，这些触发器的激活顺序可以由下面的 T-SQL 语句确定：

```
EXEC sp_settriggerorder 触发器名,激活次序,激活动作
```

其中，激活次序为 First、Last 和 None。First 代表第一个激活，Last 代表最后一个激活，None 则表示不确定激活次序，由程序任意选择。

（3）针对每个操作只创建一个 INSTEAD OF 操作。

（4）如果对某个操作既创建了 AFTER 触发器，又创建了 INSTEAD OF 触发器，则AFTER 触发器不一定会被激活，但 INSTEAD OF 触发器则一定会被激活。

（5）TRUNCATE TABLE 语句可以删除记录，但不激活 DELETE 触发器，因为TRUNCATE TABLE 语句不记入日志。

（6）WRITETEXT 语句不触发 INSERT 和 UPDATE 触发器。

（7）触发器可以嵌套，即一个触发器执行时激活另一个触发器。比如向 A 表插入数据时，同时也向 B 表插入数据。此时如果在 A 表创建插入数据触发器，B 表也创建了插入数据触发器，则向 A 表中插入数据时 A 表中的触发器就可以激活 B 的触发器。SQL Server 2012 中允许触发器嵌套 32 层。是否允许触发器嵌套，可以在 SQL Server 2012 的【服务配置选项】中将【允许触发器激发其他触发器】（在服务器的【属性】页中可以找到该选项）选项设置成 TRUE。但 INSTEAD OF 触发器不受此选项的限制。

（8）触发器也可以递归，即一个触发器可以在内部激活自己。例如，对于一个插入数

据的触发器来说,内部也有一个插入数据的语句,此时激活这个触发器时,内部的插入数据操作就会又一次激活其本身。触发器的递归比较难控制,一般来说 SQL Server 服务器是不允许递归的。如果必须要启用递归功能,同样需要在【服务配置选项】中将【允许触发器激发其他触发器】设置成 TRUE。

14.3 DDL 触发器的创建

DDL 触发器的设计与 DML 触发器的创建是一样的。下面是在 T-SQL 中创建 DDL 触发器的语法格式:

```
CREATE TRIGGER 触发器名
    ON ALL SERVER | DATABASE
    {FOR | AFTER}{CREATE, ALTER, DROP)
AS
BEGIN
  执行的 SQL 语句
END
GO
```

该语法中的参数解释如下:

- 在 ON 后面,如果使用 ALL SERVER,则触发器作用于当前服务器上,对服务器上任何数据库的相应操作均能激活该触发器。如果选择 DATABASE,则触发器作用到当前数据库。
- FOR 与 AFTER 的意思是一样的,均指 AFTER 触发器。对于 DDL 触发器来说,没有 INSTEAD OF 触发器。
- 当 DDL 触发器作用于当前数据库时,可以使用表 14.1 中的事件来激活触发器。而当 DDL 触发器作用于当前服务器时,使用表 14.2 中的事件激活触发器。

表 14.1 DDL 触发器作用在当前数据库情况下可用事件

CREATE_APPLICATION_ROLE	ALTER_APPLICATION_ROLE	DROP_APPLICATION_ROLE
CREATE_ASSEMBLY	ALTER_ASSEMBLY	DROP_ASSEMBLY
ALTER_AUTHORIZATION_DATABASE		
CREATE_CERTIFICATE	ALTER_CERTIFICATE	DROP_CERTIFICATE
CREATE_CONTRACT	DROP_CONTRACT	
CREATE_DATABASE	DENY_DATABASE	REVOKE_DATABASE
CREATE_EVENT_NOTIFICATION	DROP_EVENT_NOTIFICATION	
CREATE_FUNCTION	ALTER_FUNCTION	DROP_FUNCTION
CREATE_INDEX	ALTER_INDEX	DROP_INDEX

CREATE_MESSAGE_TYPE	ALTER_MESSAGE_TYPE	DROP_MESSAGE_TYPE
CREATE_PARTITION_FUNCTION	ALTER_PARTITION_FUNCTION	DROP_PARTITION_FUNCTION
CREATE_PARTITION_SCHEME	ALTER_PARTITION_SCHEME	DROP_PARTITION_SCHEME
CREATE_PROCEDURE	ALTER_PROCEDURE	DROP_PROCEDURE
CREATE_QUEUE	ALTER_QUEUE	DROP_QUEUE
CREATE_REMOTE_SERVICE_BINDING	ALTER_REMOTE_SERVICE_BINDING	DROP_REMOTE_SERVICE_BINDING
CREATE_ROLE	ALTER_ROLE	DROP_ROLE
CREATE_ROUTE	ALTER_ROUTE	DROP_ROUTE
CREATE_SCHEMA	ALTER_SCHEMA	DROP_SCHEMA
CREATE_SERVICE	ALTER_SERVICE	DROP_SERVICE
CREATE_STATISTICS	ALTER_STATISTICS	DROP_STATISTICS
CREATE_SYNONYM	ALTER_SYNONYM	DROP_SYNONYM
ALTER_TABLE	DROP_TABLE	
CREATE_TRIGGER	ALTER_TRIGGER	DROP_TRIGGER
CREATE_TYPE	DROP_TYPE	
CREATE_USER	ALTER_USER	DROP_USER
CREATE_VIEW	ALTER_VIEW	DROP_VIEW
CREATE_XML_SCHEMA_COLLECTION	ALTER_XML_SCHEMA_COLLECTION	DROP_XML_SCHEMA_COLLECTION

DDL 触发器作用在当前服务器的情况下，可以使用表 14.2 所示的事件。

表 14.2 DDL 触发器作用在当前服务器情况下可用事件

ALTER_AUTHORIZATION_SERVER		
CREATE_DATABASE	ALTER_DATABASE	DROP_DATABASE
CREATE_ENDPOINT	DROP_ENDPOINT	
CREATE_LOGIN	ALTER_LOGIN	DROP_LOGIN
GRANT_SERVER	DENY_SERVER	REVOKE_SERVER

下面用例子说明 DDL 触发器的创建与使用。

【例 14.4】 创建一个 DDL 触发器，保护航班数据库中的表不被修改和删除。

T-SQL 语句如下：

```
CREATE TRIGGER 保护航班数据库
    ON DATABASE
```

```
      FOR DROP_TABLE,ALTER_TABLE
   AS
   BEGIN
   PRINT '数据库表不允许删除和修改,抱歉!'
   ROLLBACK;
END
GO
```

执行该语句生成触发器。

接着用下面的语句来测试触发器的有效性:

DROP TABLE 工作表

执行该语句,结果显示如图 14.7 所示,不允许删除该表格。

【例 14.5】 创建一个 DDL 触发器,保护当前服务器中所有数据库不被删除。

T-SQL 语句如下:

```
CREATE TRIGGER 保护所有数据库
   ON ALL SERVER
   FOR DROP_DATABASE
   AS
   BEGIN
   PRINT '数据库不允许删除,抱歉!'
   ROLLBACK;
END
GO
```

执行该语句生成触发器。

接着用下面的语句来测试触发器的有效性:

DROP DATABASE 航班信息管理数据库

执行该语句,结果显示如图 14.8 所示,不允许删除数据库。

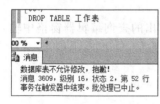

图 14.7 不允许删除表格

图 14.8 不允许删除数据库

14.4 查看、修改和删除触发器

触发器定义后,用户可以对其进行查看、修改甚至删除。SQL Server 2012 中可以使用 SQL Server Management Studio、存储过程以及 T-SQL 语句等查看、修改和删除触发器。

14.4.1　使用 SQL Server Management Studio 查看、修改、删除触发器

【例 14.6】　以 14.2.2 节创建的触发器"插入职工信息_I"为例，使用 SQL Server Management Studio 查看、修改和删除触发器。

查看触发器的步骤如下。

步骤 1：启动 SQL Server Management Studio，登录到指定的服务器上，在【对象资源管理器】中选择【航班信息管理数据库】，并定位到【职工表】，再找到【触发器】选项。

步骤 2：单击【触发器】选项，在右边的【对象资源管理器详细信息】窗格中，可以看到该数据库表已经创建好的触发器列表。如果在单击【触发器】选项后，右边没有显示【对象资源管理器详细信息】窗格，可以在菜单栏上选择【视图】→【对象资源管理器详细信息】选项，打开【对象资源管理器详细信息】窗格。如果在【对象资源管理器详细信息】窗格里没有看到本应存在的触发器列表，可以在【对象资源管理器详细信息】窗格里右击空白处，在弹出的快捷菜单中选择【刷新】选项，刷新后即可看到触发器列表。

步骤 3：双击要查看的触发器名，SQL Server Management Studio 自动弹出一个查询编辑器窗格，这里显示的是该触发器的内容，如图 14.9 所示。

```
SQLQuery2.sql -...库 (xu-PC\xu (54)) ×   XU-PC.航班信息管...据库 - dbo.职工表*   SQLQuery1.sql -...库 (xu-PC\xu (55))*
              --VALUES (2014, '张名','男',40,12,'机长')
  ALTER TRIGGER [dbo].[插入职工信息_I]
      ON [dbo].[职工表]
      INSTEAD OF INSERT
  AS
  BEGIN
      Declare @职工号 int, @姓名 varchar(20),@性别 char(1),@年龄 int ,@工龄  int, @职务 char(10)
      Set  @职工号= (SELECT 职工号 FROM inserted)
      Set  @姓名= (SELECT 姓名 FROM inserted)
      Set  @性别= (SELECT 性别 FROM inserted)
      Set  @年龄= (SELECT 年龄 FROM inserted)
      Set  @工龄= (SELECT 工龄 FROM inserted)
      Set  @职务= (SELECT 职务 FROM inserted)
      If(@工龄<10 and @职务='机长')
          Print '工龄小于10年的职工不能当机长！请重新输入！'
      else
          INSERT INTO 职工表 VALUES(@职工号,'@姓名','@性别',@年龄,@工龄,'@职务')
  END
```

图 14.9　查询编辑器窗格

修改触发器的步骤如下。

重复执行查看触发器的步骤 1～步骤 3，在自动弹出的查询编辑器窗格中输入要修改的代码，修改触发器的语法如下：

```
ALTER TRIGGER 触发器名
    ON 数据库名|视图名
    AFTER INSERT|DELETE|UPDATE
AS
BEGIN
    --这里是要执行的 SQL 语句
END
GO
```

修改完成后，单击【执行】按钮运行该触发器即可。

删除触发器的步骤如下。

重复查看触发器中的步骤 1～步骤 3,右击其中一个触发器,在弹出的快捷菜单中选择【删除】选项,此时会弹出【删除对象】对话框,在该对话框中选择【确定】按钮,删除操作完成。

14.4.2 存储过程查看触发器

在 SQL Server 2012 中提供了两个存储过程查看触发器的信息：sp_help 和 sp_helptext。

1. 使用 sp_help

sp_help 可以查看触发器的名称、类型、创建时间等基本信息,其语法格式为：

Sp_help '触发器名'

【例 14.7】 执行：

sp_help '插入职工信息_I'

运行结果显示如图 14.10 所示。

2. 使用 sp_helptext

sp_helptext 可以查看触发器的具体定义内容,其语法格式为：

sp_helptext '触发器名'

【例 14.8】 执行：

sp_helptext '插入职工信息_I'

运行结果显示如图 14.11 所示。

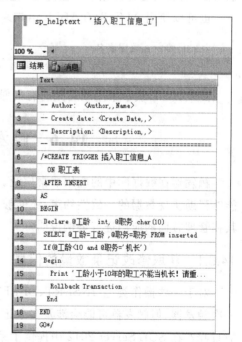

图 14.10　查看触发器基本信息

图 14.11　查看触发器文本信息

14.4.3　使用 DROP TRIGGER 删除触发器

T-SQL 中提供 DROP TRIGGER 语句来删除触发器，其语法格式如下：

DROP TRIGGER 触发器名

【例 14.9】　要删除触发器"插入职工信息_I"，代码如下：

DROP TRIGGER 插入职工信息_I

执行后，显示结果如图 14.12 所示。

图 14.12　删除触发器

14.5　对触发器的其他操作

除了以上的操作外，也可以对触发器进行改名、禁用和启用等操作。

为触发器改名可使用存储过程 sp_rename，语法格式为：

sp_rename '旧触发器名','新触发器名'

触发器的禁用是指将触发器屏蔽，执行相应的语句时不激活触发器。使用 SQL Server Management Studio 可以禁用和启用触发器，方法是先查看触发器列表，然后在触发器列表中选择一个触发器后右击弹出快捷菜单，在快捷菜单中选择【禁用】选项来禁用触发器，而启用时正好相反，选择【启用】选项即可。

也可以使用 ALTER TABLE 语句来禁用或启用触发器，语法如下：

ALTER TABLE 数据表名
　DISABLE |ENABLE TRIGGER 触发器名 |ALL

其中，ALL 表示禁用或启用所有的触发器。

14.6　触发器的其他应用

触发器在数据库中的应用非常广泛，是数据库主动性和智能性的一种重要机制，除了能够帮助实现数据的一致性约束，还能够帮助数据库管理员对数据库进行监管。下面对其在管理方面的应用进行举例说明。

14.6.1　获取修改记录数量的信息

对于一些操作类型（INSERT、DELETE、UPDATE），每个操作类型每次操作只激活一次触发器，但触发器可能会涉及多条记录。那么如何获得触发器执行所更新的记录的数量呢？在 SQL Server 2012 中提供了系统变量@@Rowcount，使用它便可以获得更新记录的数量。

【例 14.10】　创建一个删除操作的触发器,从职工表中删除数据时,当职工年龄大于等于 45 岁时可以将其从表中删除,否则不能删除。如删除了记录,则应返回共删除了几条记录。

代码如下:

```
CREATE TRIGGER 删除职工信息_A
    ON 职工表
    AFTER DELETE
AS
BEGIN
    Declare @年龄 int
    SELECT @年龄=年龄 FROM deleted
    Print '您此次删除了'+cast(@@rowcount as varchar)+'记录'
    If(@年龄<45)
      Begin
        Print '不能删除!语句回滚!删除失败,返回原数据'
        Rollback Transaction
      end

END
GO
```

执行例 14.10 生成该触发器,并用如下两条语句对该触发的用效性进行检验:

```
DELETE FROM 职工表 WHERE 年龄=45
```

执行该语句,运行结果如图 14.13 所示。

从图 14.13 可以看出,系统变量@@rowcount 可以获得删除记录的条数。在图中可以看出第一个 SQL 语句删除了 3 条记录。

```
DELETE FROM 职工表 WHERE 年龄<=30
```

执行该语句,运行结果如图 14.14 所示。

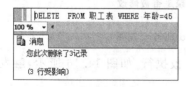

图 14.13　显示删除的记录数

图 14.14　触发器激活

从图 14.14 可以看出,由于年龄小于 45 的不能删除,所以触发器被激活了。

14.6.2　确定某个列是否被修改

对于 UPDATE 和 INSERT 操作类型的触发器,使用"UPDATE(列名)"可以判断某个列是不是被更改了。

【例 14.11】 创建一个触发器,只能修改工龄列,代码如下:

```
CREATE TRIGGER 更改职工信息_I
  ON 职工表
  INSTEAD OF UPDATE
AS
BEGIN
  If UPDATE(工龄)
    begin
    Declare @职工号 int,@姓名 varchar(20),@工龄 int
    Set @职工号=(SELECT 职工号 FROM inserted)
    Set @姓名=(SELECT 姓名 FROM inserted)
    Set @工龄=(SELECT 工龄 FROM inserted)
    UPDATE 职工表 set 工龄=@工龄
      WHERE 职工号=@职工号 and 姓名=@姓名
    End
  else
    begin
        Print '只能更改工龄!'
    end
END
GO
```

执行该代码生成触发器,然后用下面的语句对触发器进行有效性测试:

UPDATE 职工表 SET 工龄=20 WHERE 职工号=2005 and 姓名='左丽'

执行该语句,运行结果如图 14.15 所示,修改工龄的语句被正确执行。

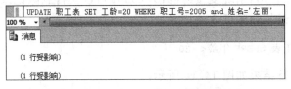

图 14.15　用 UPDATA 判断记录是否被修改

UPDATE 职工表 SET 年龄=37 WHERE 职工号=2005 and 姓名='左丽'

执行该语句,发现该代码修改年龄的语句没有被执行,如图 14.16 所示,触发器被激活。

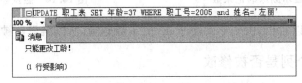

图 14.16　用 UPDATA 判断记录是否被修改

14.6.3　返回提示信息

在前面的例子里面,均使用 print 输出自定义的信息返回给用户。但事实上,只有使用 T-SQL 语句时才能看到这些提示信息,如果使用其他的前端应用程序,比如 SQL Server Management Studio,是看不到这些自定义的提示信息的。

那么如何能够在其他应用程序中看到自定义的提示信息呢? SQL Server 2012 提供了 Raiserror 语句可以实现这一功能。

【例 14.12】　对于航班数据库中的职工表创建一个触发器,只能修改工龄列,要求提示信息在使用 SQL Server Management Studio 或其他前端应用程序时也能看到。则其代码修改如下:

```
SET ANSI_NULLS ON
SET QUOTED_IDENTIFIER ON
ALTER TRIGGER 更改职工信息_I
  ON 职工表
  INSTEAD OF UPDATE
AS
BEGIN
  IF UPDATE(工龄)
    BEGIN
      DECLARE
        @职工号 int,@姓名 varchar(20),@工龄 int
    SET @职工号=(SELECT 职工号 FROM inserted)
    SET @姓名=(SELECT 姓名 FROM inserted)
    SET @工龄=(SELECT 工龄 FROM inserted)
    UPDATE 职工表 SET 工龄=@工龄
      WHERE 职工号=@职工号 and 姓名=@姓名
    END
  ELSE
  BEGIN
      PRINT '只能更改工龄!'
      Raiserror('只能修改工龄数据,其他均不能修改!',16,5)
    END
END
GO
```

执行该代码生成触发器,仍然用下面的语句对触发器进行有效性测试:

UPDATE 职工表 SET 年龄=37 WHERE 职工号=2005 and 姓名='左丽'

执行语句,查询编辑器中显示的执行结果如图 14.17 所示。

而在编辑信息窗格中修改职工年龄时,执行结果如图 14.18 所示。

在修改年龄列时会弹出错误信息。

触发器的应用还有许多,有兴趣的读者可以参照 SQL Server 2012 的帮助文档。

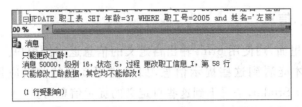

图 14.17　执行结果

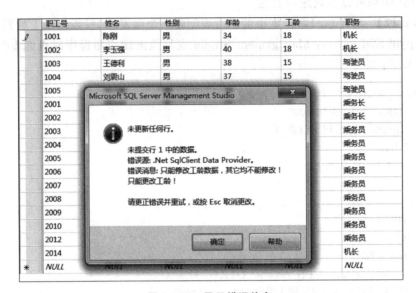

图 14.18　显示错误信息

14.7　实　　验

14.7.1　实验目的

本实验主要是通过学习触发器的相关知识，了解 SQL Server 2012 中触发器的类型、工作原理，学会触发器的创建和使用。具体要求如下：

（1）掌握 DML 触发器的类型和工作原理。

（2）掌握 DDL 触发器的工作原理。

（3）学会使用 SQL Server Management Studio 定义 DML 的 AFTER 触发器和 INSTEAD OF 触发器。

（4）学会使用 T-SQL 创建 DML 的 AFTER 触发器和 INSTEAD OF 触发器。

（5）学会使用 T-SQL 语句定义 DDL 触发器。

（6）学会通过 SQL Server Management Studio，T-SQL 和系统存储过程查看、修改和删除触发器。

（7）了解触发器的高级应用。

14.7.2　实验内容

1. 基础实验

使用 SQL Server Management Studio 的对象资源管理器，以图形化的方式创建 DML 的 AFTER 触发器和 INSTEAD OF 触发器，要求针对三种操作类型：INSERT、DELETE 和 UPDATE 分别创建 AFTER 触发器和 INSTEAD OF 触发器。

（1）使用 T-SQL 语句 DML 的 AFTER 触发器和 INSTEAD OF 触发器，要求针对三种操作类型（INSERT、DELETE 和 UPDATE），分别创建 AFTER 触发器和 INSTEAD OF 触发器。

（2）使用 T-SQL 语句定义 DDL 触发器。要求一种实现对当前服务器进行操作时触发，另外一种要求对当前数据库进行操作时触发。

（3）通过 SQL Server Management Studio、T-SQL 和系统存储过程查看、修改和删除上面创建的触发器。

（4）通过查询实例等测试触发器的有效性。

2. 扩展实验

本实验扩展学习触发器的高级应用，包括如下内容：

（1）根据样例的学习，设计利用触发器获取修改记录的信息。

（2）根据样例的学习，设计利用触发器确定记录是否被修改。

（3）根据样例的学习，设计利用触发器获取返回原提示信息。

14.7.3　思考题

（1）触发器在数据库中的作用是什么？

（2）SQL Server 2012 中提供了几种类型的触发器？

（3）AFTER 触发器和 INSTEAD OF 触发器的区别是什么？

（4）DDL 触发器一般在哪些应用中使用？

第 15 章

函　数

15.1　相关知识点

1. 系统函数

函数丰富是 SQL Server 2012 的一大特色。SQL Server 2012 提供了丰富的函数供 T-SQL 使用。从类别来说,这些函数可分为聚合函数、配置函数、游标函数、日期和时间函数、数据函数、行集函数、元数据函数、安全函数、字符串函数、系统统计函数、文本和图像函数以及其他函数等十二类。

同时,SQL Server 2012 还提供自定义函数功能,可以使用 T-SQL 语句或在 SQL Server Management Studio 中进行函数的定义,并在表达式、查询或存储过程中使用。本章将对 SQL Server 2012 的常用函数、自定义函数进行介绍。

2. 自定义函数

SQL Server 2012 为用户提供自定义函数以扩展程序的功能。与系统函数一样,自定义函数可以接收参数,执行操作,并返回结果。用户可以在表达式、查询或存储过程中定义函数。

根据自定义函数的返回值,自定义函数可分为标量值函数和表值函数两种类型。

标量值函数是指返回一个确定类型的标量值的函数。这里的"确定类型"是指除 text、ntext、image、cursor 以及 timestamp 以外的任何一种数据类型。标量函数的函数体定义在 BEGIN…END 之内,包含可以返回值的 T-SQL 语句。

表值函数是指返回值为 table 类型的函数。表值函数又可分为内联表值函数和多语句表值函数两种。内联表值函数不定义在 BEGIN…END 之间,返回的表是由 SELECT 语句从数据库中提取出来的数据。多语句表值函数是指 BEGIN…END 定义的函数体中包含多个 T-SQL 语句,通过这些语句返回表中的数据。一个多语句表值函数可以对数据库进行多次查询。

15.2　T-SQL 的常用函数

本节对 T-SQL 的常用函数,如聚合函数、日期函数、字符串函数、安全函数等进行介绍。这些函数在编写应用程序时经常会用到,主要是扩展 T-SQL 的功能,增加其程序设计的灵活性,从而最大程度地满足应用的需求。

15.2.1　聚合函数

聚合函数是一类在查询中应用比较多的函数,其作用是对数据表中的一组值进行计算并返回计算结果。该类函数经常与 GROUP BY 子句一起使用。聚合函数共有 8 种,表 15.1 列出这 8 种函数的名称及其功能。

表 15.1　常用的聚合函数

函　　数	说　　明
AVG	返回平均值
CHECKSUM	返回按照表的某一行或一组表达式计算出来的校验和值
CHECKSUM_AGG	返回组中各值的校验和。空值将被忽略
COUNT	返回组中的项数
COUNT_BIG	返回组中的项数。用法与 COUNT 函数相似。COUNT_BIG 返回 bigint 数据类型值,COUNT 返回 int 数据类型值
MAX	返回表达式中的最大值
MIN	返回表达式中的最小值
SUM	返回表达式中所有值的和或仅非重复值的和。SUM 只用于数字列,空值将被忽略

以 AVG 函数为例,说明聚合函数的使用方法。

【例 15.1】　统计出航班信息管理数据库的职工表中男职工和女职工的平均年龄。

语句如下:

SELECT AVG(年龄) FROM 职工表 GROUP BY 性别

更多样例参看第 8 章 GROUP BY 子句部分。

15.2.2　日期和时间函数

日期和时间函数用于获得日期和时间的值,或对日期和时间型的数据进行处理,返回日期或时间格式的数据。表 15.2 列出常用的 9 种与日期和时间相关的函数。

表 15.2　常用的日期和时间函数

函　　数	说　　明
DATEADD	在指定的日期上再加上一个时间间隔,并返回新的日期
DATEDIFF	返回跨两个指定日期的日期边界数和时间边界数
DATENAME	返回表示指定日期的日期部分的字符串
DATEPART	返回表示指定日期的日期部分的整数
DAY	返回指定日期的天数部分
GETDATE	返回系统当前日期和时间

续表

函　　数	说　　明
GETUTCDATE	返回表示当前通用协调时间即格林尼治标准时间
MONTH	返回表示指定日期的月部分的整数
YEAR	返回表示指定日期的年份的整数

【例 15.2】 设计并创建图书馆数据库的收藏表，并用系统时间作为收藏时间的默认值。语句如下：

```
USE LibraryDatabase
CREATE TABLE 收藏表
(
    图书馆号    char(10),
    ISBN       char(20),
    收藏日期    datetime default (GETDATE()),
    PRIMARY KEY(图书馆号,ISBN)
)
GO
```

运行此语句后，再向该表中插入一行数据：

```
INSERTE INTO 收藏表(图书馆号,ISBN) VALUES('L00001', '7020040179')
```

图 15.1　日期和时间函数执行结果

执行下面的查询语句：

```
SELECT * FROM 收藏表
```

运行结果如图 15.1 所示，可以看出在没有给收藏日期列赋值时，系统自动为其赋默认值，即系统当时的时间。

15.2.3　字符串函数

字符串函数是 T-SQL 中应用得比较多的一类，主要是用于处理字符串以适应于输出显示，如字符型与整型的转换、字符串的匹配、统计字符串的长度、大小写的转换等。SQL Server 2012 中提供了二十多种字符串处理函数供使用，如表 15.3 所示。

表 15.3　常用字符串函数

函　　数	说　　明
ASCII	返回字符表达式中最左侧的字符 ASCII 代码值
CHAR	将 int 型的 ASCII 代码转换为字符
CHARINDEX	返回字符串中指定表达式的开始位置
DEFFERENCE	返回一个整数值，指示两个字符表达式的 SOUNDEX 值之间的差异

续表

函　　数	说　　明
LEFT	返回字符串从左边开始指定个数的字符
LEN	返回指定字符串表达式的字符数,其中不包含尾随空格
LOWER	将大写字符数据转换为小写字符数据后返回字符表达式
LTRIM	返回删除了前导空格之后的字符表达式
NCHAR	根据 Unicode 标准的定义,返回具有指定整数代码的 Unicode 字符
PATINDEX	返回指定表达式中某一模式第一次出现的位置,如果在全部有效的文本和字符数据类型中没有找到该模式,则返回零
QUOTENAME	返回带有分隔符的 Unicode 字符串,分隔符的加入可使输入的字符串成为有效的 SQL Server 2012 分隔标识符
SOUNDEX	将字母数字字符串转换成一个由四个字符组成的代码(基于字符串的发音)。可比较不同字符串中的 SOUNDEX 代码以查看这些字符串发音的相似度
REPLACE	用第三个表达式替换第一个字符串表达式中出现的所有第二个指定字符串表达式的匹配项
REPLICATE	以指定的次数重复字符表达式
REVERSE	返回字符表达式的逆向表达式
RIGHT	返回字符串中从右边开始的指定个数的字符
RTRIM	截断所有尾随空格后返回一个字符串
SPACE	返回重复的空格组成的字符串
STR	返回由数字数据组成的字符数据
STUFF	删除指定长度的字符,并在指定的起点处插入另一组字符
SUBSTRING	返回字符表达式、二进制表达式、文本表达式或图像表达式的一部分
UNICODE	按照 Unicode 标准的定义,返回输入表达式的第一个字符的整数值
UPPER	返回小写字符数据转换为大写的字符表达式

下面举例来说明字符串函数的用途。

【例 15.3】　从出版社表中检索出地址,并去掉后面的空格。

SELECT RTRIM(地址) FROM 出版社表

在这一语句中,RTRIM()函数将把地址列的值中末尾的空格删除掉。

执行结果如图 15.2 所示。

【例 15.4】　从图书表中选择类型列,并返回该列值的第一个字符的 ASCII 码值。语句如下:

SELECT ASCII(类型) AS 类型值 FROM 图书

图 15.2　RTRIM()执行结果

执行的结果如图 15.3 所示。

【例 15.5】 SOUNDEX()函数可以实现字符串的读音匹配。比如从图书表里找出与 WAR AND PIECE 读音相似的书名。语句如下：

```
SELECT 书名
FROM 图书
WHERE SOUNDEX(书名)=SOUNDEX('WAR AND PIECE')
```

执行结果如图 15.4 所示。

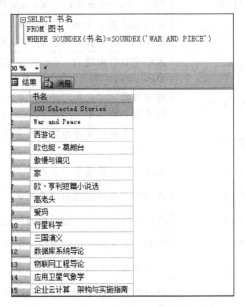

图 15.3　ASCII()函数执行结果　　　　图 15.4　SOUNDEX()函数执行结果

其他的字符串处理函数就不在这里一一进行举例，有兴趣的读者可以参照本节后的实验作业进行学习研究。

15.2.4　文本和图像函数

文本和图像函数是针对 text 和 image 类型的列进行处理的函数。常用的文本和图像处理函数有 PATINDEX、TEXTPTR、TEXTVALID，其功能描述如下。

1. PATINDEX

用于查找某一模式的字符串在指定的表达式中第一次出现的位置，如果在指定的表达式中没有找到该模式，则返回 0。其语法格式为：

```
PATINDEX ( 'pattern' , expression )
```

pattern 是一个字符串，可以使用通配符％，表示一种模糊匹配，类似于 LIKE 后的匹配串。下面用例子说明它的使用方法。

【例 15.6】 在图书馆数据库的作者表中，找出"王"姓作者的记录，语句如下：

```
SELECT 姓名 from 作者
```

```
WHERE patindex('王%',姓名)>0
```

执行该语句,运行结果如图 15.5 所示。

【例 15.7】　在图书馆数据库中的作者表的姓名列中,找出作者名字的第二个字符不是"a"的记录。

```
SELECT 姓名 from 作者
    WHERE patindex('_[^a]%',姓名)=1
```

执行该语句,运行结果如图 15.6 所示。

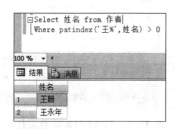

图 15.5　例 15.6 执行结果　　　　　图 15.6　例 15.7 执行结果

2. TEXTPTR

以 varbinary 格式返回对应于 text、ntext 或 image 列的文本指针值,该指针指向存储文本的第一个数据库页,如果数据类型为 text、ntext 或 image 的列没有赋予初值,则 TEXTPTR 函数返回一个 NULL。检索到的文本指针值可用于 READTEXT、WRITETEXT 和 UPDATETEXT 语句。

【例 15.8】　假设为图书表增加一个 text 型列,用于存放书的简介,向表中插入数据后,再对该列进行检索。其语句如下:

创建表:

```
CREATE TABLE 图书表
(
    ISBN char(10),
    书名 varchar(100),
    类型 nchar(6),
    语言 nchar(6),
    价格 money,
    开本 varchar(10),
```

```
千字数 smallint,
页数 smallint,
出版日期 date,
印刷日期 date,
出版社号 char(7),
简介 text NOT NULL
)
```

插入数据的语句如下：

```
INSERT INTO 图书表 VALUES ('7020040179','傲慢与偏见','外国文学','中文','13.0000',
'880 * 1230','278','309','1993-07-01','2006-07-01','P000008','这是一本非常好的
书,故事情节跌宕起伏,很有趣味性')
```

检索简介列的语句如下：

```
USE LibraryDatabase
GO
DECLARE @ptrabs varbinary(16)
SELECT @ptrabs =TEXTPTR(简介)
FROM 图书表
WHERE 书名 ='傲慢与偏见'
READTEXT 简介 @ptrabs 0 0
GO
```

运行结果如图 15.7 所示，能够看到简介
这一 text 类型列的具体内容。

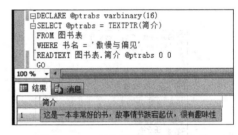

图 15.7　TEXTPTR 函数运行结果

3. TEXTVALID

用于检查给定文本指针是否有效，如果有效则返回 1，无效则返回 0。请注意，text
列的标识符必须包含表名。语法格式为：

```
TEXTVALID ('table.column',text_ptr)
```

其中，table 为数据表名，column 为数据列名，text_ptr 为文本指针。

【例 15.9】　查看简介信息，并确定文本列是有效的。

```
SELECT 书名, '有效文本指针'=TEXTVALID ('图书表.简介', TEXTPTR(简介))
FROM 图书表
ORDER BY 书名
GO
```

执行以上语句，运行结果如图 15.8 所示。

15.2.5　数学函数

与其他程序设计语言一样，为了扩展程序的功能，T-SQL 也提供了比较强大、常用的
数学函数库以对数值型数据进行处理。表 15.4 列出了 T-SQL 的常用数据函数。

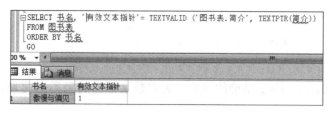

图 15.8　文本函数 TEXTVALID 执行结果

表 15.4　常用的数学函数

函　数	说　明
ABS	返回绝对值
ACOS	返回其余弦是所指定的 float 表达式的角(弧度)。也称为反余弦函数
ASIN	返回以弧度表示的角,其正弦为指定 float 表达式。也称为反正弦函数
ATAN	返回以弧度表示的角,其正切为指定 float 表达式。也称为反正切函数
ATN2	返回以弧度表示的角,其正切为两个指定 float 表达式的商
CEILING	返回大于或等于指定数值表达式的最小整数
COS	返回指定表达式中以弧度表示的指定角的三角余弦
COT	返回指定的 float 表达式中指定角度的三角余切值
DEGREES	返回以弧度指定的角的相应角度
EXP	返回指定的 float 表达式的指数值
FLOOR	返回小于或等于指定数值表达式的最大整数
LOG	返回指定 float 表达式的自然对数
LOG10	返回指定 float 表达式的常数对数
PI	返回 π 的常数值
POWER	返回指定表达式的指定幂的值
RADIANS	根据在数值表达式中输入的度数值返回弧度值
RAND	返回从 0 到 1 之间的随意 float 值
ROUND	返回一个数值表达式,舍入到指定的长度或精度
SIGN	返回指定表达式的正号(＋1)、零(0)、或负号(－1)
SIN	以近似数字(float)表达式返回指定角度(以弧度为单位)的三角正弦值
SORT	返回指定表达式的平方根
SQUARE	返回指定表示式的平方
TAN	返回输入表达式的正切值

下面以 ROUND 函数为例说明数据函数的使用。

ROUND 函数实现四舍五入的功能,返回数字表达式并四舍五入为指定的长度或精度。其语法格式为：

```
ROUND (numeric_expression, length [, function ])
```

其中：

- numeric_expression：精确的数字或近似数字数据类型类别的表达式（bit 数据类型除外）。
- length：是 numeric_expression 将要四舍五入的精度。length 必须是 tinyint、smallint 或 int。当 length 为正数时，numeric_expression 四舍五入为 length 所指定的小数位数。当 length 为负数时，numeric_expression 则按 length 所指定的在小数点的左边四舍五入。
- function：是要执行的操作类型。function 必须是 tinyint、smallint 或 int。如果省略 function 或 function 的值为 0（默认），numeric_expression 将四舍五入。当指定 0 以外的值时，将截断 numeric_expression。

ROUND 函数返回与 numeric_expression 相同的类型，且始终返回一个值。如果 length 是负数且大于小数点前的数字个数，ROUND 将返回 0。

【例 15.10】 查一下图书的价格，保留到小数点后 2 位。语句如下：

```
SELECT 书名,ROUND(价格,2) 价格 FROM 图书表
```

运行结果如图 15.9 所示。

	书名	价格
1	Pride and Prejudice	NULL
2	Steve Jobs	NULL
3	100 Selected Stories	20.00
4	War and Peace	87.00
5	西游记	47.20
6	欧也妮·葛朗台	8.00
7	傲慢与偏见	13.00
8	家	23.00
9	欧·亨利短篇小说选	16.00
10	高老头	14.00
11	爱玛	22.00
12	行星科学	NULL
13	三国演义	13.40
14	数据库系统导论	75.00
15	物联网工程导论	49.00

图 15.9　ROUND()函数执行结果

15.2.6　安全函数

安全函数是用于返回系统用户和角色信息的函数，表 15.5 列出这些函数的名称及其功能。

表 15.5　常用的安全函数

函　数	说　明
CURRENT_USER	返回当前用户的名称
Has_Perms_By_Name	评估当前用户对安全对象的有效权限
IS_MEMBER	指定当前用户是否为指定 Microsoft Windows 组或 Microsoft SQL Server 数据库角色成员
IS_SRVROLEMEMBER	指示 SQL Server 2012 登录名是否为指定固定服务器角色的成员
PERMISSIONS	返回一个包含位图的值，该值指示当前用户的语句、对象或列权值
SCHEMA_ID	返回与架构名称关联的架构 ID
SCHEMA_NAME	返回与架构 ID 关联的架构名称

续表

函　　数	说　　明
SESSION_USER	返回当前数据库中当前上下文的用户名
SUSER_ID	返回用户的登录标识号
SUSER_SID	返回指定登录名的安全标识号(SID)
SUSER_SNAME	返回与安全标识号关联的登录名
SUSER_NAME	返回用户的登录标识名
USER_ID	返回数据库用户的标识号
USER_NAME	基于指定的标识号返回数据库用户名

下面以 CURRENT_USER 为例说明安全函数的用途。

CURRENT_USER 函数返回当前用户的名称。如果在调用 EXECUTE AS 开关上下文之后执行 CURRENT_USER,将返回模拟上下文的名称。如果 Windows 主体以组的成员身份的方式访问数据库,将返回该 Windows 主体的名称,而不是这个组的名称。此函数等价于 USER_NAME()。

【例 15.11】　查看当前用户,执行语句:

```
SELECT CURRENT_USER
GO
```

得运行结果如图 15.10 所示。

图 15.10　安全函数执行结果

15.2.7　元数据函数

元数据是描述数据的数据,比如数据库中表的信息,表中列的定义,各种数据对象的定义描述等。元数据函数是用于返回这些信息的函数。用于帮助用户理解和管理数据库。元数据函数有许多,表 15.6 列出常用的元数据函数供大家参考。

表 15.6　常用的元数据函数

函　　数	说　　明
@@PROCID	返回 T-SQL 当前模式的对象标识符
COL_LENGTH	返回列的定义长度(以字节为单位)
COL_NAME	根据指定的对应表标志号返回列的名称
COLUMNPROPERTY	返回有关列或过程参数的信息
DATABASEPROPERTY	返回指定数据库和属性名的命名数据库属性值
DATABASEPROPERTYEX	返回指定数据库的指定数据库选项或属性的当前设置
DB_ID	返回数据库标识号

函　数	说　明
DB_NAME	返回数据库名称
FILE_ID	返回当前数据库中给定逻辑文件名的文件标识号
FILE_IDEX	返回当前数据库中的数据、日志或全文文件的指定逻辑文件名的文件标识号
FILE_NAME	返回给定文件标识号的逻辑文件名
FILEGROUP_ID	返回指定文件组名称的文件组标识号
FILEGROUP_NAME	返回指定文件组标识号的文件组名称
FILEGROUPPROPERTY	提供文件组和属性名时,返回指定的文件组属性值
FILEPROPERTY	指定文件名和属性名时,返回指定的文件名属性值
FULLTEXTCATALOGPROPERTY	返回有关全文目录属性的信息
FULLTEXTSERVICEPROPERTY	返回有关全文服务级别属性的信息
INDEX_COL	返回索引列名称。对于 XML 索引,返回 NULL
INDEXKEY_PROPERTY	返回有关索引键的信息。对于 XML 索引,返回 NULL
INDEXPROPERTY	根据指定的表标识号、索引或统计信息名称以及属性名称,返回已命名的索引或统计信息属性值。对于 XML 索引,返回 NULL
OBJECT_ID	返回架构范围内对象的数据库对象标识号
OBJECT_NAME	返回架构范围内对象的数据库对象名称
OBJECTPROPERTY	返回当前数据库中架构范围内的对象的有关信息
OBJECTPROPERTYEX	返回当前数据库中架构范围内的对象的有关信息
SQL_VARIANT_PROPERTY	返回有关 sql_variant 值的基本数据类型和其他信息
TYPE_ID	返回指定数据类型名称的 ID
TYPE_NAME	返回指定类型 ID 的未限定的类型名称
TYPROPERTY	返回有关数据类型的信息

下面以 DB_NAME 函数为例说明元数据函数的使用。

DB_NAME 函数返回数据库的名称,语法格式为:

```
DB_NAME ( [ database_id ] )
```

其中,database_id 为可选项,数据类型为 int,无默认值。如果未指定 database_id,则返回当前数据库名称。该函数的返回类型为 nvarchar(128)。

【例 15.12】 返回当前数据库的名称,语句如下:

```
SELECT DB_NAME() AS [Current Database];
GO
```

运行结果如图 15.11 所示。

除以上介绍的函数外，SQL Server 2012 系统中提供了许多其他类的函数，如加密函数、系统函数等，这里不再一一介绍。有兴趣的读者可以参照 SQL Server 2012 手册。

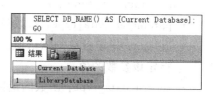

图 15.11　DB_NAME 函数执行结果

15.3　自定义函数

根据自定义函数的返回值，自定义函数可分为标量值函数和表值函数两种类型。

15.3.1　创建标量值函数

创建标量值函数的语法格式为：

```
CREATE FUNCTION [schema_name.]function_name        --函数名
( [ { @paramenter_name [AS]                        --参数名
    [ type_schema_name.]parameter_data_type        --参数类型
    [ =default]}                                    --设置默认值
    [,...n]
  ]
)
REUTRNS return_data_type                            --返回值的数据类型
    [WITH <function_option>[,...n] ]                --函数的选项
    [AS]
    BEGIN
        function_body                              --函数体
      RETURN scalar_expression                      --返回值
    END
[;]
<function_option>::=
{
    [ENCRYPTION]                                    --设置加密
    |[SCHEMABINDING]                                --绑定架构
    |[RETURNS NULL ON NULL INPUT|CALLED ON NULL INPUT]
                                                    --指定函数的 OnNullCall 属性
    |[EXECUTE_AS_Clause]                            --指定执行函数的上下文
}
```

其中，参数说明如下。

- function_name：函数名。

- @parameter_name：用户定义函数的参数，可以是一个或多个。
- parameter_data_type：参数类型，如果需要的话，可以指定架构。
- default：指定参数的默认值。如果对参数指定了默认值，在执行函数时可以不用指定该参数的值。
- return_data_type：函数的返回值。
- <function_option>：函数可选项。
- ENCRYPTION：加密函数。
- SCHEMABINDING：将函数绑定到其引用的数据库对象。
- RETURNS NULL ON NULL INPUT|CALLED ON NULL INPUT：指定函数的 OnNullCall 属性。如果为 CALLED ON NULL INPUT，则在传递的参数为 NULL 时，也将执行函数体。
- EXECUTE_AS_Clause：指定用于执行用户定义函数的安全上下文。
- function_body：函数体。
- scalar_expression：指定返回的标量值。

【例 15.13】 创建函数以获取 L00001 号图书馆中外国文学类型图书的平均价格。语句如下：

```
CREATE FUNCTION 外国文学图书的平均值(@馆号 char(6),@类别 nchar(6))
RETURNS money
Begin
  DECLARE @平均价格 money
  SELECT @平均价格=AVG(价格)
  FROM 图书 JOIN 收藏 ON 图书.ISBN=收藏.ISBN
  WHERE 图书馆号 =@馆号 AND 类型=@类别
  RETURNS @平均价格
end
GO
PRINT'馆号为 L00001 的图书馆收藏的天文类型的图书的平均价格为：'CAST(DBO.外国文学图书的平均值('L00001','外国文学') as char(6))+'元'
```

执行以上程序的运行结果如图 15.12 所示。

图 15.12 自定义标量值函数运行结果

所有创建的函数均可以通过 SQL Server Management Studio 进行查看。就例 15.13 来说，查看的步骤如下：

启动 SQL Server Management Studio 登录到指定的服务器上，在【对象资源管理器】窗格的树形目录里定位到【数据库】→LibraryDatabase→【可编程性】→【函数】→【标量函数】选项，可以看到刚才创建的函数。

【例 15.14】 在自定义函数中使用系统函数。

```
CREATE FUNCTION 时间()
  RETURNS DATETIME
  Begin
    Return getdate()
  End
GO
PRINT DBO.时间()
```

执行上面的代码，运行结果如图 15.13 所示。

【例 15.15】 在 SQL Server Management Studio 中也可以创建函数。以例 15.13 为例，使用 SQL Server Management Studio 创建标量值函数的步骤如下。

步骤 1：启动 SQL Server Management Studio 登录到指定的服务器上，在【对象资源管理器】窗格的树形目录里定位到【数据库】→LibraryDatabase→【可编程性】→【函数】选项。

步骤 2：展开【函数】选项，如图 15.14 所示，在函数选项下有【表值函数】、【标量值函数】、【聚合函数】和【系统函数】四个选项。

图 15.13 函数运行结果

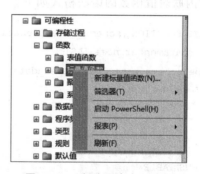

图 15.14 创建用户定义函数

步骤 3：右击【标量值函数】选项，在弹出的快捷菜单里可选择【新建标量值函数】选项来新建标量函数。如果右击【表值函数】选项，在其快捷菜单中可以选择【新建内联表值函数】选项来创建内联表值函数，或【创建多语句表值函数】选项来创建多语句表值函数。

步骤 4：在本例中选择【新建标量值函数】选项后，打开如图 15.15 所示的【创建标量值函数】窗格，其中已经输入了创建标量值函数的模板代码。

步骤 5：修改图 15.15 所示的代码，或者在菜单栏上选择【查询】→【指定模板参数的值】选项，然后修改模板里参数的值，再编辑为完成的代码。

步骤 6：最后单击【执行】按钮完成操作。

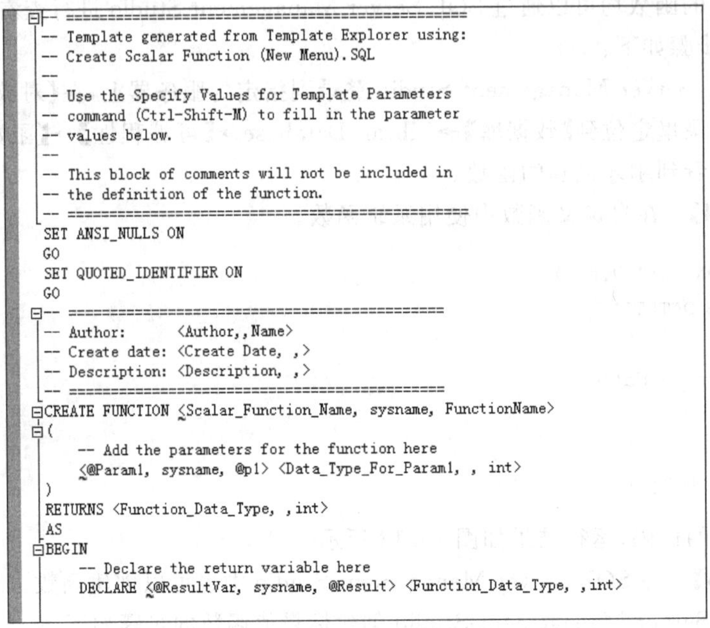

```
-- =============================================
-- Template generated from Template Explorer using:
-- Create Scalar Function (New Menu).SQL
--
-- Use the Specify Values for Template Parameters
-- command (Ctrl-Shift-M) to fill in the parameter
-- values below.
--
-- This block of comments will not be included in
-- the definition of the function.
-- =============================================
SET ANSI_NULLS ON
GO
SET QUOTED_IDENTIFIER ON
GO
-- =============================================
-- Author:       <Author,,Name>
-- Create date: <Create Date, ,>
-- Description: <Description, ,>
-- =============================================
CREATE FUNCTION <Scalar_Function_Name, sysname, FunctionName>
(
    -- Add the parameters for the function here
    <@Param1, sysname, @p1> <Data_Type_For_Param1, , int>
)
RETURNS <Function_Data_Type, ,int>
AS
BEGIN
    -- Declare the return variable here
    DECLARE <@ResultVar, sysname, @Result> <Function_Data_Type, ,int>
```

图 15.15　创建标量值函数

15.3.2　创建内联表值函数

创建内联表值函数的语法格式如下：

```
CREATE FUNCTION [schema_name.]function_name        --函数名
( [ { @paramenter_name [AS]                        --参数名
[ type_schema_name.]parameter_data_type            --参数类型
    [ =default]}                                   --设置默认值
        [,...n]
]
)
REUTRNS TABLE
[WITH <function_option>[,...n] ]                    --函数的选项
[AS]
RETURN [()select_stmt()]
 [;]
```

以上语法代码中的大多数参数在标量值的函数里已经介绍过了，下面介绍几个不同的参数：

- RETURNS TABLE：此处返回值类型固定为 table 型。
- RETURN [()select_stmt()]：此处固定为一个 SELECT 语句。

【例 15.16】　创建函数以获取 L00001 号图书馆中不同类型图书的平均价格。语句如下：

```
CREATE FUNCTION 各类型图书的平均值(@馆号 char(6))
RETURNS TABLE
RETURN
    SELECT AVG(价格) AS 平均价格,类型
    FROM 图书 JOIN 收藏 ON 图书.ISBN=收藏.ISBN
    WHERE 图书馆号 =@馆号
    GROUP BY 类型
GO
```

下面使用查询语句对该函数的结果进行查询：

```
SELECT * FROM 各类型图书的平均值('L00001')
ORDER BY 平均价格
```

执行结果如图 15.16 所示。

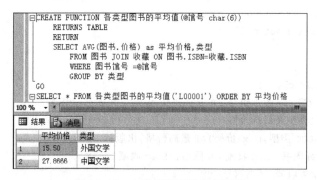

图 15.16　内联表值函数运行结果

15.3.3　创建多语句表值函数

创建多语句表值函数的语法格式如下：

```
CREATE FUNCTION [schema_name.]function_name
( [ { @paramenter_name [AS] [ type_schema_name.]parameter_data_type
    [ =default]}
    [,...n]
  ]
)
REUTRNS @return_variable TABLE<table_type_definition>
[WITH <function_option>[,...n] ]
[AS]
BEGIN
    function_body
    RETURN
END
[;]
```

以上语法中的大多数参数已经介绍过，下面介绍几个不同的参数：

- RETURNS：指定返回值，其中@return_variable 为返回值的名称，多语句表值函数的返回值必须存放在返回值变量中；table 表示的返回值是表值；＜table_type_defintion＞用来声明表的列及类型。
- RETURN：多语句表值函数同样是用 RETURN 来返回数据，只是 RETURN 后不需要接任何数据或变量。

【例 15.17】 创建自定义函数，要求列出首都图书馆不同类型、不同出版社的图书的最高价格以及相对应的作者及出版社。

```
CREATE FUNCTION 图书信息 (@馆名 char(10))
RETURNS @类型及最高价格 TABLE
(
    类型 nchar(6) not null,
    最高价格 money not null,
    出版社 char(7) not null
)
    BEGIN
  DECLARE @馆 ID char()
      SELECT @馆 ID=图书馆号 FROM 图书馆表 WHERE 名称=@馆名
      INSERT @类型及最高价格
          SELECT 类型,max(价格)AS 最高价格,出版社
          FROM 图书 JOIN 收藏 ON 图书.ISBN=收藏.ISBN
          WHERE 收藏.图书馆号=@馆 ID
          GROUP BY 类型,出版社
      RETURN
    END
GO
```

下面对"图书信息"函数进行查询：

```
SELECT * FROM 图书信息('首都图书馆')
```

执行以上代码，得运行结果如图 15.17 所示。

【例 15.18】 创建自定义函数，要获取学校所有人员的信息，无论是老师的还是学生的。其语句如下：

图 15.17 例 15.17 的多语句
函数运行结果

```
CREATE FUNCTION 人员信息()
RETURNS @名单 TABLE
(
    姓名 varchar(20) not null,
    性别 nchar(1) not null,
    年龄 smallint not null
)
    BEGIN
    INSERT @名单
```

```
    SELECT 姓名,性别,年龄
    FROM 学生表
INSERT @名单
    SELECT 姓名,性别,DATEDIFF(year,出生日期,getdate())
    FROM 教师表
    RETURN
END
GO
```

利用该函数进行查询：

```
SELECT * FROM 人员信息()
```

执行以上语句,得到图 15.18 所示的结果。

	姓名	性别	年龄
1	姜明皓	男	20
2	柳笛	女	19
3	王义明	男	20
4	王咏	男	20
5	章春雨	女	20
6	李立新	男	21
7	郝东东	男	22
8	李晓红	女	21
9	陈宏纲	男	20
10	司一哲	男	19
11	童妍	女	18
12	王伟	男	22
13	李雪梅	女	20
14	路遥	女	21

图 15.18　例 15.18 自定义
函数运行结果

15.3.4　自定义函数的删除

自定义函数定义后,如果不用了,也可以把它删除。T-SQL 中删除自定义函数的语句如下：

```
DROP FUNCTION{自定义函数名}
```

【例 15.19】　删除前面创建的自定义函数"人员信息"。

```
DROP FUNCTION 人员信息
```

也可以在 SQL Server Management Studio 中删除自定义函数。删除方法如下：

(1) 启动 SQL Server Management Studio,在【对象资源管理器】窗格中展开树形目录,定位到【数据库实例】→【数据库】→LibraryDatabase→【可编程性】→【函数】选项。

(2) 如果要删除的是表值函数,则单击【表值函数】选项,如果要删除标量值函数,则单击【标量值函数】,本例为【表值函数】。

(3) 在【摘要】窗格右击一个或多个用户定义函数,在弹出的快捷菜单中选择【删除】选项。

(4) 在弹出的【删除对象】对话框里单击【确定】按钮完成操作。

15.4　实　　验

15.4.1　实验目的

要求能够通过实验掌握自定义函数的功能、形式以及使用方法。了解如何查看、修改和删除自定义函数,自定义函数与存储过程的区别等。具体来说要达到以下目的：

(1) 学会使用 T-SQL 语句创建标量值函数,内联表值函数以及多语句表值函数。

(2) 学会使用 SQL Server Management Studio 创建标量值函数,内联表值函数以及多语句表值函数。

(3) 学会使用 SQL Server Management Studio、T-SQL 以及存储过程查看、修改和删

除自定义函数。

(4) 了解自定义函数与存储过程的区别。

15.4.2　实验内容

1. 基础实验

(1) 使用 SQL Server Management Studio 的对象资源管理器，以图形化的方式创建标量值函数，内联表值函数以及多语句表值函数，并设计 SQL 语句测试函数的有效性。实验时要保留每一种函数的功能设计以及创建的步骤和效果截图。

(2) 使用 T-SQL 创建标量值函数，内联表值函数以及多语句表值函数，并设计 SQL 语句测试函数的有效性。实验时要保留每一种函数的功能设计以及创建的步骤和效果截图。

2. 扩展实验

(1) 针对基础实验中创建的函数，尝试使用 SQL Server Management Studio、T-SQL 对其进行查看，修改、改名和删除。

(2) 针对基础实验中创建的函数，尝试设计存储过程或表达式来使用这些函数。

15.4.3　思考题

(1) 自定义函数能够接收参数吗？

(2) 自定义函数返回的数据类型有何限制？

(3) 自定义函数与存储过程相比有哪些优点和哪些弱点？

第 16 章

游　标

16.1　相关知识点

从数据库中检索数据时，一般情况下得到的都是一个记录集。而一般的应用程序是无法直接处理这个记录集的，因为根本无法清楚确定记录集的结构。为此，一般的 DBMS 均提供游标机制，以帮助应用程序处理检索到的数据集。游标从本质上来讲是系统为用户开设的一个数据缓冲区，用于存放 T-SQL 语句从数据库检索出来的结果集，这种结果集以多条记录的形式存在。当应用程序需要对结果集进行处理时，使用游标可以从结果集中一条一条地提取记录，为此每个游标必须有一个名字。

SQL Server 2012 支持三种类型的游标：T-SQL 游标、API 游标和客户端游标。

（1）T-SQL 游标。T-SQL 游标是由 DECLARE CURSOR 语法定义，主要用在 T-SQL 脚本、存储过程和触发器中。T-SQL 游标主要用在服务器上，由从客户端发送给服务器的 T-SQL 语句或是批处理、存储过程、触发器中的 T-SQL 进行管理。T-SQL 游标不支持提取数据块或多行数据。

（2）API 游标。API 游标支持在 OLE DB、ODBC 以及 DB_library 中使用游标函数，主要用在服务器上。每一次客户端应用程序调用 API 游标函数，MS SQL Server 的 OLE DB 提供者、ODBC 驱动器或 DB_library 的动态链接库（DLL）都会将这些客户请求传送给服务器以对 API 游标进行处理。

（3）客户端游标。客户端游标主要是当需要在客户机上缓存结果集时才使用。在客户端游标中，有一个缺省的结果集被用来在客户机上缓存整个结果集。客户端游标仅支持静态游标。由于服务器游标并不支持所有的 T-SQL 语句或批处理，所以以客户端游标往往被用作服务器游标的辅助。

由于 API 游标和 T-SQL 游标使用在服务器端，所以称为服务器游标，也称为后台游标；而客户端游标则称为前台游标。

另外，根据游标使用范围的不同，游标也可以分为全局游标和局部游标。全局游标可以在整个会话过程中使用。该会话过程中的任何存储过程、触发器和 T-SQL 批处理都可以使用该游标，只有会话结束后，游标才会删除。而局部游标只在一个存储过程、触发器和 T-SQL 批处理中使用，执行完毕后，游标自动删除。SQL Server 2012 中游标的默认类型是全局游标。

16.2　游标的操作流程

使用游标进行操作的基本流程如下：

（1）定义游标变量，声明游标存储的结果集。

（2）打开游标。

（3）循环从游标里取出数据进行处理。

（4）关闭游标。

（5）删除游标。

下面分别说明以上 5 个操作流程的语法格式。

16.2.1　定义游标的语法格式

SQL Server 2012 中，提供两种定义游标的语法格式：SQL-92 标准的语法和 T-SQL 的语法。下面分别加以介绍。

SQL-92 标准中定义游标的语法格式如下：

```
DECLARE cursor_name                         --游标名
    [INSENSITIVE]                           --是否复制结果集
    [SCROLL]                                --是否可以回滚
    CURSOR FOR select_statement             --查询语句
    [FOR
        {READ ONLY|                         --只读
        UPDATE [OF column_name[,...n] ]     --可以更改列
        }]
    [;]
```

参数解释如下：

- cursor_name：游标名称。
- INSENSITIVE：用于设置游标是否为数据副本。通常在创建游标后，当数据库里的数据有所更新，那么更新会直接反映到游标里。如果使用了 INSENSITIVE 参数，那么在创建游标时，SQL Server 会将游标里的数据集存储到 tempdb 数据库的临时表中，以后游标只读区临时表的结果集，当数据再有更新也不会直接反映到游标里。
- SCROLL：指明游标是否可以回滚。如果不指明该参数，游标只能从第一行到最后一行地读取结果集里的数据，不能任意指定去读取哪一条语句。
- select_statement：指定游标的数据来源，通常是 SELECT 语句。
- READ ONLY：设置游标为只读游标。
- UPDATE：设置可以更改的列名称，如果没有用 OF 来指定列名，则默认为可以更改所有列内容。

T-SQL 定义游标的语法格式如下：

```
DECLARE cursor_name                               --游标名
    CURSOR [LOCAL|GLOBAL]                          --全局或局部游标
        [FORWARD_ONLY |SCROLL]                     --游标滚动方式
        [STATIC|KEYSET|DYNAMIC|FAST_FORWARD]       --游标的存储方式
        [READ_ONLY|SCROLL_LOCKS|OPTIMISTIC]        --游标的读取方式
        [TYPE_WARNING]                             --类型转变警告
    FOR select_statement
        [FOR UPDATE[OF column_name [,...n] ] ]     --可更改列
[;]
```

参数解释如下：

- LOCAL|GLOBAL：定义游标的类型是局部游标还是全局游标。
- FORWARD_ONLY|SCROLL：类似于 SQL-92 语法中的 SCROLL，FORWARD_ONLY 为只能从第一行到最后一行读取游标，SCROLL 为可以随意滚动游标。
- STATICI、DYNAMIC：STATIC 参数类似于 SQL-92 语法中的 INSENSITIVE，使用 tempdb 数据库的临时表来存储游标，当数据库中的数据有更新是不会直接反映到游标中。而 DYNAMIC 参数与 STATIC 参数相反，就是不使用 tempdb 数据库的临时表来存储游标，当数据库中的数据有更新时直接反映到游标中。
- KEYSET：将游标中具有唯一值的列存储在 tempdb 数据库的临时表中，无论数据库里的数据是否更新，只要没有更新唯一值所在的列内容，都从数据库里读取最新的数据。如果唯一值所在的列内容被更新或记录被删除，则会返回错误信息。
- FAST_FORWARD：指定启用了性能优化后的 FORWARD_ONLY 和 READ_ONLY 游标。
- READ_ONLY：设置游标的只读属性。
- SCROLL_LOCKS：如果设置了该参数，当游标读取记录时，数据库就会将记录锁定，以便让游标可以完成随后对记录的操作。
- OPTIMISTIC：如果设置了该参数，当游标读取记录时，数据库就不会将记录锁定，因此如果记录被读入游标后更新或删除，则通过游标进行的定位更新或定位删除将不会成功。
- TYPE_WARNING：如果游标从所请求的类型隐式转换为另一类型，则向客户端发送警告消息。
- UPDATE：设置可以更改的列名称。

两种语法格式的主体是一样的，只有参数不同，T-SQL 提供了更为丰富的参数选择，从而使用更灵活些。

【例 16.1】 定义一个游标，返回图书信息，所有参数设置为默认值。代码如下：

```
DECLARE  图书信息_游标  CURSOR  FOR
    SELECT  书名,类型,价格  FROM  图书
```

【例 16.2】 定义一个游标，返回图书信息，要求复制结果集，并指明游标可以回滚。代码如下：

```
DECLARE  图书信息_游标_1  INSENSITIVE  SCROLL  CURSOR
  FOR
    SELECT  书名,类型,价格  FROM  图书
              WHERE  出版日期>'2010-1-1'
```

16.2.2　打开游标的语法格式

打开游标的语法格式如下：

```
OPEN CURSOR_NAME
```

定义游标后，必须打开才能使用。打开游标后，可以使用全局变量@@CURSOR_ROWS 获取游标内缓存的记录数目，也可以用全局变量@@FETCH_STATUS 返回上一条游标 FETCH 语句的状态。

【例 16.3】　打开例 16.1 定义的游标。

```
OPEN  图书信息_游标
```

16.2.3　游标处理数据的语法格式

打开游标之后，就可以从游标中取数据进行处理。从游标中提取数据的语句是 FETCH，可以定位到游标中的某一条记录，例如，第一条记录，最后一条记录，第 n 条记录等。语法格式如下：

```
FETCH
    [ [ NEXT|PRIOR|FIRST|LAST
        |ABSOLUTE{n|@nvar}
        |RELATIVE{n|@nvar}
     ]
    FROM
    ]
{
    {[GLOBAL]cursor_name}
    |@cursor_variable_name
}
[INTO @variable_name[,...n] ]
```

FETCH 语法的主要参数如下：
- NEXT：当前记录的下一条记录。
- PRIOR：当前记录的上一条记录。
- FIRST：游标中的第一条记录。
- LAST：游标中最后一条记录。
- ABSOLUTE：游标中指定位置的记录，即绝对位置。
- RELATIVE：相对于当前位置的记录，即相对位置。

- GLOBAL：指定游标为全局游标。
- cursor_variable_name：指定的游标变量名，引用要从中进行提取操作的打开的游标。
- INTO@variable_name：允许将提取操作的列数据放到局部变量中。列表中的各个变量从左到右与游标结果集中的相应列相关联。各变量的数据类型必须与相应的结果集列的数据类型匹配，或是结果集列数据类型所支持的隐式转换。变量的数目必须与游标选择列表中的列数一致。

【例 16.4】 从"图书信息_游标"中读取数据，并显示出来。代码如下：

```
DECLARE    @名称 varchar(100)
DECLARE    @类型 nchar(6)
DECLARE    @定价 money
--读取游标存在刚声明的三个变量中
FETCH  NEXT  FROM  图书信息_游标
      INTO  @名称,@类型,@定价
WHILE(@@FETCH_STATUS=0)
BEGIN
      PRINT  '书名：'+@名称
      PRINT  '类型：'+@类型
      PRINT  '价格：'+convert(char(10),@定价)
      PRINT  ''
      FETCH  NEXT  FROM  图书信息_游标
          INTO  @名称,@类型,@定价
END
```

16.2.4 关闭和删除游标的语法格式

使用完游标后，要记得关闭和删除它，目的是释放游标与数据的连接以及系统的内在资源。

关闭游标的代码为：

```
CLOSE  CURSOR_NAME
```

删除游标的代码为：

```
DEALLOCATE  CURSOR_NAME
```

【例 16.5】 关闭并删除"图书信息_游标"。代码如下：

```
CLOSE 图书信息_游标
DEALLOCATE  图书信息_游标
```

16.3 游标的使用

16.3.1 使用游标处理数据

使用游标处理数据实质上就是把游标的操作流程用于实际的数据处理应用中。把上一节几个样例结合起来，就形成一个完整的使用游标处理数据的过程。

【例 16.6】 创建游标，获取图书表中关于书名、类型和价格的信息，显示出来。则整个程序的代码如下：

```
--声明游标
DECLARE  图书信息_游标  SCROLL  CURSOR  FOR
              SELECT  书名,类型,价格  FROM  图书表
--打开游标
OPEN  图书信息_游标
--声明变量
DECLARE  @名称 varchar(100)
DECLARE  @类型 nchar(6)
DECLARE  @定价 money
--读取游标存在刚声明的三个变量中
FETCH  NEXT  FROM  图书信息_游标
       INTO  @名称,@类型,@定价
--循环读取
WHILE(@@FETCH_STATUS=0)
BEGIN
    PRINT  '书名：'+@名称
    PRINT  '类型：'+@类型
    PRINT  '价格：'+convert(char(10),@定价)
    PRINT  ''
FETCH  NEXT  FROM  图书信息_游标
       INTO  @名称,@类型,@定价
END
--关闭游标
CLOSE 图书信息_游标
--删除游标
DEALLOCATE  图书信息_游标
```

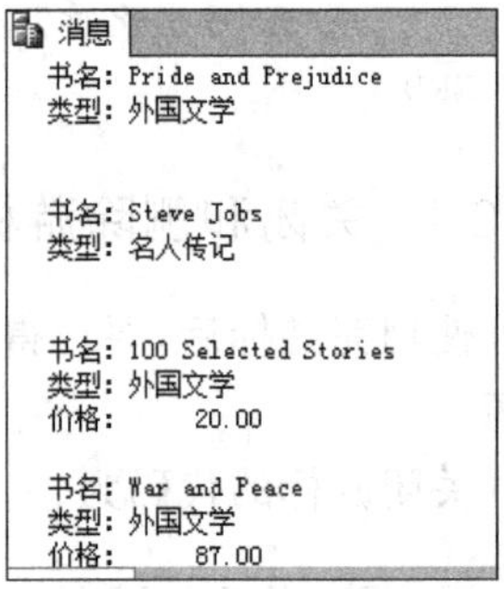

执行上面的语句，可得到如图 16.1 所示的结果。

图 16.1 例 16.6 运行结果

【例 16.7】 当然还可以利用 FETCH 的一些参数，灵活地定位到游标中的某一个记录。对例 16.6 进行修改，可以读取第一条记录，第 5 条记录，后两条记录等。代码如下：

```
--声明游标
DECLARE  图书信息_游标  CURSOR  SCROLL FOR
              SELECT  书名,类型,价格  FROM  图书表
--打开游标
OPEN  图书信息_游标
--声明变量
DECLARE  @名称 varchar(100)
```

```
DECLARE   @类型 nchar(6)
DECLARE   @定价 money
--读取游标存在刚声明的三个变量中
    FETCH  NEXT  FROM   图书信息_游标
        INTO  @名称,@类型,@定价
--显示所有记录
WHILE(@@FETCH_STATUS=0)
BEGIN
    PRINT   '书名：'+@名称
    PRINT   '类型：'+@类型
     PRINT   '价格：'+convert(char(10),@定价)
    PRINT   ''
    FETCH  NEXT  FROM   图书信息_游标
            INTO  @名称,@类型,@定价
END
PRINT  ''
--读取第一条记录
    FETCH  FIRST  FROM   图书信息_游标
        INTO  @名称,@类型,@定价
IF(@@FETCH_STATUS=0)
BEGIN
    PRINT   '第一本书的书名为：'+@名称
    PRINT   '其类型为：'+@类型
     PRINT   '其价格为：'+convert(char(10),@定价)
    PRINT   ''
END
--读取第五条记录
FETCH  ABSOLUTE  5  FROM   图书信息_游标
        INTO   @名称,@类型,@定价
IF(@@FETCH_STATUS=0)
BEGIN
    PRINT   '第五本书的书名为：'+@名称
    PRINT   '其类型为：'+@类型
     PRINT   '其价格为：'+convert(char(10),@定价)
    PRINT   ''
END
--读取倒数第二条记录
    FETCH  RELATIVE  1  FROM   图书信息_游标
        INTO  @名称,@类型,@定价
IF(@@FETCH_STATUS=0)
BEGIN
    PRINT   '倒数第二本书的书名为：'+@名称
    PRINT   '其类型为：'+@类型
     PRINT   '其价格为：'+convert(char(10),@定价)
```

```
        PRINT  ''
END
--读取最后一条记录
    FETCH  LAST  FROM  图书信息_游标
        INTO  @名称,@类型,@定价
IF(@@FETCH_STATUS=0)
BEGIN
PRINT  '最后一本书的书名为：'+@名称
PRINT  '其类型为：'+@类型
  PRINT  '其价格为：'+convert(char(10),@定价)
PRINT  ''
END
--关闭游标
CLOSE 图书信息_游标
--删除游标
DEALLOCATE  图书信息_游标
```

执行上面的语句,可得图 16.2 所示的结果,除了将图书表中所有记录显示外,还专门显示了第一条记录、第 5 条记录和最后两条记录。

从结果可以看到利用游标可以定位到结果集的任意一条记录,但需要注意的是,要达到这一目的,在定义游标时需要选择 SCROLL 参数,否则就会出错。

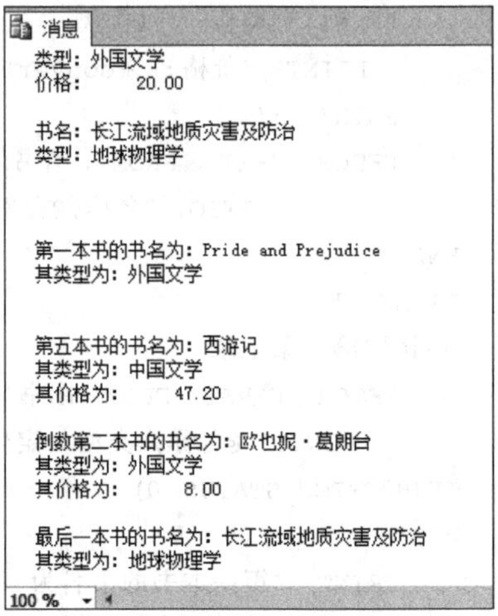

图 16.2　例 16.7 运行结果

【**例 16.8**】　利用游标提取出的数据可以进行其他处理,也可以将处理后的结果更新到数据库中。

```
--声明游标
DECLARE  修改价格_游标  SCROLL  CURSOR  FOR
            SELECT  价格  FROM  图书表
--打开游标
OPEN  修改价格_游标
--声明变量
DECLARE  @定价 money
--读取游标到变量中
FETCH  NEXT  FROM  修改价格_游标
        INTO  @定价
--循环读取
WHILE(@@FETCH_STATUS=0)
BEGIN
  IF  @定价>50
  BEGIN
    SET @定价=@定价 * 0.9
    UPDATE 图书表  SET  价格=@定价
```

```
                WHERE  CURRENT  OF  修改价格_游标
        END
    FETCH  NEXT  FROM  修改价格_游标
                INTO  @定价
END
--关闭游标
CLOSE 修改价格_游标
--删除游标
DEALLOCATE  修改价格_游标
```

首先查看图书表的价格如图 16.3 所示。

执行上面的"修改价格_游标",图书表中的价格变化如图 16.4 所示的结果。

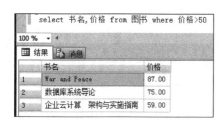

图 16.3 例 16.8 运行前图书信息

图 16.4 例 16.8 运行后图书价格变化

从结果中可以看到,如果游标不是"只读"的,则可以通过 CURRENT OF 关键字更改记录。

16.3.2 全局游标与局部游标

【例 16.9】 创建一个全局变量,从而可以在不同的 T-SQL 处理中使用。例如,一个处理是显示图书表中的价格,另一个是修改某些价格,最后一个是删除游标。代码如下:

```
//声明游标
DECLARE  修改价格_游标  SCROLL  CURSOR  FOR
                SELECT  价格  FROM  图书表
//打开游标,进行第一个处理
OPEN  修改价格_游标
//声明变量
DECLARE  @定价 money
//读取游标到变量中
FETCH  NEXT  FROM  修改价格_游标
          INTO  @定价
//循环读取
WHILE(@@FETCH_STATUS=0)
BEGIN
    PRINT  '价格:'+@定价
    PRINT  ''
    FETCH  NEXT  FROM  修改价格_游标
```

```
                INTO    @定价
    END
//关闭游标
CLOSE 修改价格_游标
GO
//第二个处理开始,打开游标
OPEN    修改价格_游标
//声明变量
DECLARE    @定价 money
//读取游标到变量中
FETCH  NEXT  FROM   修改价格_游标
                INTO   @定价
//循环读取
WHILE(@@FETCH_STATUS=0)
BEGIN
    IF   @定价>50
    BEGIN
        SET @定价=@定价 * 0.8
        UPDATE 图书   SET   价格=@定价
        WHERE  CURRENT  OF   修改价格_游标
    END
    FETCH  NEXT  FROM   修改价格_游标
            INTO   @定价
END
//关闭游标
CLOSE 修改价格_游标
GO
//第三个处理:删除游标
DEALLOCATE   修改价格_游标
```

执行以上代码,则可得到三个处理的运行结果分别如图 16.5、图 16.6 和图 16.7 所示。

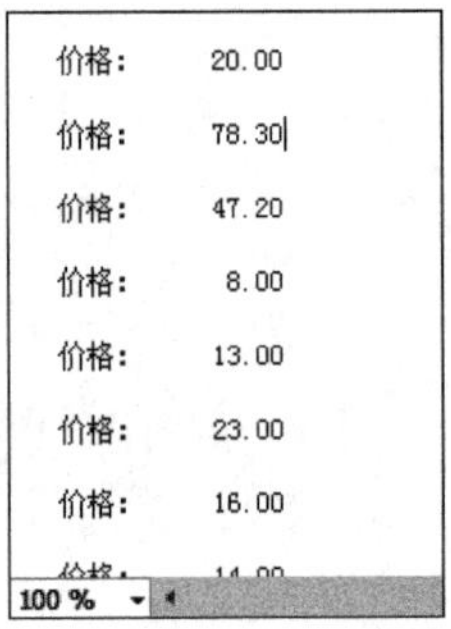

	价格
	20.00
	78.30
	47.20
	8.00
	13.00
	23.00
	16.00
	14.00

图 16.5   第一个处理结果

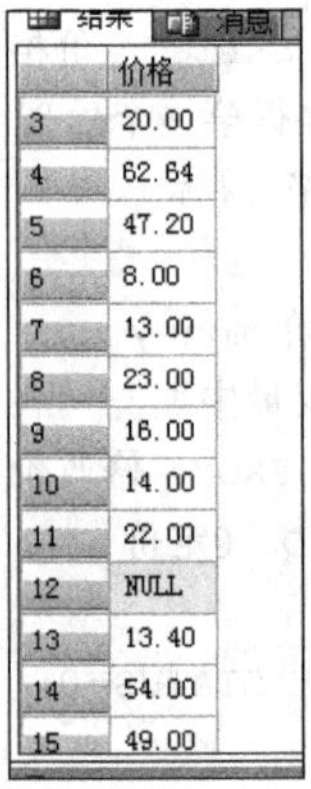

	价格
3	20.00
4	62.64
5	47.20
6	8.00
7	13.00
8	23.00
9	16.00
10	14.00
11	22.00
12	NULL
13	13.40
14	54.00
15	49.00

图 16.6   第二个处理结果

如果在游标定义时选择是 LOCAL 选项（本地游标），即：

```
DECLARE  修改价格_游标    CURSOR  LOCAL SCROLL FOR
            SELECT  价格  FROM  图书表
```

那么例 16.9 中的代码运行时将会出现错误，如图 16.8 所示。

图 16.7 第三个处理结果

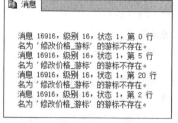

图 16.8 例 16.9 运行错误

16.3.3 游标变量及其使用方法

前面介绍了游标是应用程序操作检索结果集的方法，在应用中也可以将它作为一种数据类型来定义变量，称之为游标变量。操作游标变量与操作游标相似，只是游标变量在使用前需要赋值。下面几个步骤说明游标变量的定义和使用：

（1）定义游标变量：DECLARE @变量名称 CURSOR。

（2）为游标变量赋值：SET @变量名称＝CURSOR FOR SELECT 子句。

（3）打开游标变量：OPEN @变量名称。

（4）从游标变量中取得记录：FETCH NEXT FROM @变量名称（FETCH 语句的使用与游标中使用 FETCH 完全相同）。

（5）关闭游标变量：CLOSE @变量名称。

（6）删除游标变量：DELETE @变量名称。

下面举例来说明游标变量的使用方法。

【例 16.10】 创建一个存储过程，使用游标函数实现图书记录的显示。代码如下：

```
CREATE PROC cursorTest
    @游标 CURSOR VARYING OUTPUT
AS
        SET @游标=CURSOR FOR
    SELECT 书名,价格 from 图书
OPEN @游标
GO
    DECLARE @_title varchar(50)
    DECLARE @_price money
    DECLARE @cursor CURSOR
    EXEC cursorTest @cursor OUTPUT
    FETCH NEXT FROM @cursor into @_title,@_price
```

```
WHILE (@@fetch_status=0)
BEGIN
  print @_title+' '+convert(char(10),@_price)
  FETCH NEXT FROM @cursor into @_title,@_price
END
--关闭游标
CLOSE @cursor
--删除游标
DEALLOCATE @cursor
```

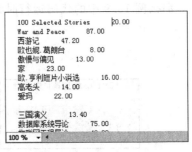

图 16.9   例 16.10 运行结果

执行这一存储过程,运行结果如图 16.9 所示。

在这个例子中直接对游标变量进行赋值。在实际应用时,也可以将已经定义好的游标赋值给游标变量,将例 16.10 修改如下。

【例 16.11】   实现例 16.10 的功能,但利用游标对游标变量进行赋值,代码如下:

```
DECLARE 图书信息_游标 CURSOR SCROLL FOR
SELECT 书名,价格 from 图书
CREATE PROC cursorTest
    @游标 CURSOR VARYING OUTPUT
AS
SET @游标=图书信息_游标
--打开游标
OPEN @游标
GO
DECLARE @cursor CURSOR
DECLARE @_title varchar(100)
DECLARE @_price money
EXEC cursorTest @cursor OUTPUT
FETCH NEXT FROM @cursor into @_title,@_price
WHILE (@@fetch_status=0)
BEGIN
    print @_title+' '+convert(char(10),@_price)
    FETCH NEXT FROM @cursor into @_title,@_price
END
--关闭游标
CLOSE @cursor
--删除游标
DEALLOCATE @cursor
```

这段代码执行的结果,与例 16.10 相同,如图 16.9 所示。

但需要注意的是,当在代码后面关闭游标变量时,只关闭了游标变量和“图书信息_游标”之间的关联,至于“图书信息_游标”则并没有关闭,后面还可以使用。

16.4　查看游标信息

SQL Server 2012 提供了几种方式可以帮助用户查看游标的相关信息。这些方式包括：全局变量、函数和存储过程，下面分别介绍之。

16.4.1　利用全局变量查看游标信息

SQL Server 2012 提供了@@FETCH_STATUS 和@@CURSOR_ROWS 两个全局变量来查看游标信息。

在前几节中已经见过使用 @@FETCH_STATUS 获得当前移动游标指针，读取记录的操作是否成功的信息。@@FETCH_STATUS 返回三个值：

（1）返回 0 值，表示读取记录成功。

（2）返回－1 值，表示读取记录失败。

（3）返回－2 值，表示读取的记录已经不存在。

全局变量@@CURSOR_ROWS 用于返回当前打开的游标中记录的数量，返回以下几个数值：

（1）返回 0 值，表示没有打开的游标，或者打开的游标中没有一条记录，可打开的游标已经被关闭或释放。

（2）返回－1 值，表示游标为动态游标，无法读取记录数。

（3）返回 n 值，表示游标已经完全填充，n 为游标中的记录总数。

（4）返回－m 值，表示游标正在异步填充，m 为当前游标中的记录数。

【例 16.12】　使用游标查看图书表中有多少图书。代码如下：

```
DECLARE 图书数量 CURSOR STATIC FOR
  SELECT * FROM 图书表
OPEN 图书数量
PRINT @@CURSOR_ROWS
CLOSE 图书数量
DEALLOCATE 图书数量
```

执行本例，会得到图书表中的记录总数。但是要注意的是：在定义游标时使用的是 STATIC 关键字，即定义游标为静态游标。如果使用 DYNAMIC 定义动态游标的话，则无法确定记录的总数。

16.4.2　使用函数查看游标状态

在 SQL Server 2012 里提供了一个名叫 CURSOR_STATUS 的函数，可以查看游标当前的状态。CURSOR_STATUS 函数的原型如下；

```
CURSOR_STATUS
(
    {'local','cursor_name'}
```

```
        |{'global','cursor_name'}
        |{'variable','cursor_variable'}
)
```

其中参数说明如下：

- local：指定要查看状态的游标为本地游标。
- cursor_name：游标名称。
- global：指定要查看状态的游标为全局游标。
- variable：指定要查看状态的游标为本地游标变量。
- cursor_variable：本地游标变量名称。

返回值为以下几种：

（1）返回1，说明游标已经打开，但不确定其中有多少记录。

（2）返回0，说明游标已经打开，但其中没有一条记录。动态游标不会有该返回值。

（3）返回−1，表示游标已经关闭。

（4）返回−2，说明出错，比如调用程序没有把游标返回给 OUTPUT 变量，或者游标已经关闭。

（5）返回−3，说明指定的游标变量不存在，或者游标变量没有赋值。

【例 16.13】 针对下面一段代码，执行并查看结果，然后将代码中的"OPEN 修改价格_游标"去掉，再执行，查看其结果。

```
DECLARE  修改价格_游标  SCROLL  CURSOR  FOR
            SELECT  价格  FROM  图书表
//打开游标
OPEN  修改价格_游标
//声明变量
DECLARE  @定价 money
//读取游标到变量中
IF(CURSOR_STATUS('global', 修改价格_游标')=1)
BEGIN
    FETCH  NEXT  FROM  修改价格_游标
            INTO  @定价
    //循环读取
    WHILE(@@FETCH_STATUS=0)
    BEGIN
        PRINT  '价格：'+@定价
        PRINT  ''
        FETCH  NEXT  FROM  修改价格_游标
                INTO  @定价
    END
END
//关闭游标
CLOSE 修改价格_游标
```

当带有"OPEN 修改价格_游标"语句时执行结果如图 16.10 所示,而去掉它时,则执行效果如图 16.11 所示,显示游标未打开。

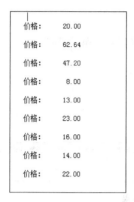

图 16.10　例 16.13 运行结果

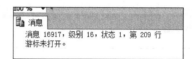

图 16.11　去掉 OPEN 后的运行效果

16.4.3　使用系统存储过程查看游标信息

用于查看游标信息的系统存储过程有四个:sp_describe_cursor、sp_describe_cursor_columns、sp_describe_cursor_tables 和 sp_cursor_list。

1. 使用 sp_describe_cursor 存储过程查看游标的属性

使用 sp_describe_cursor 可以查看游标是否打开,游标是静态的、动态的还是只读的,游标是否被锁定等。

sp_describe_cursor 的语法格式如下:

```
sp_describe_cursor output_cursor_variable OUTPUT
    { [,N'local',N'local_cursor_name']
    |[,N'global',N'global_cursor_name']
    |[,N'variable',N'input_cursor_variable']
    }
```

其中的参数说明如下:

- output_cursor_variable:用于接收存储过程返回值的变量名,该变量名必须是游标类型的变量。
- N'local':指定要查看信息的游标为本地游标。
- N'local_cursor_name':本地游标名称。
- N'global':指定要查看信息的游标为全局游标。
- N'global_cursor_name':全局游标名称。
- N'variable':指定要查看信息的游标为本地游标变量。
- N'input_cursor_variable':本地游标变量的名称。

【**例 16.14**】　查看游标的属性,代码如下:

```
DECLARE 价格_游标 SCROLL CURSOR FOR
        SELECT 价格 FROM 图书表
```

```
--打开游标
OPEN  价格_游标
--声明变量
DECLARE  @游标信息 CURSOR
EXEC sp_describe_cursor @游标信息 OUTPUT ,N'GLOBAL','价格_游标'
FETCH @游标信息
CLOSE @游标信息
DEALLOCATE @游标信息
```

执行代码后，结果如图 16.12 所示。

	reference_name	cursor_name	cursor_scope	status	model	concurrency	scrollable	open_status	cursor_rows	fetch_status	column_count	row_count
1	价格_游标	价格_游标	2	1	2	3	1	1	19	-9	1	0

图 16.12 例 16.14 运行结果

本例中通过使用游标变量接收返回的参数值，再在游标变量中读取相应的属性信息。

从结果中可以看到存储过程 sp_describe_cursor 返回的信息比较多，在表 16.1 列出各列的物理含义。

表 16.1 sp_describe_cursor 返回列

列　　名	列　说　明
reference_name	引用游标的名称
cursor_name	来自 DECLARE CURSOR 语句的游标名称
cursor_scope	1＝全局游标 2＝本地游标
status	与 CURSOR_STATUS 函数返回的结果相同： 1：表示游标已经打开，但不确定其中有多少条记录 0：表示游标已经打开，而且可以确定其中没有一条记录 －1：表示游标已经关闭 －2：该函数不适用 －3：指定名称的游标变量不存在，或存在游标变量，但没有为其赋值
model	游标的存储方式： 1＝STATIC 2＝KEYSET 3＝DYNAMIC 4＝FAST_FORWARD
concurrency	游标的读取方式： 1＝READ_ONLY 2＝SCROLL_LOCKS 3＝OPTIMISTIC
scrollable	游标的滚动方式： 0＝FORWARD_ONLY 1＝SCROLL

续表

列　　名	列　说　明
open_status	游标状态： 0＝关闭 1＝打开
cursor_rows	游标中的行数
fetch_status	游标最后一次读取的状态，与@@FETCH_STATUS 返回结果类似： 0＝成功 －1＝失败或游标超出界限 －2＝缺少所请求的记录 －9＝尚未对游标进行提取
column_count	游标中的列数
row_count	受游标的上次操作影响的行数
last_operation	游标上次执行的操作： 0＝没有对游标进行执行操作 1＝OPEN 2＝FETCH 3＝INSERT 4＝UPDATE 5＝DELETE 6＝CLOSE 7＝DEALLOCATE
cursor_handle	服务器范围内的游标唯一值

2. 使用 sp_describe_cursor_columns 查看列

存储过程 sp_describe_cursor_columns 可以返回游标中各列的属性，语法格式为：

```
Sp_describe_cursor_columns
    [@cursor_return=]output_cursor_variable OUTPUT
{
    [,N'local',N'local_cursor_name']
    |[,N'global',N'global_cursor_name']
    |,N'variable',N'input_cursor_variable']
}
```

可以看出，语法格式与 sp_describe_cursor_columns 非常相似。将例 16.14 中的存储过程换成 sp_describe_cursor_columns，可得例 16.15。

【例 16.15】 利用存储过程获取游标变量的列属性，代码如下：

```
DECLARE 价格_游标 SCROLL CURSOR FOR
        SELECT 价格 FROM 图书表
```

```
--打开游标
OPEN   价格_游标
--声明变量
DECLARE  @游标信息 CURSOR
EXEC sp_describe_cursor_columns @游标信息 OUTPUT ,N'GLOBAL','价格_游标'
FETCH @游标信息
CLOSE @游标信息
DEALLOCATE @游标信息
```

执行代码后,结果如图 16.13 所示。

	column_name	ordinal_position	column_characteristics_flags	column_size	data_type_sql	column_precision	column_scale	order_position	order_dire
1	价格	0	22	8	60	19	4	0	NULL

图 16.13　例 16.15 运行结果

sp_describe_cursor_columns 返回原列名称及其含义如表 16.2 所示,可参照理解。

表 16.2　sp_describe_cursor_columns 返回列

列	列　说　明
column_name	结果集的列明
ordinal_position	从结果集的最左一列算起的相对位置,首列的位置为 0
column_characteristics_flags	一个位掩码,指示存储在 OLE DB 的 DBCOLUMNFLAGS 中的信息。可以是下列选项之一或组合: 1＝书签 2＝固定长度 4＝可以空值 8＝行版本控制 16＝可更新列(为没有 FOR UPDATE 子句的游标的提取列设置,如果存在这样的列,则每个游标只能有一列) 当位置被合并时,将应用合并位值的特征。例如,如果位值为 6,则列为一个固定长度(2)的可空(4)列
column_size	列的最大值
data_type_sql	代表列的数据类型的数字
column_precision	列的最大精度
column_scale	数值或十进制数据类型小数点右边的位数
order_position	如果该列参数与结果集排序,则表示在排序键中相对于最左边的列的位置
order_direction	A＝该列参与排序,按升序排序 D＝该列参与排序,按降序排序 NULL＝该列没有参与排序
hidden_column	0＝该列出现在选择列表中 1＝保留以供将来使用

续表

列	列　说　明
columnid	基列的列 ID，如果结果集列由表达式生成，则为一1
objectid	提供列的对象或基表的对象 ID。如果结果集列由表达式生成，则为一1
dbid	包含提供列的基表的数据库 ID。如果结果集列由表达式生成，则为一1
dbname	包含提供列的基表的数据库名称。如果结果集列由表达式生成，则为 NULL

3. 使用 sp_describe_cursor_tables 查看游标数据源

存储过程 sp_describe_cursor_tables 可以返回游标的数据来源表，语法格式为：

```
sp_describe_cursor_tables
    [@cursor_return=]output_cursor_variable OUTPUT
{
    [,N'local',N'local_cursor_name']
    |[,N'global',N'global_cursor_name']
    |,N'variable',N'input_cursor_variable']
}
```

语法格式与 sp_describe_cursor 也非常相似。将例 16.14 中的存储过程换成 sp_describe_cursor_tables，可得例 16.16。

【例 16.16】　利用存储过程获取游标变量的列属性，代码如下：

```
DECLARE  价格_游标  SCROLL  CURSOR  FOR
              SELECT  价格  FROM  图书表
--打开游标
OPEN  价格_游标
--声明变量
DECLARE  @游标信息 CURSOR
EXEC sp_describe_cursor__tables @游标信息 OUTPUT ,N'GLOBAL','价格_游标'
FETCH @游标信息
CLOSE @游标信息
DEALLOCATE @游标信息
```

执行代码后，结果如图 16.14 所示。

	table_owner	table_name	optimizer_hint	lock_type	server_name	objectid	dbid	dbname
1	dbo	图书	0	0	XU-PC	293576084	10	LibraryDatabase

图 16.14　例 16.16 运行结果

sp_describe_cursor_tables 返回的数据源也包含一定的信息，表 16.3 列出了返回的相应列及具体含义。

表 16.3　sp_describe_cursor_tables 返回列

列	列　说　明
table_owner	数据表所有者的用户 ID
table_name	数据表名称
optimizer_hint	由下列一项或多项组成的位图： 1＝行级锁定（ROWLOCK） 4＝页级锁定（PAGELOCK） 8＝表锁（TABLOCK） 16＝排他表锁（TABLOCKX） 32＝更新锁（UPDLOCK） 64＝无锁（NOLOCK） 128＝快速第一行选项（FASTFIRST） 4096＝与 DECLARE CUESOR 一起使用时用于读取可重复语义（HOLDLOCK）
lock_type	为该游标的每个基表显式或隐式的请求的滚动锁类型。该值可以是下列值之一： 0＝无 1＝共享 3＝更新
server_name	服务器名
objectid	表的对象 ID
dbid	数据库 ID
dbname	数据库名称

4. sp_cursor_list 可以查看当前会话的所有游标

存储过程 sp_cursor_list 的语法格式如下：

```
sp_cursor_list [ @cursor_return =]cursor_variable_name OUTPUT
    ,[ @cursor_scop =] cursor_scope
```

其中参数说明如下：

- cursor_variable_name：用于接收存储过程返回值的变量名，该变量必须是游标类型的变量。
- cursor_scope：要返回的游标信息的级别，1 为所有本地游标，2 为所有全局游标，3 为所有本地游标和全局游标。

sp_cursor_list 返回的列与 sp_cursor_ cursor 相同，不再介绍了，有兴趣的读者可以将例 16.14 中的存储过程换成 sp_cursor_list，并执行以查看结果。

16.5　实　　验

16.5.1　实验目的

本实验主要目的在于通过学习游标的相关知识，了解 SQL Server 2012 中游标的类型，游标的操作流程，学会游标的创建和使用。具体要求如下：

（1）掌握游标的类型和操作流程。

（2）掌握游标的定义和操作方法。

（3）学会使用 T-SQL 创建游标和使用游标。

（4）学会使用游标变量。

（5）学会通过使用函数，全局变量和系统存储过程查看游标的相关信息。

16.5.2 实验内容

1. 基础实验

（1）使用 T-SQL 语句进行游标的声明、打开、使用、关闭和删除。

（2）使用 FETCH 语句进行游标数据的获取。

（3）定义游标变量，并在存储过程中使用它。

2. 扩展实验

本实验扩展学习利用系统存储过程查看游标的相关信息：

（1）根据样例的学习，利用全局变量查看游标状态。

（2）根据样例的学习，利用函数查看游标的状态。

（3）根据样例的学习，利用四种系统存储过程查看游标的信息。

16.5.3 思考题

（1）游标的作用是什么？游标的优点和缺点分别是什么？

（2）SQL Server 2012 中提供了几种类型的游标？

（3）游标的操作流程是什么？

（4）使用游标可以定位任意一条记录吗？

事务与锁技术

17.1　事　务

17.1.1　相关知识点

1. 事务的概念

事务(Transaction)是数据库中非常重要的概念,是包含一系列操作的逻辑工作单元。事务的作用有两个:一是与锁机制相结合保证多用户并发时数据的正确性,二是保证出现故障时数据库能够恢复到最近的正确状态。

事务有如下性质:

- 原子性:指事务中所有的操作形成一个整体,要么全部执行,要么全部不执行,不能出现执行一部分的情况。
- 一致性:指事务完成时必须使用数据库从一个一致性的状态转化到另一个一致性的状态。
- 隔离性:指多个事务并发操作同一数据时,要与没有并发操作时效果要一样,即一个事务感觉只有自己在操作数据,但并发操作的结果与某一种串行执行的结果相同。
- 持久性:指事务一旦成功提交,对数据库的影响是永久的,无论是否出现故障。这一点是通过日志文件来实现的,所以日志文件是与数据文件重要性等同的数据文件。

2. 事务的定义格式

数据库中用如下格式定义事务:

```
BEGIN TRANSACTION
    操作 1
    操作 2
    …
    操作 n
COMMIT(ROLLBACK)
```

即以 BEGIN TRANSACTION 开始,以 COMMIT(成功提交)或 ROLLBACK(失败回滚)结束。比如一个修改数据库的事务,可写成:

```
BEGIN TRANSACTION
  SELECT * FROM 图书
  UPDATE 图书表 SET 价格=价格 * 0.8
COMMIT(ROLLBACK)
```

以上这种定义事务的格式称为显式定义,这样的事务称为显式事务。显式定义的事务一般是在宿主语言中使用 T-SQL 定义事务时使用。数据库管理系统也使用隐式事务,所谓隐式事务是指事务的定义不使用 BEGIN TRANSACTION 和 COMMIT(ROLLBACK)进入边界指定。数据库管理系统在执行事务时,接受隐式事务执行模式的设置,具体方法如下:

执行 SET IMPLICIT_TRANSACTIONS ON,SQL Server 进入隐式事务模式,此时系统将在提交或回滚当前事务后自动启动新的事务,不需要再次定义事务的开始,从而产生一个连续的事务链。

执行 SET IMPLICIT_TRANSACTIONS OFF,SQL Server 结束隐式事务执行模式,事务将单独执行。

SQL Server 数据库引擎还支持自动提交事务模式。在 T-SQL 编辑器中直接书写 T-SQL 语句并进行编译和执行时,每一条 T-SQL 语句均是一个自动提交事务。前面介绍的触发器也是一个自动提交事务,因为所包含的一系统列操作执行的结果只有两种:成功或失败;如果成功,则功能完全执行;如果失败,则取消一切操作。

3. 事务执行的注意事项

在执行事务时,需要了解以下几点:

- 事务启动之后,数据库管理系统会为其准备很多资源,如开辟空间存储临时更新,加锁等以保证事务的原子性、一致性、隔离性和持久性。
- 当一个事务结束后出现了错误,则事务不能回滚。如果想修补,则需要编写修补事务以修正造成的错误。
- 已经提交完毕的事务也不能回滚。
- 当事务执行时出现断电等系统错误,则在系统恢复后事务会自动回滚。
- 当事务内部出现错误导致不能继续执行时,事务自动回滚。
- 浏览数据时尽量不要打开事务,以免占用过多的资源。

事务中不能使用表 17.1 中的语句。

隐式事务可以使用表 17.2 中的语句,但显式事务不能。

表 17.1 事务中不能使用的语句

CREATE DATABASE	ALTER DATABASE	DROP DATABASE
LOAD DATABASE	RESTORE DATABASE	BACKUP LOG
RESTORE LOG	LOAD TRANSACTION	DUMP TRANSACTION
DISK INIT	RECONFIGURE	UPDATE STATISTICS

表 17.2　隐式事务中可以使用的语句

ALTER TABLE	CREATE	OPEN
INSERT	SELECT	UPDATE
DELETE	DROP	TRUNCATE TABLE
FETCH	GRANT	REVOKE

17.1.2　事务样例

【例 17.1】　该事务实现向航班信息管理数据库中的乘客表中插入一些记录，删除一些记录，然后查看男女职工的总数。事务的代码如下：

```
BEGIN TRANSACTION
--插入三条记录
  INSERT INTO 乘客表 VALUES('1101011982210256348','张涞','男','1982-10-25')
    IF @@ERROR>0 OR @@ROWCOUNT<>1
      GOTO TRANROLLBACK
  INSERT INTO 乘客表 VALUES('11015011981111272525','李光义','男','1981-11-12')
IF @@ERROR>0 OR @@ROWCOUNT<>1
    GOTO TRANROLLBACK
  INSERT INTO 乘客表 VALUES('1101011972202206358','张红光','女','1972-02-20')
IF @@ERROR>0 OR @@ROWCOUNT<>1
    GOTO TRANROLLBACK
--查看表中的记录
SELECT * FROM 乘客表 ORDER BY 出生年月
--删除记录
DELETE FROM 乘客表 WHERE 出生年月<'1960-01-01'
IF @@ERROR>0
    BEGIN
        TRANROLLBACK:
--回滚事务
        ROLLBACK TRANSACTION
    END
ELSE
--提交事务
COMMIT TRANSACTION
--事务结束
--查看乘客表的数量
SELECT * FROM 乘客表 ORDER BY 出生年月
```

为了查看事务的执行效果，首先执行查询语句：

```
SELECT * FROM 乘客表
```

查看乘客表中的数据，如图 17.1 所示。执行事务，运行结果如图 17.2 所示。

	身份证号	姓名	性别	出生年月
1	110111111101120013	成明	女	1980-03-20
2	110111111101120026	柳丽	女	1980-07-15
3	110111111101120028	万世洁	女	1977-06-06
4	110111111101120031	乔雨燕	女	1956-02-20
5	110111111101120033	安明远	男	1985-07-07
6	110111111101120034	郝新	男	1990-01-18
7	110111111101120039	周国强	男	1945-10-19
8	110111111101120044	秦朗	男	1989-09-16
9	110111111101120047	金耀祖	男	1992-03-19
10	110111111101120052	徐珊瑚	女	1960-11-23
11	110111111101120053	凯利	男	1975-10-12
12	110111111101120059	张山	男	1939-08-12
13	110111111101120067	李玉洁	女	1959-09-10
14	110111111101120088	陈东	男	1964-07-08
15	110111111101120098	郑义	男	1957-09-08

图 17.1　事务执行前乘客表中的数据

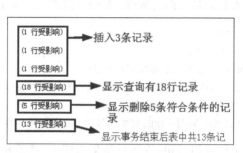

	身份证号	姓名	性别	出生年月
12	110111111101120026	柳丽	女	1980-07-15
13	110101198111272525	李光义	男	1981-11-12
14	110101198210256348	张添	男	1982-10-25
15	110111111101120033	安明远	男	1985-07-07
16	110111111101120044	秦朗	男	1989-09-16
17	110111111101120034	郝新	男	1990-01-18
18	110111111101120047	金耀祖	男	1992-03-19

	身份证号	姓名	性别	出生年月
1	110111111101120052	徐珊瑚	女	1960-11-23
2	110111111101120088	陈东	男	1964-07-08
3	110101197202206358	张红光	女	1972-02-20
4	110111111101120053	凯利	男	1975-10-12
5	110111111101120028	万世洁	女	1977-06-06
6	110111111101120013	成明	女	1980-03-20
7	110111111101120026	柳丽	女	1980-07-15
8	110101198111272525	李光义	男	1981-11-12
9	110101198210256348	张添	男	1982-10-25
10	110111111101120033	安明远	男	1985-07-07
11	110111111101120044	秦朗	男	1989-09-16
12	110111111101120034	郝新	男	1990-01-18
13	110111111101120047	金耀祖	男	1992-03-19

图 17.2　例 17.1 运行结果

插入数据后,表中有 18 条数据。删除数据后,表中数据减少 5 条,此时表中有 13 条记录

在上面的事务中,无论插入数据还是删除数据均进行错误检验,从而当插入或删除不成功时可使事务回滚,恢复到没有修改数据前的状态。

【例 17.2】　该事务将图书馆数据库中图书表中机械工业出版社出版的书名为《数据库系统导论》的书的价格增加 20 元,译林出版社出版的书名为《巴黎圣母院》的书的价格提高 5%。

```
BEGIN TRANSACTION
--定义局部变量
DECLARE @errorSum INT
--初始化临时变量
SET @@errorSum=0
UPDATE 图书 SET 价格=价格+20 WHERE 书名='数据库系统导论' AND 出版社号=(SELECT 编号
FROM 出版社 WHERE 名称='机械工业出版社')
--累计是否有错误
SET @errorSum=@errorSum+ @@error
UPDATE 图书 SET 价格=价格 * (1+0.05)WHERE 书名='巴黎圣母院' AND 出版社号=(SELECT 编
号 FROM 出版社 WHRER 名称='译林出版社')
--累计是否有错误
SET @errorSum=@errorSum+ @@error
--如果有错误
IF @errorSum<>0
BEGIN
```

```
ROLLBACK TRANSACTION
END
ELSE
BEGIN
COMMIT TRANSACTION
END
```

这段代码使用了临时变量@errorSum来接收出现错误信息的次数，如果在执行的过程中出现错误，则回滚事务，否则提交事务。

为验证事务的有效性，先用下面的语句检查数据表中的信息：

```
SELECT *
FROM 图书表
WHERE 书名='数据库系统导论'
AND 出版社号=(SELECT 编号 FROM 出版社 WHERE 名称='机械工业出版社')
OR 书名='巴黎圣母院'
AND 出版社号=(SELECT 编号 FROM 出版社 WHRER 名称='译林出版社')
```

执行查询语句，得运行结果如图17.3所示。

	ISBN	书名	类型	语言	价格	开本	千字数	页数	印数	出版日期	印刷日期	出版社号
1	7111213338	数据库系统导论	计算机	中文	75.00	184*260	NULL	624	NULL	2007-06-01	2007-06-01	P000002
2	7805674322	巴黎圣母院	外国文学	中文	20.00	850*1168	NULL	NULL	NULL	2002-01-01	NULL	P000010

图17.3　事务执行前查询结果

运行事务后，仍然使用查询语句：

```
SELECT * FROM 图书 WHERE 书名='数据库系统导论'
AND 出版社号=(SELECT 编号 FROM 出版社 WHERE 名称='机械工业出版社')
OR 书名='巴黎圣母院'
AND 出版社号=(SELECT 编号 FROM 出版社 WHRER 名称='译林出版社')
```

检查事务对数据的修改情况，执行查询语句得结果如图17.4所示。说明事务已经成功修改表中的数据。

	ISBN	书名	类型	语言	价格	开本	千字数	页数	印数	出版日期	印刷日期	出版社号
1	7111213338	数据库系统导论	计算机	中文	95.00	184*260	NULL	624	NULL	2007-06-01	2007-06-01	P000002
2	7805674322	巴黎圣母院	外国文学	中文	21.00	850*1168	NULL	NULL	NULL	2002-01-01	NULL	P000010

图17.4　事务执行后查询结果

【例17.3】 设置隐式事务，以执行一系列的插入操作。代码如下：

```
--启动隐式事务
SET IMPLICIT_TRANSACTIONS ON;
GO
INSERT INTO 作者表 VALUES('A100000032','张三''女',1982,'中国');
IF @@ERROR>0 OR @@ROWCOUNT<>1
```

```
    GOTO TRANROLLBACK
INSERT INTO 作者表 VALUES('A100000033','李四''男',1985,'中国');
IF @@ERROR>0 OR @@ROWCOUNT<>1
    TRANROLLBACK:
        ROLLBACK TRANSACTION;
ELSE
        COMMIT TRANSACTION;
--关闭隐式事务
SET IMPLICIT_TRANSACTIONS OFF;
GO
```

该样例是一个隐式事务的书写方法,用于实现向作者表中插入两条新记录。与显式事务的区别在于事务不需要有 BEGIN TRANSACTION 语句。执行该段代码前作者表中的数据如图 17.5 所示。运行代码后,作者表中的数据如图 17.6 所示。

	编号	姓名	性别	出生年代	国籍
12	A0000013	张扬	男	当代	中国
13	A0000014	吴英	女	当代	中国
14	A0000015	杨正洪	男	当代	中国
15	A0000016	郑齐心	男	当代	中国
16	A0000017	吴寒	男	当代	中国
17	A0000023	施康强	男	当代	中国
18	A0000024	张新木	男	当代	中国
19	A0000026	张冠尧	男	当代	中国
20	A0000027	王永年	男	当代	中国
21	A0000028	李文俊	男	当代	中国
22	A0000029	蔡慧	女	当代	中国
23	A0000030	张玲	女	当代	中国
24	A1000001	雨果	男	1802	法国
25	A1000018	Wal...	男	当代	美国
26	A1000019	Leo...	男	1828	俄国
27	A1000020	O.H...	男	1862	美国
28	A1000021	Jan...	女	1775	英国
29	A1000022	C.J...	男	当代	美国
30	A1000025	巴...	男	1799	法国

图 17.5 例 17.3 运行前的作者者

	编号	姓名	性别	出生年代	国籍
16	A0000017	吴寒	男	当代	中国
17	A0000023	施康强	男	当代	中国
18	A0000024	张新木	男	当代	中国
19	A0000026	张冠尧	男	当代	中国
20	A0000027	王永年	男	当代	中国
21	A0000028	李文俊	男	当代	中国
22	A0000029	蔡慧	女	当代	中国
23	A0000030	张玲	女	当代	中国
24	A1000001	雨果	男	1802	法国
25	A1000018	Wal...	男	当代	美国
26	A1000019	Leo...	男	1828	俄国
27	A1000020	O.H...	男	1862	美国
28	A1000021	Jan...	女	1775	英国
29	A1000022	C.J...	男	当代	美国
30	A1000025	巴...	男	1799	法国
31	A1000032	张三	女	1982	中国
32	A1000033	李四	男	1985	中国

图 17.6 例 17.3 运行后的作者表

上面给出了事务书写的三种样例,尽管在格式上略有不同,逻辑是一致的。一般说事务均以修改数据库为主要内容,但有时应用中需要的一些复杂操作并不需要修改数据库,只是检索数据并对这些数据进行处理并进行显示,如报表操作。无论如何,任何对数据库的应用,只要在逻辑上形成一个整体,就需要将其涉及的所有操作组织成一个事务来执行,从而保证数据库的完整性。当然,在编写事务时,还需要注意以下原则:

- 首先,事务要尽量简短,不要有过多的复杂操作,否则会占用大量的内存和计算资源,同时复杂操作可能会过长时间锁定某些数据,这样会造成其他用户的长时等待,是不可取的。
- 在编写事务时,在每一个操作之后都要通过@@ERROR 和@@ROWCOUNT 两个变量进行检查,以确定当前操作是否成功。@@ERROR 和@@ROWCOUNT 只对当前操作有效。

- 在事务中尽量少地访问数据，因为访问数据时事务会对数据加锁，如果访问的数据量多，占用的资源就会过多。
- 在编写事务时，各操作处理之间最好不要请求用户输入，否则由于等待用户的输入，事务会占用过多的资源，且保留时间过长，容易造成阻塞问题。

17.1.3 嵌套事务及样例

显式事务可以嵌套使用，比如下面一个样例在外层事务中插入两条记录，在内层事务中插入一条记录。

【例 17.4】 向乘客表中插入三条记录，其中在外层事务中插入两条事务，在内层事务中插入一条记录。代码如下：

```
BEGIN TRANSACTION
--插入两条记录
INSERT INTO 乘客表 VALUES('1101011983311256348','赵光','男','1983-11-25')
IF @@ERROR>0 OR @@ROWCOUNT<>1
    GOTO TRANROLLBACK
INSERT INTO 乘客表 VALUES('11015011980010272525','李义','男','1980-10-27')
IF @@ERROR>0 OR @@ROWCOUNT<>1
    GOTO TRANROLLBACK
--下面将是嵌套事务，在执行嵌套事务前，查看一下表中的数据情况。
SELECT * FROM 乘客表
--内层事务开始
BEGIN TRANSACTION
    INSERT INTO 乘客表 VALUES('1101011970002206358','张红','女','1970-02-20')
IF @@ERROR>0 OR @@ROWCOUNT<>1
    ROLLBACK TRANSACTION
ELSE
    COMMIT TRANSACTION
--内层事务结束
--查看嵌套后表中的记录
SELECT * FROM 乘客表 ORDER BY 出生年月
IF @@ERROR>0
    BEGIN
        TRANROLLBACK:
--回滚事务
        ROLLBACK TRANSACTION
    END
ELSE
    BEGIN
        COMMIT TRANSACTION
    END
```

为了查看代码的有效性，首先使用如下语句查看数据表中的数据：

```
SELECT * FROM 乘客表
```

运行后得乘客表中的数据如图 17.7 所示。

执行例 17.4 的代码后,运行结果如图 17.8 所示。

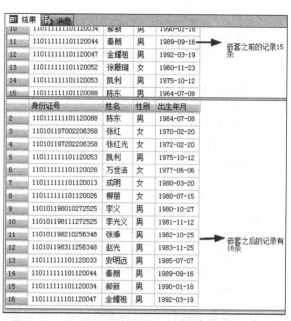

图 17.7　例 17.4 运行前乘客表中的数据

图 17.8　例 17.4 运行结果

从图 17.8 中可以看到外层执行后以及嵌套之前的数据集,都已经成功加入了数据。

对于嵌套事务来说,执行原理是:整个事务只提交外层事务的 COMMIT 语句,内层事务中的 COMMIT 语句并不提交,但它必须存在,因为它是内层事务的界限定义。内层事务如果回滚,则回滚到外层事务开始之前,而不是只回滚到内层事务的开始之前。下面在内层事务中插入一个已经存在的记录,然后查看事务执行的结果。

【例 17.5】　在内层事务中插入一个已经存在的记录,查看事务的执行结果。代码如下:

```
BEGIN TRANSACTION
--插入两条记录
INSERT INTO 乘客表 VALUES('1101011973311056346','赵利源','男','1973-11-05')
IF @@ERROR>0 OR @@ROWCOUNT<>1
    GOTO TRANROLLBACK
INSERT INTO 乘客表 VALUES('1101501198511022525','李小希','男','1985-11-02')
IF @@ERROR>0 OR @@ROWCOUNT<>1
    GOTO TRANROLLBACK
--下面将是嵌套事务,在执行嵌套事务前,查看一下表中的数据情况。
SELECT * FROM 乘客表

--内层事务开始
```

```
BEGIN TRANSACTION
    INSERT INTO 乘客表 VALUES('110101197002206358','张红','女','1970-02-20')
IF @@ERROR>0 OR @@ROWCOUNT<>1
  ROLLBACK TRANSACTION
ELSE
  COMMIT TRANSACTION
--内层事务结束


--查看嵌套后表中的记录
SELECT * FROM 乘客表 ORDER BY 出生年月
IF @@ERROR>0
    BEGIN
TRANROLLBACK:
--回滚事务
ROLLBACK TRANSACTION
END
ELSE
    BEGIN
      COMMIT TRANSACTION
    END
```

首先在事务执行之前,查看数据表中的数据,代码如下:

```
SELECT * FROM 乘客表
```

运行结果如图 17.9 所示。

执行事务之后再查看数据表中的数据,结果如图 17.10 所示。

	身份证号	姓名	性别	出生年月
1	110101197002206358	张红	女	1970-02-20
2	110101197202206358	张红光	女	1972-02-20
3	110101198010272525	李义	男	1980-10-27
4	110101198111272525	李光义	男	1981-11-12
5	110101198210256348	张乘	男	1982-10-25
6	110101198311258348	赵光	男	1983-11-25
7	110111111101120013	成明	女	1980-03-20
8	110111111101120026	柳丽	女	1980-07-15
9	110111111101120028	万世洁	女	1977-06-06
10	110111111101120033	安明远	男	1985-07-07
11	110111111101120034	郝新	男	1990-01-18
12	110111111101120044	秦朗	男	1989-09-16
13	110111111101120047	金耀祖	男	1992-03-19
14	110111111101120052	徐珊瑚	女	1960-11-23
15	110111111101120053	凯利	男	1975-10-12
16	110111111101120088	陈东	男	1964-07-08

图 17.9　例 17.5 运行前乘客表中的数据

结果　消息

12	110111111101120033	安明远	男	1985-07-07	← 嵌套前插入2条数据
13	110111111101120034	郝新	男	1990-01-18	
14	110111111201120044	秦朗	男	1989-09-16	
15	110111111101120047	金耀祖	男	1992-03-19	
16	110111111101120052	徐珊瑚	女	1960-11-23	
17	110111111101120053	凯利	男	1975-10-12	
18	110111111101120088	陈东	男	1964-07-08	

	身份证号	姓名	性别	出生年月	
9	110101198010272525	李义	男	1980-10-27	← 嵌套之后的记录数
10	110101198111272525	李光义	男	1981-11-12	
11	110101198210256348	张乘	男	1982-10-25	
12	110101198311256348	赵光	男	1983-11-25	
13	110111111101120033	安明远	男	1985-07-07	
14	110111111101120044	秦朗	男	1989-09-16	
15	110111111101120034	郝新	男	1990-01-18	
16	110111111101120047	金耀祖	男	1992-03-19	

图 17.10　例 17.5 运行后乘客表中的结果

该结果表明,当内层事务没有成功执行时,直接回滚到整个事务的原点。这是符合事务的原子性特征的,即当一个事务执行时要么全部指令都执行,要么一个指令也不执行。

对于以上代码还可以进行修改,即在内层事务执行完毕后,再在外层事务中向乘客表增加一条记录,如例 17.6 所示,则尽管内层事务执行失败回滚到原点,但后面插入的数据仍然执行成功。

【例 17.6】 内层事务插入已有的数据,但在内层事务之后,外层事务又插入一条记录。

```
BEGIN TRANSACTION
--插入两条记录
INSERT INTO 乘客表 VALUES('1101011974110056346','赵源','男',1974-11-05)
IF @@ERROR>0 OR @@ROWCOUNT<>1
    GOTO TRANROLLBACK
INSERT INTO 乘客表 VALUES('11015011986611022525','李艾','女',1986-11-02)
IF @@ERROR>0 OR @@ROWCOUNT<>1
    GOTO TRANROLLBACK
--下面将是嵌套事务,在执行嵌套事务前,查看一下表中的数据情况。
  SELECT * FROM 乘客表

--内层事务开始
BEGIN TRANSACTION
INSERT INTO 乘客表 VALUES('1101011197002206358','张红','女','1970-02-20')
IF @@ERROR>0 OR @@ROWCOUNT<>1
  ROLLBACK TRANSACTION
ELSE
  COMMIT TRANSACTION
--内层事务结束
--在外层事务中再插入一条记录
INSERT INTO 乘客表 VALUES('370303198510022525','周芳','女','1985-10-02')
IF @@ERROR>0 OR @@ROWCOUNT<>1
    GOTO TRANROLLBACK
--查看嵌套后表中的记录
SELECT * FROM 乘客表 ORDER BY 出生年月
IF @@ERROR>0
    BEGIN
      TRANROLLBACK:
--回滚事务
      ROLLBACK TRANSACTION
    END
ELSE
    BEGIN
      COMMIT TRANSACTION
    END
```

该段代码的运行结果如图 17.11 所示。

从结果可以看出在内层嵌套之前,程序成功插入记录,从而使记录数达到 18 条。当

结果 消息

	身份证号	姓名	性别	出生年月
11	110111111101120028	万世洁	女	1977-06-06
12	110111111101120033	安明远	男	1985-07-07
13	110111111101120034	郝新	男	1990-01-18
14	110111111101120044	秦朗	男	1989-09-16
15	110111111101120047	金耀祖	男	1992-03-19
16	110111111101120052	徐珊瑚	女	1960-11-23
17	110111111101120053	凯利	男	1975-10-12
18	110111111101120088	陈东	男	1964-07-08

	身份证号	姓名	性别	出生年月
10	110101198111272525	李光义	男	1981-11-12
11	110101198210256348	张添	男	1982-10-25
12	110101198311256348	赵光	男	1983-11-25
13	110111111101120033	安明远	男	1985-07-07
14	370303198510022525	周芳	女	1985-10-02
15	110111111101120044	秦朗	男	1989-09-16
16	110111111101120034	郝新	男	1990-01-18
17	110111111101120047	金耀祖	男	1992-03-19

图 17.11　例 17.6 运行结果

内层嵌套结束后，内层嵌套没有成功所以返回到事务原点，所有外层事务前面的插入均撤消。当继续执行外层事务里的代码，再插入一条记录，此时插入的记录是正确的。所以，外层事务没有回滚。最后的结果只插入了一条记录。

在 SQL Server 2012 中，可以支持获取事务嵌套的层次。方法是使用全局变量@@TRANCOUNT。在 T-SQL 语句中每遇到一个 BEGIN TRANSACTION，则说明开始一个事务，@@TRANCOUNT 就会自动加 1，每遇到一个 COMMIT TRANSACTION，@@TRANCOUNT 就会自动减 1，因而利用@@TRANCOUNT 就自动就可以判断目前事务的嵌套层次。例 17.7 说明获取事务的嵌套层次。

【例 17.7】 获取事务的嵌套层次。

```
BEGIN TRANSACTION
--获取当前事务的嵌套层次
  PRINT '当前事务的嵌套层次为：'+CAST(@@TRANCOUNT AS VARCHAR(2))

--插入两条记录
  INSERT INTO 乘客表 VALUES('110101197511056346','利源','男',1975-11-05)
IF @@ERROR>0 OR @@ROWCOUNT<>1
    GOTO TRANROLLBACK
  INSERT INTO 乘客表 VALUES('110101198811022525','李小希','男',1988-11-02)
IF @@ERROR>0 OR @@ROWCOUNT<>1
    GOTO TRANROLLBACK
--下面将是嵌套事务，在执行嵌套事务前，查看一下表中的数据情况。
  SELECT * FROM 乘客表

--内层事务开始
  BEGIN TRANSACTION
```

```
--获取当前事务的嵌套层次
    PRINT '当前事务的嵌套层次为:'+CAST(@@TRANCOUNT AS VARCHAR(2))

    INSERT INTO 乘客表 VALUES('110101197102206358','张文','女',1971-02-20)
IF @@ERROR>0 OR @@ROWCOUNT<>1
  ROLLBACK TRANSACTION
ELSE
  COMMIT TRANSACTION
--内层事务结束
--查看当前事务的嵌套层次
PRINT '当前事务的嵌套层次为:'+CAST(@@TRANCOUNT AS VARCHAR(2))
--查看嵌套后表中的记录
SELECT * FROM 乘客表 ORDER BY 出生年月
IF @@ERROR>0
    BEGIN
        TRANROLLBACK:
        --回滚事务
        ROLLBACK TRANSACTION
    END
ELSE
    BEGIN
      COMMIT TRANSACTION
    END
```

此段代码运行结果如图 17.12 所示。

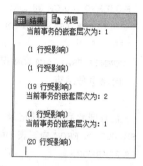

图 17.12　例 17.7 运行结果

17.1.4　事务的保存点

在上一节讲到,当内层事务回滚时,并不是回滚到内层事务的开始,而是回滚到整个事务的开始。但在实际应用中,往往不希望事务回滚到整个事务的开始,而是保存外层事务所做的工作,只回滚到内层事务的开始即可。SQL Server 2012 提供了这一功能,称为"事务的保存点",用于保存事务当前所在的位置。当设置好事务的保存点后,就可以让事务回滚到保存点时的状态。设置事务保存点的语法格式如下:

```
SAVE{TRANSACTION} {savepoint_name|savepoint_variable}
```

其中:

- savepoint_name 为保存点名称;
- savepoint_variable:为保存点名称的变量。

如果让事务回滚到设置的保存点,使用下面的语法格式:

```
ROLLBACK {TRANSACTION} {savepoint_name|savepoint_variable}
```

【例 17.8】　修改例 17.5 的代码,使内层事务失败回滚时只回滚到内层事务的起始点。

```
BEGIN TRANSACTION
--插入两条记录
  INSERT INTO 乘客表 VALUES('1101011973311056346','赵利源','男',1973-11-05)
IF @@ERROR>0 OR @@ROWCOUNT<>1
    GOTO TRANROLLBACK
  INSERT INTO 乘客表 VALUES('1101501198511022525','李小希','男',1985-11-02)
IF @@ERROR>0 OR @@ROWCOUNT<>1
    GOTO TRANROLLBACK
--下面将是嵌套事务,在执行嵌套事务前,查看一下表中的数据情况。
  SELECT * FROM 乘客表
  SAVE TRANSACTION 保存点
--内层事务开始
  BEGIN TRANSACTION
    INSERT INTO 乘客表 VALUES('1101011197002206358','张红','女',1970-02-20)
IF @@ERROR>0 OR @@ROWCOUNT<>1
  ROLLBACK TRANSACTION 保存点
ELSE
  COMMIT TRANSACTION 保存点
--内层事务结束

--查看嵌套后表中的记录
SELECT * FROM 乘客表 ORDER BY 出生年月
IF @@ERROR>0
    BEGIN
        TRANROLLBACK:
        --回滚事务
        ROLLBACK TRANSACTION
    END
ELSE
    BEGIN
        COMMIT TRANSACTION
    END
```

首先运行代码：

```
SELECT * FROM 乘客表
```

得乘客表中的数据如图 17.13 所示,共 20 条记录。

运行例 17.8 中的代码后,结果如图 17.14 所示。在执行外层事务时,数据表中增加了两条记录,但执行内层嵌套时,由于主键的唯一性,使用记录不能够成功插入,内层嵌套回滚。由于设置了事务保存点,所以内层事务只回滚到保存点处,即外层事务先插入的两条记录仍然存在,在结果集中可清晰地看出。

一个事务可以设置多个保存点,也可以回滚到任意一个设置好的保存点上,但需要注意的是当事务回滚后,保存点之后的操作全部撤销,而保存点之前的操作则予以保留。

结果　消息

	身份证号	姓名	性别	出生年月
9	110101198811022525	李小希	男	1988-11-02
10	110111111101120013	成明	女	1980-03-20
11	110111111101120026	柳丽	女	1980-07-15
12	110111111101120028	万世洁	女	1977-06-06
13	110111111101120033	安明远	男	1985-07-07
14	110111111101120034	郝新	男	1990-01-18
15	110111111101120044	秦朗	男	1989-09-16
16	110111111101120047	金耀祖	男	1992-03-19
17	110111111101120052	徐珊瑚	女	1960-11-23
18	110111111101120053	凯利	男	1975-10-12
19	110111111101120088	陈东	男	1964-07-08
20	370303198510022525	周芳	女	1985-10-02

图 17.13　例 17.8 运行前乘客表中的数据

结果　消息

嵌套前记录

	身份证号	姓名	性别	出生年月
15	110111111101120033	安明远	男	1985-07-07
16	110111111101120034	郝新	男	1990-01-18
17	110111111101120044	秦朗	男	1989-09-16
18	110111111101120047	金耀祖	男	1992-03-19
19	110111111101120052	徐珊瑚	女	1960-11-23
20	110111111101120053	凯利	男	1975-10-12
21	110111111101120088	陈东	男	1964-07-08
22	370303198510022525	周芳	女	1985-10-02

嵌套后记录

	身份证号	姓名	性别	出生年月
13	110101198111272525	李光义	男	1981-11-12
14	110101198210256348	张涨	男	1982-10-25
15	110101198311256348	赵光	男	1983-11-25
16	110111111101120033	安明远	男	1985-07-07
17	370303198510022525	周芳	女	1985-10-02
18	110101198811022525	李小希	男	1988-11-02
19	110111111101120044	秦朗	男	1989-09-16
20	110101198911022525	李晓	男	1989-11-02
21	110111111101120034	郝新	男	1990-01-18
22	110111111101120047	金耀祖	男	1992-03-19

图 17.14　例 17.8 运行后乘客表中数据的变化

17.2 锁　概　念

数据库管理系统(DBMS)支持多用户并发操作，这就避免不了出现多个用户同时操作相同数据的情况，比如在客户 A 读取乘客表中的数据项 Q 时，客户 B 想修改它。发生这种情况时该怎么办呢？一种最简单的想法就是使用“锁”机制，将一个用户或程序对数据的操作封装成事务，则多用户并发操作即是多事务并发操作。此时，当事务 A 在操作某一数据项 Q 时，需要对 Q 加锁，表明它在操作该数据，如果还有事务 B 要操作它，必须在 A 事务的所加的锁模式的允许下才能够操作，而且事务 B 操作时也必须要对 Q 加锁。

SQL Server 2012 可以支持的锁模式有以下几种。

（1）共享锁：用于只读取数据操作使用的锁，当数据加共享锁时，事务只能读取数据，不能修改数据。多个事务可同时对某一数据项加共享锁。比如当用户 A 只想查看数据项 Q，此时它可以向数据项 Q 申请加共享锁，如果加锁成功，则 A 可以读取数据项 Q。此时如果还有用户 B 要查看数据项 Q，则它也要申请对数据项 Q 加共享锁。如果此时数据项 Q 上有 A 加的共享锁，则 B 申请的共享锁是成功的，此时 B 也可以查看数据项 Q。

（2）排他锁：用于修改数据而使用的锁，也叫写锁，只有当事务的操作要更新数据库（修改数据项 Q）时，才加排他锁。排他锁的特点是排他性，即当一个数据项被加上了排他锁后，其他事务无法向该数据项加任何类型的锁，因而也不能访问该数据项。比如当用户 A 想修改数据项 Q，此时必须向数据项 Q 申请加排他锁，如果加锁成功，则 A 就可以修改数据项 Q。此时如果还有用户 B 要查看数据项 Q，则也要申请对数据项 Q 加共享锁。如果此时数据项 Q 上有 A 加的排他锁，则 B 申请的共享锁是不成功的，此时 B 必须等待 A 释放数据项 Q 上的排他锁后才能对 Q 加共享锁。当然，如果事务 B 想修改数据项 Q 时，也需要对 Q 申请加排他锁，此时如果 Q 上已有 A 的排他锁，则 B 也是不能成功申请到锁的。

（3）更新锁：是一种可以转换成排他锁的锁类型，主要用于提高事务的并发性，预防多个事务在读取，修改数据库时可能发生的死锁现象。在同一时间内如果多个事务访问同一个数据项，则只有一个事务会获得更新锁，当该事务要修改数据时，更新锁便转换成排他锁。更新锁主要用于在同一时间内有多个事务读数据项，而只有一个事务是修改数据项的情况。

（4）意向锁：用于创建多粒度锁结构，以保证事务能够锁住粒度合适的数据项从而提高事务的并发性。意向锁又分为意向共享锁、意向排他锁以及意向共享排他锁。

（5）架构锁：是对数据库的结构进行修改时所加的锁类型，分为架构修改锁和架构稳定性锁两种类型。

当执行数据定义语言（DDL）时使用架构修改锁，架构修改锁起作用期间，会防止对数据表的并发访问，即该锁之外的所有操作均被拒绝。

当编译查询时使用架构稳定性锁，架构稳定性锁不阻塞任何事务锁，因此在编译查询时，其他事务都能继续运行，但不能在表上执行 DDL 操作。

（6）大容量更新锁：是系统提供的当向表中进行大容量数据复制且指定了更新锁时使用的锁。大容量更新锁允许多个线程将数据并发地大容量加载到同一表中，同时防止其他不进行大容量数据加载的线程访问数据表。

（7）键范围锁：该锁是用于防止幻读现象。保护查询读取的行的范围，以保证再次运行查询时其他事务无法插入符合查询条件行。该锁用于可序列化事务隔离级别的查询。

前面所说的数据项在数据库中可指不同粒度的数据，SQL Server 2012 提供对不同粒度的数据项加锁，具体数据粒度的说明如下：

• RID：以记录为单位加锁。
• KEY：以设置为索引的列为单位加锁。

- PAGE：以数据库中数据页或索引页为单位加锁。
- EXTENT：以一组连续的八页为单位加锁。
- HOBT：以堆或 B-Tree 为单位加锁。
- TABLE：以整个数据表为单位加锁。
- FILE：以数据库文件为单位加锁。
- APPLICATION：以应用程序专用的资源为单位加锁。
- METADATA：以元数据为单位加锁。
- ALLOCATION_UNIT：以分配单元为单位加锁。
- DATABASE：以整个数据库为单位加锁。

加锁对象的层次越低，粒度越小，数据使用的并发性越高。比如以记录单位加锁，只要并发事务不是修改同一条记录，则一个数据表可以支持多个进程并发操作。但如果锁定的是数据库，则一次只有一个进程可以使用数据，其他进程只能等待。

锁机制虽然简单，易实现，但也有严重的缺陷，那就是容易造成死锁，即锁的死循环。例如，有两个事务 A 和 B，事务 A 先排他锁定了表 E 的所有数据，同时又申请使用表 E 的数据。而事务 B 先排他锁定了表 D 的所有数据，同时请求使用表 E 的数据。两个事务均等待对方释放资源，因此进行死循环。

为解决这一问题，SQL Server 2012 提供了死锁监视器，死锁监视器能定期检查陷入死锁的任务，并按一定的机制，回滚事务以消除死锁。

17.3　事务的隔离级别

在事务的四个特性中，隔离性是非常重要的一个性质，要求并发事务在执行时相互之间不能有影响。锁机制是实现隔离性的重要方法之一，但加锁后会降低并发操作的性能，大多事务变成串行执行，这样许多事务等待的时间就会加长，甚至会造成死锁。而在实际应用中，有时允许事务并发操作时产生的临时性的数据不一致性，但对操作性能的要求却比较严格，为了适应这些要求，SQL Server 2012 定义了 5 种不同的事务隔离级别。这些隔离级别由低到高分别是：

- READ UNCOMMITTED：不隔离数据，即一个事务在使用数据 Q 的同时，其他事务可以同时修改或删除该数据。
- READ COMMITTED：SQL Server 中默认的隔离级别，指不允许读取没有提交的数据，因为数据没有提交就有可能会被修改。一个事务只能读取其他事务已经提交的更新，否则就必须等待。在 READ COMMITTED 事务中读取的数据随时都有可能会被修改，但已经修改过的数据事务会一直将其锁定，直到事务结束为止。
- REPEATABLE READ：允许重复读，即在事务中锁定读取的数据不让其他事务修改和删除，从而保证每次读取到的数据是一致的。
- SNAPSHOT：快照隔离，可以为读取数据的事务提供一个所需数据的已提交版本。因此写入事务不会阻塞读取数据的事务。

- SERIALIZABLE：可串行化隔离级别。要求事务将所用到的数据全部锁定，不允许其他事务操作数据。该隔离性级别的事务并发性能最低，要读取同一数据的事务必须排队等待。

用户可以根据应用的需求设置相应的隔离性级别。具体的语法代码为：

```
SET TRANSACTION_ISOLATION LEVEL
{READ UNCOMMITTED|READ COMMITTED|REPEATABLE READ|SNAPSHOT|SERIALZABLE
}[;]
```

具体设置的实例不在这里赘述了，有兴趣的读者可以进行相关实验。

17.4 实　　验

17.4.1　实验目的

本实验主要目的在于通过学习事务和锁的相关知识，了解数据库系统是如何支持多用户并发访问的，同时了解 SQL Server 2012 中事务的书写方法、锁的粒度以及模式。具体要求如下：

（1）掌握事务的基本概念及四个特征的核心思想、事务的定义和书写方法。

（2）学会使用 T-SQL 书写事务，并学习嵌套事务的书写方法以及执行的流程。

（3）学习事务保存点的设置方法。

（4）了解锁的基本概念、类型以及锁的粒度。

（5）了解事务的隔离性级别，并试着学习设置事务的隔离性级别。

17.4.2　实验内容

1. 基础实验

（1）使用 T-SQL 编辑器试着编写事务，用于实现向学生表中添加、修改和删除数据。执行事务给出执行的结果。

（2）使用 T-SQL 编辑器试着编写嵌套事务，以实现向学生表中添加、修改数据，并统计出男生和女生的数量。

（3）对于（2），试着获取嵌套事务的层次信息。

（4）试着在事务中设置保存点，并执行事务来验证保存点的有效性。

2. 扩展实验

本实验扩展学习事务的高级应用，包括如下内容：

（1）尝试学习在宿主语言中定义事务，以实现对数据表的修改和删除，本实验可与后面第 III 部分数据库设计中的实验结合进行。

（2）学习对系统进行事务隔离性设置。可以利用第三部分设计中的样例数据库以及相关应用，根据 SQL Server 2012 提供的隔离性级别，分别进行设置和相应的实验，以体验不同级别对数据库应用的影响以及不同级别之间的区别。

17.4.3　思考题

（1）事务是什么？数据库系统中为何有事务的概念？事务的特征是什么？

（2）嵌套事务中的 COMMIT 语句起的是什么作用？

（3）事务的保存点的作用是什么？

（4）锁的概念是什么？锁的作用是什么？SQL Server 2012 中提供了几种锁模式？锁的粒度有哪些？

（5）数据库管理系统为何提供不同的事务隔离性级别？事务的隔离性级别有哪几个？

第18章

数据库安全与访问

18.1 SQL Server 2012 的安全机制

18.1.1 相关知识点

数据库安全包括服务器安全和数据安全两部分，服务器安全指什么人可以登录服务器，登录后可以访问哪些数据库、哪些数据等。数据安全指数据的完整性不受破坏，数据文件不受破坏。

1. 身份验证模式

验证模式指当用户要登录数据库服务器时，首先要拥有 SQL Server 服务器的账户和密码，只有该账户和密码通过验证后才能访问数据库。SQL Server 2012 支持两种身份验证模式：Windows 身份验证模式和 SQL Server 身份验证模式。

Windows 身份验证模式是指用户连接 SQL Server 数据库时，使用登录 Windows 操作系统的账号和密码进行验证。采用这种验证方式，只要登录了操作系统，在登录 SQL Server 时就不需要再输入账号和密码了。但这并不意味着所有能登录 Windows 操作系统的账号都能访问 SQL Server，而是由数据库管理员在 SQL Server 中创建与 Windows 账号相对应的 SQL Server 账号，拥有这样账号的 Windows 用户才能在登录操作系统后直接访问 SQL Server。SQL Server 2012 默认本地 Windows 组可以不受限制地访问数据库。

SQL Server 身份验证模式是指使用 SQL Server 中的账号和密码登录数据库服务器，而这些账号和密码与 Windows 操作系统无关。使用 SQL Server 验证方式可以很方便地从网络上访问 SQL Server 服务器，这样网络上的客户机在没有服务器操作系统账户的情况下也可以操作 SQL Server 数据库。

2. 访问权限

每个服务器上都有许多数据库，每个数据库中又有若干数据表。在实际应用中从安全角度来讲，不能将所有的数据库、数据表都提供给所有的用户。每一类用户只使用相关部分的数据就足够了。所谓访问权限是指登录上数据库服务器的用户都能对哪些数据库、数据表进行访问，访问的程度如何？是只能进行读取？还是可以对数据进行更新？

SQL Server 2012 中将用户的权限分为两类：一类是对服务器本身的控制权限，包括创建、修改和删除数据库，管理磁盘文件，添加、删除链接服务器等；另一类是对数据库中数据的控制权限，包括访问数据库中的哪些表、哪些视图、哪些存储过程，能对数据表进行哪些操作,是 INSERT、UPDATE 还是 SELECT 等。访问权限一般是按用户或角色进行设置。

3. 用户

简单来说,用户是使用 SQL Server 的人。在 SQL Server 2012 中,每一个用于登录的数据库的账号都是一个用户,可以为每个用户设置数据库的使用权限。一般来说,同一个数据库可以拥有多个用户,同一个用户也可以访问多个数据库。

4. 角色

当数据库的用户比较多时,为每一个用户分配权限便成了一件非常繁琐的事,有时还容易造成错误。幸运的是数据库系统提供了角色这一概念。角色是一个数据库对象,可以将用户集中到一个组中,然后对该组应用权限,对一个角色授予、拒绝或废除的权限也适用于该角色的任何成员。从这个角度来讲,角色与 Windows 文件组的概念非常相似。在实际应用中,可以创建一个角色来代表单位中一类工作人员所执行的工作,然后给这个角色授予适当的权限。当工作人员开始工作时,只须将他们添加为该角色成员,当他们离开工作时,将他们从该角色中删除。不必在每个用户接受或离开工作时,反复授予、拒绝和废除其权限。权限在用户成为角色成员时自动生效。如果根据工作职能定义了一系列角色,并给每个角色指派了适合这项工作的权限,则很容易在数据库中管理这些权限。之后,不用管理各个用户的权限,而只需在角色之间移动用户即可。如果工作职能发生改变,则只需更改一次角色的权限,并使更改自动应用于角色的所有成员,操作比较容易。

SQL Server 2012 版中的角色共有三种:服务器角色、数据库角色和应用程序角色。服务器角色是系统内置的,不允许用户创建。服务器角色包括以下 8 个:

- Bulkadmin (Buld Insert Administrators):Buld Insert 语句是以用户指定的格式将数据文件加载到数据表或视图中。属于 Bulkadmin 角色的成员可以执行 Bulk Insert 语句。
- DBcreator(Database Administrators):属于该角色的成员可以创建、修改和还原任何数据库。
- diskadmin(Database Administrators):属于该角色的成员可以管理磁盘文件。
- processadmin(Process Administrators):属于该角色的成员可以终止在数据库引擎实例中运行的进程。
- securityadmin(Security Administrators):属于该角色的成员可以管理登录的账号及相关属性。
- serveradmin(Server/ Administrators):属于该角色的成员可以更改服务器范围配置选项以及关闭服务器。
- setupadmin(Setup/ Administrators):属于该角色的成员可以添加和删除链接服务器,可以执行一些系统存储过程。
- sysadmin(System/ Administrators):该角色是上面所有角色的并集,属于该角色的成员可以在数据库引擎中执行任何活动。默认情况下,WINDOWS BUILTIN\ADMINISTRATORS 组的所有成员和 SA 账户都是该角色的成员。

数据库角色是由 SQL Server 在数据库级别上定义的角色,共分为如下 9 种:

- db_accessadmin：属于该角色的成员可以为 Windows 登录账户、Windows 组和 SQL Server 登录账户添加或删除访问权限。
- db_backupoperator：属于该角色的成员可以备份数据库。
- db_datareader：属于该角色的成员可以读取所有用户表中的数据。
- db_datawriter：属于该角色的成员可以在所有用户表中添加、删除或更改数据。
- db_ddladmin：属于该角色的成员可以在数据库中运行任何数据定义语言组建的命令。
- db_denydatareader：属于该角色的成员不能读取数据库内用户表中的任何数据。
- db_denydatawriter：属于该角色的成员不能在数据库中添加、修改和删除任何用户表中任何数据。
- db_owner：属于该角色的成员可以执行数据库中所有配置和维护活动。
- db_securityadmin：属于该角色的成员可以可以修改角色成员身份和管理权限。

应用程序角色是指应用程序能够用自身的、类似用户的特权来运行。使用应用程序角色可以只允许通过特定应用程序连接的用户访问特定数据。应用程序角色在默认的情况下不包含任何成员，且处于非活动状态。应用程序可以通过使用存储过程 sp_setapprole 来激活应用程序角色。

5. 架构

架构是 SQL Server 安全对象的一部分，可以看成是包含数据表、视图、存储过程等的容器，从属于数据库，所以，一般在引用对象名时是按着服务器.数据库.架构.对象这样一个嵌套顺序来引用的。

架构包含的对象有：类型、XML 架构集合、数据表、视图、存储过程、函数、约束、同义词、队列以及统计信息等。架构中每个对象的名称必须唯一。

18.1.2　SQL Server 2012 的身份验证模式

使用 SQL Server Management Studio 进行身份验证的设置，具体操作步骤如下。

步骤 1：启动 SQL Server Management Studio，连接上数据库实例，在【对象资源管理器】窗格中右击数据库实例名，在弹出的快捷菜单中选择【属性】选项。

步骤 2：弹出【服务器属性】对话框，打开【安全性】选项页。

步骤 3：如图 18.1 所示，SQL Server 2012 中可以使用是的身份验证模式有两种，一种是 Windows 身份验证，一种是 SQL Server 和 Windows 身份验证模式，也就是可以同时使用 SQL Server 身份验证模式和 Windows 身份验证模式。在 SQL Server 2012 中不能单独使用 SQL Server 身份验证模式。

步骤 4：修改完毕后单击【确定】按钮完成操作。

步骤 5：如果该 SQL Server 服务器的身份验证模式设置为"Windows 身份验证模式"，只能用 Windows 身份验证登录，如图 18.2 所示使用 Windows 身份验证。不能使用 SQL Server 身份验证模式，即使用 sa 用户登录如图 18.3 所示，也会出现如图 18.4 所示的登录失败对话框。

步骤 6：如果该 SQL Server 服务器的身份验证模式为"SQL Server 和 Windows 身

份验证模式"则既能使用 Windows 身份验证登录,又可以使用 SQL Server 身份验证模式,如图 18.5 所示,登录成功。

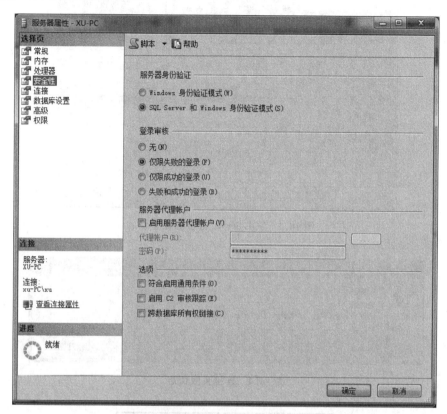

图 18.1　设置 SQL Server 身份验证方式

图 18.2　Windows 身份验证登录

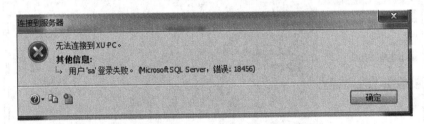

图 18.3　SQL Server 身份验证登录

图 18.4　连 接 失 败 信 息

图 18.5　SQL Server 和 Windows 身份验证登录成功

18.1.3　用户设置

下面介绍如何使用 SQL Server Management Studio 进行用户的添加、登录以及访问权限的设置。

【例 18.1】　添加用户。使用 SQL Server Management Studio 添加用户的步骤如下。

步骤 1：启动 SQL Server Management Studio，以 sa 账户连接上数据库实例。在【对象资源管理器】窗格中选择【数据库实例名】→【安全性】→【登录名】选项。

步骤 2：右击【登录名】选项，在弹出的快捷菜单中选择【新建登录名】。弹出如图 18.6 所示的【登录名-新建】对话框。

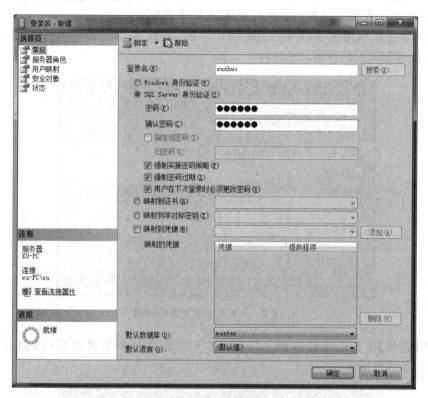

图 18.6　新建登录名

在该对话框中可以添加一个能登录 SQL Server 服务器的用户名。如上所述，数据库身份验证有两种模式，一种 Windows 身份验证模式，另外一种是 SQL Server 身份验证模式，在此可以添加这两种验证模式的用户。

- 如果选择【Windows 身份验证】单选按钮，那么在【登录名】文本框中可以输入要用来登录 SQL Server 服务器的 Windows 用户名，该账号应该是可以登录 Windows 操作系统的账号。

- 如果选择【SQL Server 身份验证】单选按钮，那么在【登录名】文本框中可以输入要用来登录 SQL Server 服务器的新用户名。此时会要求输入该用户的密码。如果选择了【强制实施密码策略】复选框，则会要求一定要输入密码。如果选择了

【强制密码过期】复选框，则会对该账号强制实施密码过期策略。密码过期策略用于管理密码的使用期限，系统会提醒用户更改旧密码，并禁止使用带有过期密码的账户。如果选择了【用户在下次登录时必须更改密码】复选框，则首次使用新登录名时，SQL Server 会提示用户输入新密码。

- 在【默认数据库】下拉列表框中可以为该登录账户选择默认的数据库。
- 在【默认语言】下拉列表框中可以为登录账户选择默认的语言。

步骤 3：如果只是添加一个登录账户，完成上面操作后，就可以单击【确定】按钮来创建新登录名。

【例 18.2】　使用用户登录。

创建用户后，可以用该用户名进行登录，具体步骤如下。

步骤 1：打开 SQL Server Management Studio，在如图 18.7 所示的【连接服务器】对话框中输入刚才创建的登录名和密码。

图 18.7　用新登录名登录数据库

单击【连接】按钮。如果选择了【用户在下次登录时必须更改密码】则会出现如图 18.8 所示的对话框。

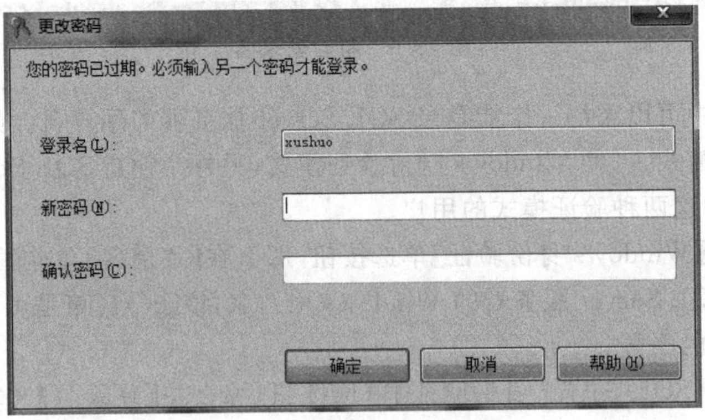

图 18.8　【更改密码】对话框

步骤 2：输入了新密码后，单击【确定】按钮，将会出现如图 18.9 所示连接服务器失败的错误信息，这是因为在前面只是创建了一个新的登录名，指定了默认登录的数据库，但是并没有给这个登录名设置可以登录数据库的权限。

图 18.9　连接服务器失败

在 SQL Server Management Studio 中，可以用两种方法为用户设置权限：一种方法是在【安全性】中进行设置；另一种方法是在【数据库】中进行设置。本节介绍如何在【安全性】中进行用户权限的设置，下一节介绍如何在【数据库】中进行用户权限的设置。

【例 18.3】　在【安全性】里设置用户权限。具体步骤如下。

步骤 1：启动 SQL Server Management Studio，在【对象资源管理器】窗格中，选择【数据库实例名】→【安全性】→【登录名】选项，右击要修改权限的登录名，在弹出的快捷菜单里选择【属性】选项。

步骤 2：弹出【登录属性】对话框，在该对话框中打开【用户映射】选项页。添加登录名，也可以在图 18.6 所示的对话框中打开【用户映射】选项页进行设置，如图 18.10 所示。

图 18.10　【用户映射】选项页

步骤 3：在该对话框中可以设置此登录账户可以访问哪些数据库。在【映射到此登录名的用户】列表框中显示出了该数据库服务器里所有的数据库名。选中指定的数据库前的复选框，则表示此登录账户可以登录该数据库。

步骤 4：在选中数据库前的复选框后，在【数据库角色成员身份】列表中的 public 复选框会自动选择。在每个数据库中，所有用户都会是 public 角色的成员，并且不能被删除。此时该登录账户拥有最基本的权限，只能登录数据库，但是不能进行其他的操作。

步骤 5：下面用前面创建的 xushuo 账户登录，如图 18.11 所示，展开【对象资源管理器】窗格中的树形目录，可以看到在【表】选项下，任何一个数据表都看不到，此时，如果双击任何一个其他数据库名，将会出现如图 18.12 所示的"无法访问数据库"提示信息，因为该账户没有访问其他数据库的权限。

图 18.11　以 public 身份登录

【例 18.4】　在数据库里设置用户权限。

在数据库中如何为 xushuo 账户添加访问航班信息管理数据库中数据的权限呢？具体步骤如下。

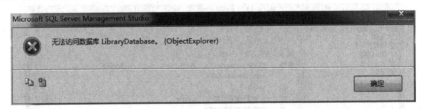

图 18.12　"无法访问数据库"提示信息

步骤 1：启动 SQL Server Management Studio，以 sa 账户连接上数据库实例，在【对象资源管理器】窗格中选择【数据库实例名】→【航班信息管理数据库】→【安全性】→【用户】选项。

步骤 2：右击 xushuo 选项，在弹出的快捷菜单中选择【属性】选项，弹出如图 18.13 所示的【数据库用户】对话框。在该对话框中打开【安全对象】选项页。

步骤 3：单击【搜索】按钮，弹出图 18.14 所示的【添加对象】对话框。在该对话框中可以选择希望查看的对象类型。

- 如果选择【特殊对象】单选按钮，将会打开【选择对象】对话框，可以进一步定义对象搜索条件。
- 如果选择【特定类型的所有对象】单选按钮，将会打开【选择对象类型】的对话框，可以指定应包含在基础列表中的对象类型。

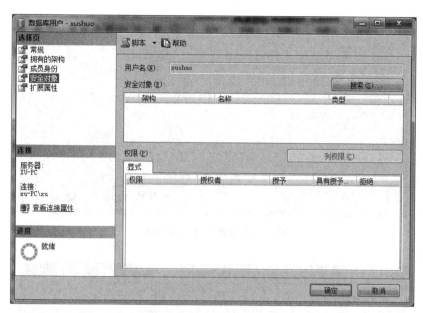

图 18.13 【安全对象】选项页

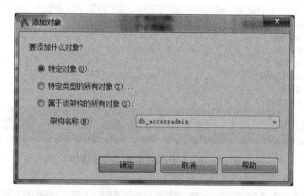

图 18.14 添加对象

- 如果选择【属于该架构的所有对象】单选按钮,则可以添加属于【架构名称】下拉列表框中的架构对象。

步骤 4:在本例中选择【特定对象】单选按钮,然后单击【确定】按钮。弹出如图 18.15 所示的【选择对象】对话框,在该对话框中单击【对象类型】按钮。

步骤 5:弹出如图 18.16 所示的【选择对象类型】对话框,在该对话框中可以选择数据表里的各种对象类型在本例中选择【表】复选框,然后单击【确定】按钮。

步骤 6:返回如图 18.15 所示的对话框,单击【浏览】按钮。

步骤 7:弹出如图 18.17 所示的【查找对象】对话框,显示出该数据库中的所有数据表。在本例中选择航班表,然后单击【确定】按钮返回如图 18.15 所示的对话框,再单击【确定】按钮。

步骤 8:返回如图 18.18 所示的【安全对象】选项页。在【安全对象】列表框中,可以看

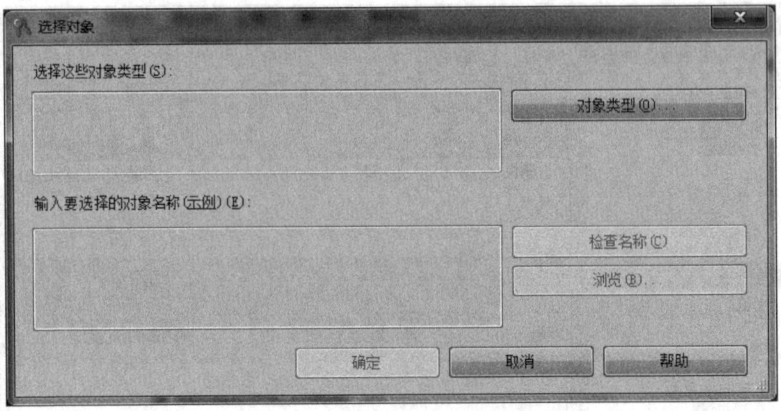

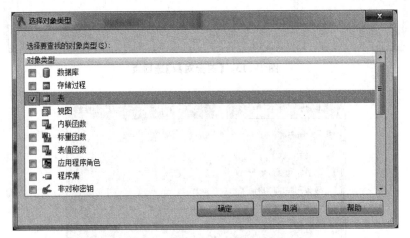

图 18.15　【选择对象】对话框

图 18.16　【选择对象类型】对话框

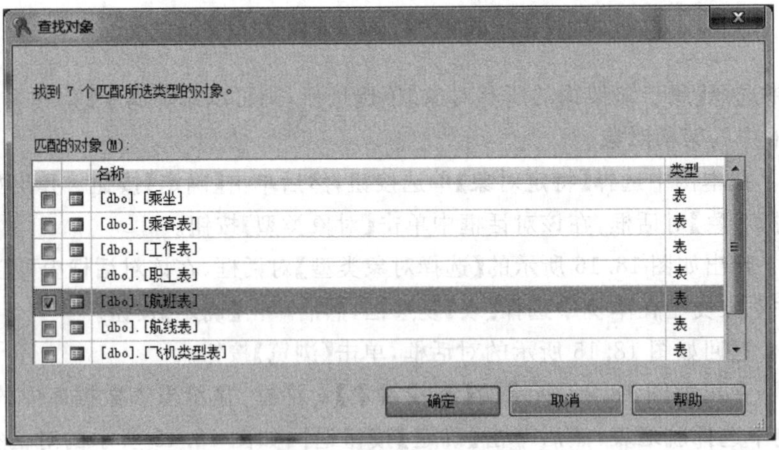

图 18.17　【查找对象】对话框

到刚才添加的航班表,如果还添加了其他对象,也会在该区域里显示出来。单击【安全对象】列表框中的【类型】栏,在【dbo.类别的权限】列表框里显示出所有可以操作的权限。在本例中先给 xushuo 账户授予【选择】权限,再授予【更新】权限。在选择了【更新】复选框时,单击【列限权】按钮。

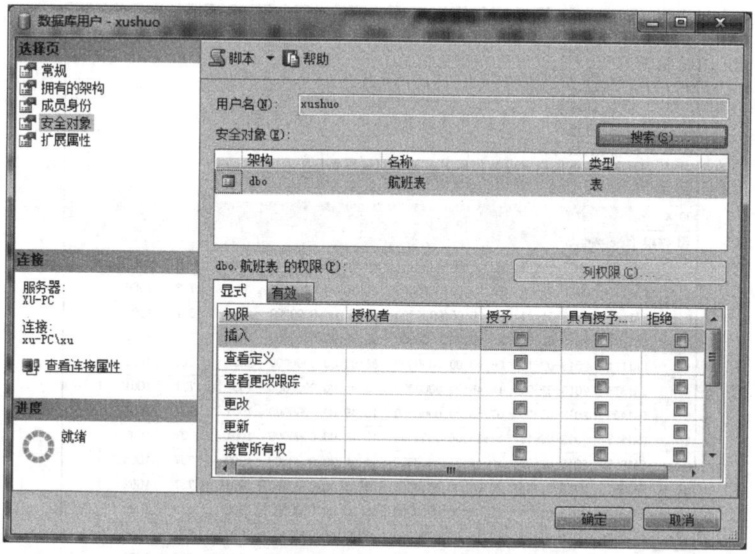

图 18.18　【安全对象】对话框

步骤 9:弹出如图 18.19 所示的【列限权】对话框,在此可以设置 xushuo 账户能够修改航班表里的哪些列。在本列中选择【起飞时间】复选框。即 xushuo 账户只能修改航班表里的起飞时间列内容。设置完毕后单击【确定】按钮。

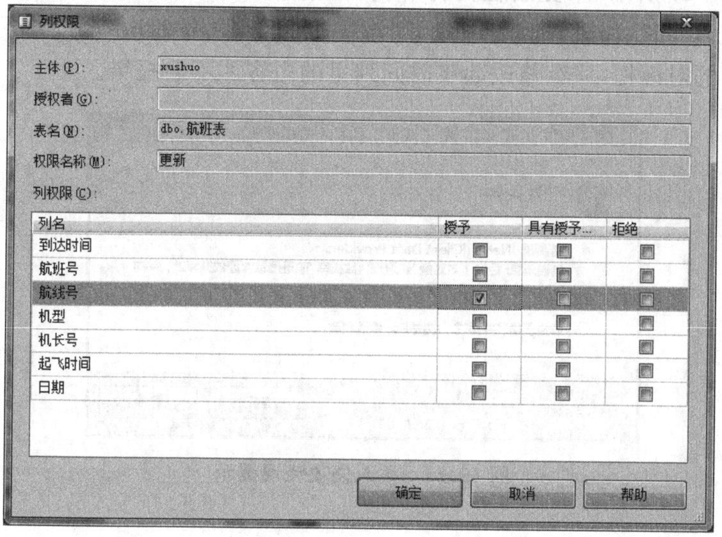

图 18.19　【列权限】对话框

步骤 10:返回到如图 18.18 所示的对话框,单击【确定】按钮完成权限设置操作。

设置完成后，以 xushuo 账户登录 SQL Server 服务器，在【对象资源管理器】窗格里展开树形目录中的【数据库实例名】→【数据库】→【航班信息管理数据库】→【表】选项，此时在【表】选项下可以看到【航班表】选项。右击【航班表】选项，在弹出快捷菜单里选择【选择前 1000 行】选项，就可以看到航班表里的记录，如图 18.20 所示。

```
/***** Script for SelectTopNRows command from SSMS *****/
SELECT TOP 1000 [航班号]
      ,[日期]
      ,[起飞时间]
      ,[到达时间]
      ,[机长号]
      ,[机型]
      ,[航线号]
  FROM [航班信息管理数据库2].[dbo].[航班表]
```

100 %

	航班号	日期	起飞时间	到达时间	机长号	机型	航线号
1	CA1101	2013-01-04	20:25:00.0000000	21:35:00.0000000	1001	733	1006
2	CA1103	2013-01-04	07:25:00.0000000	08:35:00.0000000	1001	321	1006
3	CA1106	2013-01-04	23:20:00.0000000	00:30:00.0000000	1002	737	1009
4	CA1111	2013-02-16	06:40:00.0000000	08:00:00.0000000	1002	321	1006
5	CA1377	2013-02-04	12:45:00.0000000	16:35:00.0000000	1001	777	1001
6	CA1405	2013-02-08	07:55:00.0000000	10:45:00.0000000	1001	747	1007
7	CA1503	2013-02-16	17:15:00.0000000	19:15:00.0000000	1002	737	1005
8	CA1605	2013-02-16	10:45:00.0000000	11:55:00.0000000	1002	737	1004
9	CA1801	2013-01-04	20:35:00.0000000	23:15:00.0000000	1001	737	1002
10	CA1810	2013-01-04	12:45:00.0000000	15:35:00.0000000	1002	330	1008
11	CA1816	2013-01-04	19:55:00.0000000	23:20:00.0000000	1002	737	1008
12	CA1817	2013-01-04	08:40:00.0000000	10:45:00.0000000	1001	319	1005
13	CA1819	2013-02-18	20:05:00.0000000	22:05:00.0000000	1001	737	1005

图 18.20　航班表记录

因为 xushuo 账户只有对该表的 SELECT 权限，如果在该数据表里插入一条记录，将会出现如图 18.21 所示"未更新任何行"的提示信息，因为 xushuo 账户没有拥有该表的 INSERT 权限。同时，如果修改表中除了"起飞时间"列之外的所有其他列，都会弹出如图 18.22 所示的对话框，只有修改起飞时间列里的内容才不会报错。

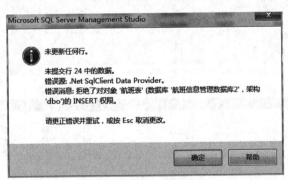

图 18.21　插入失败错误提示

18.1.4　角色设置

本节介绍 SQL Server 2012 中服务器角色、数据库角色以及应用程序角色的设置方法。

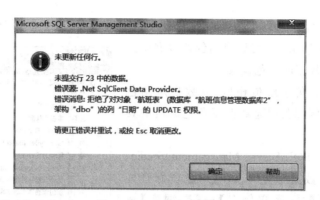

图 18.22　未更新任何行

【**例 18.5**】　*服务器角色设置。*

可以将用户设置为服务器角色成员，以继承服务器角色的权限。以 dbcreator 角色为例，下面说明将帐户 xushuo 设置为该角色成员的具体步骤。

步骤 1：启动 SQL Server Management Studio，以 sa 账户连接上数据库实例。在【对象资源管理器】窗格中选择【数据库实例名】→【安全性】→【登录名】选项。

步骤 2：右击 xushuo 选项，在弹出的快捷菜单里选择【属性】选项，弹出【登录属性】对话框。在该对话框中打开【服务器角色】选项页。

步骤 3：在如图 18.23 所示的【服务器角色】选项页里，选择 dbcreator 角色前的复选框，单击【确定】按钮完成操作。

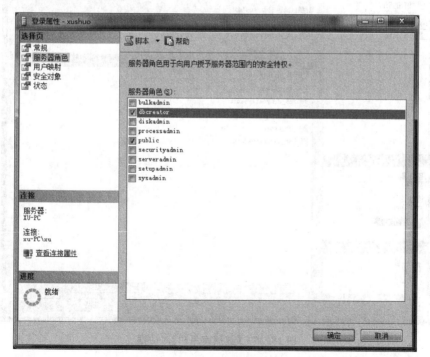

图 18.23　【服务器角色】选项页

步骤 4：设置完毕后，以 xushuo 账户登录 SQL Server 服务器，创建一个新数据库 students，如图 18.24 所示，可以成功创建数据库。

【例 18.6】 数据库角色设置。

与创建服务器角色成员相似，以数据库角色 db_datareader 为例说明创建数据库角色成员的具体步骤。

步骤 1：启动 SQL Server Management Studio，以 sa 账户连接上数据库实例。在【对象资源管理器】窗格中选择【数据库实例名】→【数据库】→【航班信息管理数据库】→【安全性】→【用户】选项。

步骤 2：右击 xushuo 选项，在弹出的快捷菜单里选择【属性】选项。

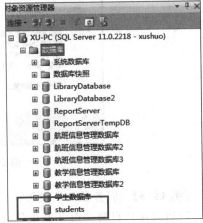

图 18.24　成功创建数据库

步骤 3：在如图 18.25 所示的【数据库用户】对话框的【成员身份】列表框中，选择 db_datareader 前的复选框，单击【确定】按钮完成操作。

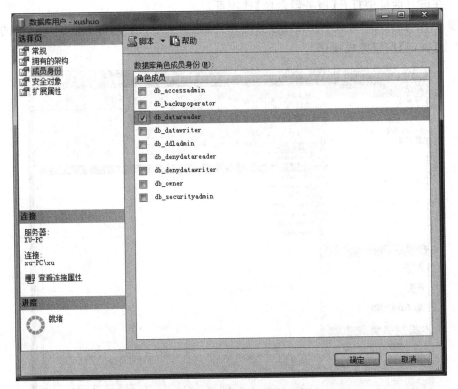

图 18.25　【数据库用户】对话框

步骤 4：设置完毕后，以 xushuo 账户登录 SQL Server 服务器，在航班信息管理数据库的【表】的树形目录下可以看见所有用户表,如图 18.26 所示。虽然 xushuo 账户本身只拥有对航班表的查看权限,但是将它归为 db_datareader 角色之后,继承了 db_datareader 角色的权限,因此也可以查看所有数据表的内容。

【例 18.7】　应用程序角色设置。

创建应用程序角色成员的具体步骤如下。

步骤 1:启动 SQL Server Management Studio,以 sa 连接上数据库实例。在【对象资源管理器】窗格中选择【数据库实例名】→【数据库】→【航班信息管理数据库】→【安全性】→【角色】→【应用程序角色】选项。

步骤 2:右击【应用程序角色】选项,在弹出的快捷菜单中选择【新建应用程序角色】选项,弹出【应用程序角色－新建】对话框。

图 18.26　以 xushuo 登录后查看表

步骤 3:在如图 18.25 所示的对话框的【角色名称】文本框中输入应用程序角色的名称,本例中为"myrole";在【默认框架】文本框中可以输入应用程序角色所属的架构名称;在【密码】和【确认密码】文本框中输入密码,在本例中为"123456"。

步骤 4:打开【安全对象】选项页,弹出如图 18.13 所示的对话框,在该对话框中可以添加应用程序角色的权限。本例中为 myrole 角色添加职工表表的 INSERT 权限,具体添加过程如前所示,不再赘述。

步骤 5:添加完毕后,单击【确定】按钮完成操作。

创建完应用程序角色之后,下面介绍如何使用应用程序角色。

步骤 1:启动 SQL Server Management Studio,以 xushuo 账户连接上数据库实例。

步骤 2:单击【新建查询】按钮创建一个新的查询,在查询编辑器里输入以下语句代码:

```
Insert into 职工表 values('2014','刘烨','男',45,10,'机长')
```

运行后错误信息如图 18.27 所示,从前面的设置里可以知道 xushuo 账户只有 SELECT 权限,没有 INSERT 权限,所以插入数据操作将会出错。

步骤 3:下面代码是先激活 myrole 角色,再进行插入数据操作,由于激活了应用程序角色,所以应用程序继承了该角色的权限,INSERT 操作成功。

```
Exec sp_setapprole 'myrole','123456'
Insert into 职工表 values('2014','刘烨','男',45,10,'机长')
```

消息

消息 229,级别 14,状态 5,第 1 行
拒绝了对对象 '职工表'(数据库 '航班信息管理数据库2',架构 'dbo')的 INSERT 权限。

图 18.27　插入失败

18.1.5 架构

【**例 18.8**】 本节介绍通过架构设置访问权限的方法。具体步骤如下。

步骤 1：启动 SQL Server Management Studio，以 sa 账户或超级用户身份连接上数据库实例。在【对象资源管理器】窗格中选择【数据库实例名】→【数据库】→【航班信息管理数据库】→【安全性】→【架构】选项。

步骤 2：右击【架构】选项，在弹出的快捷菜单中选择【新建架构】选项，弹出如图 18.28 所示的【架构-新建】对话框。在【架构名称】文本框中输入新建架构名称，本例中为 mySCHEMA，然后单击【确定】按钮，完成创建架构操作。

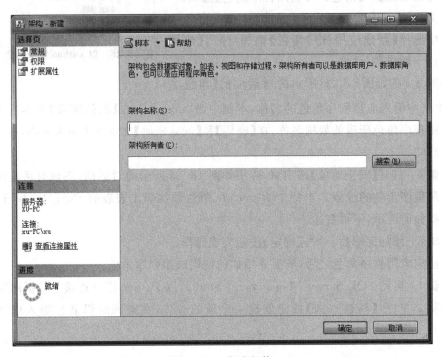

图 18.28 新建架构

步骤 3：在航班信息管理数据库里创建一个名为 myTable、属于 mySCHEMA 架构的数据表。

步骤 4：以 xushuo 账户登录 SQL Server 服务器，试试在 myTable 数据表里是否能插入记录。由于 xushuo 账户对航班信息管理数据库只有 SELECT 权限，因此插入记录的操作会失败。

步骤 5：再以 sa 账户或超级用户身份连接上数据库实例，在【对象资源管理器】窗格中选择【数据库实例】→【数据库】→【航班信息管理数据库】→【安全性】→【架构】选项。

步骤 6：右击 mySCHEMA 选项，在弹出的快捷菜单里选择【属性】选项，在弹出的对话框中选择【权限】选项。

步骤 7：弹出如图 18.29 所示的界面，在对话框中为 xushuo 用户添加 INSERT 权限。添加方法与前面介绍的类似，在此就不再赘述。

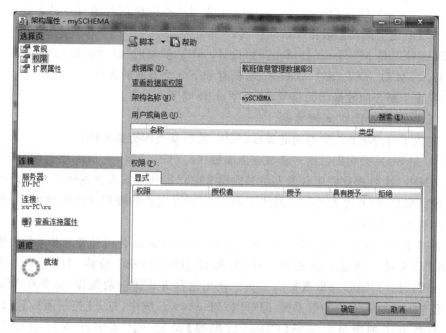

图 18.29　设置权限界面

步骤 8：添加完毕，单击【确定】按钮，关闭对话框。

设置完毕后，以 xushuo 账户登录 SQL Server 服务器，由于用户 xushuo 账户对 mySCHEMA 架构有 INSERT 的操作权限，因此对输入 mySCHEMA 架构的 myTable 数据表也拥有插入操作权限，所以插入记录的操作将会成功。

18.2　数据库的访问

18.2.1　相关知识点

应用程序访问数据库需要通过数据库访问接口，常用的数据库访问接口有 ODBC、OLE-DB、ADO、ADO.net 以及 JDBC。

ODBC(Open Database Connectivity，开放数据库互连)是 Micrisoft 公司提出的数据库访问接口标准。提供了一组对数据库访问的标准 API(应用程序编程接口)，这些 API 独立于不同厂商的 DBMS，也独立于具体的编程语言。ODBC 规范后来被 X/OPEN 和 ISO/IEC 采纳，作为 SQL 标准的一部分，提供了对 SQL 语言的支持，用户可以直接将 SQL 语句送给 ODBC。ODBC 的最大优点是能以统一的方式处理所有的数据库。

OLEDB(Object Linking and Embedding，Database，又称为 OLE DB 或 OLE-DB)，是一个基于 COM 的数据存储对象，能提供对所有类型的数据的操作，甚至能在离线的情况下存取数据。OLEDB 位于 ODBC 层与应用程序之间，封装了 ODBC，具有支持结构化查询语言 SQL 的能力，同时还具有面向其他非 SQL 数据类型(如电子邮件系统、自定义的商业对象)的通路。

ADO(ActiveX Data Object)是 Microsoft 公司数据库应用程序开发的新接口,是创建在 OLE DB 之上的高层数据库访问技术。

ADO. NET 是 Microsoft 公司在开始设计. NET 框架时,设计的数据访问框架或数据访问技术,ADO. NET 相对 ADO 来说,具有如下 3 个方面的优点:

- 提供了断开的数据访问模型,这对 Web 环境至关重要。
- 提供了与 XML 的紧密集成。
- 提供了与. NET 框架的无缝集成(例如,兼容基类库类型系统)。

JDBC 是 SUN 公司提供的一套数据库编程接口 API 函数,由 Java 语言编写的类、界面组成。JDBC 为数据库应用开发人员和数据库前台工具开发人员提供了一种标准的应用程序设计接口,使开发人员可以用纯 Java 语言编写完整的数据库应用程序。JDBC 访问数据库有如下两种方式。

一种是 JDBC-ODBC 桥的方式,此种方式利用 Microsoft 公司开发的开放数据库互连接口 ODBC 来访问和操作数据库。JDBC 通过 JDBC-ODBC 桥将 JDBC API 转换成 ODBC API,通过 ODBC 存取数据库。为了使用这种方式访问数据库,需要在 Windows 系统中创建与数据库对应的数据源,即可以 Windows 系统中,打开【控制面板】,选择【管理工具】,在其中的项目中选择【ODBC 数据源】设置 SQL Server 2012 数据库中的 LibraryDatabase 作为数据源。

另一种是通过使用某种数据库的驱动程序,称为纯 Java 驱动的方式。此种方式是 JDBC 与某数据库专用驱动程序相连,不用创建数据源就可访问相应的数据库。如下载 Microsoft JDBC Driver 4.0 for SQL Server,就可访问 SQL Server 2012 的数据库。

本部分实验以 JDBC 为例,用实例说明访问数据库的过程,以及创建简单应用程序的过程。

【例 18.9】 本实验样例练习使用 JDBC 进行图书馆数据库的连接。

应用 JDBC 访问数据库需要许多的 Java 类和接口,并需要遵守一定的操作步骤。JDBC 的类和方法都包括在 java. sql 包中,所以 Java 数据库应用程序的设计都要引入 java. sql 包,下面具体说明使用 Java 类与接口进行访问数据库的步骤:

步骤 1:导入包,要显式地声明如下。

```
import java.sql.*;
```

步骤 2:装载驱动程序。两种装载驱动程序的方法如下。

(1) JDBC-ODBC 桥方式:以 JDBC-ODBC 桥方式首先要创建 ODBC 数据源,按如下步骤单击:【开始】→【控制面板】→【管理工具】→【ODBC 数据源】,新建数据源,起名为 MYODBC 连接到数据库 LibraryDatabase。然后使用 Class 类的 ForName 方法将驱动程序装载到 JVM(Java 虚拟机)中,加载的类为 sun. jdbc. odbc. JdbcOdbcDriver。代码如下:

```
Try{
    Class.forName("sun.jdbc.odbc.JdbcOdbcDriver");
}
```

```
Catch(java.lang.ClassNotFountExceptione)
{System.Out.println ("类未找到错误");}
```

（2）使用 Microsoft JDBC Driver 4.0 for SQL Server 驱动程序连接：

```
Try{
        Class.forName("Com.Microsoft.jdbc.sqlserver.SQLServerDriver");
    }
Catch(java.lang.ClassNotFountExceptione)
{System.Out.println ("类未找到错误");}
```

步骤 3：成功加载后，必须使用 DriverManager 的静态方法 getConnection 来获得连接对象。DriverManager 类是 JDBC 的基础，用于管理 JDBC 驱动程序，该类中静态的 getConnection 方法用于验证 JDBC 数据源，并返回接口 Connection 对象。

对于使用 JDBC-ODBC 桥方式，连接参数以"jdbc：odbc：数据源名称"的形式书写如下：

```
--以系统默认用户身份,连接数据库
Connection con=DriverManager.getConnection("jdbc:odbc:数据源名","","");
```

对于使用纯 Java 驱动的方式，则连接参数会根据数据库的不同而不同，可以查阅相关资料。本节以 SQL Server 2012 数据库为例，连接参数可写成："jdbc：microsoft：sqlserver：//服务器名或 IP：1433;databasename＝数据库名"，代码如下所示：

```
Connection con=DriverManager.getConnection
("jdbc:microsoft:sqlserver://127.0.0.1:1433;databasename=数据库名","","");
```

步骤 4：创建语句对象。当成功连接到数据库，获得 Connection 对象后，必须通过 Connection 对象的 createStatement 方法创建 Statement 语句对象，才能执行 SQL 语句。代码如下：

```
Statement st=con.createStatement();
```

步骤 5：执行 T-SQL 语句。

使用语句对象执行 T-SQL 语句时有以下两种情况：

（1）执行 UPDATE、INSERT 和 DELETE 等数据库操作语句。这些语句不返回数据，所以使用 Statement 对象的 executeUpdate 方法执行。比如从图书表中删除一条记录，代码如下：

```
st.executeUpdate("delete from 图书 where 书名='数据库系统导论'");
```

（2）执行 SELECT 这样的查询语句，会从数据库中获得返回结果。使用 Statement 对象的 executeQuery 方法执行，并将返回结果存放于 ResultSet 对象中。比如从图书表中查阅数据，代码如下：

```
ResultSet rs=st.executeQuery("SELECT * FROM 图书");
```

步骤 6：对结果集进行处理。

当查询返回的结果存放在 ResultSet 对象后，便可以使用 ResultSet 对象的方法对结果集进行处理，后面将进行详细介绍。

步骤 7：关闭连接，释放资源。

当使用完数据库后就要关闭所有打开的连接，以释放资源。注意关闭的顺序为最先打开的资源最后关闭，所以应该先关闭结果集，再关闭数据库访问对象，最后关闭连接对象。代码如下：

```
rs.close();          //关闭 ResultSet 对象
st.close();          //关闭 Statement 对象
con.close();         //关闭 Connection
```

注意：关闭时有可能会抛出 SQLException 异常，必须捕捉。

以上这 7 个步骤完整的说明了使用 Java 连接数据库的基本过程。下面给出了连接数据库的完整代码。代码执行结果如图 18.30 所示。

图 18.30　Java 连接数据的完整代码执行结果

```java
import java.sql.*;
//创建数据库连接类 JDBConnect demo
public class JDBConnect {
    public static void main(String[] args) {
        Connection ct=null;
        Statement sm=null;
try {
    //1.加载驱动
    Class.forName("sun.jdbc.odbc.JdbcOdbcDriver");
    //2.得到连接(锁定连接到哪个数据源)
    //如果配置数据源时选择 windows 验证,则不需要"用户名","密码"
    ct=DriverManager.getConnection("jdbc:odbc:MYODBC","","");
    //3.创建 Statement
    //Statement 主要用于发送 SQL 语句,会返回一个整数 n,表示删除了 n 条记录
    sm=ct.createStatement();
    //4.执行(CRUD)增删改查
    //executeUpdate 可以实现添加删除修改
    int num=sm.executeUpdate("DELETE FROM 图书 WHERE 书名='数据库系统导论'");
    //查看是否修改成功
    System.out.println("成功删除"+num+"行数据。");
    } catch (Exception e) {
    //显示异常信息
    e.printStackTrace();}
    finally{
        //关闭资源!!!
        //关闭顺序是,后创建则先关闭
```

```
        try {
            //为了程序健壮
            if (sm!=null)
            {sm.close();}
            if(ct!=null)
            {ct .close();}
            } catch (Exception e) {
            e.printStackTrace();
            }
        }
    }
}
```

【例 18.10】 在例 18.9 的基础上进行数据的操作练习。

当使用 Statement 对象的 executeQuery 方法执行时,返回结果将存放于 ResultSet 对象中。要从该对象中获得数据,需要使用以下的方法:

(1) 方法 Boolean next()throws SQLException,将结果集游标向下移动一行,如果已经达到结果集的最后,则返回 false,有可能抛出异常,需要捕捉。

(2) 方法 X getX(String columnName)throws SQLException 和 X getX(int columnIndex) throws SQLException 是获得某个列的值,X 是具体的数据类型,根据数据表中列的具体类型而定。该方法有两个,每个都有两种重载方法,一种是以列名为参数,另一个是以索引为参数。有可能抛出异常,需要捕捉。

利用以上方法,对例 18.9 进行修改,实现数据操作。代码如下

```
import java.sql.*;
public class JDBConnect {
    public static void main(String[] args) {
        Connection ct=null;
        Statement sm=null;
        ResultSet rs=null;
System.out.println("正在连接数据库...");
try {
    //1.加载驱动
    Class.forName("sun.jdbc.odbc.JdbcOdbcDriver");
    //2.得到连接 (锁定连接到哪个数据源)
    ct=DriverManager.getConnection("jdbc:odbc:MYODBC","","");
    System.out.println("成功连接数据库...");
    sm=ct.createStatement();
    String str="SELECT * FROM 图书 ";
    rs=sm.executeQuery(str);
    System.out.println("查询到数据如下:");
    while(rs.next())
    {
```

```
        System.out.println(rs.getString("ISBN")+"\t");
        System.out.println(rs.getString("书名")+"\t");
        System.out.println(rs.getString("类型")+"\t");
        System.out.println(rs.getString("语言")+"\t");
        System.out.println(rs.getDouble("价格")+"\t");
    }

    } catch (Exception e) {
    //显示异常信息
    e.printStackTrace();
    }
    finally{
        try {
            if(rs!=null)
            {
                rs.close();
            }
            if (sm!=null)
            {sm.close();}
            if(ct!=null)
            {ct .close();}
            } catch (Exception e) {
              e.printStackTrace();
            }
        }
    }
}
```

执行以上代码，可得运行效果如图 18.31 所示。

如果要多次执行相似的语句，则可以使用 PreparedStatment 对象来执行。PreparedStatment 通过 Connection 对象的 PrepareStatment 方法创建预编译语句对象。PrepareStatment 方法的原型如下：

图 18.31　例 18.10 运行效果

```
PreparedStatment PrepareStatment (String
sql) throws SQLException
```

PrepareStatment 对象会把 SQL 语句预先编译，这样会获得比 Statment 对象更高的执行效率。

包含在 PrepareStatment 对象中的 SQL 语句可以带有一个或多个参数，并用"?"占位。比如：

```
PreparedStatment ps=con.PrepareStatment(UPDATE 作者表 SET 性别="?"WHERE 姓名="?")
```

在执行 SQL 语句前,只要使用 setX 的方法为参数设置适当的值即可。如:

```
ps.setString(1,"女");          //性别为第一个参数
ps.setString(2,"雨果");        //名字为第二个参数
```

执行 SQL 语句使用 PreparedStatment 对象的 executeUpdate 和 executeSelect 方法,这一点与 statement 非常相似。

下面用例子给出使用 PreparedStatment 对象执行数据库操作的方法。

【例 18.11】 将作者表中姓名为"雨果"的作者的性别改成"女"。代码如下:

```
import java.sql.*;
//创建数据库连接类 JDBConnect demo
public class JDBConnect {
    public static void main(String[] args) {
        System.out.println("正在连接数据库...");
        Connection ct=null;
        PreparedStatement ps=null;
        try {
            //1.加载驱动
            Class.forName("sun.jdbc.odbc.JdbcOdbcDriver");
            //2.得到连接(锁定连接到哪个数据源)
            ct=DriverManager.getConnection("jdbc:odbc:MYODBC","","");
            System.out.println("成功连接数据库...");
            ps=ct.preparcStatement("UPDATE 作者 SET 性别=?WHERE 姓名=?");
            //设置参数值
            ps.setString(1,"女");
            ps.setString(2,"雨果");
            int num=ps.executeUpdate();
            System.out.println("成功修改"+num+"行数据。");
        } catch (Exception e) {
        //显示异常信息
        e.printStackTrace();
        }
        finally{
            try {
                if (ps!=null)
                {ps.close();}
                if(ct!=null)
                {ct .close();}
            } catch (Exception e) {
                e.printStackTrace();
            }
        }
    }
}
```

执行以上代码,可得运行效果如图 18.32 所示。

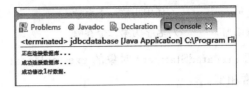

图 18.32　例 18.11 运行效果

18.3　实　　验

18.3.1　实验目的

本实验主要目的在于通过学习数据库安全及访问的相关知识,了解数据库系统如何进行安全性设置、外部应用程序如何访问数据库。具体要求如下:

(1) 掌握数据库安全性的基本概念,以及数据库实现安全的机制。

(2) 掌握 SQL Server 2012 中数据库身份验证的设置方法。

(3) 学会 SQL Server 2012 中进行用户的添加,修改及删除。

(4) 学习 SQL Server 2012 中角色的设置。

(5) 学习 SQL Server 2012 中架构的设置。

(6) 了解几种数据库访问接口。

(7) 学习使用 Java 进行数据库连接,并实现对数据的操作。

18.3.2　实验内容

1. 基础实验

(1) 使用 SQL Server Management Studio 进行身份验证实验,实验两种方式: Windows 验证方式和 SQL Server 验证方式,设置完后,进行登录验证。

(2) 使用 SQL Server Management Studio 进行用户的设置,实现添加用户,并为用户设置访问权限,并进行登录进行验证。

(3) 使用 SQL Server Management Studio 进行角色设置,实现服务器角色设置和数据库角色设置。

(4) 使用 SQL Server Management Studio 进行架构的设置。

(5) 尝试使用 JDBC 访问 SQL Server 2012 中的图书馆数据库,并利用实验样例中介绍的方法进行数据的操作。

2. 扩展实验

本实验为扩展学习,包括如下内容:

尝试学习在 VC 或 .NET 环境中访问 SQL Server 2012 中的数据库,比如航班数据库,并考虑第 17 章中定义的事务的概念,可以将事务嵌入到宿主语言中书写并查看执行结果。

18.3.3 思考题

（1）数据库的安全性指什么？SQL Server 2012 提供了哪些机制可能实现数据库的安全？

（2）身份验证有几种模式，各有什么特点？

（3）用户指的是什么？

（4）角色的作用是什么？数据库系统中有几种角色？

（5）架构的作用是什么？

（6）数据库访问接口有哪些？这些接口都有什么特点？

第Ⅲ部分　数据库课程设计

　　本部分将以实际数据库应用开发项目为例说明数据库设计的具体过程，主要目的是，通过实际项目的驱动，让读者能够参与到实际数据库应用的设计中来。通过实际设计，了解数据库设计的基本过程和每一阶段使用的具体方法和核心理念，从而进一步深化理解所学习的数据库设计理论，最终培养独立进行数据库应用设计的能力。

　　本部分包括两章，第19章主要以样例的形式介绍数据库设计的完整过程，第20章给出一些常用领域的数据库设计题目。

数据库课程设计样例

19.1　相关知识点

一般来说,数据库设计是软件设计的一部分。它的主要目标是设计满足应用需求的、较优的数据库模式、相关的查询、视图以及各种与应用相关的数据库对象、数据库访问机制等。具体来说,数据库设计一般包含如下内容:

- 概念模型的设计,主要包括由 E/R 图表达的数据与数据间需求的设计。
- 逻辑模型的设计,对于关系数据库来说,就是关系模式的设计。
- 数据表的设计,包括数据类型、各种约束等。
- 查询、视图的设计,主要指根据应用需求,应该设计哪些查询语句。如果有数据更新或删除的相关操作还要设计实现这些操作的语句。对于应用是否需要创建视图?视图应该如何书写等。
- 触发器与存储过程等各种与应用相关的数据库对象的设计。如果实际应用需要比较复杂的数据约束而无法用 CHECK 来实现,则可以考虑使用触发器以保护数据的完整性不受破坏。如果需要对数据库进行复杂的操作(比如对多个表进行增删改和查询),可将复杂操作用存储过程封装起来与数据库管理系统提供的事务处理结合起来使用,以减少数据库连接的开销。当然,从开发的角度而言,如果一些操作的重复率比较高,也可以封装成存储过程供应用程序重用,从而提高代码的重用率。
- 数据库访问方式的确定。根据开发环境及应用软件的特征选择适当的数据库连接方式也是非常重要的。

本章将重点讲解数据库概念模型、逻辑模型、数据库表、查询等四个方面的设计思路。对于其他方面的设计可以根据应用的具体要求参考本书中的相关章节,或参考其他书籍。

19.2　设 计 样 例

19.2.1　需求说明描述

1. 应用问题描述

美国男子职业篮球联赛(NBA)数据库需存放 30 支参赛球队、拉拉队、各个球员以及每场比赛的相关信息。针对 30 支参赛球队的信息存储，涉及队名、所在城市、主场名、赛区、成立年份、总冠军次数，其中队名可以唯一确定一支球队；针对各支球队的拉拉队需要记录：成立年份、总冠军次数两项信息；针对不同球员则需要存储：姓名、号码、位置、身高、总冠军数、进入联盟年数八项信息，其中全明星级球员需要记录其全明星赛首发次数与参与次数，而每名球员的姓名便能够唯一标识出该球员；针对每场比赛有比赛名称、比赛时间与比赛地点信息需要存储，每场比赛由比赛名称、比赛时间和地点共同决定，其中由全明星级球员参加的全明星赛需要特别记录。每支拉拉队均隶属于一支球队，并以球队名称区分，而一支球队有且仅有一支拉拉队；每支球队可以拥有多名球员，而球员只能隶属于一支球队或者成为自由球员；每支球队都拥有一名球队核心来领导其他队员；每支球队都可以参加多场比赛，而每场比赛只有两支球队参加，每支球队都会记录自身每场比赛的得分与失分；每名球员都会参加相应球队的比赛，针对每场比赛会存储不同球员的上场时间、得分、助攻数、篮板数以及犯规数，其中全明星级球员需要参加全明星赛，并在比赛中选举出一名最有价值球员。

2. 查询更新要求描述

本系统将支持的数据查询及更新需求如下：

（1）查询每场比赛的时间与地点。

（2）查询每场比赛的参赛队，队长及球员基本信息。

（3）查询和更新各位球员参与比赛的上场时间、得分、助攻数、篮板数，每场比赛各支球队的得分数与失分数。

（4）查询不同赛区所有球队的胜利场次以及所有球员所参与比赛的平均得分、平均助攻数与平均篮板数。

19.2.2 NBA 数据库概念模型的设计

概念模型的设计目前常用的是 E/R 模型，设计 E/R 模型的基本过程是先在数据需求描述中寻找实体集，然后再找联系。按着这一思路，首先从应用问题描述中寻找实体集。

在应用问题描述中的第一句话便已经交代出一些比较明显的实体集信息：球队、拉拉队、球员和比赛。在接下来的描述中主要说明各实体集的属性信息及实体标识符，如对于球队的描述属性应该有队名、所在城市、主场名、赛区、成立年份、总冠军次数等；对于球员则描述属性有姓名、号码、位置、身高、总冠军数、进入联盟年数等八项信息；对于比赛则需要记录比赛名称、比赛时间与比赛地点等信息。

拉拉队则有些特别，它隶属于球队，且必须用球队名进行区分，这说明该实体集是弱实体集。

描述中对于球员来说又分普通球员和全明星级球员。全明星级球员有其专门的属性：全明星赛首发次数与参与次数，说明全明星级球员是球员的一个子类，需要在 E/R 图中进行描述。

由于要记录比赛中的全明星赛，而全明星赛又只能是明星球员参加，所以全明星赛也是一个需要在 E/R 图中表达的子类实体集。

除了以上分析的实体集外,在描述中不再有其他实体集出现。这样,数据需求所描述的实体集如下。

（1）普通实体集：球队、球员、比赛。

（2）子类实体集：全明星球员、全明星比赛。

（3）弱实体集：拉拉队。

下面从应用问题描述中寻找实体集之间的联系。

（1）每支球队可以拥有多名球员,而球员只能隶属于一支球队或者成为自由球员。说明球员与球队之间存在多对一的联系。

（2）每支球队都拥有一名球队核心来领导其他队员。说明球员之间存在一对多的领导关系,即每个球队的队长领导其所属的所有球员。这个联系显然是球员这个实体集上的一元递归联系。

（3）每支球队都可以参加多场比赛,而每场比赛只有两支球队参加,每支球队都会记录自身每场比赛的得分与失分。说明球队与比赛之间是有联系的,而且联系具有属性:比赛的得分与失分。

（4）每名球员都会参加相应球队的比赛,针对每场比赛会存储不同球员的上场时间、得分、助攻数、篮板数以及犯规数。说明球员与比赛之间也是有联系的,而且联系也有属性:上场时间、得分、助攻数、篮板数以及犯规数。

（5）全明星级球员需要参加全明星赛,并在比赛中选举出一名最有价值球员,全明星球员需要记录其全明星赛首发次数与参与次数。说明全明星级球员与全明星赛之间是有联系的。但全明星球员在全明星赛的参与次数是可以通过是否参与比赛统计出来的,首发次数也可以通过记录全明星球员在赛事上是否首发统计出来。因此,参与次数与首发次数不必作为联系的描述属性。而是否首发和是否是本赛事上最有价值的明星则可作为联系的描述属性。

这样,分析出应用描述中存在的联系如下:

（1）球队与球员之间一对多的联系;

（2）队长与球员之间一对多的联系;

（3）球队与比赛之间多对多的联系;

（4）全明星球员与全明星比赛多对多的联系;

（5）球员与比赛之间的多对多的联系;

（6）球队与拉拉队之间的弱联系。

由以上分析,设计 NBA 数据库的 E/R 模型如图 19.1 所示。

19.2.3　NBA 数据库逻辑模型的设计

将 19.2.2 节的 E/R 图转换成关系模式如下(下划线表示主键,斜体表示外键):

球队 (<u>队名</u>,所在城市,主场名称,所属赛区,成立年份,总冠军次数)

球员 (<u>姓名</u>,身高,号码,位置,进入联盟年数,总冠军次数)
领导 (**队长姓名**,**球员姓名**)
属于 (**队名**,**球员姓名**)
拉拉队 (<u>成立年份</u>,总冠军次数,<u>所属球队</u>)
比赛 (<u>比赛名称</u>,时间,地点)
参加全明星赛 (<u>时间</u>,<u>地点</u>,<u>比赛名称</u>,<u>球员姓名</u>,首发,<u>MVP</u>)
球队参赛 (<u>队名</u>,<u>时间</u>,<u>地点</u>,<u>比赛名称</u>,得分,失分)
球员参赛 (<u>姓名</u>,<u>时间</u>,<u>地点</u>,<u>比赛名称</u>,上场时间,得分,助攻数,篮板数,犯规数)

　　两个子类实体集全明星球员和全明星赛由于没有自己的属性,所以在转化成关系模式时不用表达。

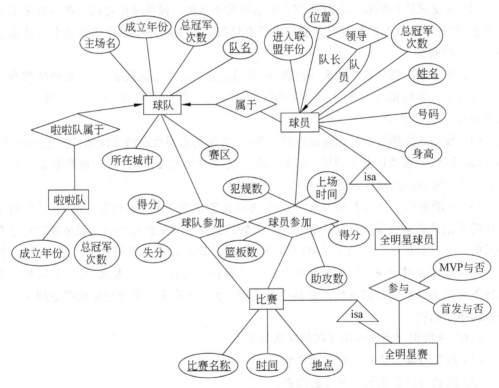

图 19.1　NBA 数据库概念模型

　　对于以上转化的关系模式,从函数依赖的角度来看,每个关系模式都达到了 BCNF,说明数据的冗余度已经很小。但是从查询的角度来看,如果经常查询球队参赛的相关信息,如球队的构成信息等,则需要进行多表连接运算(球队、属于、球员、领导等)。但多表连接运算的效率是比较低的,所以在效率和冗余之间需要进行平衡:当冗余带来的效率上的提高大于它的造成的维护数据一致性的代价时,这里可以考虑通过冗余提高查询的效率。

　　对于本例应用,由于三个关系模式:属于、球员以及领导具有相同的键,可以将其合并成一个关系模式如下:

球员 (<u>姓名</u>,身高,号码,位置,进入联盟年数,总冠军次数,队名,队长)

考虑'领导'联系的特殊性,可将其分解为如下两个关系模式:

球员 (<u>姓名</u>,身高,号码,位置,进入联盟年数,总冠军次数,队名)

领导 (<u>队名</u>,队长姓名)

通过以上的分析,得到最终的关系模式如下:

球队 (<u>队名</u>,所在城市,主场名称,所属赛区,成立年份,总冠军次数)

球员 (<u>姓名</u>,身高,号码,位置,进入联盟年数,总冠军次数,队名)

领导 (<u>队名</u>,队长姓名)

拉拉队 (成立年份,总冠军次数,<u>所属球队</u>)

比赛 (<u>比赛名称,时间,地点</u>)

参加全明星赛 (<u>时间</u>,<u>地点</u>,<u>比赛名称</u>、<u>球员姓名</u>,首发,MVP)

球队参赛 (<u>队名</u>,<u>时间</u>,<u>地点</u>,<u>比赛名称</u>,得分,失分)

球员参赛 (<u>姓名</u>,<u>时间</u>,<u>地点</u>,<u>比赛名称</u>,上场时间,得分,助攻数,篮板数,犯规数)

19.2.4　NBA 数据库相关数据表的设计

数据库表的设计要求将每个关系模式中各属性的数据类型,约束等进行届定。根据应用需求,设计各数据表如表 19.1～表 19.8 所示。

表 19.1　球队表

列　名	数据类型	描　述	列　名	数据类型	描　述
队名	nchar(30)	主键	所属赛区	nchar(30)	NOT NULL
所在城市	nchar(30)	NOT NULL	成立年份	smallint	NULL
主场名称	nchar(30)	NOT NULL	总冠军次数	smallint	NULL,取值＞＝0

表 19.2　球员表

列　名	数据类型	描　述
姓名	nchar(30)	主键
身高	smallint	NOT NULL,取值 ＞150
号码	smallint	NULL,取值＞＝0
位置	nchar(10)	NULL
进入联盟年数	smallint	NULL , 取值＞＝0
总冠军次数	smallint	NULL,取值＞＝0
队名	nchar(30)	NULL,外键,来自于球队中的队名

表 19.3　比赛表

列名	数据类型	描　述	列名	数据类型	描　述
比赛名称	nchar(30)	NOT NULL，主键属性	地点	nchar(30)	NOT NULL，主键属性
日期	date	NOT NULL，主键属性			

表 19.4　领导表

列名	数据类型	描　述
队长	nchar(30)	主键属性，外键，来自于球员中的姓名
队名	nchar(30)	外键，来自于球人中的队名

表 19.5　啦啦队表

列　名	数据类型	描　述
成立年份	smallint	NULL，主键属性
总冠军次数	smallint	NULL，默认值为 0，取值＞＝0
所属球队	nchar(30)	主键属性，外键来自于球队的队名

表 19.6　参加全明星赛表

列　名	数据类型	描　述
时间	date	主键属性
地点	nchar(30)	主键属性，默认值为奥兰多
比赛名称	nchar(30)	NOT NULL，主键属性
球员姓名	nchar(30)	主键属性，外键约束来自于球员数据表中的姓名
首发	char(2)	NULL，取值为"是"或"否"
MVP	char(2)	NULL，取值为"是"或"否"

表 19.7　球队参赛表

列　名	数据类型	描　述
日期	date	主键属性
地点	nchar(30)	主键属性
比赛名称	nchar(30)	NOT NULL ，主键属性
队名	nchar(30)	主键属性，外键来自于球队数据表中的队名
得分	smallint	NOT NULL，受到 CHECK 约束：所填数字＞＝0
失分	smallint	NOT NULL，受到 CHECK 约束：所填数字＞＝0

表 19.8　球员参赛表

列　　名	数据类型	描　　述
时间	date	主键属性
地点	nchar(30)	主键属性
比赛名称	nchar(30)	NOT NULL,主键属性
球员姓名	nchar(30)	主键属性,外键来自于球员数据表中的姓名
上场时间	smallint	NULL 取值＞＝0
得分	smallint	NULL，取值＞＝0
助攻数	smallint	NULL，取值＞＝0
篮板数	smallint	NULL，取值＞＝0
犯规数	smallint	NULL，取值＞＝0

　　由于本应用中关于数据间的其他依赖关系叙述得比较少,所以基本表在设计时除主键、外键、域约束外,其他依赖目前不予以设置。

　　但由于球员、球队、拉拉队、球队参赛、球员参赛、参加全明星赛等数据表中均有外键约束,如球员中的球队的取值来源于球队中的队名值,则从保持数据一致性角度来考虑,系统应保证当被参考列的值发生变化时,外键值也进行相应的变化,如当球队中的队名发生变化时,球员中相应的球队值也要发生变化。为此,要求外键值应随其参考列的值进行级联更新。

19.2.5　数据库创建语句的设计

1. 数据库的创建

　　设计好关系模式后,就可以进行数据库的实施,先搭建好硬件及相关的环境,安装好数据库管理系统以及相应的应用程序开发环境。本例中选择使用 SQL Server 2012,应用程序开发语言选择 Java 接下来进行数据库的创建以及各数据表的创建。

　　创建数据库时,一方面要确定数据库的存储路径,另一方面要确定数据库容量的初始大小以及空间增长方式。对于本例来说,数据库包含的表只有七个,每个表中的列数量也不多,根据上一节的设计,所有表的列总和不超过 550 个字节,假设每个表中有 10 万行数据,则所占的空间总数大约为 50M。而对于本例来说,每个表中初始化为 10 万行数据足够使用了。可以初始化该数据库数据文件的大小为 50M,日志文件的大小为 100M。两个文件容量的增加方式以每次以 20％的比例增长。数据库的存储路径可以默认 D 盘的数据库管理文件夹。接下来可以使用 SQL Server Management Studio 图形化界面进行数据库的创建,也可以使用 T-SQL 语句进行数据库的创建。

　　本例使用 T-SQL 语句创建数据库:

```
CREATE DATABASE NBA 数据库管理系统
ON
(NAME=NBA 数据库_DATA,
```

```
    FILENAME='d:\数据库管理\NBA 数据库_DATA.mdf',
    SIZE=50,
    MAXSIZE=100,
    FILEGROWTH=20%
)
LOG ON
(NAME=NBA 数据库_LOG,
    FILENAME='d:\数据库管理\NBA 数据库_DATA.Ldf',
SIZE=100,
MAXSIZE=200,
FILEGROWTH=20%
)
```

执行语句后,结果如图 19.2 所示,说明成功创建数据库。

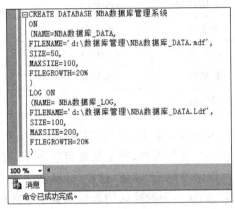

图 19.2 创建数据库成功

2. 基本表的创建

基本表可以事先使用 SQL Server 2012 创建好,也可以在应用程序中创建。但一般来说,除非不得已,不提倡在应用程序中动态创建数据表,一方面从安全角度来说不容易实现对表的安全控制,另一方面也增加应用程序的负担。所以大多数数据库的基本表最好是事先在数据库管理系统中创建好,并设置好访问权限。本例中使用 SQL Server 2012 事先创建,采用 T-SQL 语句的形式进行创建,创建语句分别如下:

```
--创建球队表:
CREATE TABLE 球队
(
队名 nchar(30) PRIMARY KEY,
所在城市 nchar(30) Not Null,
主场名称 nchar(30) Not Null,
所属赛区 nchar(30) Not Null,
成立年份 smallint Null,
总冠军次数 smallint Null CHECK(总冠军次数>=0)
);

--创建球员表:
CREATE TABLE 球员
(姓名 nchar(30) PRIMARY KEY,
身高 smallint Not Null CHECK(身高>150),
号码 smallint NULL CHECK(号码>=0),
位置 nchar(10) NULL,
进入联盟年数 smallint NULL CHECK(进入联盟年数>=0),
总冠军次数 smallint NULL CHECK(总冠军次数>=0),
```

队名 nchar(30) NULL FOREIGN KEY REFERENCES 球队 (队名)ON UPDATE CASCADE
);

--创建领导表:
CREATE TABLE 领导
(队长 nchar(30) PRIMARY KEY,
队名 nchar(30),
FOREIGN KEY (队长) REFERENCES 球员 (姓名)ON UPDATE NO ACTION ,
FOREIGN KEY (队名) REFERENCES 球队 (队名)ON UPDATE CASCADE
);

--创建比赛表:
CREATE TABLE 比赛
(比赛名称 nchar(30),
时间 date ,
地点 nchar(30), PRIMARY KEY(比赛名称,时间,地点)
);

--创建球队参赛表:
CREATE TABLE 球队参赛
(队名 nchar(30),
时间 date,
地点 nchar(30),
比赛名称 nchar(30),
得分 smallint Not Null CHECK(得分>=0),
失分 smallint Not Null CHECK(失分>=0)
PRIMARY KEY(队名, 时间, 地点,比赛名称),
FOREIGN KEY (队名) REFERENCES 球队 (队名)ON UPDATE CASCADE
);

--创建球员参赛表:
CREATE TABLE 球员参赛
(姓名 nchar(30),
日期 date,
地点 nchar(30),
比赛名称 nchar(30),
上场时间 smallint NULL CHECK(上场时间>=0),
得分 smallint NULL CHECK(得分>=0),
助攻数 smallint NULL CHECK(助攻数>=0),
篮板数 smallint NULL CHECK(篮板数>=0),
犯规数 smallint NULL CHECK(犯规数>=0)
PRIMARY KEY(姓名,日期,地点,比赛名称),
FOREIGN KEY (姓名) REFERENCES 球员 (姓名)ON UPDATE CASCADE
);

--创建啦啦队表

```
CREATE TABLE 啦啦队
(成立年份 smallint NULL,
总冠军次数 smallint Null DEFAULT(0) CHECK(总冠军次数>=0),
所属球队 nchar(30) PRIMARY KEY,
FOREIGN KEY (所属球队) REFERENCES 球队 (队名)ON UPDATE CASCADE
);

--创建参加全明星赛表:
CREATE TABLE 参加全明星赛
(时间 date,
地点 nchar(30) default('奥兰多'),
比赛名称 nchar(30),
球员姓名 nchar(30),
首发 char(2) NULL CHECK(首发='是' OR 首发='否'),
MVP char(2) NULL CHECK(MVP ='是' OR MVP ='否')
PRIMARY KEY(时间,地点,比赛名称,球员姓名),
FOREIGN KEY (球员姓名) REFERENCES 球员 (姓名)ON UPDATE CASCADE
)
```

19.2.6 数据更新操作的设计

对于数据的更新操作只要使用 INSERT INTO、UPDATE 和 DELETE 语句就可以，但由于有数据表间有外键联系，所以在增删改数据时也要考虑先后次序。对于插入和更新数据时要先向主表（被参照表中插入或更新数据），然后再向参照表中插入或更新相应的数据，删除数据时则要么主表中删除数据时级联删除参照表的数据，要么先删除参照表的数据再删除主表的数据。与此同时主键、唯一值、非空、CHECK 等各种约束也会在增删改操作中起重要的作用，需要对这些约束进行测试。

1. 插入数据次序的测试

测试 1：试着先向球员数据表中输入以下数据：

INSERT INTO 球员 VALUES('艾弗森',183,3,'后卫',14,0,'尼克斯')

运行结果如图 19.3 所示。

> **消息**
> 消息 547，级别 16，状态 0，第 88 行
> INSERT 语句与 FOREIGN KEY 约束"FK_球员_队名_2FCF1A8A"冲突。
> 该冲突发生于数据库"NBA数据库管理系统"，表"dbo.球队"，column '队名'。
> 语句已终止。

图 19.3　向球员数据表中插入数据

之所以出现该现象，是因为球员中的外键"队名"目前在球队的数据表中还不存在，所以输入数据时应该先向球队数据表输入相应的数据后，再向球员表中输入数据。其他参照表都存在这个问题，这是数据参照完整性的体现，用于保证相关联的数据必须是一致的。

测试 2：先向球队数据表中插入下面的数据：

`INSERT INTO 球队 VALUES('尼克斯','纽约','麦迪逊广场花园球馆','east',1946,2);`

再插入球员数据：

`INSERT INTO 球员 VALUES('艾弗森',183,3,'后卫',14,0,'尼克斯')`

成功插入数据。

2．主键唯一性测试

测试 1：对球队数据表，如果已经插入一条记录：

`INSERT INTO 球队 VALUES('尼克斯','纽约','麦迪逊广场花园球馆','east',1946,2);`

再试着插入下一条记录：

`INSERT INTO 球队 VALUES('尼克斯','芝加哥','联合中心','east',1956,6);`

运行代码，会出现图 19.4 所示的消息。

原因是主键重复，违反了主键唯一性的约束。

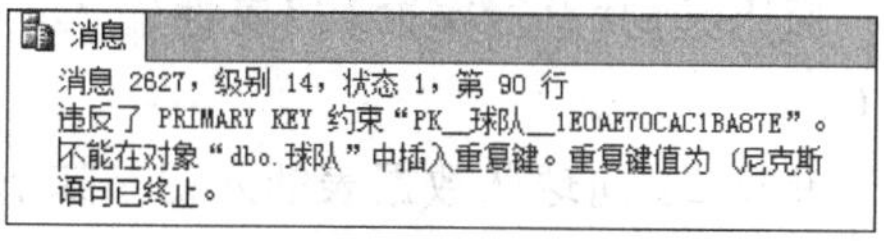

消息 2627，级别 14，状态 1，第 90 行
违反了 PRIMARY KEY 约束"PK_球队__1EOAE70CAC1BA87E"。
不能在对象"dbo.球队"中插入重复键。重复键值为 (尼克斯
语句已终止。

图 19.4　向球队表插入主键值相同的数据

测试 2：对于测试 1，将后面要插入的记录改成：

`INSERT INTO 球队 VALUES('公牛','芝加哥','联合中心','east',1956,6);`

运行代码，成功插入。

3．NOT NULL 测试

NULL 及 NOT NULL 约束是对一个属性是否可以不输入值的一种约束。如果对一个属性加了 NOT NULL 约束，说明在输入数据时，该属性取值是不能为空的。以球队数据表为例说明非空约束的作用。

测试 1：在球队数据表中，"所在城市"、"主场名称"都有 NOT NULL 约束，而属性"成立年份"则是 NULL 约束。下面向球队数据表中插入如下数据：

`INSERT INTO 球队 (队名,主场名称,所属赛区,成立年份,总冠军次数) VALUES('湖人','斯台普斯忠','west',1948,16);`

运行代码，结果如图 19.5 所示。

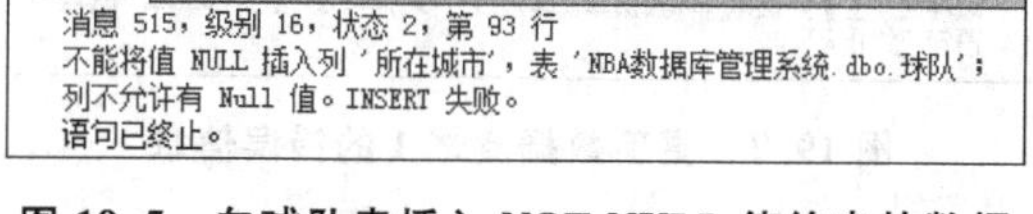

消息 515，级别 16，状态 2，第 93 行
不能将值 NULL 插入列'所在城市，表'NBA数据库管理系统.dbo.球队'；
列不允许有 Null 值。INSERT 失败。
语句已终止。

图 19.5　向球队表插入 NOT NULL 值约束的数据

说明非空约束起作用，"所在城市"这一列不能为空。

测试 2：向球队数据表中插入如下数据：

`INSERT INTO 球队 (队名,所在城市,主场名称,所属赛区,总冠军次数) VALUES('湖人','洛杉矶`

','斯台普斯球馆','west',16);

运行代码，成功插入。

虽然"成立年份"赋了空值，但仍然成功插入数据，因为该属性允许赋予空值。

4. CHECK 约束测试

测试 1：向球队数据表插入记录如下：

```
INSERT INTO 球队 VALUES('黄蜂','新奥尔良','新奥尔良球馆','west',1988,-1);
```

运行代码得消息如图 19.6 所示。

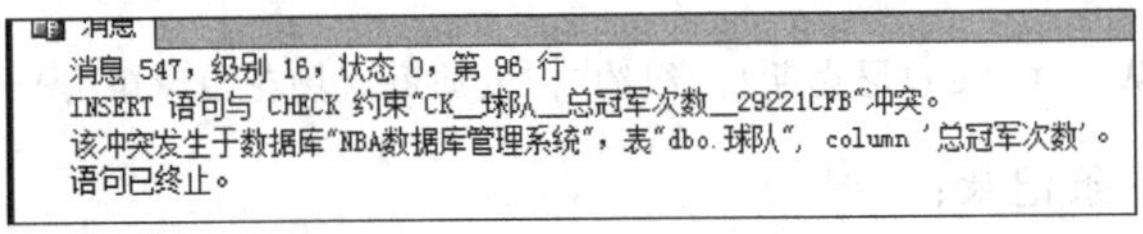

消息 547，级别 16，状态 0，第 96 行
INSERT 语句与 CHECK 约束"CK__球队__总冠军次数__29221CFB"冲突。
该冲突发生于数据库"NBA数据库管理系统"，表"dbo.球队"，column '总冠军次数'。
语句已终止。

图 19.6　向球队表插入违反 CHECK 约束的数据

原因是向"总冠军次数"属性输入的值违反了 CHECK 约束，它的取值应该大于等于 0。

测试 2：向球队数据表插入记录如下：

```
INSERT INTO 球队 VALUES('黄蜂','新奥尔良','新奥尔良球馆','west',1988,-0);
```

运行代码，成功插入。

在 CHECK 约束允许的范围内取值，则能成功插入数据。

5. 更新数据顺序的测试

测试 1：将球员数据表中的记录

("艾弗森",183,3,"后卫",14,0 "尼克斯")

更新成

("艾弗森",183,3,"后卫",14,0 "金州")：
```
UPDATE 球员 SET 队名='金州' WHERE 姓名='艾弗森'
```

注意："金州"这一球队目前还没有输入到球队数据表中。

运行更新语句，错误信息如图 19.7 所示。

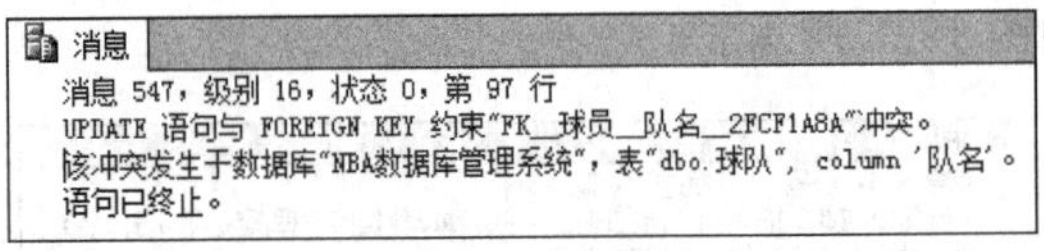

消息 547，级别 16，状态 0，第 97 行
UPDATE 语句与 FOREIGN KEY 约束"FK__球员__队名__2FCF1A8A"冲突。
该冲突发生于数据库"NBA数据库管理系统"，表"dbo.球队"，column '队名'。
语句已终止。

图 19.7　更新数据测试 1 的错误信息

说明在主表球队中目前还没有"金州"这一取值，所以球员数据表中的外键"球队"是不能取这一值的。

测试 2：将测试 1 的更新语句修改成：

```
UPDATE 球员 SET 队名='湖人' WHERE 姓名='艾弗森'
```

注意："湖人"队名已经在球队数据表中存在。

运行更新语句,成功。

如果读者认为在运行测试1的更新语句时并没有遇到上述更新不成功的问题,数据可以直接更新的数据表中。如果是这样,说明在创建数据库时没有创建外键约束机制,也即球员和球队间的联系没有创建起来,这样创建的数据表是独立的,无法实现数据一致性的约束,非常容易造成数据的错误。

6. 删除数据的测试

测试1:试着先删除主数据表球队中的某些记录

```
DELETE FROM 球队 WHERE 除名='尼克斯'
```

运行删除语句,错误信息如图19.8所示。

```
消息
消息 547,级别 16,状态 0,第 98 行
DELETE 语句与 REFERENCE 约束"FK_球员_队名_2FCF1A8A"冲突。
该冲突发生于数据库"NBA数据库管理系统",表"dbo.球员",column '队名'。
语句已终止。
```

图19.8　删除数据测试1的错误信息

说明删除数据失败,原因是主表球队表中队名为"尼克斯"的球队,在球员表中由记录它的球员构成信息,且二者间创建了外键约束关系。

但如果将两个数据表间的外键约束加上级联删除的功能,然后再测试上面的删除语句,图19.9给出的是删除执行前球员表中的信息,图19.10表示的是删除执行之后球员表中的信息。

	姓名	队名
3	安东尼	尼克斯
4	奥尼尔	NULL
5	保罗	快船
6	戴维斯	黄蜂
7	德隆威廉姆斯	网
8	邓肯	马刺
9	杜兰特	雷霆
10	格伦戴维斯	魔术

图19.9　删除执行前球员表中的信息

	姓名	队名
3	奥尼尔	NULL
4	保罗	快船
5	戴维斯	黄蜂
6	德隆威廉姆斯	网
7	邓肯	马刺
8	杜兰特	雷霆
9	格伦戴维斯	魔术
10	哈登	火箭
11	加内特	凯…
12	科比	湖人

图19.10　删除执行后球员表中的信息

此时再对球员数据表进行如下查询:

```
SELECT * FORM 球员 WHERE 球队="尼克斯"
```

运行该语句,结果如图19.11所示。

姓名	身高	号码	位置	进入联盟年数	总冠军次数	队名

图19.11　删除执行后对球员表查询的结果

上面对数据增删改经常会遇到的一些问题进行了总结，以及测试分析，读者在进行数据插入操作设计时也要注意这类问题的出现。

19.2.7　查询与视图的设计

根据应用需求，NBA 数据库应用系统经常要查询的信息为：比赛信息，球队基本信息，球员基本信息，球队参加比赛的信息，球员参加比赛的信息以及球队和球员成绩的统计信息等。根据以上要求，设计以下三类查询方式：简单查询和复杂查询以及统计查询。

简单查询只涉及一个表的查询，比如根据日期查询比赛的地点，根据队名查询球队的基本情况以及比赛情况，根据姓名查询球员的基本信息及比赛信息等。

复杂查询是涉及多个表的查询，比如查询某个球队的构成情况，某个球队的拉拉队的情况，某个球队的所有球员的比赛情况等。

统计查询主要用于查询球队及球员比赛的总成绩或平均成绩。

1. 简单查询

简单查询包括以下几种：

查询 1：根据时间查询比赛的名称和地点。比如：

SELECT * FROM 比赛 WHERE 时间='2013-01-05'

注意：此处给出的时间值可以是通过界面传递进来的查询参数值，由查询用户自己给定。后面的查询中类似。

查询结果如图 19.12 所示。

查询 2：根据球队的名称查询比赛的时间和地点。

SELECT 队名,时间,地点 FROM 球队参赛 WHERE 队名='湖人'

查询结果如图 19.13 所示。

图 19.12　简单查询查询 1 结果

图 19.13　简单查询查询 2 结果

查询 3：根据球员查询比赛的时间和地点。

SELECT 姓名,日期,地点 FROM 球员参赛 WHERE 姓名='科比'

查询结果如图 19.14 所示。

查询 4：查询球队每场比赛的得分和失分情况。

SELECT 队名,时间,地点,得分,失分 FROM 球队参赛 WHERE
队名='湖人'

查询结果如图 19.15 所示。

图 19.14　简单查询查询 3 结果

查询 5：根据球员以及比赛日期查询该球员比赛安排情况。

SELECT 姓名,日期,地点 FROM 球员参赛 WHERE 姓名='詹姆斯'AND 日期='2012-10-27'

查询结果如图 19.16 所示。

	队名	时间	地点	得分	失分
1	湖人	2012-11-03	斯台普斯中心	95	105
2	湖人	2013-01-05	斯台普斯中心	0	0

图 19.15　简单查询查询 4 结果

	姓名	日期	地点
1	詹姆斯	2012-10-27	美航球馆

图 19.16　简单查询查询 5 结果

查询 6：查询名字中有"馆"字的地点的比赛时间安排。

SELECT 时间,地点,比赛名称 FROM 比赛 WHERE 地点 LIKE '%馆%'

查询结果如图 19.17 所示。

查询 7：按得分情况对球员进行排序。

SELECT 姓名,得分 FROM 球员参赛 ORDER BY 得分

查询结果如图 19.18 所示。

	时间	地点	比赛名称
1	2012-10-19	美航球馆	NBA
2	2012-10-27	美航球馆	NBA
3	2012-10-31	美航球馆	NBA
4	2012-11-01	新奥尔良球馆	NBA
5	2012-11-22	北岸花园球馆	NBA
6	2012-11-24	北岸花园球馆	NBA
7	2012-12-07	美航球馆	NBA
8	2012-12-08	福特中心球馆	NBA
9	2012-12-28	北岸花园球馆	NBA

图 19.17　简单查询查询 6 结果

	姓名	得分
1	保罗	NULL
2	科比	NULL
3	隆多	8
4	加内特	9
5	保罗	9
6	保罗	10
7	皮尔斯	11
8	韦德	13
9	加内特	14
10	隆多	14
11	加内特	15
12	韦德	15

图 19.18　简单查询查询 7 结果

2. 复杂查询

查询 1：根据队名查询某一球队的队长及人员构成情况。比如：

SELECT 领导.队名,队长,姓名 FROM 球员,领导
WHERE 领导.队名=球员.队名 AND 领导.队名='凯尔特人'

查询结果如图 19.19 所示。

查询 2：按球队查询其啦啦队的情况。

SELECT 队名,啦啦队.成立年份,啦啦队.总冠军次数 FROM 球队,啦啦队
WHERE 球队.队名=啦啦队.所属球队

查询结果如图 19.20 所示。

	队名	队长	姓名
1	凯尔特人	皮尔斯	加内特
2	凯尔特人	皮尔斯	隆多
3	凯尔特人	皮尔斯	皮尔斯

图 19.19　复杂查询查询 1 结果

	队名	成立年份	总冠军次数
1	公牛	NULL	0
2	湖人	NULL	0
3	黄蜂	NULL	0
4	活塞	NULL	0
5	火箭	NULL	1
6	掘金	NULL	0
7	凯尔特人	NULL	0
8	快船	NULL	0
9	雷霆	NULL	0
10	马刺	NULL	0
11	魔术	NULL	0
12	尼克斯	NULL	0
13	奇才	NULL	0
14	热火	NULL	5
15	山猫	NULL	1

图 19.20　复杂查询查询 2 结果

查询 3：列出每天对战的球队信息。

```
SELECT A.时间,A.地点, A.队名, A.得分, A.失分,B.队名,B.得分,B.失分
FROM 球队参赛 AS A ,球队参赛 AS B
WHERE A.时间=B.时间 AND A.地点=B.地点 AND A.队名<>B.队名
```

查询结果如图 19.21 所示。

	时间	地点	队名	得分	失分	队名	得分	失分
1	2012-11-03	斯台普斯中心	快船	105	95	湖人	95	105
2	2012-11-03	斯台普斯中心	热火	84	104	湖人	95	105
3	2013-01-05	斯台普斯中心	快船	0	0	湖人	0	0
4	2012-10-27	美航球馆	热火	89	96	黄蜂	96	89
5	2012-10-19	美航球馆	热火	105	78	活塞	78	105
6	2012-11-13	奥本山宫殿	雷霆	92	90	活塞	90	92
7	2012-10-31	美航球馆	热火	120	107	凯尔特人	107	120
8	2012-11-24	北岸花园球馆	雷霆	100	108	凯尔特人	108	100

图 19.21　复杂查询查询 3 结果

查询 4：查询全明星球员的基本信息。

```
SELECT 球员.姓名,身高,号码,位置,总冠军次数,首发,MVP
FROM 球员,参加全明星赛
WHERE 球员.姓名=参加全明星赛.球员姓名
```

查询结果如图 19.22 所示。

	姓名	身高	号码	位置	总冠军次数	首发	MVP
1	安东尼	203	7	前锋	0	否	否
2	保罗	183	3	后卫	0	否	否
3	德隆威廉姆斯	191	8	后卫	0	否	否

图 19.22　复杂查询查询 4 结果

查询 5：查询非全明星球员的基本信息。

```
SELECT 姓名,身高,号码,位置,总冠军次数
FROM 球员
WHERE 姓名 NOT IN
(SELECT 姓名
FROM 参加全明星赛)
```

或者

```
SELECT 姓名,身高,号码,位置,总冠军次数
FROM 球员
EXCEPT
SELECT 姓名,身高,号码,位置,总冠军次数
FROM 球员,参加全明星赛
WHERE 球员.姓名=参加全明星赛.球员姓名
```

查询结果如图 19.23 所示。

3. 统计查询

查询 1：查询不同赛区球队的胜利场次,平均得分。

```
SELECT 所属赛区,COUNT(*) AS 胜利场次, AVG(得分) AS 平均得分,AVG(失分) AS 平均失分
FROM 球队,球队参赛
WHERE 球队.队名=球队参赛.队名 AND 得分>失分
GROUP BY 所属赛区
```

查询结果如图 19.24 所示。

	姓名	身高	号码	位置	总冠军次数
1	艾弗森	183	3	后卫	0
2	奥尼尔	216	NULL	中锋	4
3	戴维斯	208	23	中锋	0
4	邓肯	211	21	前锋	4
5	杜兰特	206	35	前锋	0
6	格伦戴维斯	206	11	中锋	1
7	哈登	196	13	后卫	0
8	加内特	211	5	前锋	1

图 19.23　复杂查询查询 5 结果

	所属赛区	胜利场次	平均得分	平均失分
1	east	5	108	89
2	west	5	103	93

图 19.24　统计查询查询 1 结果

查询 2：查询每个球队得分最高的球员的得分信息。

```
SELECT 队名,球员.姓名,得分,助攻数,篮板数,犯规数
FROM 球员,球员参赛
WHERE 球员.姓名=球员参赛.姓名 AND 得分 IN
(SELECT MAX(得分)
FROM 球员,球员参赛
WHERE 球员.姓名=球员参赛.姓名
GROUP BY 队名
)
```

查询结果如图 19.25 所示。

图 19.25　统计查询查询 2 结果

查询 3：查询每个球队球员的比赛的发挥情况。

SELECT 队名,球员.姓名,AVG(得分) AS 平均得分,AVG (助攻数) AS 平均助攻数,AVG(篮板数)
AS 平均篮板数,AVG(犯规数)AS 平均犯规数
FROM 球员,球员参赛
WHERE 球员.姓名=球员参赛.姓名
GROUP BY 队名,球员.姓名

查询结果如图 19.26 所示。

图 19.26　统计查询查询 3 结果

4. 视图的设计

在以上的查询中,经常要查询到球队及球员的参赛情况,和球队以及球员成绩的统计信息,如果将球队或球员参赛信息设计成视图,在查询时只需书写简单的查询语句就可以。

视图 1：创建球员参加球赛的情况视图。

CREATE VIEW 球员参赛信息
AS
SELECT 队名,球员.姓名,身高,号码,位置,进入联盟年数,总冠军次数,日期,地点,上场时间,得分,助攻数,篮板数,犯规数
FROM 球员,球员参赛
WHERE 球员.姓名=球员参赛.姓名

有了这个视图,就可以在其基础上进行各种查询运算。比如统计查询中的查询 3：查询每个球队球员的比赛的发挥情况,可以写成如下 SQL 语句：

SELECT 队名,姓名,AVG(得分),AVG (助攻数),AVG(篮板数),AVG(犯规数)

```
FROM 球员参赛信息
GROUP BY 队名,姓名
```

查询结果如图 19.27 所示。

	队名	姓名	(无列名)	(无列名)	(无列名)	(无列名)
1	尼克斯	安东尼	30	2	10	3
2	快船	保罗	12	12	4	2
3	雷霆	杜兰特	33	3	6	2
4	凯尔特人	加内特	14	1	7	3
5	湖人	科比	37	4	4	3
6	凯尔特人	隆多	15	13	6	3
7	凯尔特人	皮尔斯	20	2	3	2
8	热火	韦德	18	2	3	2

图 19.27　基于视图查询的结果

或者查询某一球队球员的最高得分：

```
SELECT 队名,MAX(得分)
FROM 球员参赛信息
GROUP BY 队名
HAVING 队名='尼克斯'
```

查询结果如图 19.28 所示。

视图 2：创建全明星球员及其所在球队的信息视图。

```
CREATE VIEW 全明星球员及其球队信息
AS
SELECT 球队.队名,所在城市,主场名称,所属赛区,成立年份,球队.总冠军次数,时间,地点,球员姓名,首发,MVP
FROM 球员,参加全明星赛,球队
WHERE 球员.姓名=参加全明星赛.球员姓名 AND 球员.队名=球队.队名
```

这一视图就把所有参加全明星赛的明星及其所在球队的相关信息全部包括进来。在此视图上可以查询相关的信息，比如查询各球队参加全明星赛的球员的数量，则可以写查询语句如下：

```
SELECT 队名,COUNT(*)
FROM 全明星球员及其球队信息
GROUP BY 球队
```

查询结果如图 19.29 所示。

	队名	(无列名)
1	尼克斯	30

图 19.28　基于视图查询的球员最高分

	队名	(无列名)
1	快船	1
2	尼克斯	1
3	网	1

图 19.29　基于视图查询的每个球队球员的数量

19.2.8　数据库应用系统界面的设计

前面设计了数据库的逻辑结构,相关的数据库对象如查询、视图等的设计,这些均属于数据库应用系统中数据库及其服务的设计。一般来讲,数据库应用系统从软件结构来讲分成客户端程序及服务器端程序。客户端主要用于与用户进行交互,并实现一些简单或专门的处理功能,而服务器端主要用于进行数据的操作以及业务逻辑的处理。对于一个简单的应用,服务器端可以由数据库管理系统(DBMS)承担,但客户端需要使用专门的开发平台及开发语言(如基于.NET平台的C♯语言)进行实现。设计与开发客户端的一个重要工作是客户端应用界面的设计与开发。界面的设计一般要根据系统实现的功能以及用户的特点,遵循用户交互的规律进行设计,主要遵循的特点有以下几个:

(1) 简洁,大方。

(2) 重点突出。

(3) 提示性强,易于操作。

(4) 信息排列符合功能分类以及用户的心理预期。

(5) 错误处理提示友好等。

根据以上原则,对于本数据库系统客户端界面进行设计如图19.30～图19.33所示。图19.30为初始界面,主要包含添加数据,修改数据和查询数据三个部分。图19.31为添加数据界面,图19.32为修改数据界面,图19.33为查询数据界面。

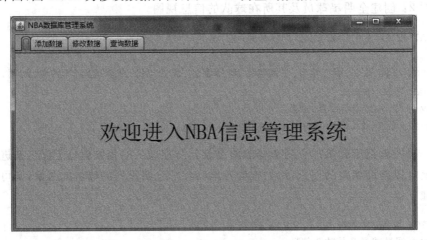

图 19.30　为数据编辑界面首页

在每一界面中,信息分类非常明显,利于用户理解系统数据。

19.2.9　数据库应用系统开发工具及访问方式的设计

关于数据库应用系统的开发工具的选择与许多因素有关,如开发成本、目前公司程序员的水平,公司历来使用的主流开发工具或用户的需求等。目前对于企业来说常用的开发工具有Java、VB、.NET等,每种开发工具均有自己的特点,开发人员可以根据自己的需要进行选择。

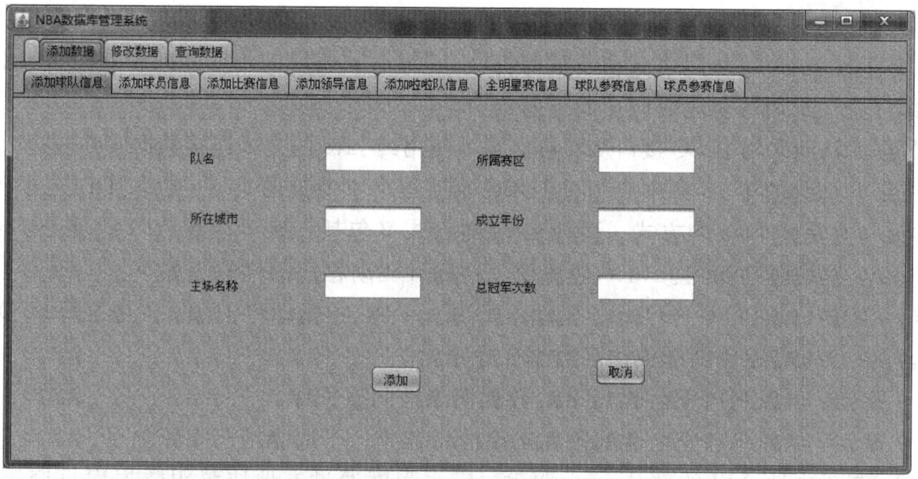

图 19.31　添加数据信息界面

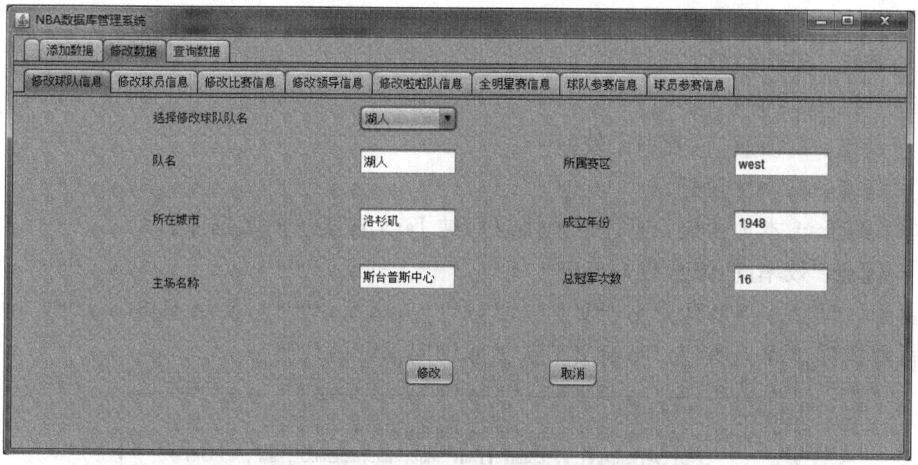

图 19.32　修改数据信息界面

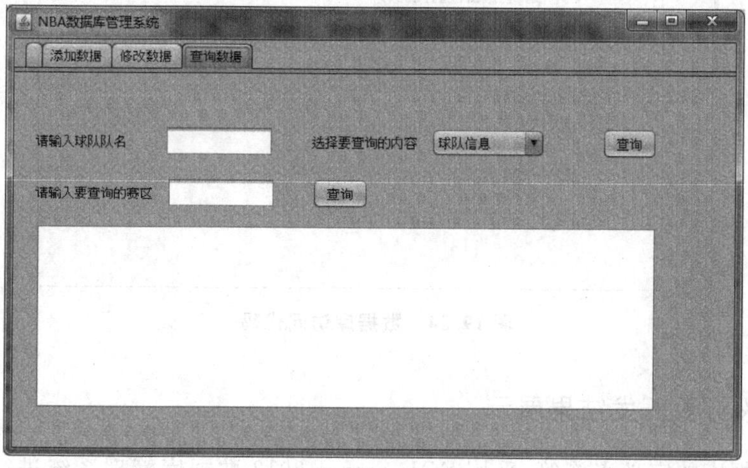

图 19.33　查询数据界面

本设计使用 Java 语言进行应用程序的开发，主要是因为 Java 具有健壮、安全、易于使用、易于理解、可以从网络自动下载等特性，是编写数据库应用程序的很好语言，也是目前大部分企业采用的企业级应用的开发语言。

数据库访问采用 JDBC 接口从而可以练习使用纯 Java 的方式连接数据库并进行操作。

在第 II 部分的第 18 章中介绍过 JDBC 驱动程序主要分两类，一类是 JDBC-ODBC 桥方式，另一类是纯 Java 的方式。而纯 Java 的方式又包括：基于本地 API 的部分 Java 驱动，纯 Java 网络驱动和纯 Java 本地协议。这四种驱动程序的优缺点如下。

（1）JDBC-ODBC 桥＋ODBC 驱动：JDBC-ODBC 桥驱动将 JDBC 调用翻译成 ODBC 调用，再由 ODBC 驱动翻译成访问数据库命令。

- 优点：可以利用现存的 ODBC 数据源来访问数据库。
- 缺点：从效率和安全性的角度来说的比较差。不适合用于实际项目。

（2）基于本地 API 的部分 Java 驱动：应用程序通过本地协议跟数据库打交道。然后将数据库执行的结果通过驱动程序中的 Java 部分返回给客户端程序。

- 优点：效率较高。
- 缺点：安全性较差。

（3）纯 Java 的网络驱动。

- 缺点：两段通信，效率比较差。
- 优点：安全性较好。

（4）纯 Java 本地协议：通过本地协议用纯 Java 直接访问数据库。

- 优点：效率高，安全性好。

由于本设计并不是真正用于实际开发，所以考虑简单特性，使用 JDBC-ODBC 桥的方式进行数据库访问。图 19.34 给出了数据库访问部分的代码。

```java
public void conn(){
    try { Class.forName("sun.jdbc.odbc.JdbcOdbcDriver");
        ct=DriverManager.getConnection("jdbc:odbc:NBAODBC","sa","123321");
        }catch (Exception e) {
            //显示异常信息
            e.printStackTrace();
        }
}

public void closecon(){
        try{if(st!=null)
            st.close();
            if(ct!=null)
                ct.close();
        }catch(SQLException e){e.printStackTrace();}
}
```

图 19.34　数据库访问代码

19.2.10　设计及开发结果展示

对于数据库的定义实施等，采用 SQL Server 2012 数据库管理系统进行，对于客户端,利用Java开发工具对以上的设计进行实现,本节对开发结果进行展示。

1. 向插入球队信息

如图 19.35 打开添加数据界面,输入要添加的球队信息,单击添加弹出如图 19.36 所示插入成功对话框。图 19.37 为插入数据操作后数据库中的数据。

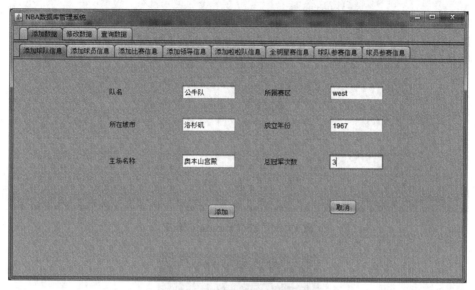

图 19.35　在添加数据界面添加数据

图 19.36　数据添加成功信息　　　　**图 19.37　插入数据后数据库中的数据**

2. 修改比赛时间

选择【修改数据】→【修改比赛信息】,如图 19.38 所示,在【修改比赛信息】窗口左侧输入要修改的信息,单击【确定】按钮,弹出如图 19.39 所示操作提示对话框,提示用户要在图 19.38 所示窗口的右侧修改比赛信息信息,单击【确定】按钮后关闭该对话框并返回主窗口,如图 19.40 所示。在时间一行修改时间为 2014-11-18,单击【修改】按钮弹出如图 19.41 所示修改成功信息。图 19.42 为修改时间前的数据库数据,图 19.43 为修改数据后的数据库数据。

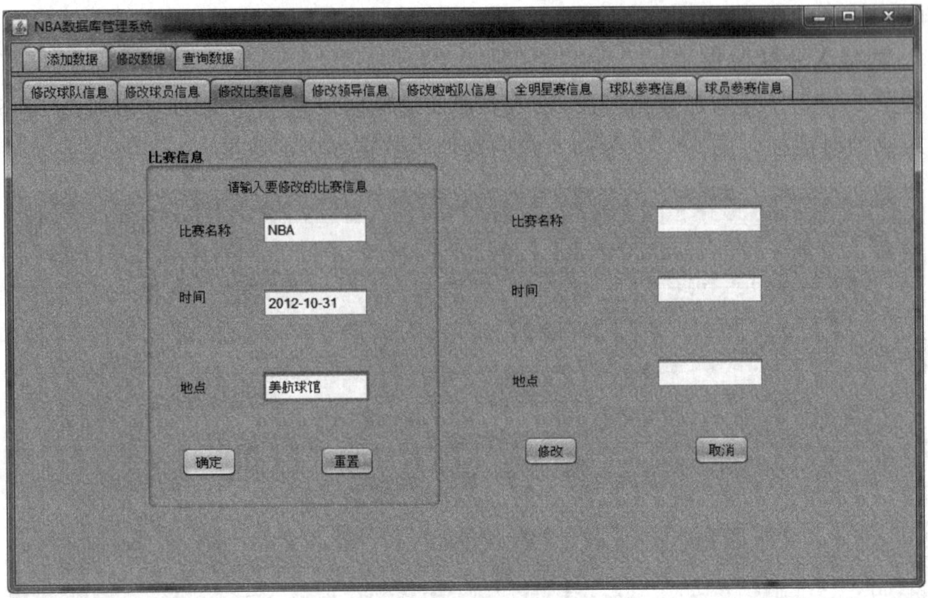

图 19.38 查询修改数据界面

图 19.39 提示对话框

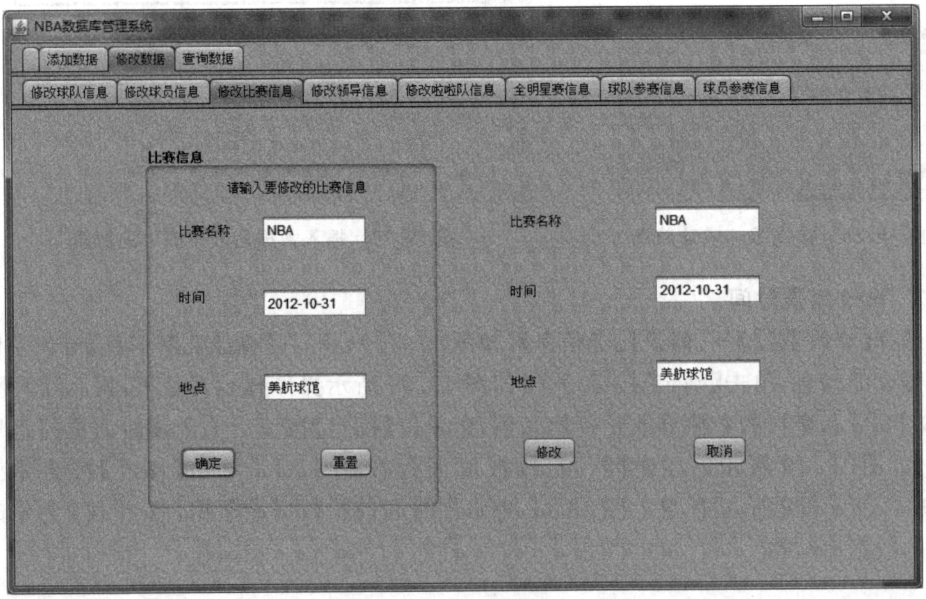

图 19.40 在右侧修改数据

图 19.41　修改成功对话框

	比赛名称	时间	地点
1	NBA	2012-10-31	美航球馆
2	NBA	2012-10-31	美航球管
3	NBA	2012-11-01	奥本山宫殿
4	NBA	2012-11-01	新奥尔良球馆
5	NBA	2012-11-02	at&t中心
6	NBA	2012-11-03	斯台普斯中心
7	NBA	2012-11-08	斯台普斯中心
8	NBA	2012-11-13	奥本山宫殿
9	NBA	2012-11-16	at&t中心
10	NBA	2012-11-19	奥本山宫殿
11	NBA	2012-11-22	北岸花园球馆

图 19.42　修改前的数据图

	比赛名称	时间	地点
8	NBA	2012-11-16	at&t中心
9	NBA	2012-11-19	奥本山宫殿
10	NBA	2012-11-22	北岸花园球馆
11	NBA	2012-11-24	北岸花园球馆
12	NBA	2012-12-07	美航球馆
13	NBA	2012-12-08	福特中心球馆
14	NBA	2012-12-28	北岸花园球馆
15	NBA	2013-01-05	斯台普斯中心
16	NBA	2013-02-04	奥本山宫殿
17	NBA	2014-11-18	美航球馆

图 19.43　修改后的数据

3. 根据球队名查询与其相关的信息

查询 1：查询"湖人"球队信息。

在查询数据（如图 19.44 所示）的界面中，在【请输入球队队名】的文本框中输入"湖人"球队，在【选择要查询的内容】下拉列表框中选择"球队信息"，单击其后的【查询】按钮，查询结果如图 19.45 所示，湖人队的基本信息便显示在界面上。

图 19.44　查询球队信息操作

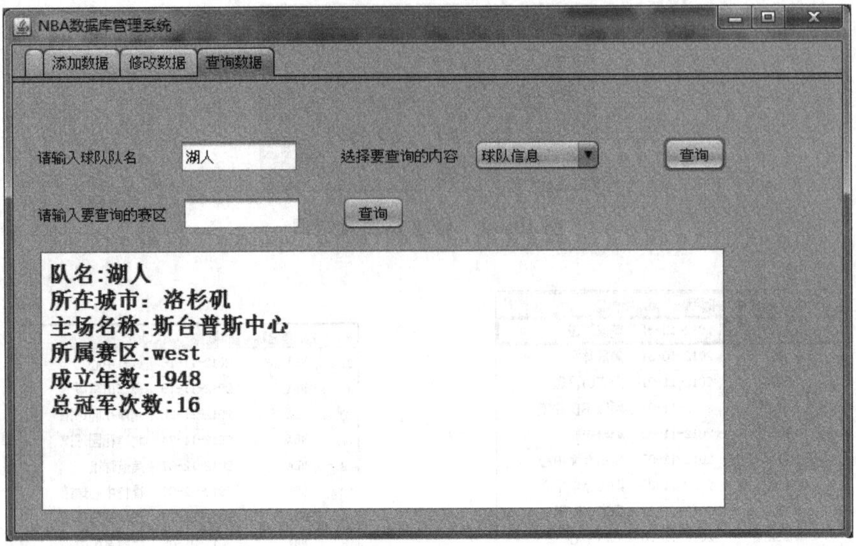

图 19.45　查询球队信息结果

查询 2：根据队名查询某一球队的队长及人员构成情况。

仍然在查询数据界面中，在【请输入球队队名】的文本框中输入"湖人"球队，在【要选择查询的内容】的下拉列表框中选择"球队构成"，单击其后的【查询】按钮，查询结果如图 19.46 所示，湖人队的构成信息显示在界面上。

查询 3：查询某一球队的队长信息。

仍然在查询数据如图 19.46 所示的界面中，在"请输入球队队名"的文本框中输入"湖人"球队，在"选择要查询的内容"下拉列表框中选择"球队队长信息"，单击其后的【查询】按钮，查询结果如图 19.47 所示，湖人队的队长信息便显示在界面上。

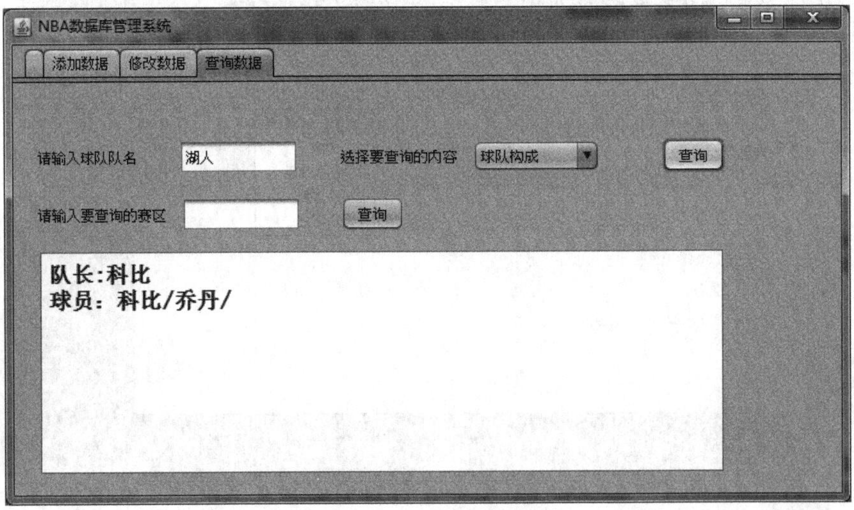

图 19.46　查询球队构成结果

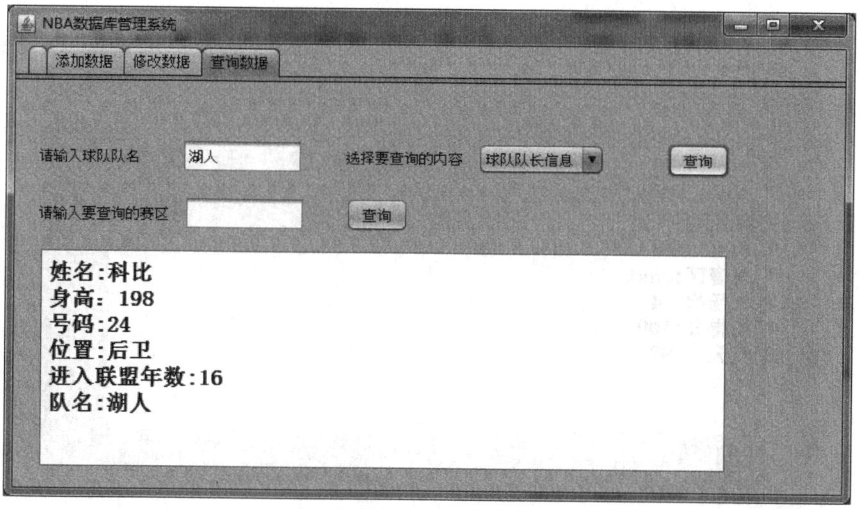

图 19.47　查询队长结果

查询 4：查询某一球队的拉拉队信息。

仍然在查询数据如图 19.44 所示的界面中，在【请输入球队队名】的文本框中输入"湖人"球队，在【选择要查询的内容】下拉列表框中选择【啦啦队信息】，单击其后的【查询】按钮，查询结果如图 19.48 所示，湖人队的啦啦队信息便显示在界面上。

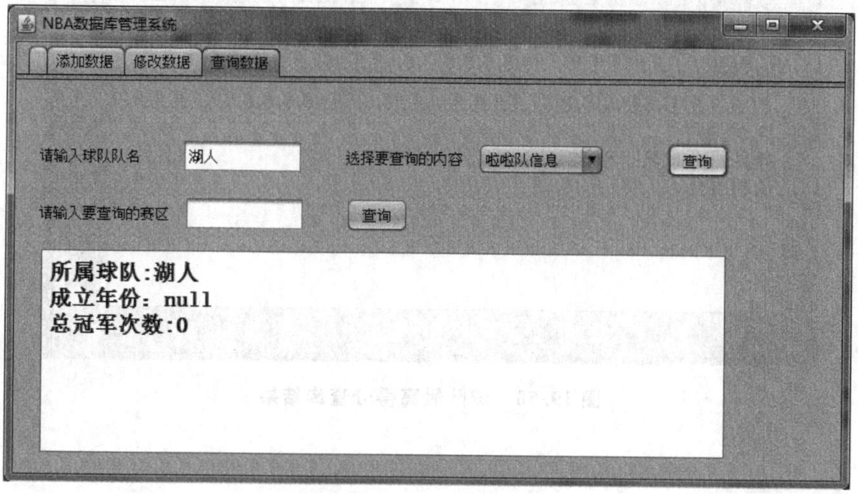

图 19.48　啦啦队查询结果

查询 5：查询 east 赛区球队的胜利场次，平均得分。

仍然在查询数据如图 19.44 所示的界面中，在输入赛区文本框中输入 east 单击紧跟其后的【查询】按钮查询，结果如图 19.49 所示。

查询 6：查询"湖人"球队球员的最高得分。

仍然在查询数据如图 19.44 所示的界面中，在【请输入球队队名】的文本框中输入"湖人"球队，在【选择要查询的内容】下拉列表框中选择【球员最高分】，单击其后的【查询】按

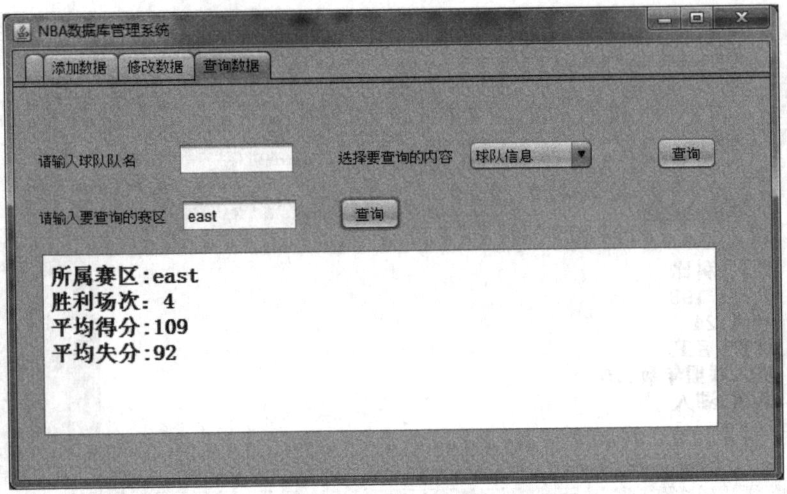

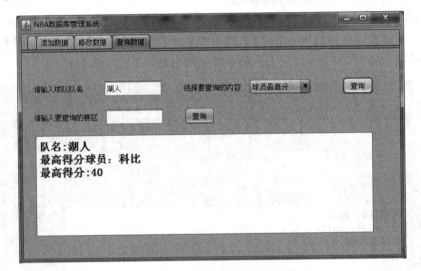

图 19.49 east 赛区信息查询

钮,查询结果如图 19.50 所示,湖人队的最高分球员信息便显示在界面上。

图 19.50 球队最高得分查询结果

第 20 章

课程设计题目

题目 1　交通信息管理系统

交通信息管理系统用于交通管理部门存储、管理并查询机动车、驾驶员以及交通违章信息,以及驾驶员查询自己的违章情况。系统的主要功能如下。

(1) 机动车信息管理。机动车基本信息的录入与编辑。机动车的信息有品牌型号、发动机编号、颜色、车型、排量、出厂日期、使用年限。车牌有车牌号码、号牌归属地的信息(提示:同一车牌可以用于不同的机动车,比如,旧车报废,车牌用于新车的情况)。机动车行驶证的信息有行驶证号(发动机号码)、车辆类型、车主姓名、车主住址、使用性质、品牌型号、注册日期、发证日期(提示:系统中每一辆机动车对应唯一的机动车行驶证,反之亦然)。机动车的车主,是机动车的拥有者,一个驾驶员可以拥有多辆机动车、多个机动车行驶证。提供机动车相关信息的增删改功能,以便于在信息录入有误时,进行修改。这些信息正确录入之后,一般情况下不是经常改变的。机动车报废则将其信息删除,并同时修改相关联的行驶证等信息。提供机动车相关信息的多种查询方式。

(2) 驾驶员信息管理。对驾驶员信息进行存储管理。有关驾驶员的信息有身份证号、姓名、性别、民族、住址、固话、手机、出生日期。有关驾驶证的信息有驾照号(即为身份证号)、姓名、性别、国籍、住址、出生日期、初次领证日期、准驾车型(A│B│C)、有效起始日期、有效年限等。驾照过期的提醒处理,经过考试后驾照有效期的修正处理等等。提供驾驶员信息的增删改和查询功能。

(3) 违章信息管理。违章记录涉及到违章车辆、驾驶员以及违章的日期、类别、区域、位置、扣分、罚款、罚款缴纳截至日期、缴纳与否。年内分数扣完,驾照停用,提供提醒功能及相关处理(提示:一辆机动车会有很多违章记录,一位驾驶员也会有许多违章记录;违章记录依附于机动车和驾驶员)。违章发生时,管理员输入违章记录;驾驶员可以在网页查询自己的违章信息;驾驶员按期缴纳罚款之后,要加以记录;过期不交的违章信息要给出报表,此信息影响年检。

(4) 管理人员综合查询。由机动车查违章;由机动车查车主;由驾驶员(车主)查违章;查询未交罚款的违章记录对应车主;由车品牌、车型查车主;由车主查驾驶证信息、身份证信息等等。另外,统计驾驶员的违章情况等等。

(5) 驾驶员网上查询。供驾驶员查询自己或车主查询机动车违章以及罚款缴纳信息。

(6) 选做功能。设计适当索引,以提高检索速度。设计触发器,对于驾照到期以及年内违章分数扣完等情况的处理。

题目 2　旅游管理系统

旅游管理系统用于旅行社存储和管理并查询景点、游客、导游、宾馆、旅游团、旅游线路的信息及其之间的联系等相关信息。系统的主要功能如下。

（1）游客信息管理。游客信息有身份证号、姓名、性别、民族、年龄、手机等；对于老年游客、儿童游客还要存储监护人姓名以及联系方式等等。对于家庭出游的游客予以记录，以便安排住宿。统计经常光顾本旅行社的老顾客，对老顾客给予优惠。提供游客信息的增删改以及相应查询功能。

（2）旅游信息管理。景点信息有景点编号、名称、所在地、级别、电话、票价。旅游线路信息有线路号、出发时间、回程时间、线路说明（景点次序旅游时间等等）。宾馆信息有宾馆编号、宾馆名、星级、标准房价、电话（提示：旅游团可以设计为对应多个旅游线路，比如，杭州 3 日游线路 1、苏州 1 日游线路 1 等等。也可以设计为对应一个旅行线路，比如，杭州 3 日游加苏州 1 日游为一个线路）。提供旅游信息的录入更新功能以便及时调整旅行线路、房价、票价等信息。提供旅游信息查询功能，如旅游线路、线路中景点等等。

（3）导游与旅行团信息管理。导游信息有导游编号、姓名、性别、工龄、级别等。这里的级别可以根据导游的业绩，逐年提高。业绩一般与接待的团数、团中游客数以及总收入有关。要对导游的业绩统计并评定级别。旅游团信息有团号、团名、总人数限制、报价、组团日期、旅游起止日期（提示：一般一个旅游团配备一名导游）。导游为旅行社职工，基本信息录入后变化不大，仅工龄和级别会改变。每年会有新的旅行团创建，录入相应的信息，录入后相对稳定。提供导游、旅行团相关信息的编辑功能以及查询功能。

（4）综合查询简述。用于旅行社管理人员可对景点、宾馆、导游、游客、旅游团、旅游线路等信息进行查询。比如，游客参加过哪些旅游团，参观过哪些景点；旅游团住过哪些宾馆；旅游线路有哪些景点，有哪些导游，导游的级别等等。统计有哪些老顾客，哪些旅游线路受欢迎等。

（5）游客报团的网页。供游客报名，填写个人信息以及旅行要求等使用。

（6）选做功能。设计适当索引，以提高检索速度。设计触发器发现老顾客，并做相应的存储与标记操作。

题目 3　志愿者服务信息管理系统

志愿者服务信息管理系统是为某公益组织提供的。主要的公益项目有两类，一类是去各个养老院为老年人提供各种服务；一类是去孤儿院，为孤儿提供各种服务。

系统对志愿者、养老院、老人、孤儿院、孤儿的信息进行管理。对服务项目、志愿者服务情况进行管理。系统的主要功能如下。

（1）志愿者与志愿者服务情况管理。志愿者信息有编号、姓名、性别、身份证号、年龄、学历、婚姻状况、通信地址、特长爱好、现在状态（A：在校学生；B：已经工作；C：自由职业；D：退休；F：其他)、电话号码、电子邮箱等等。志愿者也可以成组提供服务,比如,某高校的志愿者小组,集体为老人演出等等。提供对志愿者以及服务小组的信息的增删改操作。对于每一位志愿者参加服务项目的情况提供编辑与查询操作。

(2) 养老院、老人与服务项目信息管理。养老院的信息有名称、地址、房间规格、床位数目、环境、医疗护理条件等等;老人的信息要有老人自己的信息,比如姓名、年龄、健康状况;同时还要区分哪些是孤寡老人;对于有家人的老人,要管理其家人的信息和联络方式。老人服务有如下几类:照顾老人生活、为老人演出、陪伴老人。这些可以是定期或不定期地提供服务。提供养老院、老人与服务项目的增删改操作,相应信息的查询操作。

(3) 孤儿院、孤儿以及服务项目信息管理。孤儿院的信息有名称、地址、管理人员的人数、孤儿院级别等等。有关孤儿要有姓名等基本信息和孤儿的健康状况、智力情况;对于残疾的孤儿要有具体的残疾类型级别等信息。对于孤儿院的孤儿提如下服务:创建长期关爱的关系,定期带孤儿回家;为残疾病弱孤儿捐款;到孤儿院照顾孤儿生活;到孤儿院看望陪伴孤儿。提供孤儿院、孤儿和服务项目的增删改操作,以及基本的查询操作。

(4) 综合查询。对志愿者、养老院、老人、孤儿院、孤儿、服务项目、志愿者服务情况等进行综合查询和统计查询。如从志愿者查询其照顾的老人的情况、查询参加过的服务项目的总时间、查询连续多长时间照顾一位老人等等。从孤儿院查询有多少志愿者来提供过服务,孤儿健康状况的改善情况等等。志愿者最近一次提供服务的时间、服务项目、服务对象等等。

题目 4　剧院信息管理系统

剧院信息管理系统用于大型剧院管理人员管理剧院内剧场、戏剧演出、文艺演出和电影放映等等信息,管理演出相关的创作者信息、演员信息,管理演出时间信息、售票情况等等。系统的主要功能如下。

(1) 各类演出(含电影放映)及相关信息管理。演出分很多类别,比如国内电影、国外电影、戏剧类演出、文艺演出;演出还有学生专场、儿童专场;不同的电影、演出、戏剧有不同的价格体系,同一演出,由于观众座位的不同区域、票价会有不同。演出在节假日、工作日价格会有不同,另外,会有一些优惠活动月等形式的优惠。电影有片名、导演、编剧、主要演员、体裁;文艺演出有节目单、乐队、指挥等等,不同类型演出相同信息又有不同信息需要存储以用于广告宣传。有关创作者的介绍。有关演员的介绍。提供演出以及相关信息的增删改功能,相应的查询功能。

(2) 剧场信息管理。管理各个剧场座位数目、不同类型座位区域、适宜的演出类型、设备设施维护金额等等信息。提供剧场信息的增删改功能,相应的查询功能。

(3) 广告宣传。可以编辑并给出预计演出的时间安排报表,可以编辑要进行的演出及相关信息,制作宣传材料。

(4) 售票管理。每日录入演出售票的情况,统计每一种演出(比如某电影)售票数量金额；统计类别（比如歌剧类），统计售票情况，生成各类统计报表。

(5) 选做功能。制作网页实现广告宣传。

题目5　动物园信息管理系统

　　动物园信息管理系统用于动物园管理人员管理动物、饲料、饲养队、饲养员、兽医、动物居住区（比如熊猫馆）。系统的主要功能如下。

　　(1) 动物信息管理。有关动物需要管理动物个体的信息，比如，编号、昵称、年龄、性别、类别、物种、健康状况等等。其中物种的信息有物种名、寿命、保护级别、习性、栖息地等等。此外还有珍贵动物的特殊要求，动物个体每日的喂养情况。提供动物信息增删改以及查询功能。

　　(2) 人员管理。针对不同动物区域的饲养队、队长、队员以及兽医的相关信息进行管理。特别记录有经验的饲养员的信息。提供人员信息的增删改和查询处理。

　　(3) 饲料管理。饲料的信息应包括饲料名、生产日期、保质期、价格、单位、库存量、进货渠道，以及饲料可用于哪些类型的动物、使用方法等等。可以进行饲料信息的增删改和查询。

　　(4) 综合查询与统计。提供对动物、饲料人员以及饲料信息的各种综合查询和各类统计数据。比如，动物个体的健康状况，近期有无疾病和治疗等情况。统计熊猫馆一个月内的饲料使用情况等等。

　　(5) 选做功能。创建触发器，库存将近不足时，给出进货提示。库存饲料过期时的提示处理等等。

题目6　上机实验教学管理系统

　　用于计算中心安排实验、计算机软件硬件配置；教师对学生实验进行出勤统计、成绩管理；学生查询实验课成绩。系统的主要功能如下。

　　(1) 计算中心管理功能。包含实验室、桌位、计算机的硬件配置、安装的软件工具的信息管理。根据教师提供的实验课上课时间范围和软硬件需求，安排实验室，保存实验课课表，供教师和学生查询使用。

　　(2) 教师管理功能。录入学生名单含学号、姓名和班级。教师基本信息（职工号、姓名、性别、年龄、职称、专业方向等）的录入与管理。教师对学生上机实验出勤进行记录和统计，生成统计报表。教师在根据学生提交的电子版实验报告，给出分数和评语。课程结束时，教师给出学生本实验课的总成绩。教师可以查询学生选课情况、成绩情况。

　　(3) 学生查询功能。学生可以查询实验课在什么时间什么实验室上，以及本人的桌位。学生可以查询自己每一次实验的成绩、出勤情况和课程总成绩。

　　(4) 选做功能。设计网页，处理教师提交上机需求、评阅作业，以及学生提交作业查询成绩等等功能。

题目 7 学校食堂管理系统

学校食堂管理用于学校后勤管理人员对学校中各个食堂的基本情况、人员情况进行管理;对各个食堂提供的食品、原料进货情况进行管理;对教师与学生在各个食堂的就餐情况进行管理。系统的主要功能如下。

(1) 食堂及员工管理。食堂基本情况有名称、位置、楼层、类别、特点、座位数、开放时间。食堂的卫生情况有用餐环境、食品加工环境、加工过程、员工健康状况等等。厨师信息以及服务员信息管理。提供以上信息的编辑与查询功能。

(2) 食品管理。编辑和查询原料、供货商、食品、食品加工方法等信息,用于计算成本、监管食品来源保障食品安全。

(3) 就餐情况管理。教师食堂使用教师卡用餐;学生食堂使用学生卡或教师卡用餐,使用学生卡有政策补贴。就餐情况管理用于录入、查询学生与教师的用餐信息;了解各个食堂的经营情况受欢迎程度。可以统计用餐卡的消费情况,如学生第 2 食堂中餐的用餐人数、总消费额度。统计在学生食堂用餐的学生人数。统计哪个食堂用餐人数多等等。提示:用界面录入用餐消费情况,代替刷卡器功能。

(4) 综合查询。用于有关食堂、菜品以及购买者的情况等等综合问题的查询与统计。比如,什么类别的食堂、什么特色的食堂更受学生欢迎等等。

题目 8 学校体育场馆与器材管理系统

学校体育场馆与器材管理系统,用于各个体育场馆、器材、参加体育运动的教师、学生等有关信息的管理。系统的主要功能如下。

(1) 场馆管理。场馆基本情况管理,比如,游泳馆的位置、设施、开放时间、票价等等。有关年卡、月卡的办理以及使用规定。一些场馆场地的预约使用,比如,羽毛球场。提供基本信息的编辑与查询功能。

(2) 器材管理。球类等器材需要采购,除此之外,经常有学生个人或班级借用,有关借出、归还、损坏情况等等,需要记录。固定的器械有采购、维护费用。提供各类器材基本信息的存储、编辑和查询功能。

(3) 培训管理。学校为教师和学生开设各种体育培训班,比如,游泳、瑜伽等。记录运动项目的信息,此项目的介绍,什么身体情况适宜参加等等。记录每一项目开设的培训班的信息,培训班可以只对学生、只对教师或师生均可,培训班的时间表、收费状况等等。教练的基本信息,可以是校内体育老师,也可以是外请的教练。学员的基本信息,教师的学院、教研室;学生所在班级;年龄、性别、身体情况等。提供上述情况的编辑与查询功能。

(4) 人员管理。人员包括体育场馆与器材的管理人员,办理年卡、月卡经常到场馆参加体育运动的教师与学生。提供人员信息的编辑与查询。

题目 9　学生业余生活信息管理系统

学生业余生活管理系统用于学生会管理在校学生学习之外的各种业余活动的相关信息，了解学生的综合素质状况，在校的生活状态。系统的主要功能如下。

（1）社团与社团活动。需要管理的信息有：学生社团的基本信息（如名称、建团日期、类型、人数、负责人、特色）、社团成员负责人信息（如学号、姓名、性别、特长、班级、专业等等）。各种社团活动，学生参与活动的情况。提供基本的编辑功能和查询功能。

（2）大型活动。大型活动，不是学生社团组织的活动，是校学生会或学院的学生会组织的较大的活动。比如校内的歌咏比赛等等。需要管理的信息有：组织者的信息、活动的信息、参加者（比如班级、学院的文体组织等）的信息等。提供基本的编辑功能和查询功能。

（3）竞赛管理。这里的竞赛不是科技竞赛，这里是有关文艺、体育等业余爱好方面的竞赛。有校内各个班级之间、学院之间的球类比赛、文艺比赛、校外与其他高校进行的文艺体育比赛。相关的信息有：比赛参与者的信息、指导者（比如舞蹈老师）的信息，比赛的时间、场次名次结果等等。提供竞赛相关信息的编辑与查询功能。

（4）综合查询与统计。用于对社团、文体活动、竞赛等相关信息的综合查询与统计。比如查找竞赛获奖者参与社团的情况等等。统计球类比赛的积极参与者等等。

题目 10　招聘与就业信息管理系统

招聘与就业信息管理系统用于学校管理机构调查与管理大学生就业与招聘会以及企业的相关信息。系统的主要功能如下。

（1）毕业生信息管理。毕业生的基本信息，如学号姓名，以及学院、专业、学习成绩等级、是否外地生以及个人基本信息的管理，提供基本的编辑与查询功能。

（2）招聘会与企业的信息管理。需要管理的信息有：招聘会的信息（如会场、地点、时间的信息）；参会的企业各自的情况，企业的名称行业级别信誉发展状况等等。企业参会计划招聘的人才类型、人数等等需求。提供基本的编辑与查询功能。

（3）招聘与就业情况管理。需要管理的信息有毕业生参加了哪些招聘会，去哪些企业面试了，最终被什么企业聘用等等相关信息。提供基本的编辑与查询功能。

（4）综合查询与统计报表。对于招聘与就业信息进行综合查询与统计，以便分析企业用人的趋势、大学生选择企业的倾向等等。

（5）选做功能。招聘网页设计，提供招聘会以及参会企业和企业用人需求等信息。